全国中等职业学校机械类专业通用教材
全国技工院校机械类专业通用教材（中级技能层级）

计算机制图——CAXA（修订版）

人力资源社会保障部教材办公室组织编写

中国劳动社会保障出版社

简　介

本书针对 CAXA CAD 电子图板 2018 版介绍，主要内容有：CAXA 电子图板基础知识、绘图工具、基本图形绘制、图形编辑、高级曲线绘制、工程标注、图块与图库操作、工程图样常规设置以及上机练习。

本书由崔兆华主编，付荣、闫玉岭、王蕾参加编写。

图书在版编目（CIP）数据

计算机制图．CAXA / 人力资源社会保障部教材办公室组织编写．--2 版（修订本）．--北京：中国劳动社会保障出版社，2020

全国中等职业学校机械类专业通用教材　全国技工院校机械类专业通用教材．中级技能层级

ISBN 978-7-5167-4327-0

Ⅰ．①计…　Ⅱ．①人…　Ⅲ．①自动绘图－软件包－中等专业学校－教材　Ⅳ．①TP391.72

中国版本图书馆 CIP 数据核字（2020）第 027930 号

中国劳动社会保障出版社出版发行

（北京市惠新东街 1 号　邮政编码：100029）

*

三河市华骏印务包装有限公司印刷装订　新华书店经销

787 毫米 ×1092 毫米　16 开本　18.75 印张　443 千字

2020 年 4 月第 2 版　2025 年 1 月第 5 次印刷

定价：36.00 元

营销中心电话：400-606-6496

出版社网址：http://www.class.com.cn

http://jg.class.com.cn

目　录

第一章 CAXA 电子图板基础知识

CAXA 电子图板是我国拥有自主知识产权的二维绘图软件，以其简单易学，功能强大、实用等特点而广受青睐，是国内普及率很高的 CAD 软件之一。通过本章的学习，读者应：

- 熟悉 CAXA 电子图板软件启动、关闭等操作方法，熟悉 CAXA 电子图板界面内容。
- 掌握命令输入及执行操作方法。
- 掌握点和数据输入及图形元素拾取的方法。
- 掌握并入文件、部分存储图形等操作。

§1-1 概 述

CAXA 电子图板自问世以来，先后经历了 CAXA 电子图板 XP、CAXA 电子图板 2005、CAXA 电子图板 2007、CAXA 电子图板 2009、CAXA 电子图板 2011、CAXA 电子图板 2013、CAXA 电子图板 2015、CAXA CAD 电子图板 2018 等多个版本发展。本书主要介绍 CAXA CAD 电子图板 2018。

一、CAXA CAD 电子图板 2018 的特点

1. 耳目一新的界面风格，打造全新交互体验

CAXA CAD 电子图板的界面风格更加简洁、直接，使用者可以更加容易地找到各种绘图命令，交互效率更高。同时，新版本保留原有 CAXA 风格界面，并通过快捷键切换新老界面，方便老用户使用。

2. 全面兼容 AutoCAD、综合性能提升

为了满足跨语言、跨平台的数据转换与处理的要求，CAXA CAD 电子图板基于 Unicode 编码进行重新开发，进一步增强了对 AutoCAD 数据的兼容性，保证电子图板 EXB 格式数据与 DWG 格式数据的直接转换，从而完全兼容企业历史数据，实现企业设计平台的转换。

3. 专业的绘图工具以及符合国标的标注风格

除了拥有强大的基本图形绘制和编辑能力外，CAXA CAD 电子图板 2018 还提供智能

化的工程标注方式，具体标注的所有细节均由系统自动完成，真正轻松地实现设计过程的“所见即所得”。

4. 开放幅面管理和灵活的排版打印工具

CAXA CAD 电子图板提供开放的图纸幅面设置系统，可以快速设置图纸尺寸，调入图框、标题栏、参数栏以及填写图纸属性信息；也可以通过简单的几个参数设置，快速生成需要的图框；还可以快速生成符合标准的各种样式的零件序号、明细表，并且能够保持零件序号与明细表之间的相互关联，从而极大地提高编辑修改的效率，并使工程设计标准化。电子图板支持主流的 Windows 驱动打印机和绘图仪，提供指定打印比例、拼图、排版以及支持 pdf、jpg 打印等多种输出方式，保证工程师的出图效率，有效节约时间和资源。

5. 参数化图库设置和辅助设计工具

CAXA CAD 电子图板针对机械专业设计的要求，提供了符合最新国标的参量化图库，共有 50 大类，4 600 余种，近 100 000 个规格的标准图符，并提供完全开放式的图库管理和定制手段，方便快捷地建立、扩充自己的参数化图库。在设计过程中针对图形的查询、计算、转换等操作提供辅助设计工具，集成多种外部工具于一身，有效满足不同场景下的绘图需求。

二、初识 CAXA CAD 电子图板 2018

在进入系统性学习之前，首先通过一个简单图形的绘制来初步认识 CAXA CAD 电子图板 2018。

1. 启动 CAXA CAD 电子图板 2018

双击桌面上的 CAXA CAD 电子图板 2018 快捷方式图标，或者通过“开始”菜单启动 CAXA CAD 电子图板 2018，打开软件工作界面，如图 1-1 所示。

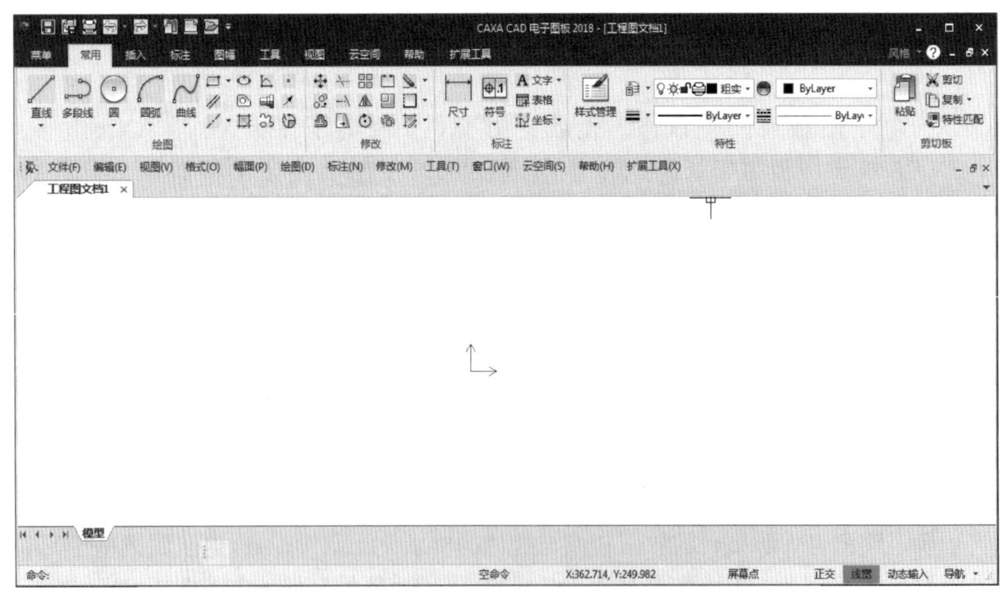

图 1-1　启动电子图板后的软件工作界面

2. 绘制矩形

（1）单击“常用”选项卡中“绘图”功能区面板（简称“面板”）上的 按钮，再在工程图文档绘制区任意一点单击鼠标左键，然后向右下方拖动光标点，如图 1-2 所示。

注意：在向右下方拖动鼠标点的时候，不需要按下鼠标左键进行拖动，在释放鼠标左键的状态下直接移动鼠标即可。

（2）将鼠标拖动一段距离后，单击鼠标左键，则绘制出一个矩形，如图 1-3 所示。

3. 绘制圆

单击“常用”选项卡中“绘图”面板上的 ⊙ 按钮，并在上一步绘制的矩形内部任一点单击鼠标左键，此时移动鼠标时，会发现一个圆随着鼠标的移动动态地变化，如图 1-4 所示。单击鼠标左键确定圆半径大小，然后单击鼠标右键结束绘制命令，绘制完成的圆如图 1-5 所示。

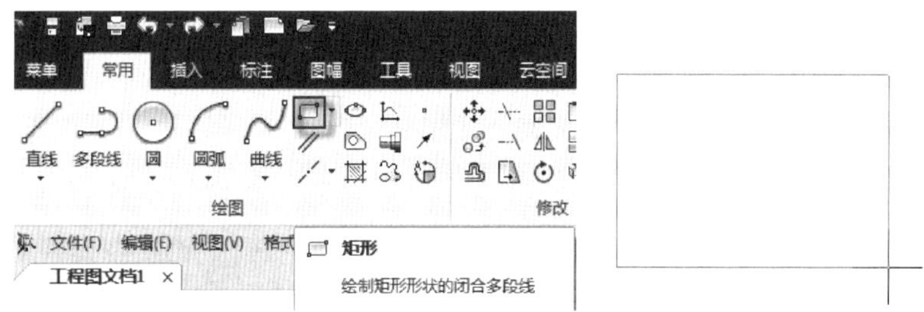

图 1-2　使用矩形工具绘制矩形

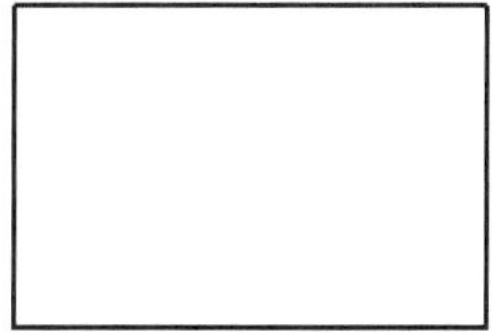

图 1-3　绘制的矩形

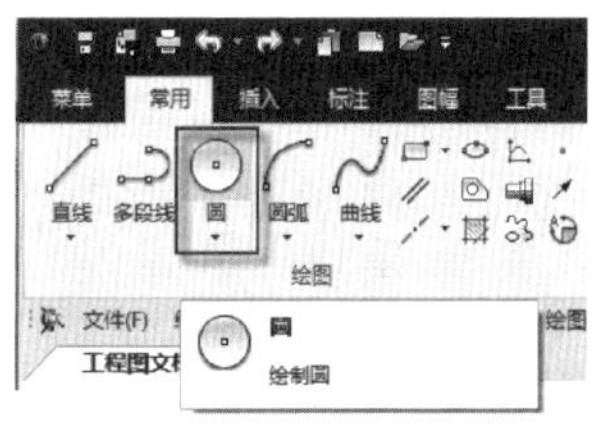

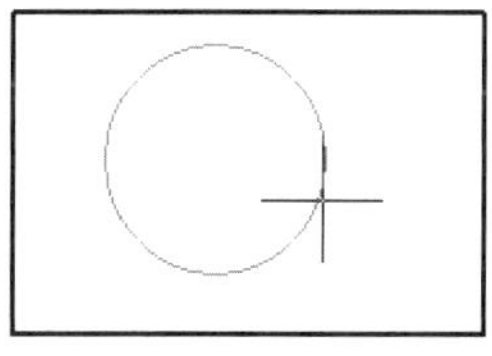

图 1-4　使用“圆”命令绘制圆

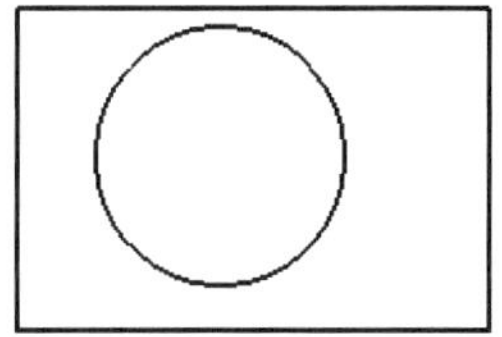

图 1-5　绘制完成的圆

通过上面的操作，相信读者已经对 CAXA 电子图板的图形绘制有了一个直观的印象。在后面章节中将会详细介绍 CAXA 电子图板中各种图形的绘制方法。

§1-2 用户界面

用户界面（简称界面）是交互式绘图软件与用户进行信息交流的中介。系统通过界面反映当前信息状态或将要执行的操作，用户按照界面提供的信息做出判断，并经由输入设备进行下一步的操作。因此，用户界面被认为是人机对话的桥梁。

CAXA CAD 电子图板 2018 的用户界面包括两种风格：Fluent 风格界面（图 1-6）和经典风格界面（图 1-7）。Fluent 风格界面主要使用功能区、快速启动工具栏和菜单按钮访问常用命令；经典风格界面主要通过主菜单和工具条访问常用命令。

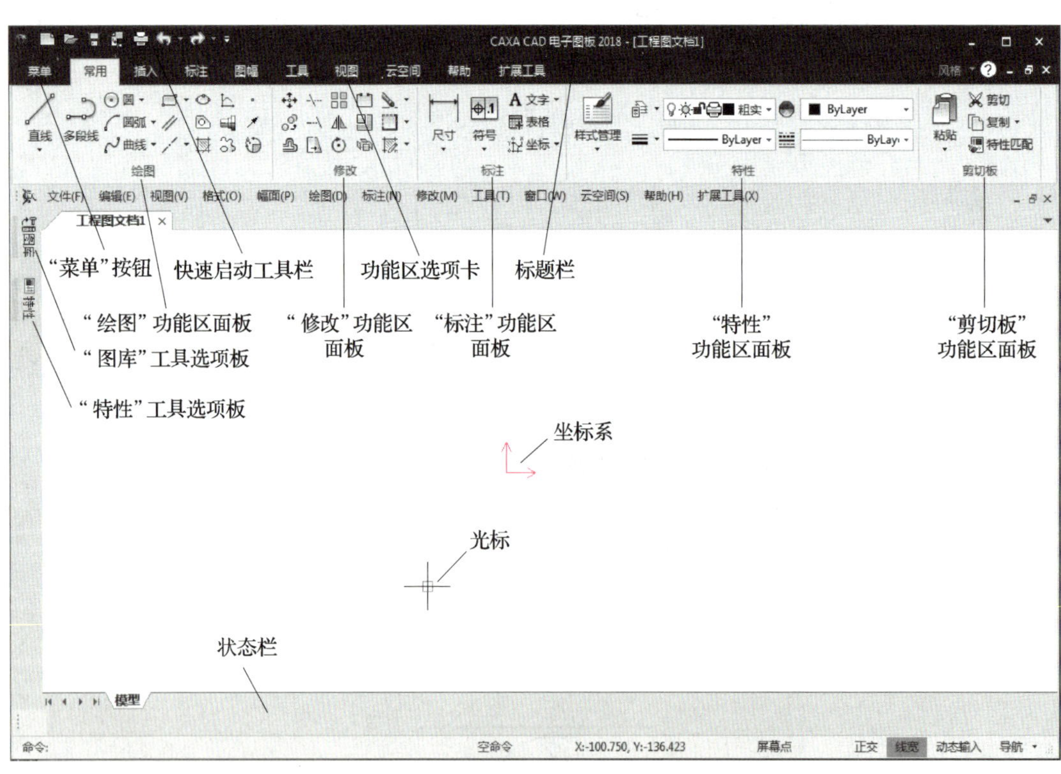

图 1-6　电子图板 Fluent 风格界面

除了上述界面元素外，还包括状态栏、立即菜单、绘图区、工具选项板、命令行等。

一、Fluent 风格界面

1. 菜单按钮

在 Fluent 风格界面下，可以使用菜单按钮呼出主菜单，如图 1-8 所示。

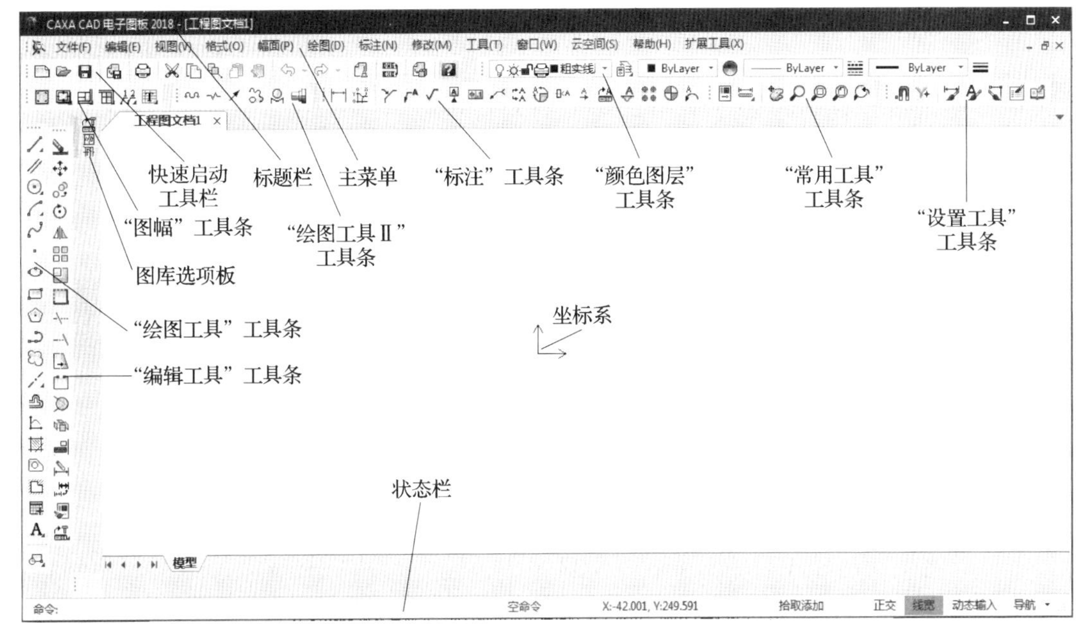

图 1-7　经典风格界面

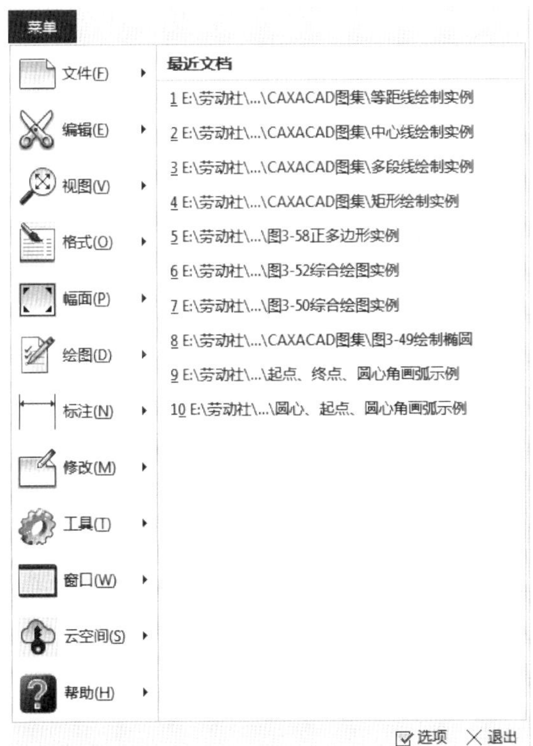

图 1-8　菜单按钮

“菜单”按钮的使用方法：

（1）使用鼠标左键单击“菜单”按钮，调出 Fluent 风格界面下的主菜单。

（2）“菜单”按钮上默认显示最近使用的文档，单击文档名称即可直接打开文档。

（3）将光标在各种菜单上停放即可显示对应的子菜单，使用鼠标左键单击子菜单即可执行对应的命令。

2. 快速启动工具栏

快速启动工具栏用于组织经常使用的命令，该工具栏可以自定义。图 1-9 所示为快速启动工具栏。

图 1-9　快速启动工具栏

快速启动工具栏具体的使用方法：

（1）使用鼠标左键单击快速启动工具栏上的图标即可执行对应的命令。

（2）使用鼠标右键单击快速启动工具栏上的图标时，弹出自定义快速启动工具栏菜单，如图 1-10 所示。此时可以选择将该图标从快速启动工具栏删除，也可以将快速启动工具栏放置在功能区下方，也可以通过单击“自定义快速启动工具栏…”菜单项（图 1-10），并在弹出的“定制功能区”对话框（图 1-11）中进行自定义。另外，在图 1-10 所示菜单中还可以打开或关闭其他界面元素，如主菜单、工具条以及状态栏等。

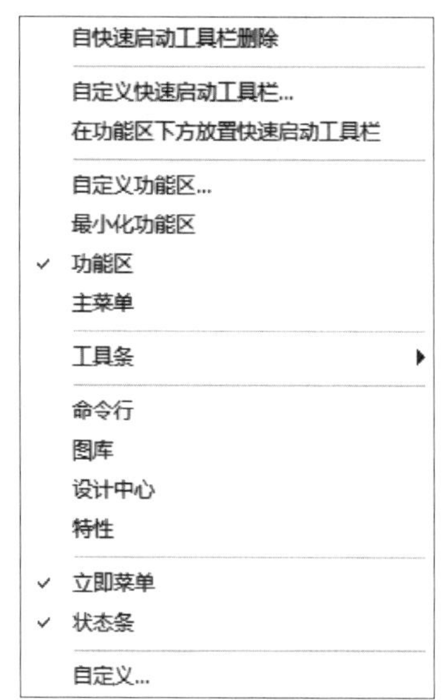

图 1-10　自定义快速启动工具栏菜单

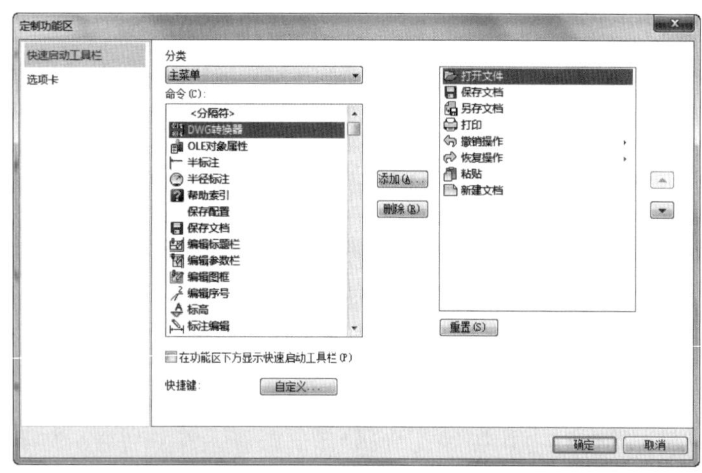

图 1-11　“定制功能区”对话框

此外，使用鼠标右键单击功能区面板或主菜单上的图标，可以在弹出的菜单中选择将该命令添加到快速启动工具栏。

（3）单击快速启动工具栏最右边的 按钮也可以进行快速启动工具栏的自定义。

3. 功能区

Fluent 风格界面中最重要的界面元素为功能区。功能区通常包括多个功能区选项卡，每个功能区选项卡由各种功能区面板组成。电子图板的功能区选项卡包括常用、插入、标注、图幅、工具、视图、帮助等，而常用选项卡由绘图、修改、标注、特性和剪切板等功能区面板组成，如图 1-12 所示。

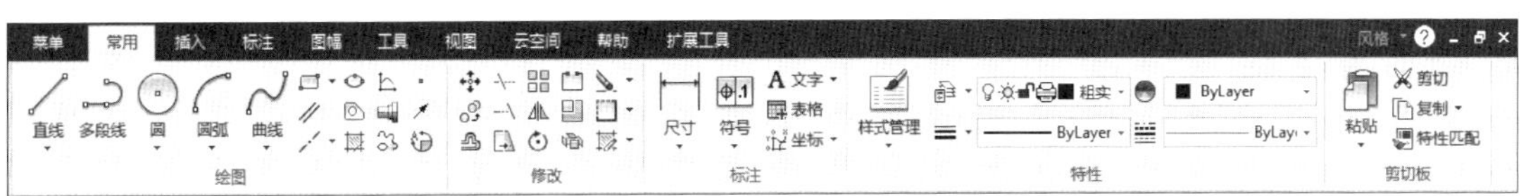

图 1-12　电子图板功能区

功能区的使用方法包括：

（1）在不同的功能区选项卡间切换时，可以使用鼠标单击要使用的功能区选项卡。当光标在功能区上时，也可以使用鼠标滚轮切换不同的功能区选项卡。

（2）可以双击当前功能区选项卡的标题，或者在功能区上单击鼠标右键快捷菜单上的"最小化功能区"，功能区选项卡收起。单击功能区选项卡标题时，功能区又可向下扩展；光标移出时，点击绘图区任一处，功能区选项卡自动收起。

（3）功能区面板上包含各种功能命令和控件，使用方法与通常的主菜单或工具条上的相同。

4. 状态栏

状态栏位于界面的最下端，用来显示系统的当前状态，如图 1-13 所示。状态栏一共可以分为 8 个区域，各区域的功能分别介绍如下：

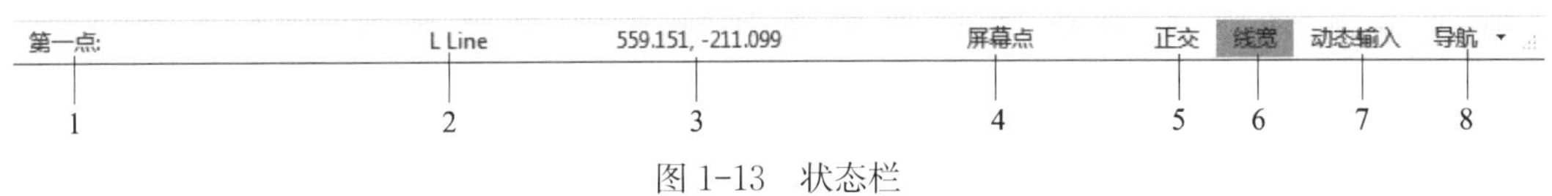

图 1-13　状态栏

1 区：该区域为操作信息提示区，用于键盘输入命令或数据，它还向用户提示当前命令的执行情况，或者提醒用户下一步应进行的操作。

2 区：该区域为命令提示区，显示目前执行功能的键盘输入命令的提示，便于用户快速掌握电子图板的键盘命令。

3 区：该区域为当前点的坐标显示区，当前点的坐标值随光标的移动作动态变化。

4 区：该区域为点工具状态提示区，自动提示当前点的性质以及拾取方式。例如，点可能为屏幕点、切点、端点等，拾取方式为添加状态、移出状态等。

5 区：该区域为正交状态切换区，单击"正交"按钮可以打开或关闭正交状态。按 F8 键也可快速打开或关闭正交状态。

6 区：该区域为线宽显示状态切换区，单击"线宽"按钮可以打开或关闭线宽显示状态。

7 区：该区域为动态输入工具开关区，单击"动态输入"按钮可以打开或关闭动态输入工具开关。

8 区：该区域为点捕捉方式设置区，点的捕捉方式有自由、智能、栅格和导航四种。可通过鼠标左键选择，也可按 F6 键快速实现四种捕捉方式的切换。

5. 立即菜单

电子图板提供了立即菜单的交互方式。立即菜单描述了该项命令执行的各种情况和使用条件。用户根据当前的作图要求，正确地选择某一功能选项，即可得到准确的响应。用户在输入某些命令以后，在绘图区的底部会弹出一行立即菜单。

例 直线命令

输入一条画直线的命令（用键盘输入“line”或用鼠标在“绘图”工具栏单击直线按钮 ），系统立即弹出一行立即菜单及相应的操作提示，如图 1-14 所示。

此菜单表示当前待绘制的为两点线方式、连续的直线。在显示立即菜单的同时，状态栏操作信息提示区显示“第一点：”。用户按要求输入第一点后，系统会提示“第二点：”。用户再输入第二点，即绘制出一条直线。

6. 界面颜色

电子图板提供界面颜色设置工具，可以修改软件整体界面元素的配色风格。在电子图板界面右上角有界面配色风格下拉菜单，如图 1-15 所示。单击箭头展开下拉菜单后，可根据用户个人的喜好选择界面颜色。电子图板提供蓝色、深灰色和白色三种风格。

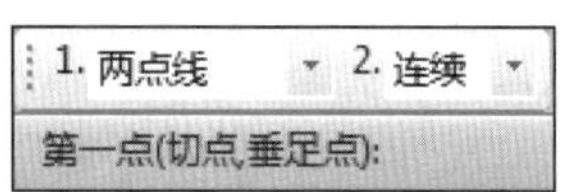

图 1-14　直线命令立即菜单

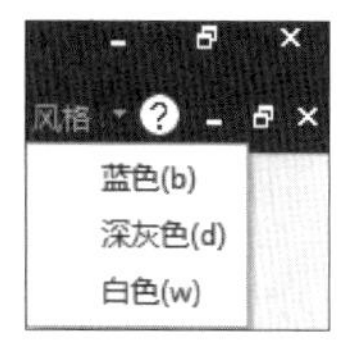

图 1-15　界面配色风格下拉菜单

7. 工具选项板

工具选项板是一种特殊形式的交互工具，用来组织和放置图库、特性等工具，如图 1-16 所示。

工具选项板隐藏在界面左侧的工具选项板工具条内，将鼠标移动到该工具条的工具选项板按钮上，对应的工具选项板就会弹出。

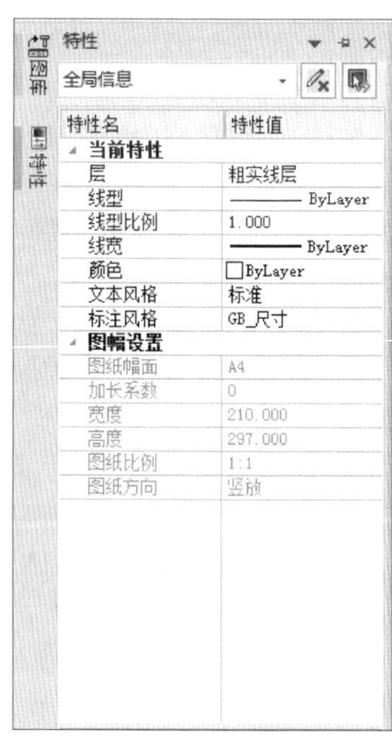

图 1-16　工具选项板

8. 绘图区

绘图区是用户进行绘图设计的工作区域。它位于屏幕的中心，并占据了屏幕的大部分面积。广阔的绘图区为显示全图提供了清晰的空间。绘图区默认为黑色，颜色可通过“工具”选项卡中的选项对话框进行设置，如图 1-17 所示。

二、经典风格界面

1. Fluent 风格界面与经典风格界面的切换

在 Fluent 风格界面下的功能区中单击“视图”选项卡→“界面操作”面板→“切换界面”，或在经典风格界面的主菜单中单击“工具”→“界面操作”→“切换”，就可以在 Fluent 风格界面和经典风格界面之间进行切换，该功能的快捷键为 F9。

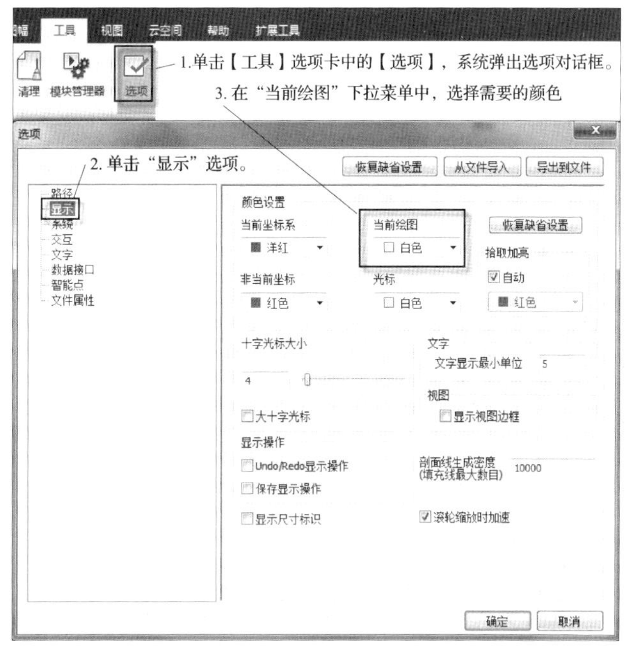

图 1-17　设置绘图区的颜色

2. 主菜单

电子图板在经典风格界面下仍然保留有传统的主菜单。主菜单通过下拉菜单—扩展菜单的形式提供了电子图板绝大多数命令的功能入口。

电子图板的主菜单位于屏幕的顶部，它由一行菜单条及其子菜单组成，包括文件、编辑、视图、格式、幅面、绘图、标注、修改、工具、窗口、帮助等菜单项。单击任意一个菜单项（如“标注”），都会弹出它的子菜单，单击子菜单上的菜单项即可执行对应命令，如图 1-18 所示。

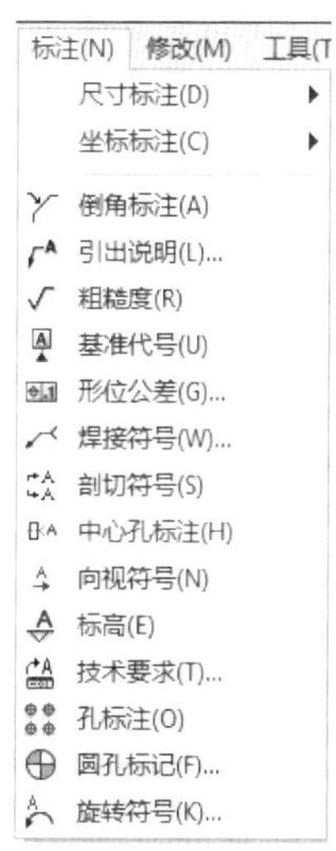

图 1-18　标注子菜单

提示

子菜单有如下特点：

1）菜单项后面有“…”省略号时，表示单击该选项后，会打开一个对话框。

2）菜单项后面有“ ▶ ”黑色的小三角时，表示该选项还有子菜单。

3）菜单项为浅灰色时，表示在当前条件下，这些命令不能使用。

3. 工具条

单击工具条中功能图标按钮可以直接调用对应的功能，用户可以自定义工具条位置和是否显示在界面上，也可以建立全新的工具条。图 1-19 所示为常用工具条。

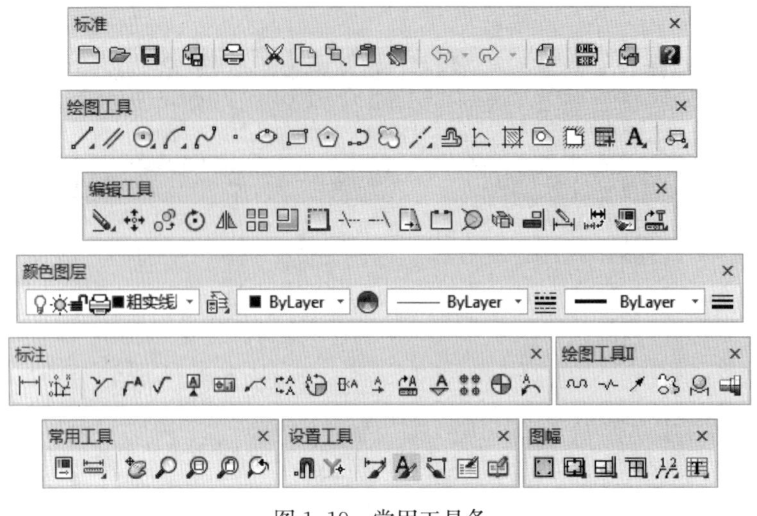

图 1-19 常用工具条

提示

如果要显示当前隐藏的工具条，可在任意工具条上右键单击，此时将弹出一个快捷菜单，通过选择快捷菜单中的命令可以显示或关闭相应的工具栏。

4. 命令行

命令行用于显示当前命令的执行状态，并且可以记录本次程序开启后的操作过程。将光标放置在菜单栏或工具条上，单击鼠标右键，在弹出的右键快捷菜单上，单击“命令行”命令，可以打开“命令行”文本框，如图 1-20 所示。

图 1-20 “命令行”文本框

三、右键快捷菜单

1. 绘图区右键菜单

在选择对象时，或者在无命令执行状态下，均可以通过单击鼠标右键调出绘图区右键菜单，如图 1-21 所示。在不同的命令状态或拾取状态下，绘图区右键菜单中的内容也会有所不同。

在电子图板“选项”中可以设置右键行为，使单击右键时直接重复上一次命令，取消右键菜单。单击“工具”→“选项”→“交互”→“自定义右键单击…”按钮，弹出“自定义右键单击”对话框，如图 1-22 所示。“默认模式”及“编辑模式”分别用于控制在未选择对象和已选择对象时单击右键的行为。选择“快捷菜单”即弹出绘图区右键菜单；选择“重复上一个命令”则不弹出绘图区右键菜单，直接调用上一次执行的命令。

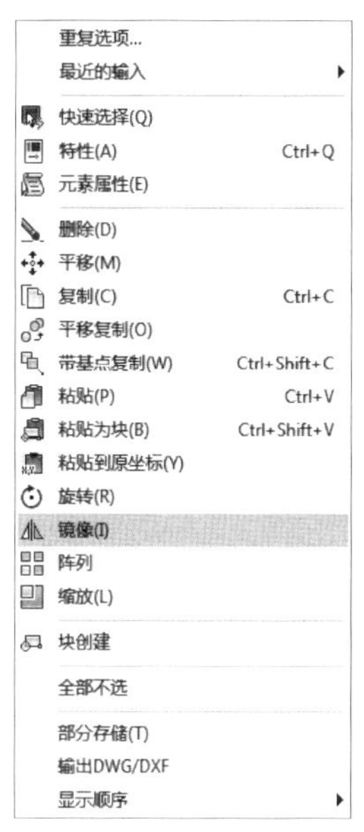

图 1-21　绘图区右键菜单

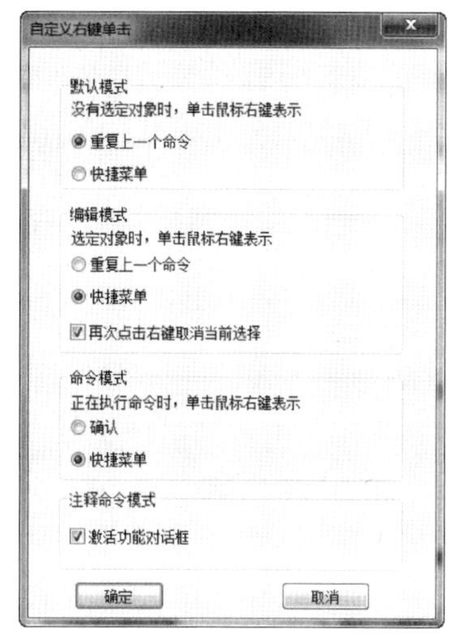

图 1-22　“自定义右键单击”对话框

2. 界面元素配置菜单

在功能区、快速启动工具栏、工具条缓冲区等位置单击鼠标右键，可以呼出界面元素配置菜单，如图 1-23 所示。该菜单可以对快速启动工具栏和功能区的状态进行设置，并且无论在新老界面中，都可以控制功能区、主菜单、命令行、图库工具选项板、特性工具选项板、立即菜单、状态条、全部工具条等界面元素是否显示在界面中。此外，界面元素配置菜单还可以呼出“界面元素自定义”对话框。

3. 状态栏配置菜单

状态栏配置菜单用于控制状态栏上各种功能元素的有无，包括命令输入区、当前命令提示、当前坐标、正交切换按钮、显示线宽切换按钮、动态输入开关按钮和智能点捕捉方式切换按钮。状态栏配置菜单如图 1-24 所示。

图 1-23　界面元素配置菜单

图 1-24　状态栏配置菜单

§1-3 CAXA电子图板基本操作

一、命令操作

1. 命令的调用

在电子图板中，无论进行什么样的操作都必须调用命令。调用命令的方法主要有鼠标单击、键盘命令和快捷键三种。

（1）鼠标单击

在主菜单、工具条或功能区等位置找到需要执行命令的选项或图标之后，使用鼠标左键单击该选项或图标即可调用该命令。

（2）键盘命令

在电子图板中，绝大部分功能都有对应的键盘命令。其中一部分十分常用的功能除了标准的键盘命令外，还会有一个简化命令。简化命令往往拼写十分简单，便于输入调用功能。如直线功能的简化命令是 L，圆功能的简化命令是 C，尺寸标注功能的简化命令是 D 等。在命令行中输入键盘命令或简化命令，按 Enter 键，即可调用该命令。

（3）快捷键

快捷键又称快速键或热键，是指通过某些特定的按键、按键顺序或按键组合来完成一个操作。不同于键盘命令的是，快捷键按下后，需要调用的功能会立即执行，不必如键盘命令那样在键盘上输入 Enter 后才调用功能。因此，使用快捷键调用命令可以大幅度提高绘图效率。

在常规的软件设计中，很多组合式的快捷键往往与键盘上的功能键 Alt、Ctrl、Shift 有关。如“关闭”电子图板功能的快捷键是“Alt＋F4”，“样式管理”功能的快捷键是“Ctrl＋T”，“另存文件”功能的快捷键是“Ctrl＋Shift＋S”等。

非组合式的快捷键主要是键盘最上方的 Esc 键和 F 系列功能键（F1 ～ F12）。其中 Esc 键用处非常广泛，在取消拾取、退出命令、关闭对话框、中断操作等方面有广泛的应用。大部分的操作或特殊状态都可以通过按下 Esc 键退出或消除。

2. 命令的中止、重复和取消

（1）命令的中止

在命令执行过程中，按 Esc 键，可中止命令执行。一般情况下，单击鼠标右键或按 Enter 键，也可中止当前操作直到退出命令。在一条命令执行过程中，选择菜单或工具按钮，可中止当前命令，输入新的命令。

（2）命令的重复

当执行完一条命令后，系统回到空命令状态，此时单击鼠标右键或按 Enter 键，可重复上一条命令。

（3）撤销操作

单击撤销操作按钮，可撤销上一步的操作。可撤销操作的步数与系统设置有关。

（4）恢复操作

单击恢复操作按钮，可恢复上一步被撤销的操作。恢复操作为撤销操作的逆操作。

3. 命令状态

电子图板的命令状态可以分为三种，即空命令状态、拾取实体状态和执行命令状态。

（1）空命令状态

空命令状态下可以通过拾取对象进入拾取实体状态，或通过调用命令的方式进入执行命令状态。如果在空命令状态下调用了需要拾取实体的命令，则该命令运行后会提示用户拾取实体。

（2）拾取实体状态

拾取实体状态下可以通过按 Esc 键进入空命令状态，或通过调用命令的方式进入执行命令状态。如果在拾取实体状态下调用了需要拾取对象的命令，则该命令会直接以在拾取实体状态下选中的实体为操作对象，直接进入拾取对象后的操作环节。

（3）执行命令状态

执行命令状态下可按 Esc 键回到空命令状态。部分命令也可以单击鼠标右键直接结束，回到空命令状态。

综上可知，电子图板执行命令时可以先拾取后调用命令，也可以先调用命令后拾取。但也有部分命令必须先拾取对象，如平移、旋转、镜像等。

此外，在空命令状态下可以通过直接输入算术式求得计算结果，例如：

输入“8－2”命令后按 Enter 键，输入区显示“8－2＝6”。

输入“4*3”命令后按 Enter 键，输入区显示“4*3＝12”。

输入“2^3”命令后按 Enter 键，输入区显示“2^3＝8”。

二、数据输入

CAXA 电子图板中需要输入的数据有点（直线的端点、圆心等）、数值（直线长度、圆半径等）及位移。

1. 点的输入

图形要素大多可通过输入点的位置来确定其大小。例如，画两点线时，会提示“第一点”“第二点”；画圆时会提示“圆心点”等，这种状态称为点输入状态。电子图板除了提供常用的键盘输入和鼠标单击输入方式外，还提供智能点捕捉和工具点捕捉工具。

（1）键盘输入

在点输入状态下，用键盘输入该点的坐标值。点的坐标可用直角坐标、极坐标、相对直角坐标和相对极坐标表示，其输入格式如下：

1）直角坐标。输入“X，Y”坐标值，以逗号为分隔符。

2）极坐标。输入“$d<a$”，其中 d 为极径，a 为极角。

3）相对直角坐标。输入“@X，Y”，其中 X 为该点相对于前一个点的 X 坐标差，Y 为该点相对于前一个点的 Y 坐标差。

4）相对极坐标。输入“@$d<a$”，表示输入了一个相对当前点的极坐标。相对当前点的极坐标半径为 d，半径与 X 轴的逆时针夹角为 a。

（2）鼠标输入

在点输入状态下，通过移动十字光标选择需要输入点的位置。选中后单击鼠标左键，该点的坐标即被输入。

工具点就是在作图过程中具有几何特征的点，如圆心点、切点、端点等。所谓工具点捕捉就是使用鼠标捕捉某个特征点。用户进入作图命令，需要输入特征点时，只要按下空格键，即可弹出工具点菜单，如图 1-25 所示。

工具点捕获状态的改变，也可以不用工具点菜单的弹出与拾取，用户在输入点状态的提示下，可以直接按相应的键盘字符（如“E”代表端点，“C”代表圆心等）进行切换。

当使用工具点捕捉时，其他设定的捕获方式暂时被取消，这就是工具点捕捉优先原则。当启用动态输入工具时，可以直接在屏幕上动态输入框内输入点坐标。

屏幕点(S)
端点(E)
中点(M)
两点之间的中点(B)
圆心(C)
节点(D)
象限点(Q)
交点(I)
插入点(R)
垂足点(P)
切点(T)
最近点(N)

图 1-25　工具点菜单

2. 数值的输入

CAXA 电子图板中某些命令执行时，需要输入数值，如长度、半径、角度等。此时既可输入一个数据，也可以输入一个表达式。如 100、35+70、sin（70/360）、sqrt（36+42）。

在表达式中输入角度值时，规定以度为单位。角度以 X 轴正向为 0°，逆时针旋转为正，顺时针旋转为负。

3. 位移的输入

位移是一个矢量。在某些操作中（如平移、拉伸等），需要输入位移，可采用“给定两点”或“给定偏移”两种方式。前者输入两个点，以两点连线方向作为位移方向，以两点间的距离作为位移量；后者直接输入位移分量“ΔX，ΔY”。

三、对象操作

1. 对象的概念

在 CAXA 电子图板中，绘制在绘图区的各种曲线、文字、块等绘图元素实体，被称为图元对象，简称对象。一个能够单独拾取的实体就是一个对象。在电子图板中，如块一类的对象还可以包含若干个子对象。在电子图板中绘图的过程，除了编辑环境参数外，实际上就是生成对象和编辑对象的过程。

2. 拾取对象

在 CAXA 电子图板中，如果想对已经生成的对象进行操作，则必须对对象进行拾取。拾取对象的方法可以分为点选、框选和全选。被选中的对象会被加亮显示，加亮显示的具体效果可以在系统选项中设置。图 1-26 中虚线显示的实体为被拾取加亮的对象。

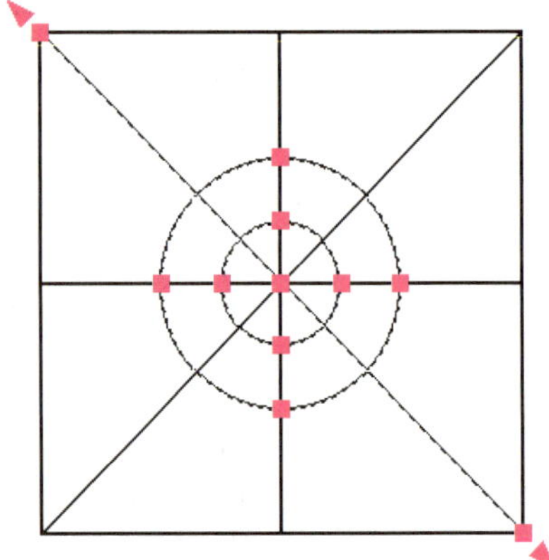

图 1-26　拾取加亮对象

（1）点选

点选是指将光标移动到对象内的线条或实体上单击左键，该实体会直接处于被选中状态。

（2）框选

框选是指在绘图区选择两个对角点形成选择框拾取对象。框选不仅可以选择单个对象，还可以一次选择多个对象。框选可分为正选和反选两种形式。

1）正选。正选是指在选择过程中，第一角点在左侧，第二角点在右侧（即第一点的横坐标小于第二点）。正选时，选择框色调为蓝色，框线为实线。在正选时，只有对象上的所有点都在选择框内时，对象才会被选中，如图 1-27 所示。

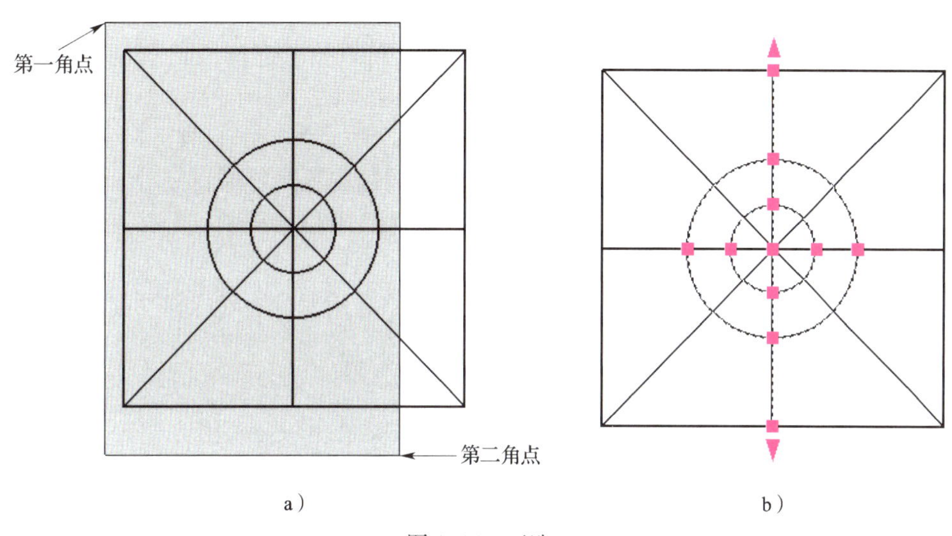

图 1-27　正选

a）正选选择框　b）选中的对象

2）反选。反选是指在选择过程中，第一角点在右侧，第二角点在左侧（即第一点的横坐标大于第二点）。反选时，选择框色调为绿色，框线为虚线。在反选时，只要对象上有一点在选择框内，则该对象就会被选中，如图 1-28 所示。

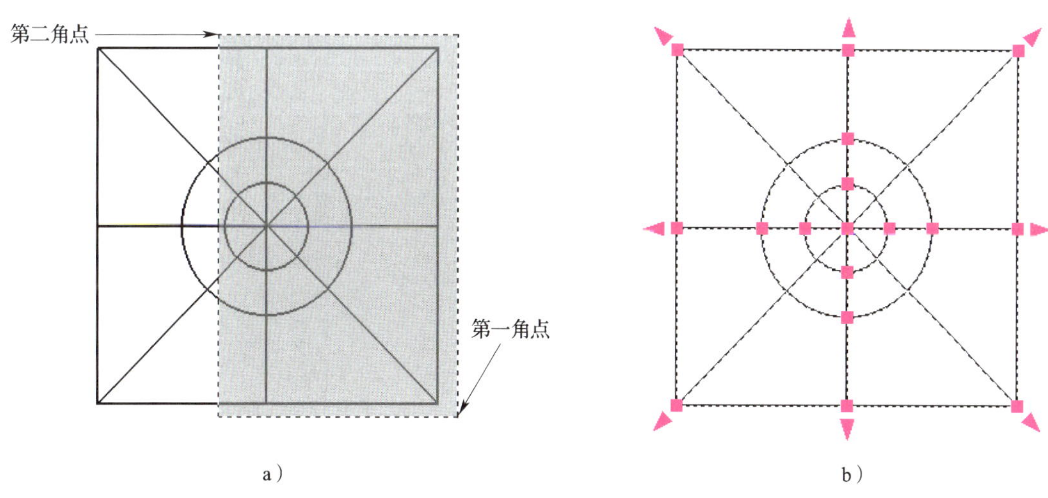

图 1-28　反选

a）反选选择框　b）选中的对象

（3）全选

全选可以将绘图区能够选中的对象一次全部拾取。全选快捷键为 Ctrl＋A。

此外，在已经选择了对象的状态下，仍然可以利用上述方法直接在已有选择的基础上添加拾取。

3. 取消选择

使用常规命令结束操作后，被选择的对象也会自动取消选择状态。如果想手动取消当前的全部选择，可以按键盘上的 Esc 键，也可以使用绘图区右键菜单中的“全部不选”功能。如果希望取消当前某一个或某几个对象的选择状态，可以按下键盘 Shift 键的同时选择需要去除的对象。

四、右键直接操作功能

CAXA 电子图板提供了右键直接操作功能，即通过右键菜单可直接对图形元素进行一些相关操作，包括快速选择、特性、元素属性、删除、平移、复制、平移复制、粘贴、旋转、镜像、阵列等操作。

例 如图 1-29 所示，图中矩形的线型为粗实线，利用鼠标右键操作功能将矩形的线型改为双点画线。

具体操作步骤如下：

（1）拾取矩形，然后单击鼠标右键，弹出如图 1-30 所示快捷菜单。

（2）选择“特性”，弹出“特性”工具选项板，如图 1-31 所示。

图 1-29 矩形

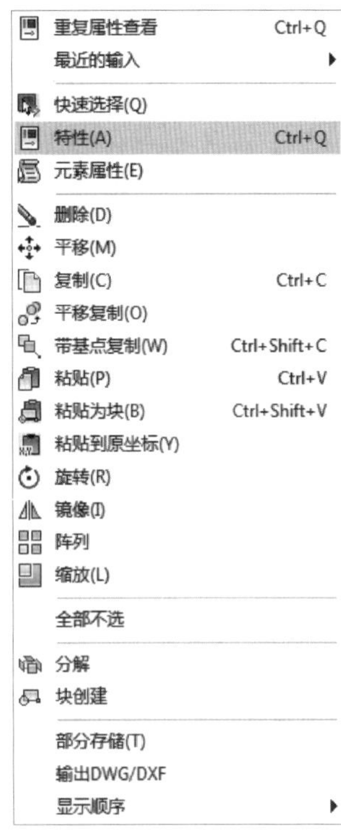

图 1-30 快捷菜单

图 1-31 “特性”工具选项板

（3）单击线型右边的下拉箭头，弹出线型下拉列表，如图 1-32 所示，选择双点画线。

（4）按 Esc 键，退出“特性”工具选项板，结果如图 1-33 所示。

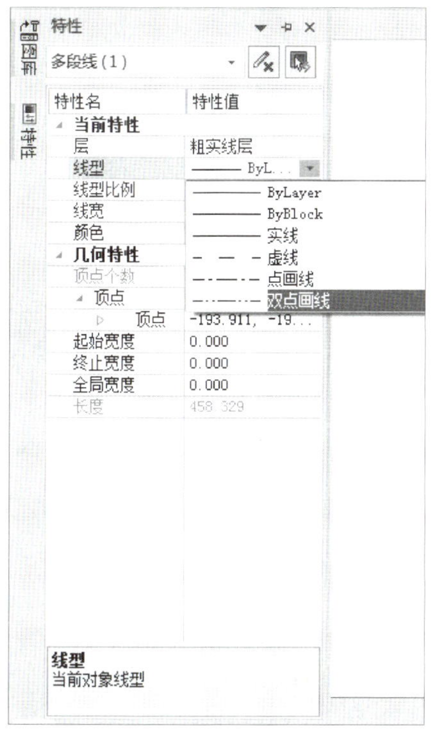

图 1-32 “线型”下拉列表

图 1-33 修改后的矩形

§1-4 图形文件管理

在 CAXA 电子图板 2018 中，图形文件管理包括新建、打开、保存图形文件，以及并入文件、部分存储图形对象等操作。文件管理的功能主要通过文件主菜单或快速启动工具栏来实现。文件主菜单如图 1-34 所示。

一、文件存取操作

1. 新建文件

新建文件用于选择模板新建一个图形文件。具体操作步骤如下：

（1）单击“文件”主菜单中的“新建”命令，或单击快速启动工具栏的按钮，或执行 new 命令，系统弹出“新建”对话框，如图 1-35 所示。

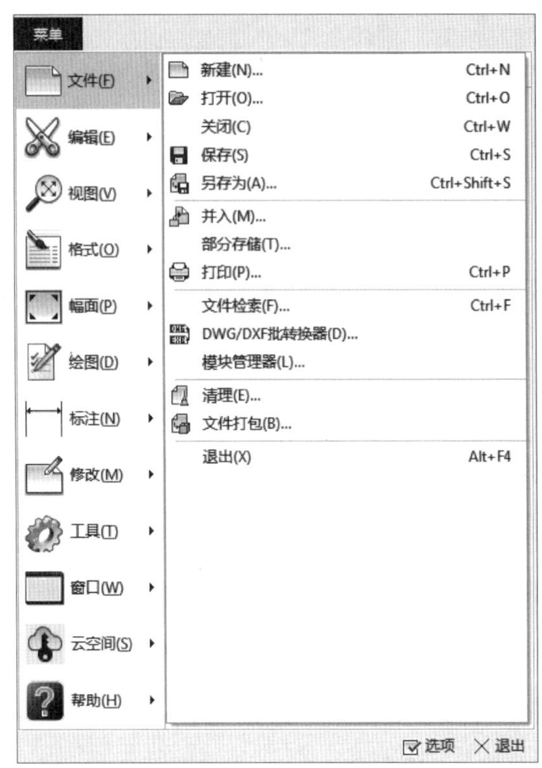

图 1-34　文件主菜单

图 1-35　“新建”对话框

对话框中列出了若干个模板文件，它们是国家标准规定的 A0 ~ A4 的图幅、图框及标题栏模板以及一个名称为“BLANK”的空白模板文件。这里所说的模板，实际上就是相当于已经印好图框和标题栏的一张空白图纸。用户调用某个模板文件相当于调用一张空白图纸。模板的作用是减少用户的重复性操作。

（2）选取所需模板，单击“确定”按钮，系统将以所选模板为基础新建文件（模板中已有要素会显示在屏幕绘图区）。

2. 打开文件

打开文件主要用于在 CAXA 电子图板中打开一个已经存在的图形文件。具体操作步骤如下：

（1）单击“文件”主菜单中的“打开”命令，或单击快速启动工具栏上的按钮，或在命令行中执行 open 命令，系统弹出“打开”对话框，如图 1-36 所示。

图 1-36 “打开”对话框

（2）选取要打开的文件，单击“打开”按钮，系统将打开所选图形文件。

在“打开”对话框中，单击“文件类型”右边的下拉箭头，可以显示出 CAXA CAD 电子图板所支持的文件类型，如图 1-37 所示。

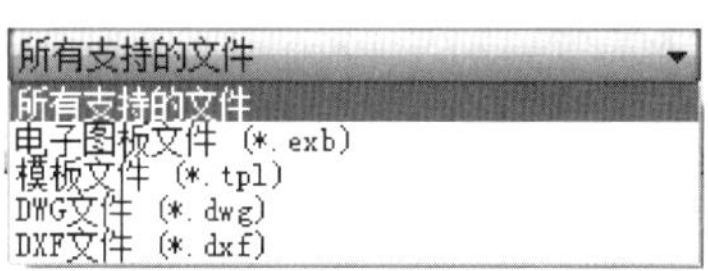

图 1-37 文件类型选择

电子图板支持直接打开的文件类型有电子图板 EXB 文件、电子图板 TPL 模板文件、DWG 和 DXF 文件等。

3. 保存文件

保存文件是指将当前绘制的图形以文件形式存储到磁盘上。在对图形进行处理时，应当经常进行保存，以防意外事件导致图形及其数据丢失。具体操作步骤如下：

（1）单击“文件”主菜单中的“保存”命令，或单击快速启动工具栏上的按钮，或在命令行中执行 save 命令。如果文件已有文件名，系统将执行存盘操作，不出现对话框；如果文件尚未存盘，系统将弹出“另存文件”对话框，如图 1-38 所示。选择存储路径并输入文件名，选择保存文件的类型后，单击“保存”按钮，即完成对文件的保存。保存文件时需注意：

图 1-38 “另存文件”对话框

1）输入文件名时，如果当前目录已有同名文件，会提示是否覆盖。

2）要对所存储的文件设置密码，可单击“密码”按钮，按照提示操作即可。设置了密码的文件在打开时需要输入密码。

（2）如果要保存一个已存盘文件的副本，可以单击“文件”主菜单中的“另存为”命令。

4. 并入文件

在实际绘图时，有时一张图纸需要多个人才能完成。因此，可以让每个人使用相同的模板进行绘制，最后将每个人设计的图纸并入到一张图纸中。并入文件可以将用户指定的文件并入到当前的文件中。如果两个文件有相同的图层，则并入到相同的图层；否则，全部并入当前层。

并入文件的具体操作步骤如下：

（1）单击“文件”主菜单中的“并入”按钮，或单击“插入”选项卡“对象”面板上的按钮，或在命令行中执行 merge 命令，系统弹出“并入文件”对话框，如图 1-39 所示。

（2）选择要并入的文件，单击“打开”按钮，弹出“并入文件”对话框，如图 1-40 所示。

如果选择的文件包含多张图纸，并入文件时，可在图 1-40 所示对话框中的“图纸选择”栏选定要并入的图纸，选定图纸时在对话框右侧出现所选图形的预显。

（3）在“选项”下可以选择并入设置，具体含义如下：

1）并入到当前图纸。将所选图纸作为一个部分并入到当前的图纸中，点击“确定”时弹出立即菜单。在立即菜单中可根据需要进行设置。选择“并入到当前图纸”时，只能选择一张图纸。

2）作为新图纸并入。将所选图纸作为新图纸并入到当前的文件中。此时可以选择一张或多张图纸。如果并入的图纸名称和当前文件中的图纸名称相同，将会提示修改图纸名称，如图 1-41 所示为“图纸重命名”对话框。

图 1-39 “并入文件”对话框

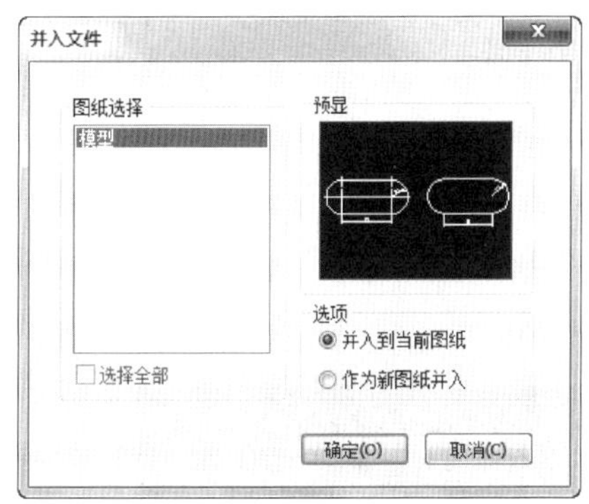

图 1-40 “并入文件”对话框

图 1-41 “图纸重命名”对话框

5. 部分存储

部分存储是指将当前图形中的一部分存储为一个文件。部分存储的具体操作步骤如下：

（1）单击“文件”主菜单中的“部分存储”命令，或在命令行中执行 partsave 命令，系统将提示“拾取元素”。

（2）根据系统提示，在屏幕上拾取需要存储的图形元素，并单击鼠标右键确认，此时系统提示“请给定图形基点”。用鼠标左键在屏幕上给定图形基点后，系统将弹出“部分存储文件”对话框，如图 1-42 所示。

（3）在对话框中指定文件名和存放路径，单击“保存”按钮，即可完成部分存储操作。

6. 文件检索

文件检索的主要功能是从本地计算机或者网络计算机上查找符合条件的文件。检索条件可以指定路径、文件名、电子图板文件标题栏中属性等条件。

文件检索的方法和操作步骤如下：

（1）单击“文件”主菜单中“文件检索”命令，系统弹出“文件检索”对话框，如图 1-43 所示。

图 1-42 “部分存储文件”对话框

图 1-43 “文件检索”对话框

（2）设置查找路径和指定查找的范围。在“搜索路径”中可以手动填写路径，也可以通过单击“浏览”按钮打开“浏览”对话框，在其中选择路径。“包含子文件夹”复选框决定是只在当前目录下查找还是包括子目录。

（3）输入文件名称。在“文件名称”文本框中输入查找文件的名称和扩展名，系统允许使用通配符“*”，以查找一批文件。

（4）编辑条件。单击“编辑条件”按钮，弹出如图 1-44 所示的“编辑条件”对话框。

1）添加条件。“条件显示”栏用于显示添加的条件，在没有添加条件时，该区域显示为空。条件由条件项、条件符、条件值三部分组成，可在下面的条件编辑区和附件条件编辑区对条件内容进行编辑。

分别单击“条件项”和“条件符”右侧的下拉按钮，可得到下拉列表。

首先，在“条件项”下拉列表（图 1-45）中选择标题栏中的标题属性，如选“备注”。然后，在“条件类型”下选择“字符型”“数值型”或“日期型”中的一项。不同类型所提供的条件符不同，用户可通过“条件符”下拉列表（图 1-46）选择。如“条件项”下拉列表选择的是“备注”，“条件符”下拉列表选择的是“相同”。在“条件值”编辑框输入需查找的内容，如“北京航空航天大学”等。

在完成上述各项操作后，单击“添加条件”按钮，设定的查找条件即显示在“编辑条件”对话框的“条件显示”栏中。

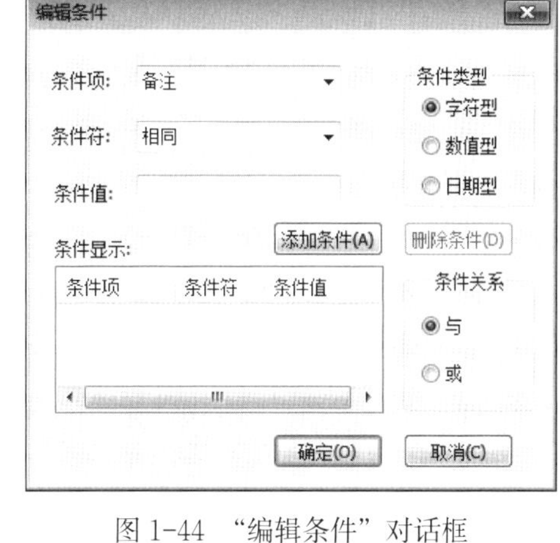

图 1-44 “编辑条件”对话框

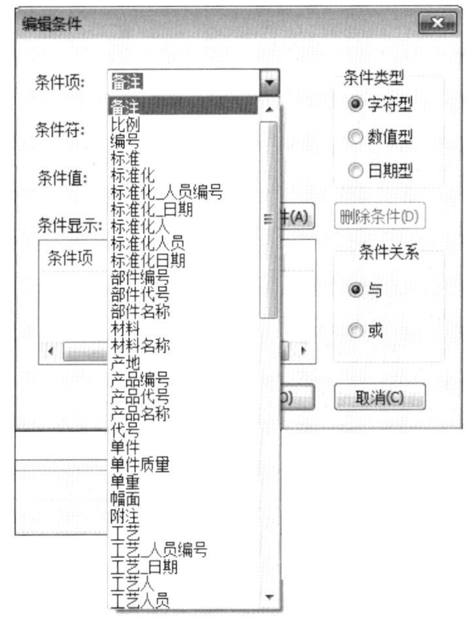

图 1-45 “条件项”下拉列表

图 1-46 “条件符”下拉列表

2）删除条件。在“条件显示”栏中选择需要删除的条件，然后单击“删除条件”按钮，该条件即被删除。

（5）查找结果。设置好查找条件后，单击“开始搜索”按钮，该路径下符合条件的文件就会显示在查找结果中，如图 1-47 所示。如果用户中途想停止查找，可单击“停止搜索”按钮。

7. 文件打印

文件打印是指将排版完毕的图形按一定要求打印到图纸上。文件打印的方法和操作步骤如下：

（1）单击“文件”主菜单中的“打印”命令，或单击快速启动工具栏中的 🖨 按钮，或在命令行中输入 plot 命令，系统弹出“打印”对话框，如图 1-48 所示。

图 1-47　查找结果

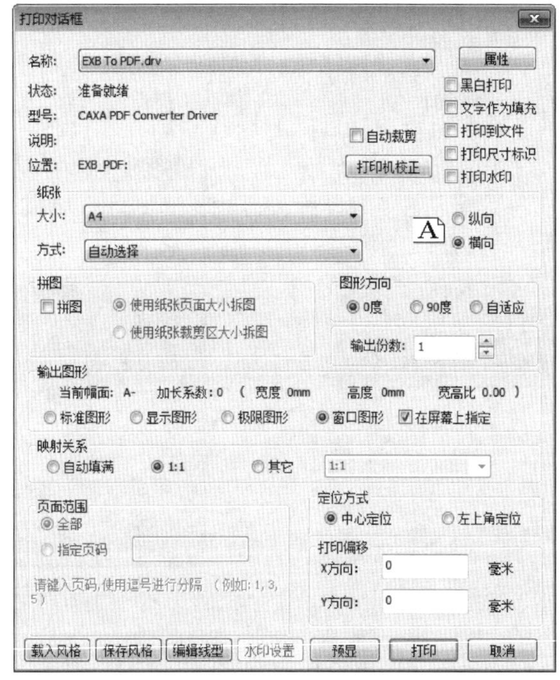

图 1-48　“打印”对话框

（2）在该对话框中，可以对打印机、纸张、拼图、图形方向、输出图形、映射关系等进行设置。设置完毕后，单击“打印”按钮，即可正确打印图纸。

二、多文档多图操作

电子图板可以同时打开多个图形文件，也支持在一个文件中设计多张图纸。在同时打开的文件间或一个文件中的多个图纸间可以方便地切换。

1. 多文档

同时打开多个文件时，每个文件均可以独立设计和存盘。在不同的文件间切换时可以使用 Ctrl+Tab 键在不同的文件间循环切换。

（1）经典风格界面下的多窗口操作

在经典风格界面下可以借助“窗口”主菜单（图 1-49）实现多个文档窗口的操作。

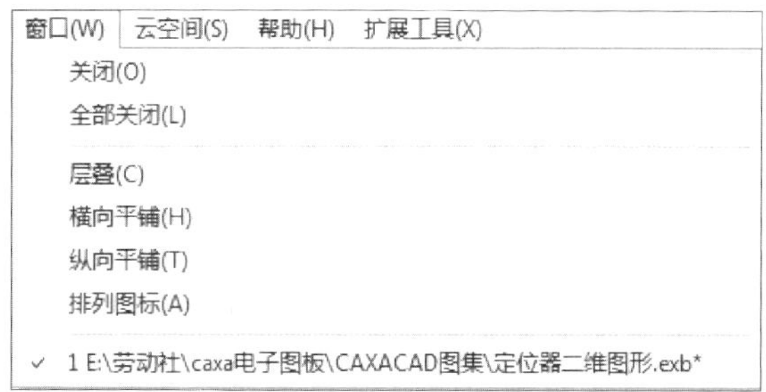

图 1-49　经典风格界面下的“窗口”子菜单

多个文件窗口的排列方式有层叠、横向平铺、纵向平铺、排列图标。也可以直接点击文件名称切换当前窗口。

（2）Fluent 风格界面下的多窗口操作

在 Fluent 风格界面下，可以单击“视图”选项卡，使用“窗口”面板上的对应功能在各个文档间切换，如图 1-50 所示。

图 1-50　Fluent 界面下的多窗口操作

可以直接点击层叠、横向平铺、纵向平铺、排列图标的按钮选择窗口的排列方式，也可以点击“文档切换”，然后在下拉菜单中选择要切换的文件。

2. 多图

电子图板支持在一个文件中同时设计多张图纸，如图 1-51 所示。单击功能区下方的图纸名称按钮，即可在不同的图纸间切换。

EXB 文件中默认状态下仅有一个图纸空间——模型空间。除模型空间外，还可以插入多个布局空间。布局空间均可独立于模型空间设置幅面信息。

使用鼠标右键单击功能区下方的图纸名称时，将弹出如图 1-52 所示菜单，在菜单中，可以选择“插入”一张新图纸，“删除”所选的图纸，“重命名”所选图纸，“移动或复制”所选图纸，“打印”所选图纸，“另存为”一个新的图纸文件，在当前空间下，并入一个“来自文件”的新图纸。

注意：一个 EXB 文件中，有且仅有一个模型空间，模型空间不能新增、删除或重命名。插入的新图纸全部为布局空间。布局空间可以通过拖放调整排序，但模型空间不能排序，永远处于首位。

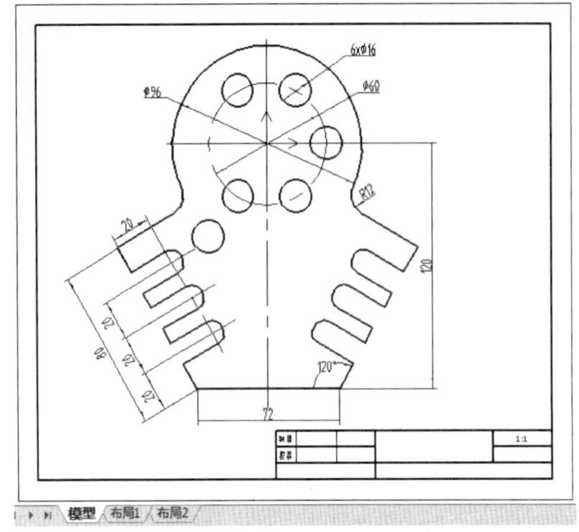

图 1-51　多张图纸切换

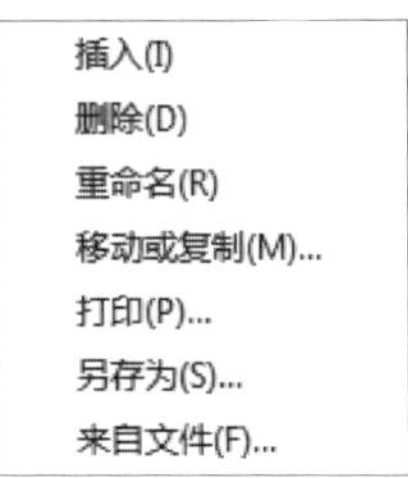

图 1-52　图纸操作菜单

习　题

1. CAXA CAD 电子图板 2018 有哪两种用户界面？两种用户界面如何切换？
2. CAXA CAD 电子图板 2018 绘图区默认什么颜色？如何将该种颜色改为白色？
3. 在电子图板中，调用命令的方法主要有哪几种？
4. 在电子图板中，点的坐标可用哪几种坐标表示？各种坐标输入格式是什么？
5. 什么是对象？拾取对象的方法有哪些？
6. 打开帮助，通过附录查看常用的快捷键。

第二章 绘图工具

作为通用的绘图软件，CAXA 电子图板提供了一些实用的绘图工具，如图层工具、视图工具、查询工具，用户利用这些绘图工具可以轻松地设置和查询图形的图层属性，控制图形的显示等。通过本章的学习，读者应：

- 掌握图层属性的各项操作。
- 掌握显示控制的各项操作。
- 掌握系统查询的各项操作。

§2-1 图 层

图层是利用 CAXA 电子图板绘图时经常遇到的一个概念。假设如图 2-1a 和图 2-1b 分别为画在两张透明纸上的图形，如果将两张透明图纸叠放起来，就会得到图 2-1c 所示的图形。图层的概念和这类似，可以认为图 2-1a 和图 2-1b 分别为在两个图层中绘制的图形，在 CAXA 电子图板中同时打开这两个图层，屏幕上将显示图 2-1c 图形。

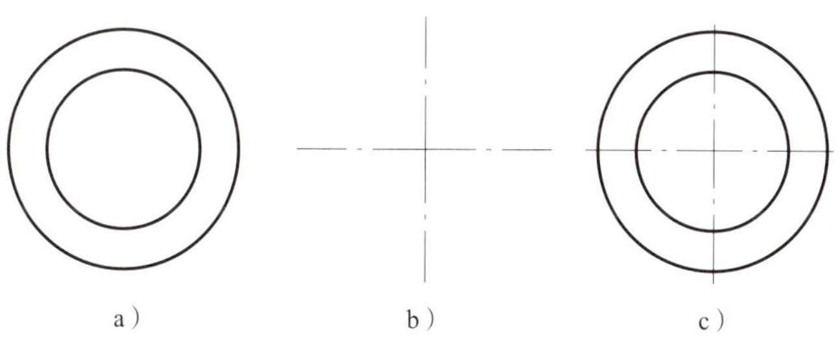

图 2-1 图层控制
a）透明图纸 1 b）透明图纸 2 c）两张透明图纸叠放起来

一、图层的概念和特点

1. 图层的概念

CAXA 电子图板绘图系统同其他 CAD/CAM 绘图系统一样，为用户提供了分层功能。

层，也称为图层，它是绘制图样不可缺少的软件环境。

众所周知，一幅机械工程图样，包含有各种各样的信息，有确定对象形状的几何信息，也有表示线型、颜色等属性的非几何信息，也还有各种尺寸和符号。这么多的内容集中在一张图纸上，必然给设计绘图工作造成很大负担。如果能够把相关的信息集中在一起，或把某个零件、某个组件集中在一起单独进行绘制或编辑，当需要时又能够组合或单独提取，那么将使设计绘图工作变得简单而又方便。图层就具备了这种功能，可以采用分层的设计方式完成上述要求。

可以把图层想象为一张没有厚度的透明薄片，对象及其信息就存放在这张透明薄片上。CAXA 电子图板中的每一个图层必须有唯一的层名；不同的层上可以设置不同的线型和不同的颜色，也可以设置其他信息。层与层之间由一个坐标系统一定位。所以，一个图形文件的所有图层都可以重叠在一起而不会发生坐标关系的混乱。

2. 图层的特点

（1）各图层之间不但坐标系是统一的，而且其缩放系数也是一致的。因此，层与层之间可以完全对齐。某一个图层上的一个标记点会自动精确地对应在其他各个图层的同一位置点上。

（2）图层是具有属性的，其属性可以被改变。图层的属性包括层名、层描述、线型、颜色、打开与关闭以及是否为当前层等。每一个图层对应一套由系统设定的颜色和线型、线宽等属性。电子图板默认模板的初始层为“粗实线层”，它为当前层，线型为实线，线宽为粗线。可以通过功能区“常用”选项卡的“特性”面板修改图层、颜色、线型、线宽等属性信息。

（3）图层可以新建，也可以删除。图层可以打开，也可以关闭。打开图层上的对象在屏幕上可见，关闭图层上的对象在屏幕上不可见。

为了便于用户使用，系统预先定义了 8 个图层。这 8 个图层的层名分别为 0 层、中心线层、虚线层、粗实线层、细实线层、尺寸线层、剖面线层和隐藏层，每个图层都按其名称设置了相应的线型和颜色。

二、图层操作

1. 设置当前层

所谓“当前层”就是当前正在进行操作的图层。将某个图层设置为当前层，随后绘制的图形元素均在当前层上。系统只有唯一的当前层，其他的图层均为非当前层。为了对已有的某个图层中的图形进行操作，必须将该图层设置为当前层。设置当前层的方法有：

方法 1：在没有选择任何实体的情况下，单击“常用”选项卡中的“特性”功能区的“图层”下拉菜单，可弹出图层下拉菜单列表，如图 2-2 所示。在列表中单击所需的图层即可完成当前层选择的设置操作。

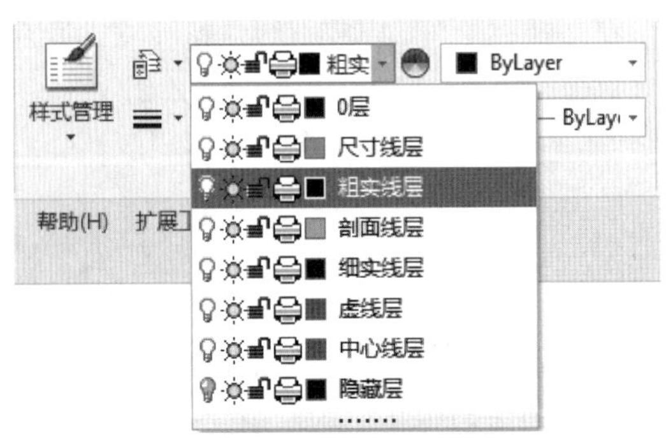

图 2-2 “图层”下拉菜单

值得注意的是，如果在绘图区选择了实体，那么此时“图层”下拉菜单中显示的将是当前被选择实体的图层属性。此时使用“图层”下拉菜单进行切换图层操作，改变的也是当前选中实体的属性，而非改变当前图层。

方法 2：单击“常用”选项卡“特性”功能区中图层按钮，打开“层设置”对话框，选中要设置的图层，单击“设为当前”按钮即可。也可以选中左侧图层列表上的图层，之后单击鼠标右键，在弹出的菜单中选择“设为当前”，如图 2-3 所示。

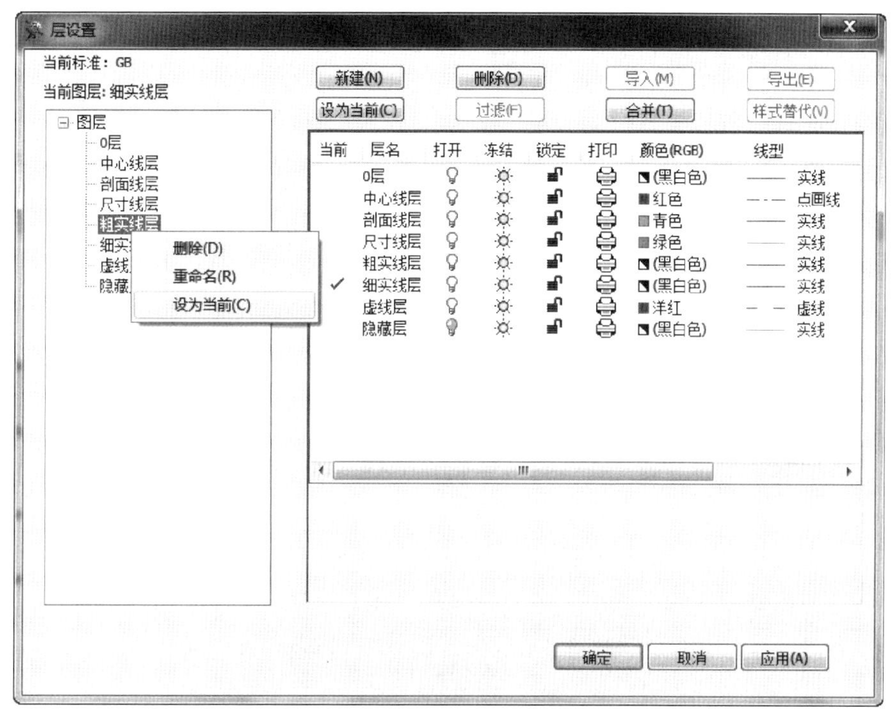

图 2-3 “层设置”对话框

方法 3：单击“工具”选项卡中的“样式管理”按钮，打开其对话框，如图 2-4 所示。选中要设置的图层，单击“设为当前”按钮即可。也可以选中左侧图层列表上的图层，单击鼠标右键，在弹出的菜单中选择“设为当前”即可。

2. 新建图层

创建一个新的图层。操作步骤如下：

（1）打开“层设置”或“样式管理”对话框。

（2）单击“新建”按钮，系统弹出“新建风格后将自动保存，确定新建吗？”提示，单击“是”按钮，弹出“新建风格”对话框，如图 2-5 所示。输入一个图层名称，并选择一个基准图层，单击“下一步”后在图层列表框的最下边一行可以看到新建图层，新建图层的设置默认使用当前图层的设置。

3. 删除图层

删除一个用户自己建立的图层。操作步骤如下：

（1）打开“样式管理”或“层设置”对话框。

（2）选中要删除的图层，单击“删除”按钮，在弹出提示对话框中单击“是”即可删除图层。也可以在左侧的图层列表处选择要删除的图层，单击鼠标右键，在弹出的菜单中单击“删除”按钮并确认。

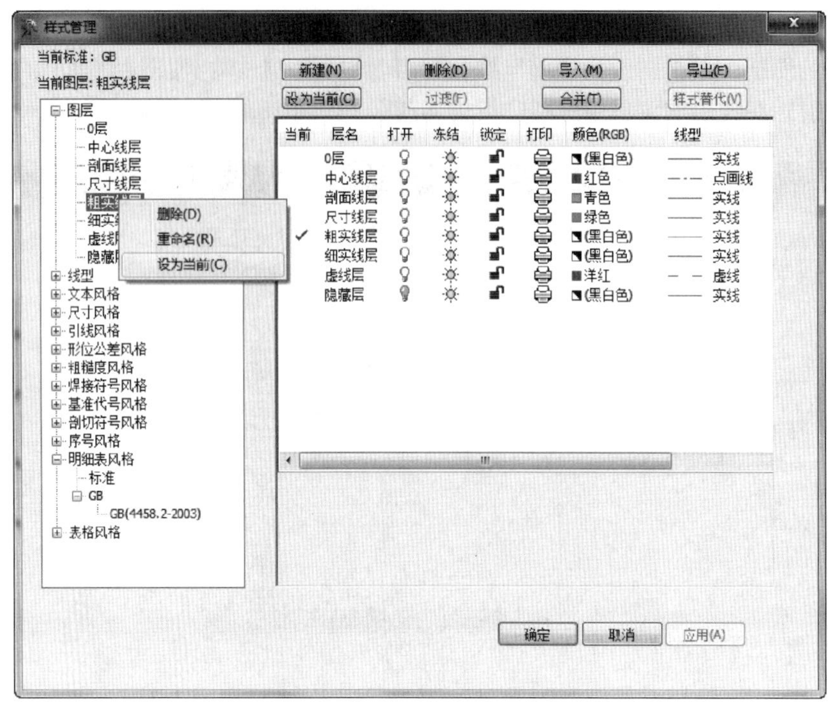

图 2-4 “样式管理”对话框

图 2-5 “新建风格”对话框

注意：只能删除用户创建的图层，不能删除系统原始图层。图层被设置为当前图层时，不能删除。图层上有图形被使用时，不能删除。

三、图层设置

图层的设置主要是通过“层设置”对话框进行的，除了基本的设置当前层、重命名、新建、删除外，还可以进行打开 / 关闭、冻结 / 解冻、层锁定、设置颜色、设置线型、设置线宽以及设置本层是否打印等操作。用户对图层属性内容进行修改，则图层上所有对象的 Bylayer 属性均会更新。

1. 调用层设置功能

单击“格式”主菜单中的“图层”命令，或单击“颜色图层”工具条上的按钮，或单击“常用”选项卡上“特性”功能区中的按钮，或在命令行中输入 layer 命令，即可执行图层设置命令，系统弹出如图 2-6 所示“层设置”对话框。

图 2-6 “层设置”对话框

2. 打开 / 关闭图层

单击当前层后面的黄色按钮，弹出如图 2-7 所示对话框。若单击“是（Y）”按钮，则当前层关闭，其后黄色按钮变为暗色按钮。若单击非当前层后面的黄色按钮，直接变为暗色按钮，无询问对话框。

图 2-7 关闭当前层提示对话框

3. 冻结 / 解冻图层

除当前层外，单击其他层后面的黄色冻结按钮，变为暗色按钮，表示该图层被冻结。单击暗色按钮，变为黄色按钮，表示该图层解冻。

4. 层锁定设置

单击任意层后面的解锁按钮，变为锁定按钮，表示该图层被锁定。单击任意层后面的锁定按钮，变为解锁按钮，表示该图层解锁。

5. 图层打印设置

图层后面打印按钮为时，表示打印该图层；单击按钮，变为，表示不打印该图层。

6. 图层颜色设置

每个图层都可以设置一种颜色，图层颜色是可以改变的。系统已为常用的图层设置了不同的颜色。若想改变上述图层颜色，可按下述步骤进行。

（1）打开“样式管理”或“层设置”对话框。

（2）在要改变颜色的图层的层状态颜色处，用鼠标左键单击颜色按钮，系统弹出“颜色选取”对话框，如图 2-8 所示。

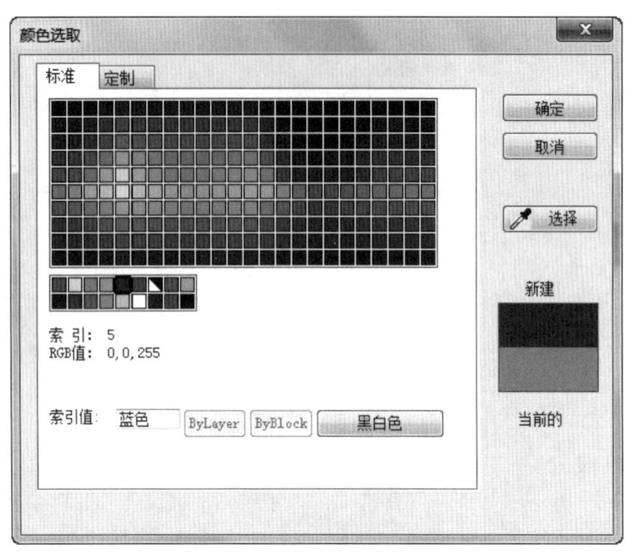

图 2-8 “颜色选取”对话框

（3）用户可根据需要选择颜色后，单击“确定”按钮，返回“样式管理”或“层设置”对话框。

此时对应图层的颜色已改为用户选定的颜色。

7. 图层线型设置

设置所选图层的线型。系统为已有的图层设置了不同的线型，所有线型都可以使用下列操作重新设置。

（1）打开“样式管理”或“层设置”对话框。

（2）单击要改变的线型，弹出“线型”对话框，如图 2-9 所示。

图 2-9 “线型”对话框

（3）用户可根据需要选择线型，单击“确定”按钮后返回“样式管理”或“层设置”对话框。

此时对应图层的线型已改为选定的线型。

8. 图层线宽设置

设置所选图层的线宽。系统为已有的图层设置了不同的线宽，所有线宽都可以采用下列操作重新设置。

（1）打开“样式管理”或“层设置”对话框。

（2）单击要改变的线宽，弹出“线宽设置”对话框，如图 2-10 所示。

（3）用户可根据需要选择线宽，单击“确定”按钮后返回“样式管理”或“层设置”对话框。

此时对应图层的线宽已改为选定的线宽。

9. 图层编辑右键菜单

在“样式管理”或“层设置”对话框中图层信息列表控件内，单击鼠标右键，还可以弹出与其他样式管理工具不同的右键菜单，如图 2-11 所示。可以设置当前图层、新建图层、重命名图层、删除图层和修改层描述，此外还可以指定对图层的全选和反选操作。

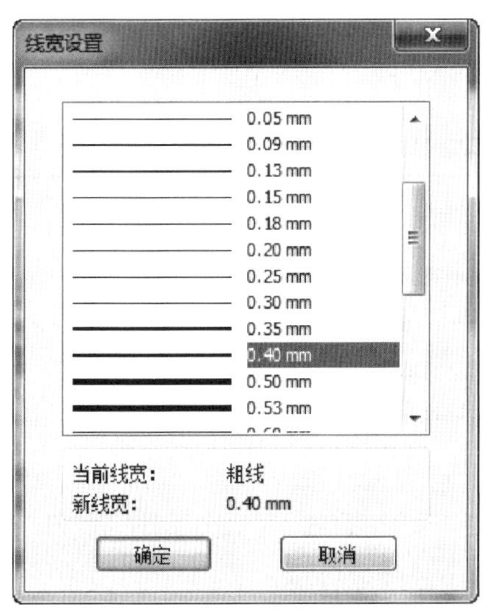

图 2-10 “线宽设置”对话框

图 2-11 图层编辑右键菜单

四、图层工具

为了方便绘图中的图层操作，电子图板提供了多个图层工具。图层工具可通过“格式”主菜单中的“图层工具”子命令中的工具按钮调用，如图 2-12a 所示；或使用“图层工具”工具条中的工具按钮来进行调用，如图 2-12b 所示。图层工具按钮的名称、命令及功能见表 2-1。

a）　　　　　　　　　　b）

图 2-12　图层工具调用方法

a）“格式”主菜单中的工具按钮　b）“图层”工具条中的工具按钮

表 2-1　　图层工具按钮的名称、命令及功能

按钮	名称	命令	功能
	移动对象到当前图层	laycur	将拾取到的对象置于当前图层上
	移动对象到指定图层	laycur	将拾取到的对象指定到其他图层上
	移动对象图层快捷设置	laycur	设定图层的快捷方式
	对象所在层置为当前图层	laymcur	将当前图层设置为拾取对象所在的图层
	图层隔离	layiso	将选定对象所在图层以外的全部图层关闭
	取消图层隔离	layuniso	取消图层隔离对图层的关闭
	合并图层	laymrg	将被合并图层的全部对象移动合并到图层中，并将被合并图层删除。注意：由于该功能牵涉删除图层，因此选择被合并图层上的对象时，应保证其所在的图层符合可删除条件
	拾取对象删除图层	laydel	将拾取对象所在的图层及该图层上的全部对象删除。注意：由于该功能牵涉删除图层，因此选择被删除图层上的对象时，应保证其所在的图层符合可删除条件

续表

按钮	名称	命令	功能
	图层全开	layon	将全部图层置于打开状态
	局部改层	laypar	拾取两点将基本曲线截断，并修改两点间的图层属性

§2-2 视图工具

在绘图时，由于绘图的需要，绘图者有时需要改变图形在屏幕上的大小、位置等特性，电子图板提供了一系列命令可以方便地控制。

视图命令与绘制、编辑命令不同。它们只改变图形在屏幕上的显示情况，而不能使图形产生实质性的变化。它们允许操作者按期望的位置、比例、范围等条件进行显示，但是，操作的结果既不改变原图形的实际尺寸，也不影响图形中原有对象之间的相对位置关系。简而言之，视图命令的作用只是改变了主观视觉效果，而不会引起图形产生客观的实际变化。图形的显示控制对绘图操作，尤其是绘制复杂视图和大型图纸时具有重要作用，在图形绘制和编辑过程中会经常使用到。

视图控制的各项命令可以通过“视图”主菜单、功能区“视图”选项卡下的“显示”面板执行，也可以使用鼠标中键或滚轮进行视图的平移或缩放。

视图的各项命令主要如图 2-13 所示。

一、重生成

圆和圆弧等图素在显示时都是由一段一段的线段组合而成，当图形放大到一定比例时可能会出现显示失真的结果。通过使用“重生成”功能可以将显示失真的图形按当前窗口的显示状态进行重新生成。

操作步骤为：单击“视图”主菜单中的“重生成”命令，或单击“视图”选项卡下的按钮，或执行 refresh 命令，即可执行重生成命令。系统提示“拾取元素”，拾取图形对象，然后单击鼠标右键确认即可。

二、全部重生成

使用全部重生成功能可将绘图区内显示失真的图形全部重新生成。

全部重生成的操作步骤为：单击“视图”主菜单中的“全部重生成”命令，或单击“视图”选项卡下的按钮，或执行 refresh all 命令，即可执行全部重生成命令，绘图区内显示失真的图形立即全部重生成。

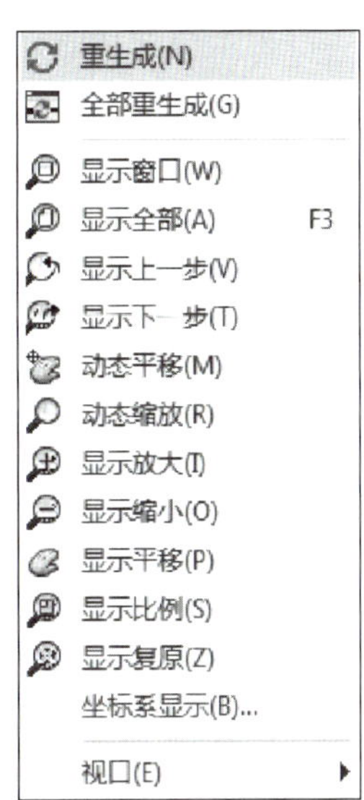

图 2-13 视图工具

三、显示窗口

可通过指定一个矩形区域的两个角点，放大该区域的图形至充满整个绘图区。操作步骤如下：

（1）单击“视图”主菜单中的“显示窗口”命令，或单击“常用工具”工具条上的按钮，或单击“视图”选项卡下的按钮，或执行 zoom 命令，可执行“显示窗口”命令。

（2）调用“显示窗口”功能后，根据提示在所需位置指定显示窗口的第一个角点。再移动鼠标时，出现一个由方框表示的窗口，窗口大小可随鼠标的移动而改变。窗口所确定的区域就是即将被放大的部分。指定第二个角点后，窗口的中心将成为新的屏幕显示中心。在该方式下，不需要给定缩放系数，CAXA CAD 电子图板将把给定窗口范围按尽可能大的原则，将选中区域内的图形按充满屏幕的方式重新显示出来。

例 如图 2-14 所示为一个实际绘图中的显示窗口的应用。其中图 2-14a 所示图形为显示窗口拾取前的视图，绿色线框表示拾取范围。图 2-14b 所示图形为显示窗口拾取后的视图。

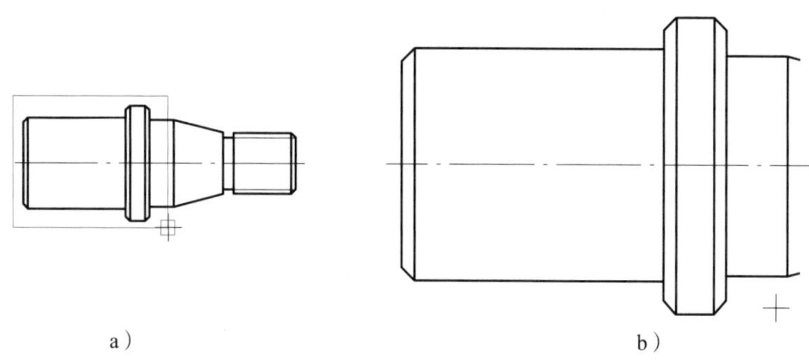

图 2-14 显示窗口操作的应用
a）操作前 b）操作后

四、显示全部

显示全部功能是将当前绘制的所有图形全部显示在屏幕绘图区内。

显示全部命令的操作步骤为：单击“视图”主菜单中的“显示全部”命令，或单击“常用工具”工具条上的按钮，或单击“视图”选项卡下的按钮，或执行 zoom all 命令，可执行“显示全部”命令。

执行“显示全部”功能后，用户当前所画的全部图形将在屏幕绘图区内显示出来，而且系统按尽可能大的原则，将图形按充满屏幕的方式重新显示出来。

五、显示上一步

显示上一步操作可以取消当前显示，返回到显示变换前的状态。

单击“视图”主菜单中的“显示上一步”命令，或单击“常用工具”工具条上的按钮，或单击“视图”选项卡下的按钮，或执行 prev 命令，即可执行“显示上一步”命令，系统立即将视图按上一次显示状态显示出来。

六、显示下一步

显示下一步同显示上一步配套使用，执行此命令后系统将返回到下一次显示变换后的状态。

单击“视图”主菜单中的“显示下一步”命令，或单击“常用工具”工具条上的按钮，或单击“视图”选项卡下的 按钮，或执行 next 命令，即可执行显示下一步命令，系统将图形按下一步显示状态显示出来。

七、动态平移

执行动态平移命令后，按住鼠标左键并拖动可使整个图形跟随鼠标动态平移。

单击“视图”主菜单中的“ 动态平移”命令，或单击“常用工具”工具条上的 按钮，或单击“视图”选项卡下的 按钮，或执行 dyntrans 命令，即可执行动态平移命令。

执行动态平移功能后，光标变成动态平移的 图标，按住鼠标左键，移动鼠标就能平行移动视图。按 Esc 键或者单击鼠标右键可以结束动态平移操作。

另外，可以按住鼠标中键（滚轮）直接进行平移，松开鼠标中键（滚轮）即可退出。

八、动态缩放

执行动态缩放命令后，按住鼠标左键拖动，可使整个图形跟随鼠标动态缩放。

单击“视图”主菜单中的“ 动态缩放”命令，或单击“常用工具”工具条上的 按钮，或单击“视图”选项卡中的 按钮，或执行 dynscale 命令，即可执行动态缩放命令。

执行动态缩放功能后，光标变成动态缩放的 图标，按住鼠标左键，鼠标向上移动为放大，向下移动为缩小。按 Esc 键或者单击鼠标右键可以结束动态缩放操作。

另外，可以按住鼠标滚轮上下滚动直接进行缩放。

九、显示放大

显示放大命令将当前图形按固定比例（1.25 倍）放大显示。

单击“视图”主菜单中的“ 显示放大”命令，或单击“视图”选项卡下的 按钮，或在命令行中执行 zoomin 命令，即可执行显示放大命令。

执行“显示放大”命令后，光标变成动态缩放的 图标，单击鼠标左键即可放大一次。按 Esc 键或者单击鼠标右键可以结束显示放大操作。

另外，也可以按键盘上的 PageUp 键，实现显示放大的效果。

例　对如图 2-15 所示的正六边形执行显示放大操作，每次执行一次，屏幕上的图形就会按比例放大显示。

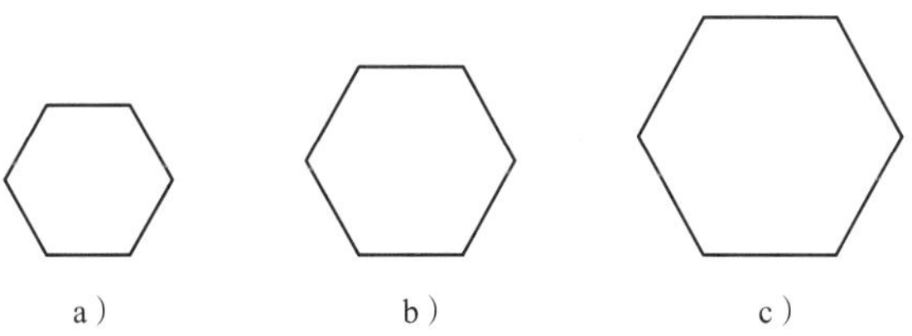

图 2-15　图形显示放大

a）原图大小　b）放大一次　c）放大二次

十、显示缩小

显示缩小命令将当前图形按固定比例（0.8 倍）缩小显示。

单击“视图”主菜单中的“ 显示缩小”命令，或单击“视图”选项卡下的 按钮，或在命令行中执行 zoomout 命令，即可执行显示缩小命令。

执行“显示缩小”命令后，光标变成动态缩放的 图标，单击鼠标左键即可缩小一次。按 Esc 键或者单击鼠标右键可以结束显示缩小操作。

另外，也可以按键盘的 PageDown 键，实现显示缩小的效果。

十一、显示平移

通过指定一个显示中心点，系统将以该点为屏幕显示的中心，平移显示图形。

单击“视图”主菜单中的“ 显示平移”命令，或单击“视图”选项卡下的 按钮，或在命令行中执行 dyntrans 命令，即可执行显示平移命令。

执行“显示平移”命令后，系统提示“屏幕显示中心点”，单击屏幕上指定的一个显示中心点，系统立即将该点作为新的屏幕显示中心将图形重新显示出来。本操作不改变放缩系数，只将图形作平行移动。按 Esc 键或者单击鼠标右键可以退出显示平移状态。

另外，可以使用键盘中的上、下、左、右方向键使屏幕中心进行平移显示。

十二、显示比例

执行显示比例命令，系统可按输入的比例系数缩放当前视图。显示放大和显示缩小是按固定比例进行缩放，而显示比例可按设定的比例缩放视图。

单击“视图”主菜单中的“ 显示比例”命令，或单击“视图”选项卡下的 按钮，或在命令行中执行 vscale 命令，即可执行显示比例命令。

执行“显示比例”功能后，系统提示“比例系数”，由键盘输入一个 0 ～ 1 000 范围内的数值，该数值就是图形缩放的比例系数，并按下 Enter 键。此时，一个由输入数值决定放大（或缩小）比例的图形被显示出来。

例 图 2-16a 为某图形原始显示状态。执行显示比例命令，输入显示比例值为 0.5，按 Enter 键后图形显示如图 2-16b 所示。

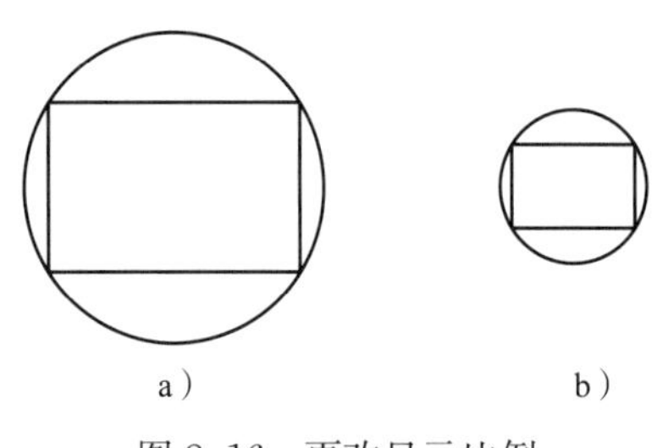

图 2-16 更改显示比例

a）原图 b）显示比例为 0.5

十三、显示复原

执行显示复原命令，系统恢复标准图纸范围的初始显示状态。在绘图过程中，根据需要对视图进行了各种显示变换，为了返回到标准图纸的初始状态可以使用显示复原命令。

单击“视图”主菜单中的“ 显示复原”命令，或单击“视图”选项卡下的 按钮，或在命令行中执行 home 命令，即可执行显示复原命令。

执行显示复原命令后，视图立即按照标准图纸范围显示。

另外，也可以在键盘中按 Home 键调用“显示复原”功能。

§2-3 系统查询

手工绘图时，如果需要知道图上的某些几何信息，如两点间的距离、两条直线间的夹角，只能通过直尺或者量角器来测量得到。如果想知道图中某曲线的周长或者某个面积，则更复杂。而CAXA电子图板系统查询功能，对于这些问题都能快速准确地得到解决。

CAXA电子图板为用户提供了查询功能，它可以查询点的坐标、两点间距离、角度、元素属性、面积、重心、周长、惯性矩以及进行简单的零件重量计算，并且可以将查询到的信息保存到专门的文件中。

单击“工具”主菜单中的“查询”子菜单（图2-17a），或者单击“工具”选项卡中“查询”面板上相应的功能按钮（图2-17b），或者在任意工具栏上单击鼠标右键，在弹出的右键快捷菜单中单击“工具条”中的“查询工具”，打开“查询”工具条（图2-17c），单击该工具条上相应的功能按钮，即可调用查询功能。

图2-17 查询功能的调用

a）查询子菜单 b）查询面板 c）查询工具条

一、查询坐标点

使用查询坐标点功能，可以查询各种工具点方式下点的坐标，并且可以同时查询多点。操作步骤如下：

（1）单击“工具”主菜单下“查询”处的“坐标点”按钮，或单击“工具”选项卡

“查询”面板处的“ 坐标点”按钮，或单击“查询工具”工具条上的 按钮，或执行 id 命令，则可执行点坐标查询命令，系统提示“拾取要查询的点”。

（2）在屏幕上拾取要查询的点，选中后该点呈方块像素点显示，可继续拾取其他点。

（3）拾取完毕后右键单击确认，系统立即弹出“查询结果”对话框，如图 2-18 所示。对话框内按拾取的顺序列出所有被查询点的坐标值。

图 2-18 “查询结果”对话框

（4）单击“关闭”按钮可关闭该对话框；单击“保存”按钮可将查询结果存入文本文件中。

二、查询两点距离

使用查询两点距离功能，可查询任意两点之间的距离。查询结果将显示两点的坐标，两点 X 方向和 Y 方向的坐标差和两点间的直线距离。操作步骤如下：

（1）单击“工具”主菜单下“查询”处的“ 两点距离”按钮，或单击“工具”选项卡“查询”面板处的“ 两点距离”按钮，或单击“查询工具”工具条上的 按钮，或执行 dist 命令，则可执行两点距离查询命令。

（2）系统提示“拾取第一点”，根据提示，用鼠标在屏幕上拾取待查询的第一点；系统提示“拾取第二点”，用鼠标拾取第二点。当选中第二点后，屏幕上立即弹出两点距离“查询结果”对话框，如图 2-19 所示。对话框内列出被查询两点间的距离以及第二点相对第一点的 X 轴和 Y 轴上的增量。

（3）单击“关闭”按钮可关闭该对话框；单击“保存”按钮可将查询结果存入文本文件中。

三、查询角度

使用查询角度功能，可以查询圆弧圆心角、两直线夹角和三点夹角的大小。操作步骤如下：

（1）单击“工具”主菜单下“查询”处的“ 角度”按钮，或单击“工具”选项卡“查询”面板处的“ 角度”按钮，或单击“查询工具”工具条上的 按钮，或执行 angle 命令，系统将出现如图 2-20 所示立即菜单。

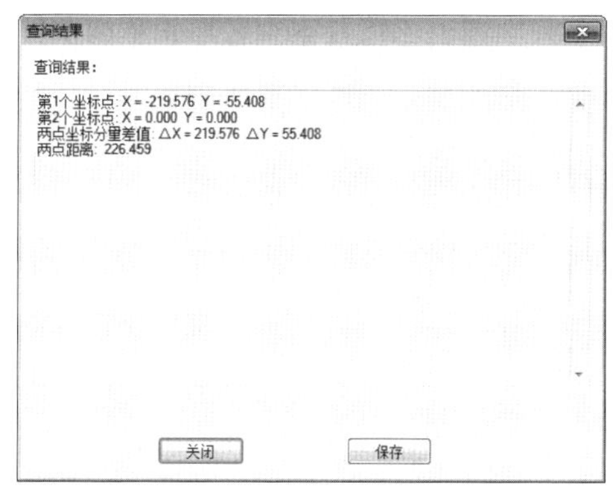

图 2-19　两点距离查询结果

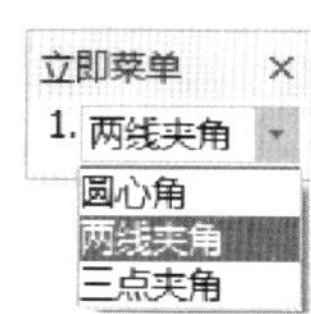

图 2-20　“角度查询”立即菜单

（2）在立即菜单中，可以选择将要进行的角度查询类型，包括“圆心角”“两线夹角”和“三点夹角”。这里以查询两直线夹角为例来介绍，因此在图 2-20 中选择“两线夹角”。

（3）根据系统提示，依次拾取两条直线，系统将弹出“查询结果”对话框。

四、查询元素属性

使用查询元素属性功能，可以查询拾取到的对象的属性并以列表的方式显示出来。操作步骤如下：

（1）单击“工具”主菜单下“查询”处的“元素属性”按钮，或单击“工具”选项卡“查询”面板处的“元素属性”按钮，或单击“查询工具”工具条上的按钮，或执行 list 命令，则可执行元素属性查询命令，系统提示“拾取元素”。

（2）根据系统提示，依次拾取要查询的图形元素，拾取结束后右键单击确认，系统会在“查询结果”对话框中按拾取顺序依次列出各元素的属性。图 2-21 为查询某一样条曲线元素属性的结果。

注意：实际绘图时，查询元素属性的另一个很常用的方法是，先拾取要查询的图形元素，然后右键单击，弹出右键快捷菜单，选择“属性查询”，同样会弹出“查询结果”对话框，获得查询结果。

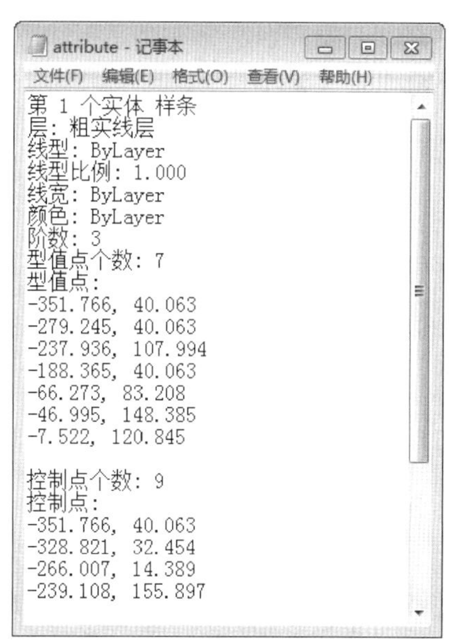

图 2-21　查询某一样条曲线元素属性结果

五、查询周长

使用查询周长功能可以查询一系列首尾相连的曲线的总长度，这段曲线可以是封闭的，也可以是不封闭的。操作步骤如下：

（1）单击“工具”主菜单下“查询”处的“周长”按钮，或单击“工具”选项卡“查询”面板处的“周长”按钮，或单击“查询工具”工具条上的按钮，或执行 circum 命令，则可执行周长查询命令，系统提示“拾取要查询的曲线”。

（2）根据系统提示，拾取要查询周长的曲线后，屏幕上立即弹出周长查询结果对话框，在对话框中依次列出了这一系列首尾相连的曲线中每一条曲线的长度以及总长度。

六、查询面积

使用查询面积功能可以查询一个或多个封闭区域构成的复杂图形的面积，此域可以是基本曲线，也可以是高级曲线所形成的封闭区域。操作步骤如下：

（1）单击“工具”主菜单下“查询”处的“ 面积”按钮，或单击“工具”选项卡“查询”面板处的“ 面积”按钮，或单击“查询工具”工具条上的 按钮，或执行 area 命令，即可执行面积查询命令，弹出如图 2-22 所示的立即菜单。

图 2-22 “面积查询”立即菜单

（2）立即菜单可以选择“增加面积”或“减少面积”，“增加面积”是指将拾取封闭区域的面积与其他的面积进行累加，“减少面积”是指从其他面积中减去该封闭区域的面积。利用这个立即菜单可以计算出较为复杂的图形面积。

（3）在“增加面积”和“减少面积”两种方式中选择一种，系统提示“拾取环内一点”，根据提示拾取要计算面积的封闭区域内的点，拾取完成后构成封闭环的曲线将变为虚线状态。

（4）拾取结束后右键单击确认，用户可在弹出的“查询结果”对话框中看到所选的所有封闭区域的面积总和。

例 根据上面介绍的步骤，在立即菜单中选择“增加面积”，并按照顺序依次拾取图 2-23 所示的图形中的区域 1、2 和 3，然后右键单击，弹出如图 2-24 所示的对话框，即图 2-23 中区域 1、2 和 3 的总面积为 6 074.218。

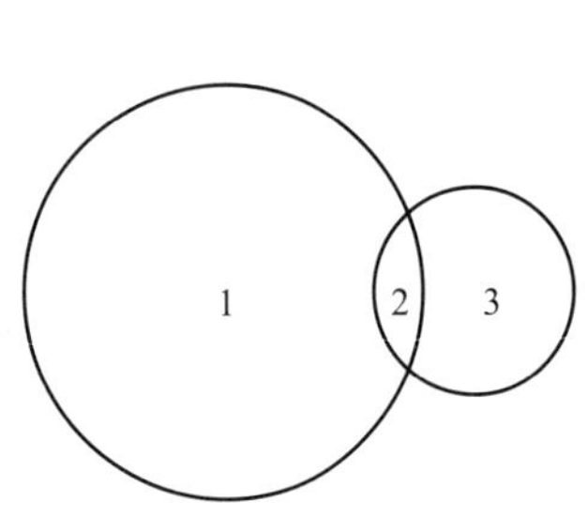

图 2-23 查询面积图形

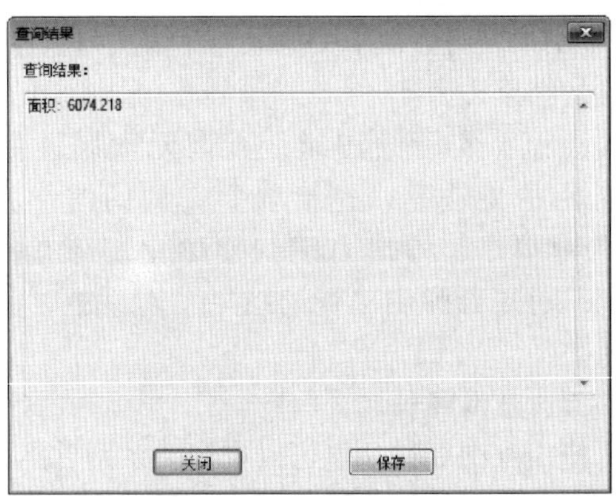

图 2-24 面积查询结果

七、查询重心

使用查询重心功能可对一个或多个封闭区域构成的复杂图形的重心进行查询，查询的图形可以是基本曲线，也可以是高级曲线所形成的封闭区域。操作步骤如下：

（1）单击“工具”主菜单下“查询”处的“ 重心”命令，或单击“工具”选项卡“查询”面板处的“ 重心”按钮，或单击“查询工具”工具条上的 按钮，或执行 barcen 命令，即可执行重心查询命令，系统弹出如图 2-25 所示立即菜单。

（2）执行“重心”查询命令后，拾取方法与“查询面积”一致，拾取完成后，系统在“查询结果”对话框中显示重心的位置。

八、查询惯性矩

使用查询惯性矩功能可对一个或多个封闭区域构成的复杂图形相对于任意回转轴、回转点的惯性矩进行查询，查询图形可以是由基本曲线形成，也可以是由高级曲线形成的封闭区域。操作步骤如下：

（1）单击“工具”主菜单下“查询”处的“惯性矩”按钮，或单击“工具”选项卡“查询”面板处的“惯性矩”按钮，或单击“查询工具”工具条上的按钮，或执行 iner 命令，即可执行惯性矩查询命令，系统弹出图 2-26 所示立即菜单。

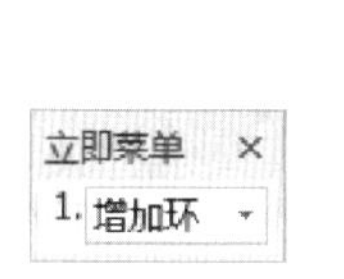

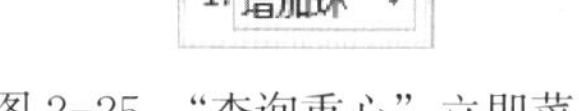

图 2-25 “查询重心”立即菜单

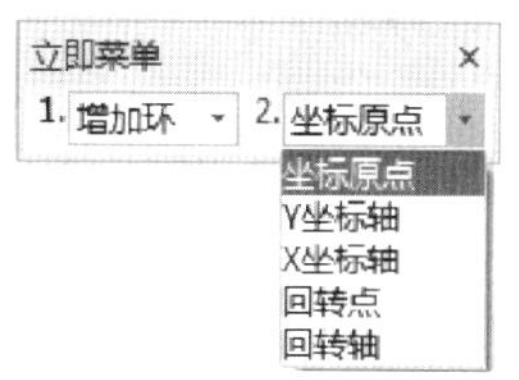

图 2-26 “惯性矩查询”立即菜单

（2）单击立即菜单第一项可切换“增加环”方式和“减少环”方式，这与查询面积和重心时的使用方法相同。

（3）单击立即菜单第二项可从中选择坐标原点、Y 坐标轴、X 坐标轴、回转点和回转轴方式。其中前三项为所选择的分布区域分别相对坐标原点、Y 坐标轴、X 坐标轴的惯性矩。用户还可以通过回转轴和回转点这两种方式设定回转轴和回转点，然后系统根据用户的设定来计算惯性矩。

（4）按照系统提示拾取完封闭区域和回转轴（或回转点）后，系统立即在“查询结果”对话框中显示出惯性矩。

九、查询重量

使用查询重量功能可通过拾取绘图区中的面、直线距离及手工输入等方法得到简单几何实体的各种尺寸参数，结合密度数据由电子图板自动计算出设计体的重量。

1. 操作步骤

单击“工具”主菜单下“查询”处的“重量”按钮，或单击“工具”选项卡“查询”面板处的“重量”按钮，或单击“查询工具”工具条上的按钮，或执行 weightcalculator 命令，即可执行重量查询命令，系统弹出“重量计算器”对话框，如图 2-27 所示。在此对话框中的多个模块可以相互配合计算出零件的重量。

2. 说明

（1）密度输入模块

输入密度模块用于设置当前参与计算的实体的密度。该模块内的“材料”下拉菜单中提供常用材料的密度数据供计算时调用，在选择材料后，此材料的密度会被直接填入密度项目中。除选择材料外，也可以在“密度”项目中手工输入材料的密度，单位为 g/cm^3。使用密度下拉菜单可以将密度值恢复到当前选定材料的密度。在计算重量时，将以“密度”项目中填写的数值为准。

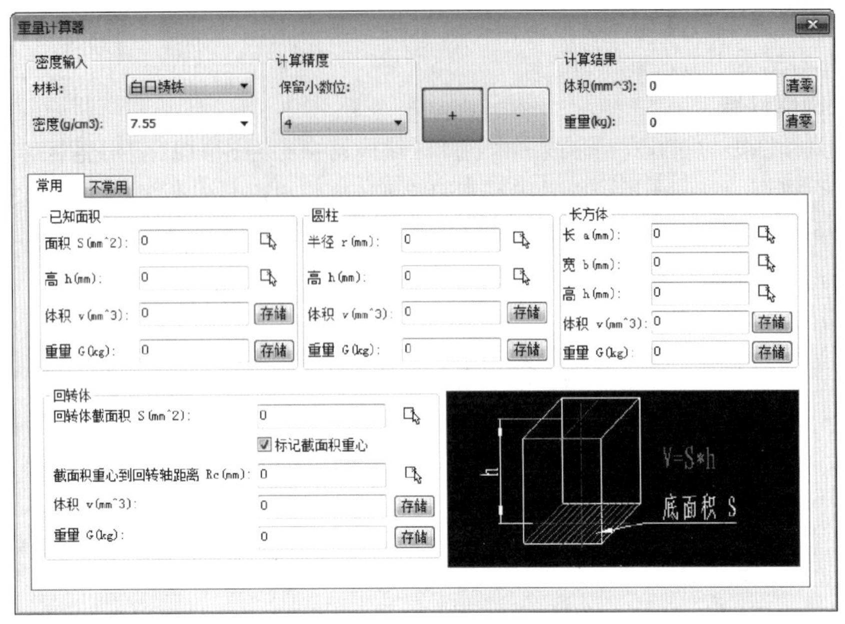

图 2-27 “重量计算器”对话框

（2）计算体积模块

计算体积模块可以选择多种基本实体的计算公式，通过拾取或手工输入获取参数，算出零件体积。

该模块位于重量计算器对话框的下方，拥有“常用”和“不常用”两个选项卡。这两个选项卡下各包含若干个实体体积计算工具。可以通过手工输入或单击按钮在绘图区进行拾取。拾取直线距离可以直接拾取两点得到，而拾取面积的用法与查询面积功能相同。当计算所需的数据全部填写好后，该计算工具中的“重量”项目中就会显示重量的计算结果。单击“存储”按钮，就可以将当前的计算结果按照相关设定累加到结果累加模块。

应注意的是，在查询重量功能中，长度的单位为 mm，面积的单位为 mm^2，重量的单位为 kg。

（3）计算精度模块

计算精度模块专门用于设置重量计算的计算精度，即计算结果保留到小数点后几位。

（4）计算结果模块

计算结果模块可以将各个重量计算工具的输出结果进行累加。在某个重量计算工具中点“存储”后，该重量计算工具的计算结果会被累加到总的计算结果中。累加分为正累加和负累加，分别用于计算增料和除料，通过本模块左侧的“+”按钮和“−”按钮即可进行控制。

习　题

1. 图层具有哪些特点？
2. 在默认状态下，CAXA 电子图板预定义的图层有哪几个？

3. 上机操作 CAXA 电子图板，新建“中粗实线层”，线型为实线，颜色为黑白色，线宽为 0.5 mm。

4. 动态平移和显示平移有何区别?

5. 显示放大和显示比例有何区别?

6. 在 CAXA 电子图板的信息查询功能中，哪几种查询对象要求图形必须是封闭的?

第三章 基本图形绘制

任何一张工程图样，不论其复杂与否，都是由一些基本图形组成的。本章主要介绍直线、圆、圆弧、矩形、多段线、剖面线、填充、中心线、等距线的绘制。通过本章的学习，读者应：

- 熟练掌握各类基本图形的绘制。
- 熟悉屏幕坐标的输入方法。
- 掌握三视图的作图步骤和作图方法。

§3-1 绘制直线

直线是图形构成的基本要素，正确、快捷地绘制直线的关键在于点的选择。在电子图板中拾取点时，可充分利用工具点菜单、智能点、导航点、栅格点等工具。输入点的坐标时，一般以绝对坐标输入。也可以根据实际情况，输入点的相对坐标和极坐标。

单击“绘图”主菜单“直线”子菜单中的“ 直线”命令，或单击“绘图工具”工具条中的按钮，或单击“常用”选项卡中“绘图”面板的按钮，或在命令行中执行 line 命令，即可执行直线命令。执行直线命令后，系统弹出如图 3-1 所示立即菜单。

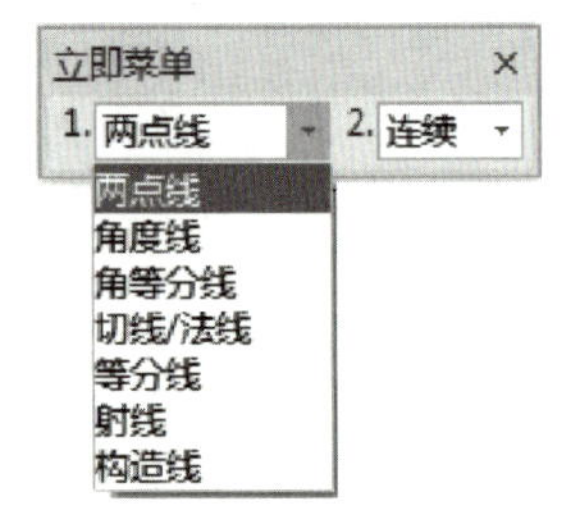

图 3-1 “直线”立即菜单

为了适应各种情况下直线的绘制，电子图板提供了两点线、角度线、角等分线、切线 / 法线、等分线、射线和构造线等方式，通过立即菜单进行选择直线生成方式及参数即可。另外，每种直线生成方式都可以单独执行，以便提高绘图效率。下面逐一详细介绍具体操作步骤。

一、绘制两点线

顾名思义，绘制两点线指的是在屏幕上按给定两点绘制一条直线段，或按给定的连续条件绘制连续的直线段。

1. 调用方式

单击“绘图”主菜单“直线”子菜单中的“两点线”按钮，或单击“常用”选项卡中“绘图”面板内“直线”功能按钮下拉菜单下的按钮，或调用“直线”功能并在立即菜单选择“两点线”方式，或在命令行中执行 lpp 命令，即可执行两点线命令，系统弹出如图 3-2 所示立即菜单。

立即菜单 ×
1. 两点线 2. 连续

图 3-2 “两点线”立即菜单

2. 说明

（1）单击立即菜单“2. 连续”选项，则该项内容由“连续”变为“单根”，其中“连续”表示每个直线段相互连接，前一个直线段的终点为下一个直线段的起点，而“单根”是指每次绘制的直线段相互独立，互不相关。

（2）按立即菜单的条件和提示要求，用光标输入两点，则一条直线被绘制出来。为了准确地绘出直线，可以使用键盘输入两个点的坐标或距离，也可以通过动态输入即时输入坐标和角度。此命令可以重复进行，单击鼠标右键或者按键盘 Esc 键即可退出此命令。

（3）在非正交情况下，第一点和第二点均可为 3 种类型的点：切点、垂足点、其他点（点工具菜单上列出的点）。根据拾取点的类型可生成切线、垂直线、公垂线、垂直切线以及任意的两点线。在正交情况下、生成的直线平行于当前坐标系的坐标轴。

注意：可以使用 F8 键切换为正交模式，亦可点击屏幕右下角状态栏中的正交按钮进行切换。

3. 示例

例 1 绘制如图 3-3 所示的直角三角形。

绘图步骤：单击“常用”选项卡中“绘图”面板内“直线”功能按钮下拉菜单下的“两点线”按钮，系统提示：

第一点（切点，垂足点）：（在屏幕中用鼠标左键，确定 A 点）

第二点（切点，垂足点）：30（打开正交模式，垂直向下移动光标，如图 3-4a 所示，输入距离 30，并按 Enter 键确认，绘制出三角形长为 30 mm 的直角边 AB）

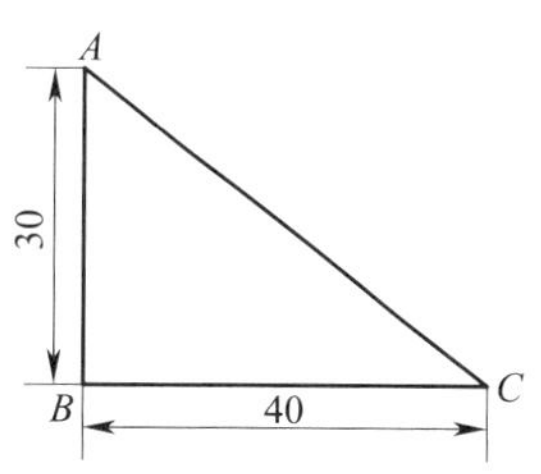

图 3-3 绘制直角三角形

第二点（切点，垂足点）：40（水平向右移动光标，如图 3-4b 所示，输入距离 40，并按 Enter 键确认，绘制出三角形的另一条长为 40 mm 的直角边 BC）

第二点（切点，垂足点）：（关闭正交模式，用鼠标左键拾取第一条直线的起点，如图 3-4c 所示，则绘制出三角形的斜边 AC）

按鼠标右键或 Enter 键或 Esc 键退出“直线”功能，绘制完毕。

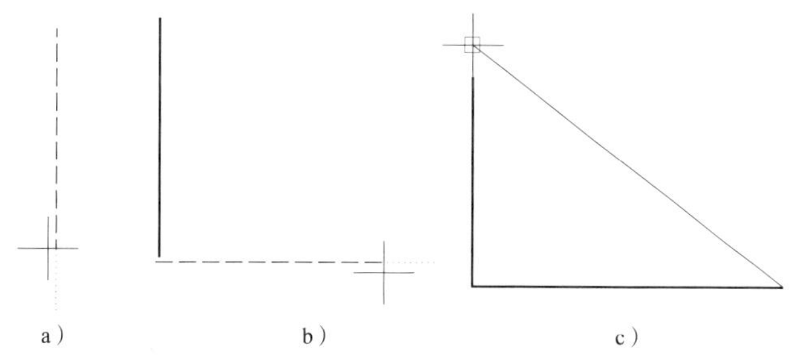

图 3-4 直角三角形的绘制过程

a）垂直向下移动鼠标 b）水平向右移动鼠标 c）拾取第一条直线的起点

例 2 绘制如图 3-5 所示两圆的外公切线。

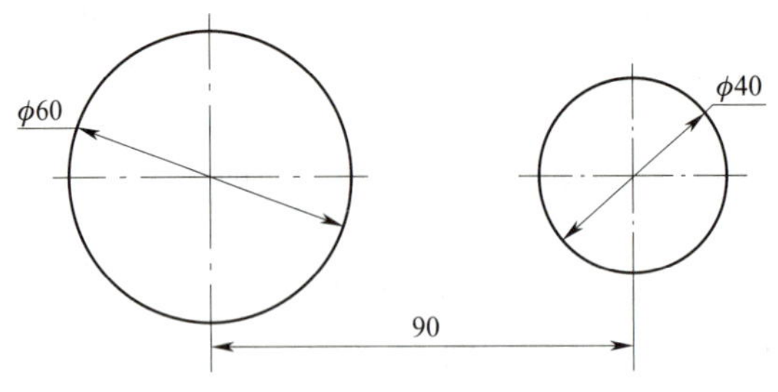

图 3-5 绘制两圆的外公切线

绘制两点线时，充分利用工具点菜单，可以绘制出多种特殊的直线，这里以利用工具点中的“切点”绘制出圆和圆的公切线。

绘图步骤如下：

执行两点线命令："直线"

第一点：（按空格键弹出工具点菜单，单击“切点”项，如图 3-6a 所示，然后按提示拾取 ϕ60 mm 圆中“1”所指的位置，如图 3-6b 所示）

第二点：（按空格键弹出工具点菜单，单击“切点”项，然后按提示拾取 ϕ40 mm 圆中“2”所指的位置，如图 3-6c 所示）

按鼠标右键或 Enter 键或 Esc 键退出“直线”功能。绘图结果如图 3-6d 所示。

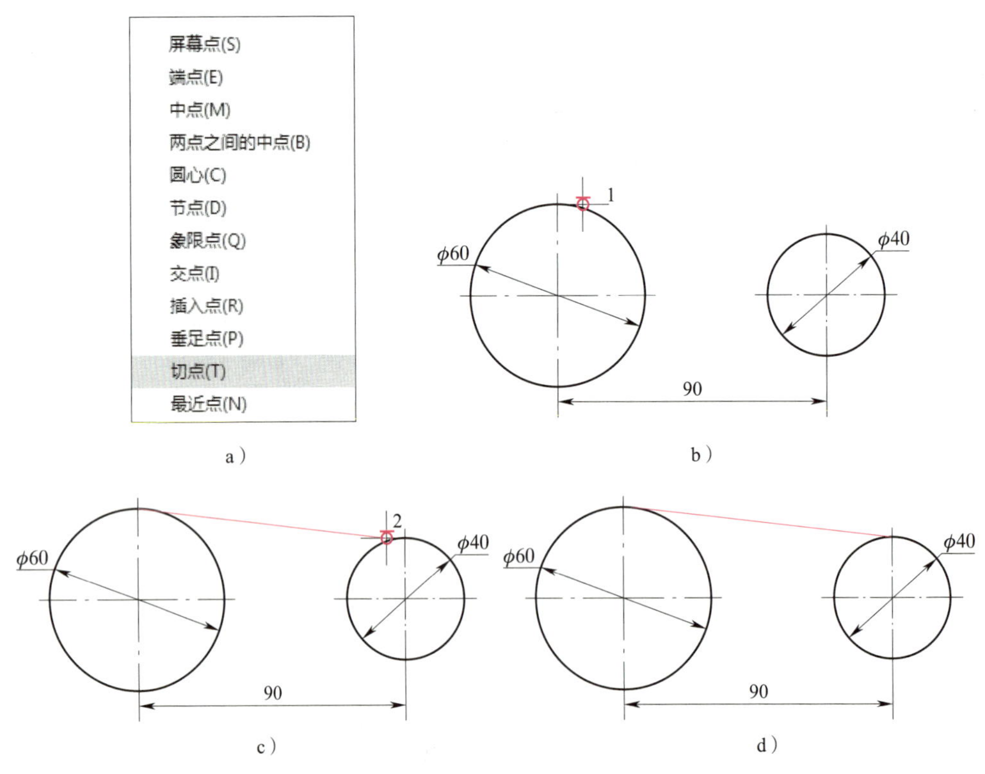

图 3-6 绘制两圆外公切线的步骤

a）工具点菜单 b）拾取 1 点处的切点 c）拾取 2 点处的切点 d）绘图结果

注：在拾取点时，拾取位置不同，则切线绘制的位置也不同。如图 3-7 所示，若第二点选在“3”所指位置处，则绘出两圆的内公切线。

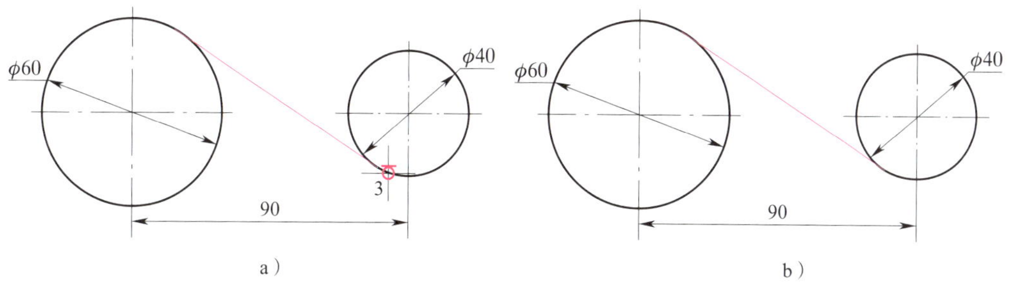

图 3-7 绘制两圆的内公切线

a）拾取 3 处的切点 b）绘制结果

例 3 用相对坐标和极坐标绘制如图 3-8a 所示五角星。

绘图步骤如下：

执行两点线命令："直线"

第一点：确定第 1 点位置（在屏幕上任意确定第 1 点）

第二点：@20，0（2 点相对于 1 点的坐标）

第二点：@20＜－144（3 点相对于 2 点的极坐标，这里极坐标的角度是指从 X 正半轴开始，逆时针旋转为正，顺时针旋转为负）

第二点：@20＜72（4 点相对于 3 点的极坐标）

第二点：@20＜－72（5 点相对于 4 点的极坐标）

第二点：@20＜144（1 点相对于 5 点的极坐标，也可以直接拾取第 1 点）

单击鼠标右键，退出直线功能。整个五角星绘制完成，如图 3-8b 所示。

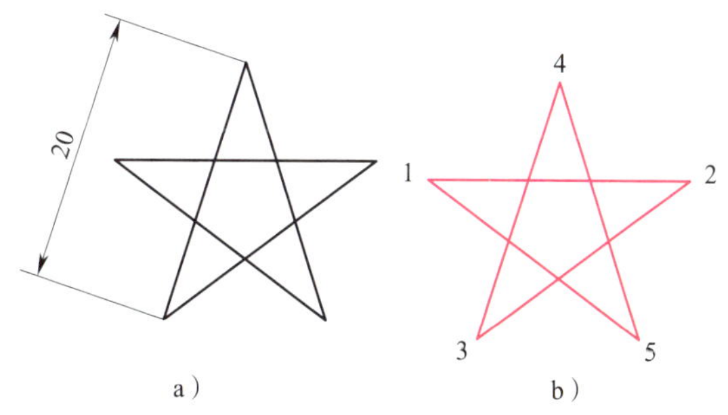

图 3-8 绘制五角星

a）五角星图样 b）绘制过程

二、绘制角度线

绘制角度线是指按给定的角度和长度绘制一条直线段。给定的角度是指目标直线与已知直线或 X 轴或 Y 轴所成的夹角。

1. 调用方式

单击“绘图”主菜单“直线”子菜单中的“∠角度线”命令，或单击“常用”选项卡中“绘图”面板内“直线”功能按钮下拉菜单下的 ∠ 按钮，或调用“直线”功能并在立即菜单选择“角度线”方式，或在命令行中执行 la 命令，即可执行绘制角度线命令，系统弹出如图 3-9 所示立即菜单。

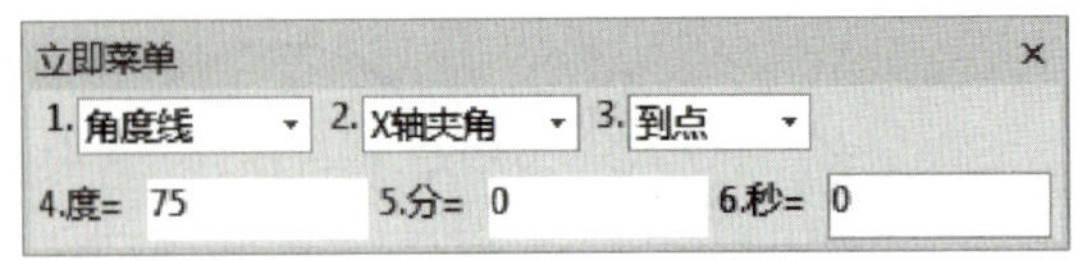

图 3-9 “角度线”立即菜单

2. 说明

（1）单击立即菜单中“2. X 轴夹角”选项，弹出 X 轴夹角、Y 轴夹角、直线夹角三个选项，可根据绘图需要选择夹角类型。如果选择“直线夹角”，则表示画一条与已知直线段指定夹角的直线段，此时操作提示变为“拾取直线”，待拾取一条已知直线段后，再输入第一点和第二点即可。

（2）单击立即菜单“3. 到点”选项，则内容由“到点”转变为“到线上”，即指定终点位置是在选定直线上。

（3）单击立即菜单中“度”“分”“秒”各项可从其对应右侧小键盘直接输入夹角数值。编辑框中的数值为当前立即菜单所选角度的默认值。

（4）按提示要求输入第一点，则屏幕画面上显示该点标记。此时，操作提示变为“第二点或长度”。如果由键盘输入一个长度数值并按回车键，则一条按用户刚设定条件确定的直线段被绘制出来。另外如果是移动鼠标，则一条绿色的角度线随之出现。待鼠标光标位置确定后，单击左键则立即画出一条给定长度和倾角的直线段。

3. 示例

绘制一条与 *X* 轴成 45°、长度为 50 mm 的直线段。

调用“直线”功能并在立即菜单选择“角度线”。按图 3-10 所示设置立即菜单。按提示要求输入第一点，操作提示变为“第二点或长度”，由键盘输入长度数值 50 并按 Enter 键，则绘制出如图 3-11 所示角度线。

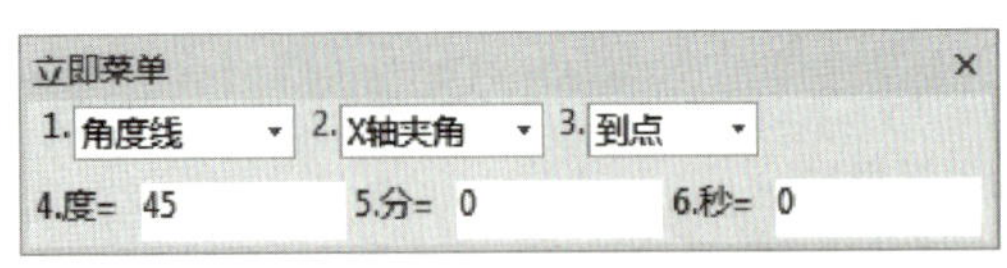

图 3-10 设置“角度线”立即菜单

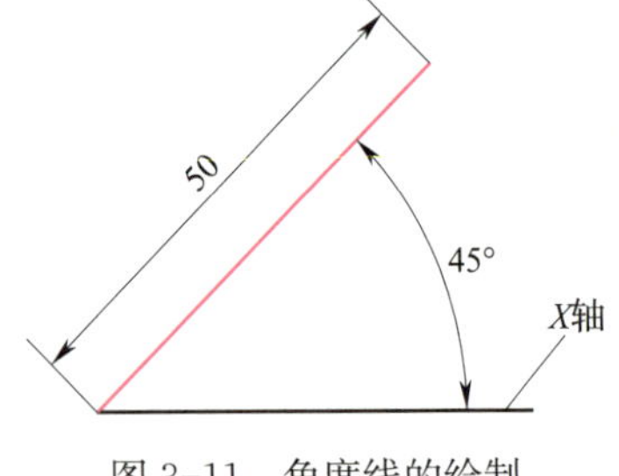

图 3-11 角度线的绘制

三、绘制角等分线

绘制角等分线是指按给定等分份数和长度绘制若干条直线段将一个角等分。

1. 调用方式

单击“绘图”主菜单“直线”子菜单中的“角等分线”命令，或单击“常用”选项卡中“绘图”面板内“直线”功能按钮下拉菜单下的按钮，或调用“直线”功能并在立即菜单选择“角等分线”方式，或在命令行中执行 lia 命令，即可执行绘制角等分线命令，系统弹出如图 3-12 所示立即菜单。

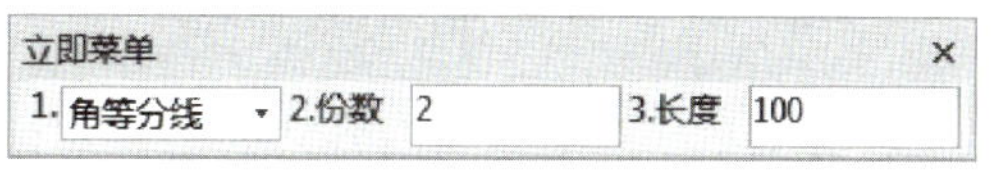

图 3-12 “角等分线”立即菜单

2. 说明

单击立即菜单“2. 份数”，输入等分份数值。单击立即菜单“3. 长度”，输入等分线长度值。设置完立即菜单中的数值后，命令输入区提示“拾取第一条直线”，拾取第一条直线后，系统又提示“拾取第二条直线”，按要求拾取第二条直线，这时系统自动绘制出已知角的角等分线。

3. 示例

将图 3-13a 所示 45° 角等分为 3 份，等分线长度为 50 mm。

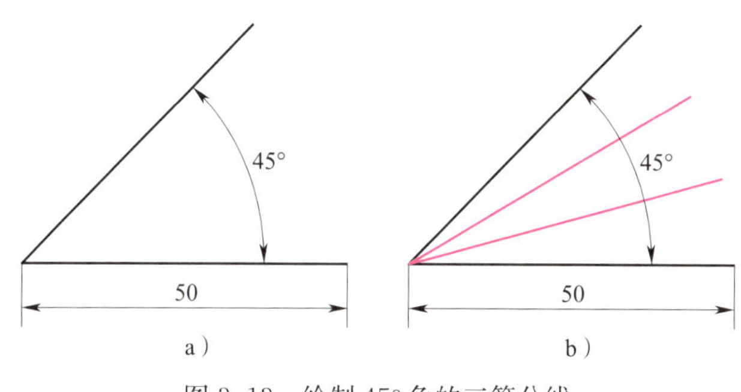

图 3-13 绘制 45° 角的三等分线

a）操作前 b）操作后

绘图步骤如下：

启动执行命令：" 直线：角等分线 "（将“角等分线”立即菜单“份数”设置为 3，“长度”设置为 50）

拾取第一条直线：（拾取图 3-13a 中 45° 角的水平线）

拾取第二条直线：（拾取图 3-13a 中 45° 角的倾斜线）

绘图结果如图 3-13b 所示。

四、绘制切线 / 法线

绘制切线 / 法线是指过给定点作已知曲线的切线或法线。

1. 调用方式

单击“绘图”主菜单“直线”子菜单中的“ 切线 / 法线”命令，或单击“常用”选项卡中“绘图”面板内“直线”功能按钮下拉菜单下的 按钮，或调用“直线”功能并在立即菜单选择“切线 / 法线”方式，或在命令行中执行 ltn 命令，即可执行绘制切线 / 法线命令，系统弹出如图 3-14 所示立即菜单。

2. 说明

（1）单击立即菜单上的“2. 切线”，则该项内容变为“法线”，将画出一条与已知直线相垂直的直线。选择“切线”，则画出一条与已知直线相平行的直线。

图 3-14 “切线 / 法线”立即菜单

（2）单击立即菜单中“3. 非对称”，则该项内容切换为“对称”，这时选择的第一点为所要绘制直线的中点，第二点为直线的一个端点。

（3）单击立即菜单中“4. 到点”，则该项内容切换为“到线上”，表示所画切线或法线的终点在一条已知线段上。

3. 示例

例 1 已知直线 L 和 A 点，如图 3-15a 所示，过 A 点绘制直线 L 的切线和法线。

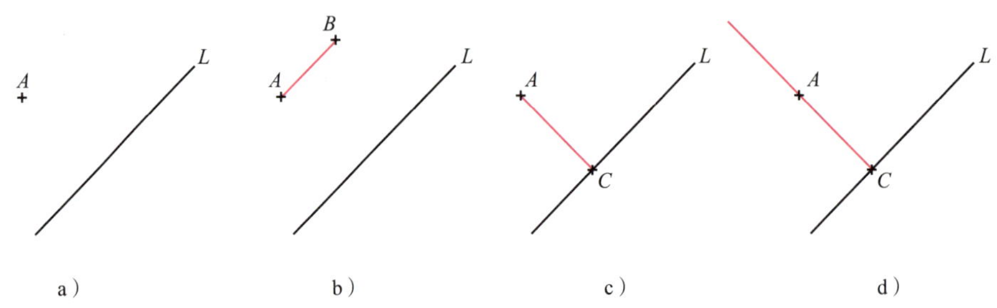

图 3-15 绘制直线的切线和法线

a）操作前 b）绘制直线的切线 c）应用非对称选项绘制直线的法线

d）应用对称选项绘制直线的法线

绘图步骤如下：

启动执行命令："直线：切线 / 法线"（在立即菜单中，选择切线）

拾取曲线：（拾取直线 L）

输入点：（捕捉 A 点，系统产生一条平行于直线 L 的绿色点画线）

第二点或长度：（沿绿色点画线移动鼠标，确定 B 点，也可以输入所绘制切线的长度值）

绘图结果如图 3-15b 所示。

启动执行命令："直线：切线 / 法线"（在立即菜单中，选择法线）

拾取曲线：（拾取直线 L）

输入点：（捕捉 A 点，系统产生一条垂直于直线 L 的绿色点画线）

第二点或长度：（沿绿色直线移动光标，捕捉垂足 C 点）

绘图结果如图 3-15c 所示。如果在绘制法线时，将立即菜单中“非对称”切换为“对称”，绘图结果图 3-15d 所示，A 点为所绘制法线的中点。

例 2 已知圆弧和 A 点，如图 3-16a 所示，过 A 点绘制圆弧的切线和法线。

绘图步骤如下：

启动执行命令："直线：切线 / 法线"（在立即菜单中，选择切线）

拾取曲线：（拾取圆弧）

输入点：（捕捉 A 点，系统产生一条平行于圆弧切线的绿色点划线）

第二点或长度：（沿绿色点画线移动鼠标，确定 B 点，也可以输入所绘制切线的长度值）

绘图结果如图 3-16b 所示。

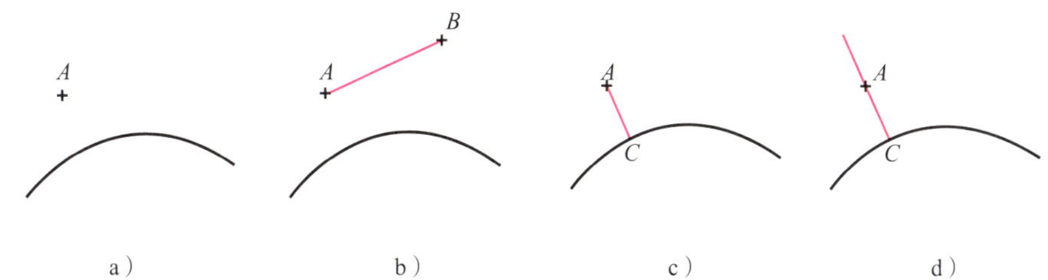

图 3-16 绘制圆弧的切线和法线

a）操作前 b）绘制圆弧的切线 c）应用非对称选项绘制圆弧的法线

d）应用对称选项绘制圆弧的法线

启动执行命令："直线：切线 / 法线"（在立即菜单中，选择法线）

拾取曲线：（拾取圆弧）

输入点：（捕捉 A 点，系统产生一条过圆弧圆心的绿色点划线）

第二点或长度：（沿绿色直线移动光标，捕捉垂足 C 点）

绘图结果如图 3-16c 所示。如果在绘制法线时，将立即菜单中"非对称"切换为"对称"，绘图结果图 3-16d 所示，A 点为所绘制法线的中点。

五、绘制等分线

绘制等分线是指按两条线段之间的距离 n 等分绘制直线。

1. 调用方式

单击"绘图"主菜单"直线"子菜单中的"等分线"按钮，或单击"常用"选项卡中"绘图"面板内"直线"功能按钮下拉菜单下的按钮，或调用"直线"功能并在立即菜单选择"等分线"方式，或在命令行中执行 bisector 命令，即可执行绘制等分线命令，系统弹出如图 3-17 所示立即菜单。

图 3-17 "等分线"立即菜单

2. 说明

执行等分线命令后，拾取符合条件的两条直线段，即可在两条线间生成一系列的线，这些线将两条线之间的部分等分成 n 份。

3. 示例

如图 3-18a 所示先后拾取两条平行的直线，等分量设为 5，则最后结果如图 3-18b 所示。

六、绘制射线

绘制射线是指生成一条由特征点向一端无限延伸的射线。

单击"绘图"主菜单"直线"子菜单中的"射线"按钮，或单击"常用"选项卡中"绘图"面板内"直线"功能按钮下拉菜单下的按钮，或在命令行中执行 ray 命令，即可执行绘制射线命令。

图 3-18　绘制两平行线的五等分线

a）绘制前　b）绘制后

调用“射线”功能后，鼠标左键指定射线的特征点和延伸方向后即可生成射线。

七、绘制构造线

绘制构造线是指生成一条过特征点向两端无限延伸的构造线。

单击“绘图”主菜单“直线”子菜单中的“构造线”命令，或单击“常用”选项卡中“绘图”面板内“直线”功能按钮下拉菜单下的按钮，或在命令行中执行 xline 命令，即可执行绘制构造线命令。

调用“构造线”功能后，鼠标左键指定构造线的特征点和延伸方向后即可生成构造线。

八、绘制平行线

绘制平行线是指按照给定的距离，绘制单条或多条与已知线段平行的线段。

1. 调用方式

单击“绘图”主菜单中的“平行线”命令，或单击“绘图工具”工具条中的按钮，或单击“常用”选项卡中“绘图”面板内的按钮，或在命令行中执行 LL 命令，即可执行绘制平行线命令，系统弹出如图 3-19 所示的立即菜单。

1. 偏移方式 ▾ 2. 单向 ▾

图 3-19　“平行线”立即菜单

2. 说明

（1）在“偏移方式”下，单击立即菜单“2. 单向”，其内容由“单向”变为“双向”，在双向条件下可以画出与已知线段平行、长度相等的双向平行线段。当在单向模式下，用键盘输入距离时，系统会根据十字光标在所选线段的哪一侧来判断绘制线段的位置。

（2）单击立即菜单“1. 偏移方式”，切换为“1. 两点方式”，再单击立即菜单“2. 点方式”，切换为“2. 距离方式”，根据系统提示即可绘制相应的线段。

（3）按照以上描述，选择“偏移方式”用鼠标拾取一条已知线段。拾取后，该提示改为“输入距离或点（切点）”。在移动鼠标时，一条与已知线段平行，并且长度相等的线段被鼠标拖动着。待位置确定后，单击鼠标左键，一条平行线段被画出。也可用键盘输入一个距离数值，两种方法的效果相同。

（4）此命令可以重复进行，单击鼠标右键或者按键盘 Esc 键即可退出此命令。

3. 示例

在图 3-20a 所示直线段 L 的左侧，绘制一条相距 30 mm 且等长的平行线。

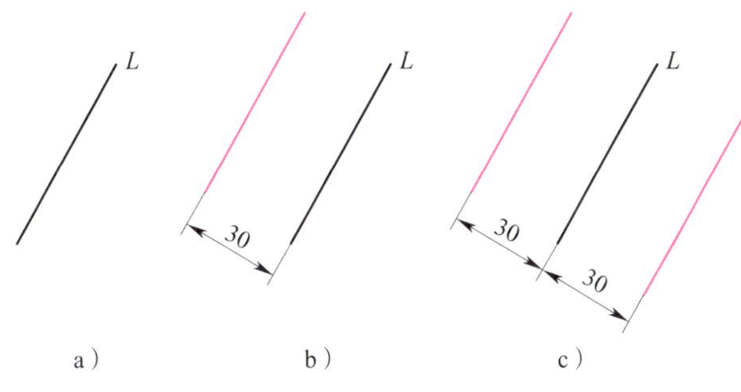

图 3-20　绘制已知直线的平行线

a）绘制前　b）单向　c）双向

绘制步骤如下：

启动执行命令："平行线"（将平行线立即菜单设置为偏移方式、单向）

拾取直线：（拾取直线 L）

输入距离或点（切点）：30（输入所绘制直线的距离）

绘图结果如图 3-20b 所示。若将"单向"切换为"双向"，则绘图结果如图 3-20c 所示。

九、综合示例

绘制图 3-21 所示平面图形。

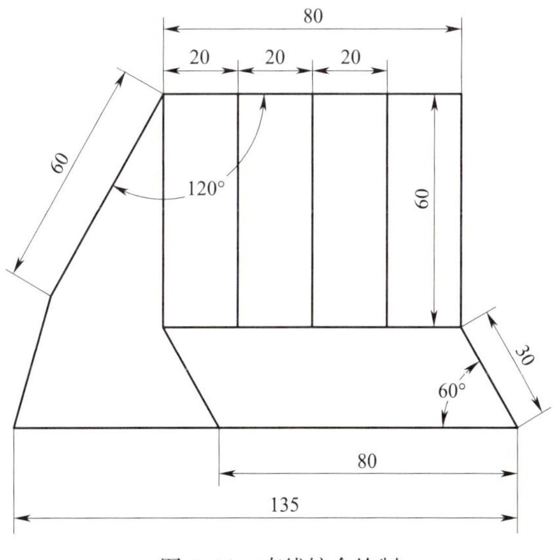

图 3-21　直线综合绘制

绘图步骤见表 3-1。

表 3-1 **绘图步骤**

操作步骤	图示
(1) 绘制 135 mm 长的水平线 启动执行命令:"直线"(选择两点线) 第一点:(任意确定直线段的起点) 第二点: 135(输入直线段的长度尺寸 135)	
(2) 绘制 30 mm 长的角度线 将“两点线”改为“角度线”,并将其立即菜单第 2 项选择为直线夹角,第 4 项的度数设置为 120° 拾取直线:(拾取 135 mm 直线) 第一点:(拾取 135 mm 直线的右端点) 第二点或长度: 30(输入角度线的长度值 30)	
(3) 绘制 60 mm 垂直线、绘制 80 mm 水平线 启动执行命令:"直线"(选择“两点线”) 第一点:(选择 30 mm 角度线的上端点) 第二点: 60(沿垂直方向向上移动光标,输入垂直线的长度值) 第二点: 80(沿水平方向向左移动光标,输入水平线的长度值)	
(4) 绘制 60 mm 长的角度线 将“两点线”改为“角度线”,并将其立即菜单第 2 项选择为直线夹角,第 4 项的度数设置为 60° 第一点:(拾取 80 mm 水平线的左端点) 第二点或长度: 60(输入角度线的长度值)	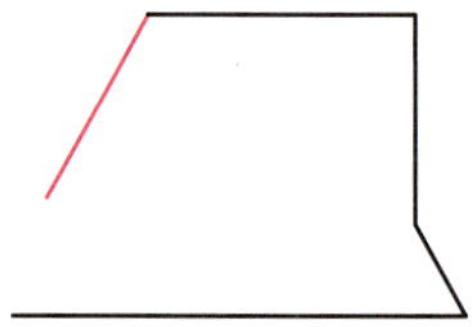
(5) 绘制闭合直线 启动执行命令:"直线"(选择“两点线”) 第一点:(拾取 60 mm 角度线的下端点) 第二点:(拾取 135 mm 水平线的左端点)	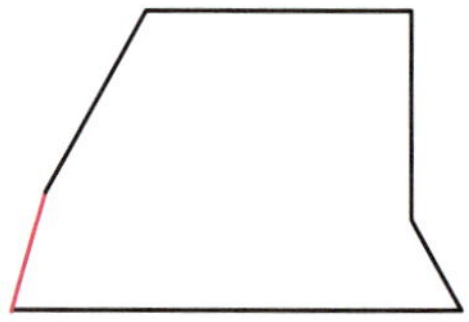
(6) 绘制 60 mm 垂直线、绘制 80 mm 水平线 启动执行命令:"直线"(选择“两点线”) 第一点:(拾取已绘制 80 mm 水平线的左端点) 第二点: 60(沿垂直方向向下移动光标,输入垂直线的长度值) 第二点: 80(沿水平方向向右移动光标,输入水平线的长度值)	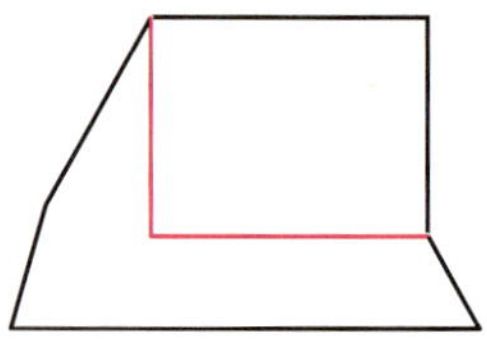
(7) 绘制等分线 启动执行命令:"直线"(选择“等分线”,将等分量设为 4) 拾取第一条直线:(拾取左侧 60 mm 的垂直线) 拾取第二条直线:(拾取右侧 60 mm 的垂直线)	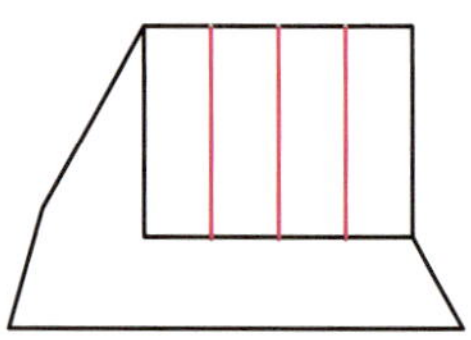

续表

操作步骤	图示
（8）绘制平行线 启动执行命令："平行线"（将其立即菜单第 1 项设为两点方式，第 2 项设为点方式，第 3 项设为到线上） 拾取直线：（拾取 30 mm 的角度线） 指定平行线起点：（拾取中间 80 mm 长的水平线的左端点） 拾取平行线延伸到的曲线：（拾取 135 mm 水平线）	

§3-2 绘制圆

绘制圆是指按照各种给定参数绘制圆。为了适应各种情况下圆的绘制，CAXA 电子图板提供了“圆心 _ 半径”“两点”“三点”和“两点 _ 半径”等几种绘制方式，通过立即菜单选择圆生成方式及参数即可。另外，每种圆生成方式都可以单独执行，以便提高绘图效率。

单击“绘图”主菜单中的“圆”命令，或单击“绘图工具”工具条中的按钮，或单击“常用”选项卡中“绘图”面板内的按钮，或在命令行中执行 circle 命令，即可执行绘制圆命令，系统弹出如图 3-22 所示的立即菜单。

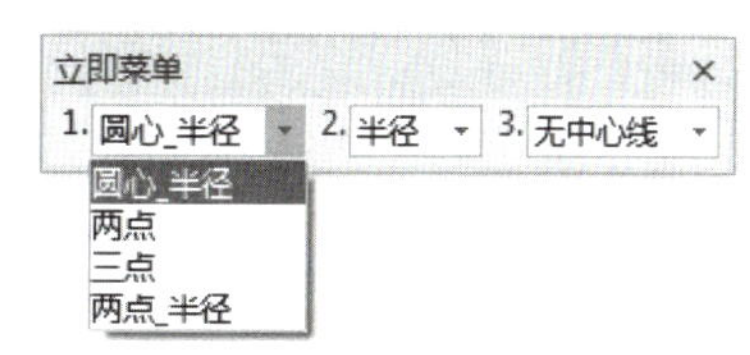

图 3-22 “圆”立即菜单

根据不同的绘图要求，还可在绘图过程中通过立即菜单选取圆上是否带有中心线（系统默认为无中心线）。

一、绘制已知圆心、半径的圆

根据给定的圆心和半径来绘制圆，这是最常用绘制圆的方式。

1. 调用方式

单击“绘图”主菜单“圆”子菜单中的“圆心 _ 半径”命令，或单击“常用”选项卡中“绘图”面板内“圆”功能按钮下拉菜单下的按钮，或调用“圆”功能并在立即菜单选择“圆心 _ 半径”方式，或在命令行中执行 cir 命令，即可执行“圆心 _ 半径”命令，系统弹出如图 3-23 所示立即菜单。

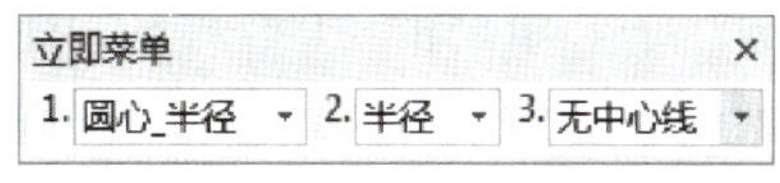

图 3-23 “圆心 _ 半径”立即菜单 1

2. 说明

（1）执行“圆心 _ 半径”命令后，系统提示“圆心点”，按提示要求输入圆心；系统提示变为“输入半径或圆上一点”，此时，可以直接由键盘输入所需半径数值，并按 Enter 键；也可以移动光标，确定圆上的一点，并单击鼠标左键。

（2）单击立即菜单“2. 半径”，切换为“2. 直径”，输入完圆心以后，系统提示变为“输入直径或圆上一点”，用键盘输入直径数值即可。

（3）单击立即菜单“3. 无中心线”，切换为“3. 有中心线”，同时可以输入中心线的延伸长度，如图 3-24 所示。

图 3-24 “圆心 _ 半径”立即菜单 2

此命令可以重复进行，单击鼠标右键或者按键盘 Esc 键可以退出此命令。

3. 示例

在边长为 40 mm 正方形的中心绘制半径为 10 mm 的圆，如图 3-25a 所示。

绘图步骤如下：

启动执行命令："圆"

圆心点：（捕捉边长为 40 mm 正方形的中心）

输入半径或圆上一点：10（输入圆的半径值 10）

单击鼠标右键或者按键盘 Esc 键即可退出此命令，绘图结果如图 3-25b 所示。

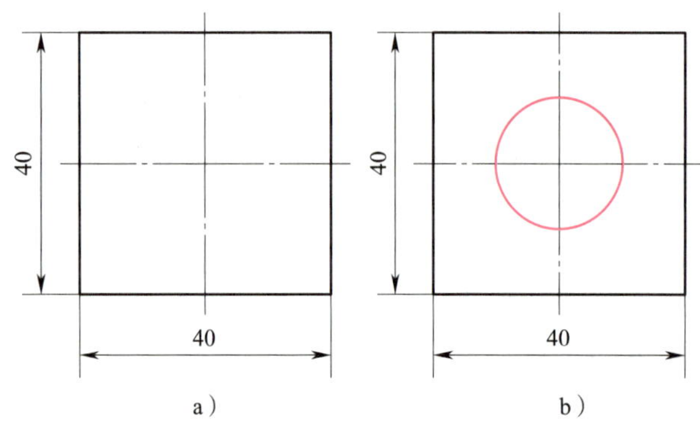

图 3-25 绘制已知圆心及半径的圆

a）操作前 b）操作后

二、绘制两点圆

绘制两点圆是指通过两个已知点绘制圆，这两个已知点之间的距离就是直径。

1. 调用方式

单击“绘图”主菜单“圆”子菜单中的“◯ 两点”命令，或单击“常用”选项卡中“绘图”面板内“圆”功能按钮下拉菜单下的 ◯ 按钮，或调用“圆”命令并在立即菜单中选择“两点”方式，或在命令行中执行 cppl 命令，即可执行绘制两点圆命令，系统弹出如图 3-26 所示立即菜单。根据提示输入第一点、第二点，一个完整的圆即被绘制出来。

图 3-26 “两点”圆立即菜单

2. 示例

绘制以图 3-27 所示长方形两长边中点为切点的内切圆。

绘图步骤如下：

启动执行命令："圆：两点"（将立即菜单中“无中心线”切换为“有中心线”）

第一点：（捕捉矩形一长边的中点）

第二点：（捕捉矩形另一长边的中点）

绘图结果如图 3-27 所示。

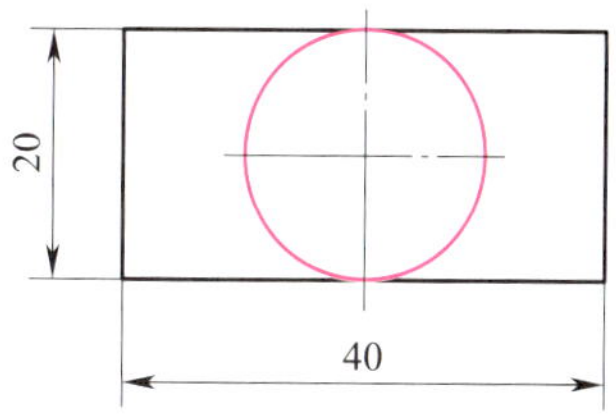

图 3-27　绘制两点圆

三、绘制三点圆

绘制三点圆是指通过不在一条直线上的三个点绘制圆。

1. 调用方式

单击“绘图”主菜单“圆”子菜单中的“三点”命令，或单击“常用”选项卡中“绘图”面板内“圆”功能按钮下拉菜单下的按钮，或调用“圆”功能并在立即菜单中选择“三点”方式，或在命令行中执行 cppp 命令，即可执行绘制三点圆命令。

“三点”圆立即菜单如图 3-28 所示。按命令输入区提示，输入第一点、第二点和第三点后，一个完整的圆被绘制出来。在输入点时可充分利用智能点、栅格点、导航点和工具点菜单。

2. 示例

利用“三点”圆命令和工具点菜单可以很容易地绘制出三角形的外接圆和内切圆，绘制结果如图 3-29 所示（绘图步骤略）。

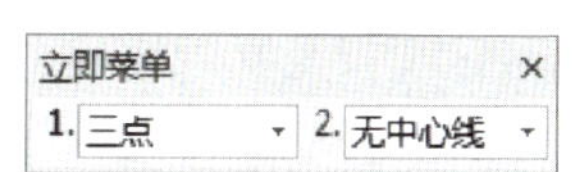

图 3-28　“三点”圆立即菜单

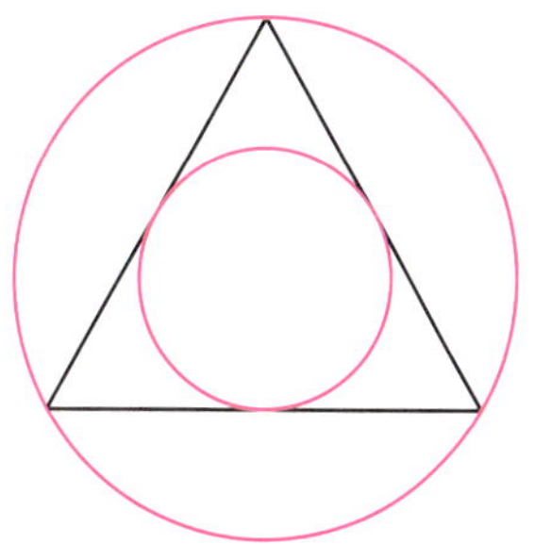

图 3-29　绘制三点圆示例

四、绘制已知两点、半径的圆

在 CAXA 电子图板中，可以过圆周上的两个已知点和给定的半径绘制圆。

1. 调用方式

单击“绘图”主菜单“圆”子菜单中的“两点_半径”命令，或单击“常用”选项卡中“绘图”面板内“圆”功能按钮下拉菜单下的按钮，或调用“圆”命令并在立即菜单中选择“两点_半径”方式，或在命令行中执行 cppr 命令，即可执行“两点_半径”圆命令。

“两点_半径”圆立即菜单如图 3-30 所示。按提示要求，输入第一点、第二点后，在合适位置输入第三点或由键盘输入一个半径值，一个完整的圆被绘制出来。

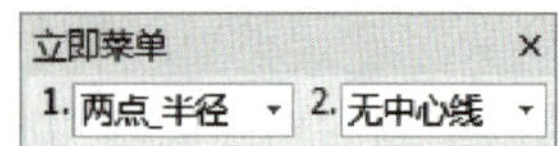

图 3-30 “两点 _ 半径”圆立即菜单

2. 示例

已知两直径为 20 mm 的圆，相距 40 mm，如图 3-31a 所示。现绘制与两圆相切，且半径为 15 mm 的外切圆。

绘制步骤如下：

启动执行命令："圆：两点 _ 半径"

第一点：（按空格键弹出工具点菜单，单击“切点”项，捕捉左侧圆的切点）

第二点：（按空格键弹出工具点菜单，单击“切点”项，捕捉右侧圆的切点）

第三点（半径）：15（输入外切圆的半径值 15）

绘图结果如图 3-31b 所示。

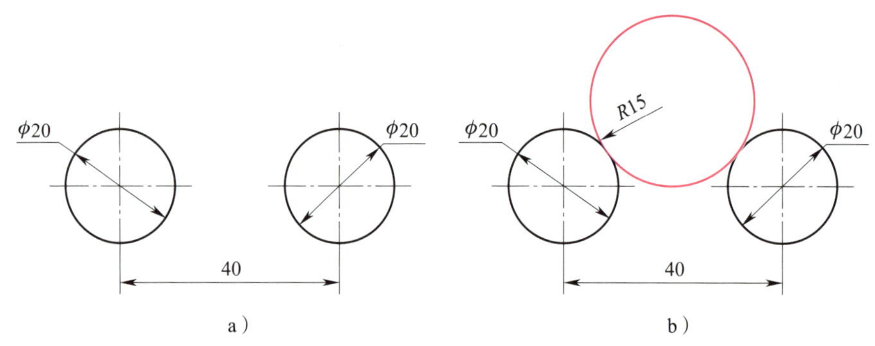

图 3-31 绘制已知的点及半径的圆

a）绘制前 b）绘制后

§3-3 绘制圆弧

绘制圆弧时，可以通过指定圆心、端点、起点、半径、角度等各种组合形式创建圆弧。单击“绘图”主菜单中的“ 圆弧”命令，或单击“绘图工具”工具条中的 按钮，或单击“常用”选项卡中“绘图”面板内的 按钮，或在命令行中执行 arc 命令，即可执行“圆弧”命令，系统弹出如图 3-32 所示立即菜单。

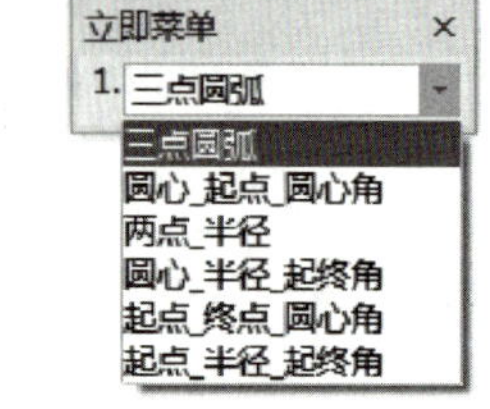

图 3-32 “圆弧”立即菜单

为了适应各种情况下圆弧的绘制，电子图板提供了“三点圆弧”“圆心 _ 起点 _ 圆心角”“两点 _ 半径”“圆心 _ 半径 _ 起终角”“起点＿终点＿圆心角”和“起点＿半径＿起终角”六种方式，通过立即菜单选择圆弧生成方式及输入参数即可。另外，每种圆弧生成方式都可以单独执行，以便提高绘图效率。

一、绘制三点圆弧

绘制三点圆弧是指通过已知三点绘制圆弧。过已知三点绘制圆弧，其中第一点为起点，第三点为终点，第二点决定圆弧的位置和方向。

1. 调用方式

单击“绘图”主菜单“圆弧”子菜单中的“ 三点”命令，或单击“常用”选项卡中“绘图”面板内“圆弧”功能按钮下拉菜单下的 按钮，或调用“圆弧”功能并在立即菜单选择“三点圆弧”方式，或在命令行中执行 appp 命令，即可执行“三点圆弧”命令。当采用调用“圆弧”功能方式时，系统弹出如图 3-33 所示立即菜单。

1. 三点圆弧

图 3-33 “三点圆弧”立即菜单

2. 说明

按系统提示要求，指定第一点和第二点，此时，一条过上述两点及过光标所在位置的三点圆弧已经显示在画面上，移动光标，正确选择第三点位置，并单击左键，则一条圆弧线被绘制出来。在选择这三个点时，可灵活运用工具点、智能点、导航点、栅格点等工具，也可以直接用键盘输入点坐标。

3. 示例

如图 3-34a 所示三角形，调用三点圆弧命令后依次选择 A、C、B 三点画弧，结果如图 3-34b 所示。

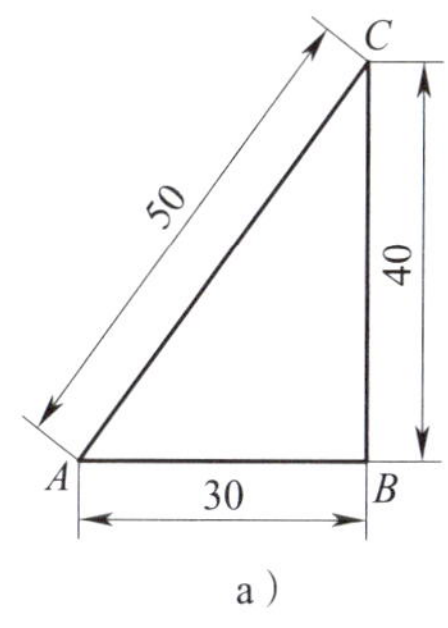

a）

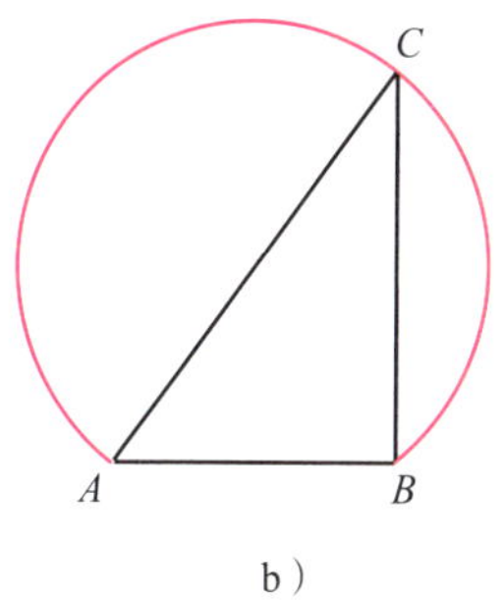

b）

图 3-34 绘制三点圆弧

a）操作前 b）操作后

二、绘制已知圆心、起点、圆心角的圆弧

在 CAXA 电子图板中，可以利用已知的圆心、起点、圆心角（或终点）绘制圆弧。

1. 调用方式

单击“绘图”主菜单“圆弧”子菜单中的“ 圆心＿起点＿圆心角”命令，或单击“常用”选项卡中“绘图”面板内“圆弧”功能按钮下拉菜单下的 按钮，或调用“圆弧”功能中并在立即菜单中选择“圆心＿起点＿圆心角”方式，或在命令行中执行 acsa 命令，即可执行“圆心＿起点＿圆心角”圆弧命令。当采用调用“圆弧”功能方式时，系统弹出如图 3-35 所示立即菜单。

1. 圆心_起点_圆心角

图 3-35 “圆心＿起点＿圆心角”圆弧立即菜单

2. 说明

按系统提示要求，分别输入圆心和圆弧起点、圆心角数值或终点，也可以用鼠标拖动进行选取，则一个圆弧被绘制出来。

3. 示例

以图 3-36 中 1 点为圆心，2 点为起点，当圆心角为 60° 时，则绘制出图 3-36a 所示圆弧；当圆心角为－60° 时，则绘制出图 3-36b 所示圆弧。

三、绘制已知两点、半径的圆弧

在 CAXA 电子图板中，可以利用已知两点及圆弧半径来绘制圆弧。

1. 调用方式

单击“绘图”主菜单“圆弧”子菜单中的“两点 _ 半径”命令，或单击“常用”选项卡中“绘图”面板内“圆弧”功能按钮下拉菜单下的按钮，或调用“圆弧”功能并在立即菜单中选择“两点 _ 半径”方式，或在命令行中执行 appr 命令，即可执行“两点 _ 半径”圆弧命令。当采用调用“圆弧”功能方式时，系统弹出如图 3-37 所示立即菜单。

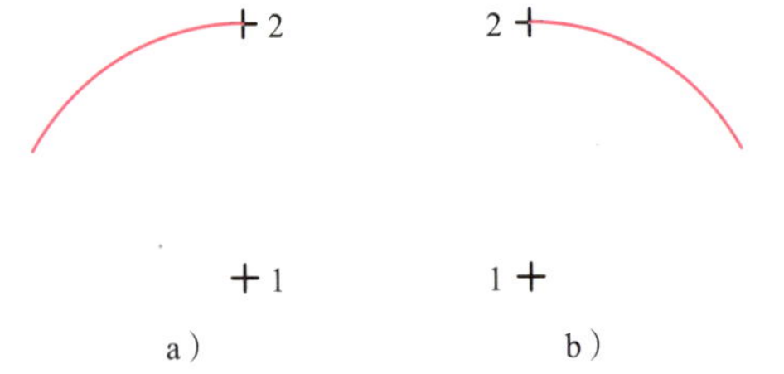

图 3-36　绘制已知圆心起点及圆心角的圆弧

a）圆心角为 60°　b）圆心角为－60°

图 3-37　“两点 _ 半径”圆弧立即菜单

2. 说明

按系统提示要求输入第一点和第二点后，系统接着提示“第三点（半径）”。此时如果输入一个半径值，则系统首先根据十字光标当前的位置判断绘制圆弧的方向，判定规则是：十字光标当前位置处在第一、二两点所在直线的哪一侧，则圆弧就绘制在哪一侧，如图 3-38 所示。

应用该命令时，如果在输入第二点以后移动鼠标，则在画面上出现一段由输入的两点及光标所在位置点构成的三点圆弧。移动光标，圆弧发生变化，在确定圆弧大小后，单击鼠标左键，结束操作。

3. 示例

以图 3-38 所示 *A* 点为第一点，*B* 点为第二点，半径为 16 mm 绘制圆弧。

调用“两点 _ 半径”命令时，按提示要求拾取第一点 *A* 和第二点 *B* 后，系统又提示“第三点（半径）”，向上移动光标，输入半径值 16 并确定，则绘制出图 3-38a 所示图形；若在提示输入“第三点（半径）”时，向下移动光标，输入半径值 16 并确定，则绘制出图 3-38b 所示图形。若移动光标时形成的圆弧大于 180°，再输入半径值，则绘制的圆弧是大于 180° 的优弧，如图 3-38c 所示。

四、绘制已知圆心、半径、起终角的圆弧

在 CAXA 电子图板中，可以利用已知的圆心、半径和起终角绘制圆弧。

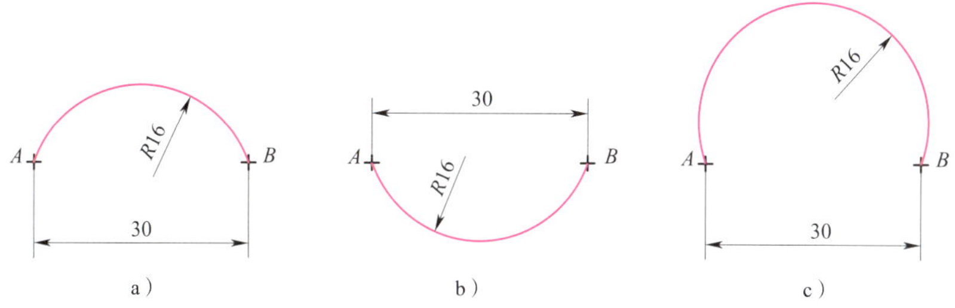

图 3-38　绘制已知的点及半径的圆弧

a）光标在 *AB* 两点的上方　b）光标在 *AB* 两点的下方　c）优弧

1. 调用方式

单击“绘图”主菜单“圆弧”子菜单中的“圆心 _ 半径 _ 起终角”命令，或单击“常用”选项卡中“绘图”面板内“圆弧”功能按钮下拉菜单下的按钮，或调用“圆弧”功能并在立即菜单中选择“圆心 _ 半径 _ 起终角”方式，或在命令行中执行 acra 命令，即可执行“圆心 _ 半径 _ 起终角”圆弧命令。当采用调用“圆弧”功能方式时，系统弹出如图 3-39 所示立即菜单。

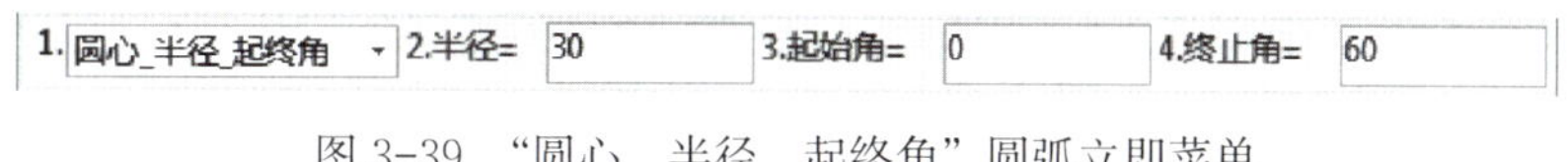

图 3-39　“圆心 _ 半径 _ 起终角”圆弧立即菜单

2. 说明

（1）单击立即菜单“2. 半径”编辑框，可按要求重新输入半径值。

（2）单击立即菜单中的“起始角”或“终止角”编辑框，可输入起始角或终止角的数值。起始角或终止角的数值范围为 0 ～ 360。注意：起始角和终止角均是从 *X* 正半轴开始，逆时针旋转为正，顺时针旋转为负。

3. 示例

如图 3-40 所示图形中的外部细实线圆弧，就可采用“圆心 _ 半径 _ 起终角”方式绘制。绘制时，圆心与内部粗实线圆重合，半径为 12，起始角为 3°，终止角为 273°。

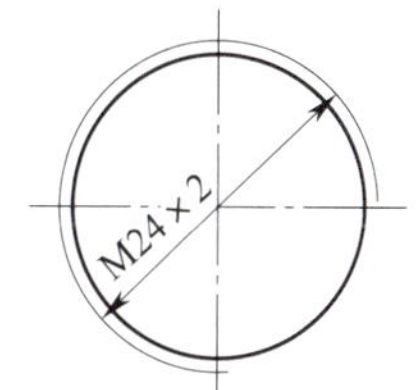

图 3-40　绘制已知圆心半径及起终角的圆弧

五、绘制已知起点、终点、圆心角的圆弧

在 CAXA 电子图板中，可以利用已知的起点、终点和圆心角绘制圆弧。

1. 调用方式

单击“绘图”主菜单“圆弧”子菜单中的“起点 _ 终点 _ 圆心角”命令，或单击“常用”选项卡中“绘图”面板内“圆弧”功能按钮下拉菜单下的按钮，或调用“圆弧”功能并在立即菜单中选择“起点 _ 终点 _ 圆心角”方式，或在命令行中执行 asea 命令，即可执行“起点 _ 终点 _ 圆心角”圆弧命令。当采用调用“圆弧”功能方式时，系统弹出如图 3-41 所示立即菜单。

2. 说明

（1）圆心角的数值范围为 0 ～ 360。

1. 起点_终点_圆心角 2.圆心角: 60

图 3-41 “起点 _ 终点 _ 圆心角”圆弧立即菜单

（2）按系统提示输入起点和终点，则一条从起点到终点逆时针方向的圆弧显示在屏幕上。

六、绘制已知起点、半径、起终角的圆弧

在 CAXA 电子图板中，可以利用已知起点、半径、起终角绘制圆弧。

1. 调用方式

单击“绘图”主菜单“圆弧”子菜单中的“起点 _ 半径 _ 起终角”命令，或单击“绘图”常用选项卡中的“圆弧”功能按钮下拉菜单下的按钮，或调用“圆弧”功能并在立即菜单中选择“起点 _ 半径 _ 起终角”方式，或在命令行中执行 asra 命令，即可执行“起点 _ 半径 _ 起终角”圆弧命令。当采用调用“圆弧”功能方式时，系统弹出如图 3-42 所示立即菜单。

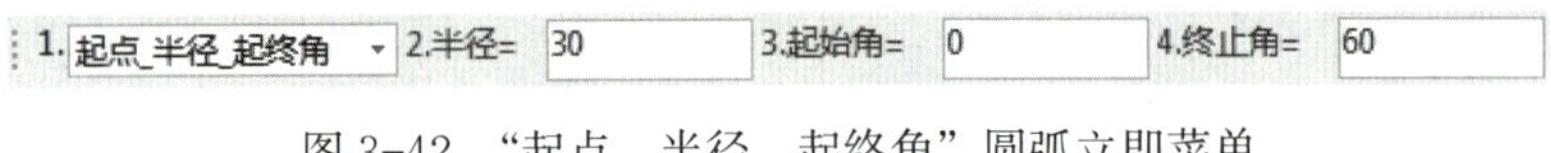

图 3-42 “起点 _ 半径 _ 起终角”圆弧立即菜单

2. 说明

（1）单击立即菜单“2. 半径”编辑框，可按要求输入半径值。

（2）单击立即菜单中的“3. 起始角”或“4. 终止角”编辑框，可以根据作图的需要分别输入起始角或终止角的数值。起始角与终止角的数值范围为 0 ～ 360。

§3-4 绘制矩形

图 3-43 为某底座的俯视图，它由多个矩形组成。如果利用前面学习的直线命令，也可以绘制该俯视图，但是，绘制过程比较烦琐。CAXA 电子图板提供了矩形命令，可以比利用直线命令更快地绘制出该俯视图。本节将介绍矩形命令的应用。

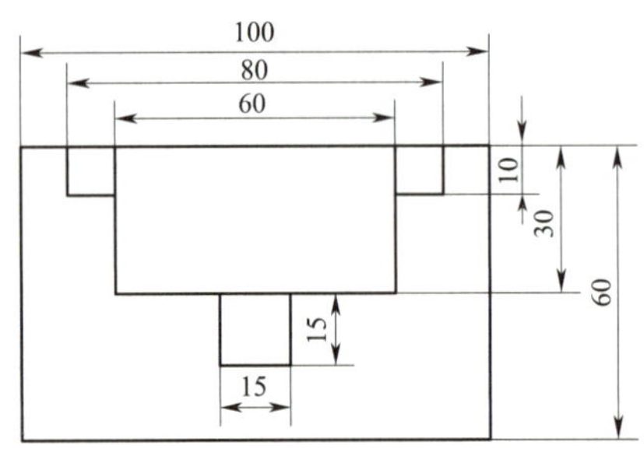

图 3-43 某底座俯视图

一、调用方式

单击“绘图”主菜单中的“矩形”命令，或单击“常用”选项卡中“绘图”面板内的按钮，或单击“绘图工具”工具条上的按钮，或在命令行中执行 rect 命令，即可调用矩形命令，系统弹出如图 3-44 所示立即菜单。

图 3-44 “矩形”立即菜单 1

二、说明

CAXA 电子图板可以按照“两角点”“长度和宽度”两种方式绘制矩形。

1. 两角点方式

在立即菜单 1 中选择“两角点”选项。系统提示“第一角点”，用鼠标左键指定第一角点；随后系统提示“另一角点”，在指定另一角点的过程中，出现一个跟随光标移动的绿色矩形，待确定好另一角点位置，单击左键，这时矩形被绘制出来。也可直接从键盘输入两角点的绝对坐标值或相对坐标值。比如第一角点坐标为（20，15），矩形的长为 36，宽为 18，则第二角点绝对坐标为（56，33），相对坐标“@36，18”。不难看出，在已知矩形的长和宽，且使用“两角点”方式时，用相对坐标要简单一些。

2. 长度和宽度方式

在立即菜单 1 中选择“长度和宽度”选项，立即菜单如图 3-45 所示。

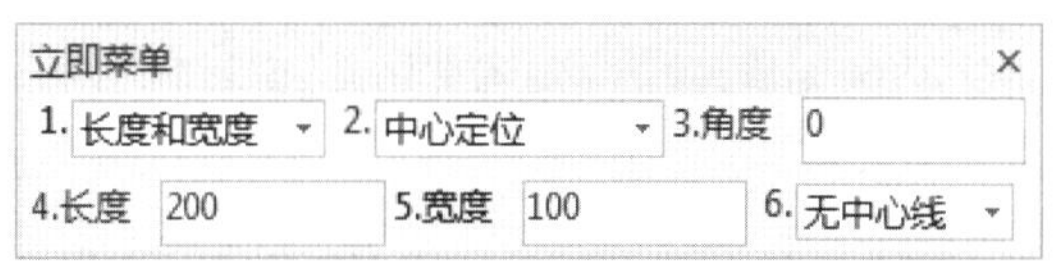

图 3-45 “矩形”立即菜单 2

（1）单击立即菜单中的“2. 中心定位”，在弹出的下拉菜单中可以选择“中心定位”“顶边中点”或“左上角点定位”。“中心定位”是以矩形的中心为定位点绘制矩形，“顶边中点”是以矩形顶边的中点为定位点绘制矩形，“左上角点定位”是以矩形左上角角点为定位点绘制矩形。

（2）单击立即菜单中的“3. 角度”“4. 长度”“5. 宽度”编辑框，按顺序分别输入倾斜角度、长度和宽度的参数值，以确定待绘制矩形的条件。

（3）单击立即菜单“6. 无中心线”，即切换为“6. 有中心线”，如图 3-46 所示。这时，可以绘出带有中心线的矩形。

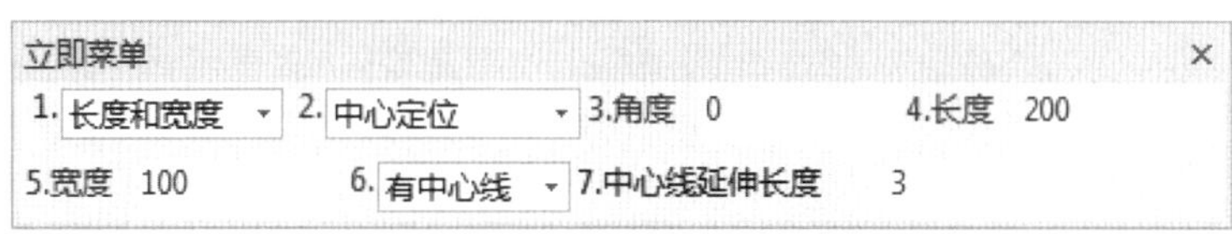

图 3-46 “矩形”立即菜单 3

图 3-45 所示立即菜单表明用“长度和宽度”方式，绘制一个以中心定位、倾角为 0°、长度为 200 mm、宽度为 100 mm、不带有中心线的矩形。设置完上述参数，屏幕上一个绿色矩形跟随光标的移动而移动，系统提示“定位点”，按提示要求指定矩形的一个中心定位点，一旦定位点指定，即以该点为中心，绘制出长度为 200 mm、宽度为 100 mm 的矩形。

三、示例

应用矩形命令绘制如图 3-43 所示某底座俯视图，操作步骤见表 3-2。

表 3-2　　　　绘制某底座俯视图的操作步骤

操作步骤	图示
（1）绘制 100 mm × 60 mm 矩形 启动执行命令："矩形"（选择长度和宽度方式、顶边中心、倾角为 0、长度为 100、宽度为 60、不带有中心线） 定位点：（用鼠标确定矩形顶边中心位置）	
（2）绘制 60 mm × 30 mm 矩形 启动执行命令："矩形"（选择长度和宽度方式、顶边中心、倾角为 0、长度为 60、宽度为 30、不带有中心线） 定位点：（用鼠标拾取 100 mm × 60 mm 矩形的顶边中点作为 60 mm × 30 mm 矩形的顶边中心位置）	
（3）绘制 15 mm × 15 mm 矩形 启动执行命令："矩形"（选择长度和宽度方式、顶边中心、倾角为 0、长度为 15、宽度为 15、不带有中心线） 定位点：（用鼠标拾取 60 mm × 30 mm 矩形的底边中点作为 15 mm × 15 mm 矩形的顶边中心位置）	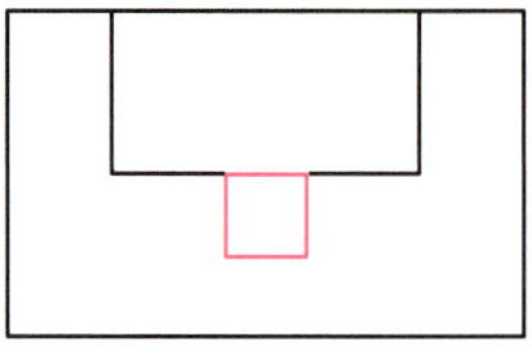
（4）绘制左边 10 mm × 10 mm 矩形 启动执行命令："矩形"（选择两角点方式） 第一角点：（用鼠标拾取 60 mm × 30 mm 矩形左上角角点为 10 mm × 10 mm 矩形第一角点） 第二角点：@ − 10，− 10（输入第二角点相对第一角点坐标，按 Enter 键确认）	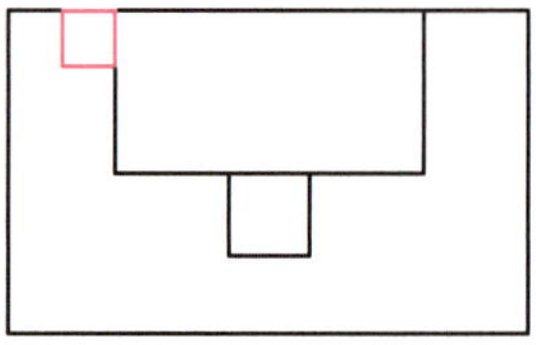
（5）绘制右边 10 mm × 10 mm 矩形 启动执行命令："矩形"（选择两角点方式） 第一角点：（用鼠标拾取 60 mm × 30 mm 矩形右上角角点为 10 mm × 10 mm 矩形第一角点） 第二角点：@10，− 10（输入第二角点相对第一角点坐标，按 Enter 键确认）	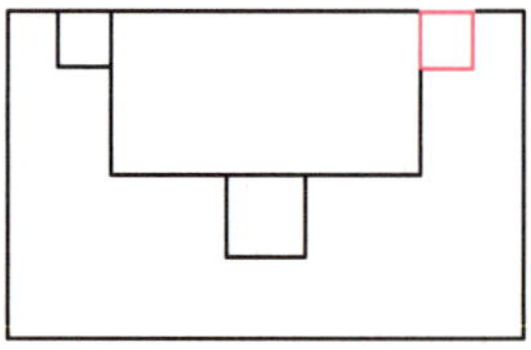

§3-5　绘制多段线

多段线是作为单个对象创建的相互连接的线段序列，可以创建直线段、弧线段或两者的组合线段。

一、调用方式

单击“绘图”主菜单中的“ 多段线”按钮，或单击“常用”选项卡中“绘图”面板上的 按钮，或单击“绘图工具”工具条上的 按钮，或在命令行中执行 pline 命令，即可调用多段线命令，其立即菜单如图 3-47 所示。

1. 直线 2. 不封闭 3.起始宽度 0 4.终止宽度 0

图 3-47 “多段线”立即菜单 1

二、说明

1. 直线方式

直线方式立即菜单如图 3-47 所示。

（1）根据提示指定直线的第一点和第二点，即可生成一段直线，交互方式同两点直线相同；可以连续指定下一点绘制连续的组合线段。

（2）单击立即菜单“2. 不封闭”，可以设置多段线是否封闭。

（3）单击立即菜单中的“3. 起始宽度”和“4. 终止宽度”可以指定多段线的起始宽度和终止宽度。

2. 圆弧方式

单击立即菜单“1. 直线”切换到“圆弧”状态，立即菜单如图 3-48 所示。

1. 圆弧 2. 不封闭 3.起始宽度 0 4.终止宽度 0

图 3-48 “多段线”立即菜单 2

此时按提示指定第一点和第二点，即可生成一段圆弧；连续指定下一点时，即可绘制连续的组合圆弧线段。

直线和圆弧线段可以连续组合生成，通过立即菜单进行切换即可。在绘制直线和圆弧时可以使用动态输入以及智能点工具进行精确输入，使绘图准确，且提高绘制效率。

三、示例

应用多段线命令绘制如图 3-49 所示图形。

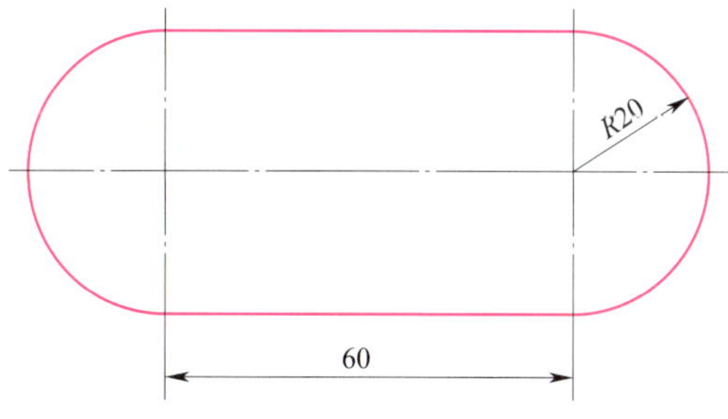

图 3-49 多段线命令应用示例

绘图步骤如下：

启动执行命令："多段线"

第一点：（用鼠标在绘图区确定第一点位置）

下一点：@60<0（设置为直线方式，输入相对第一点相对极坐标）

下一点：@40<90（设置为圆弧方式，输入相对上一点相对极坐标）

下一点：@60<180（设置为直线方式，输入相对上一点相对极坐标）

下一点：@40<270（设置为圆弧方式，输入相对上一点相对极坐标）

单击鼠标右键或者按键盘Esc键即可退出多段线命令，即绘制出如图3-49所示图形。

§3-6 绘制剖面线

图3-50为某端盖的主视图，它是用剖视图来表示的。图中的剖切部分是用轮廓线加上剖面线来表示的，如何在CAXA电子图板中绘制剖面线呢？

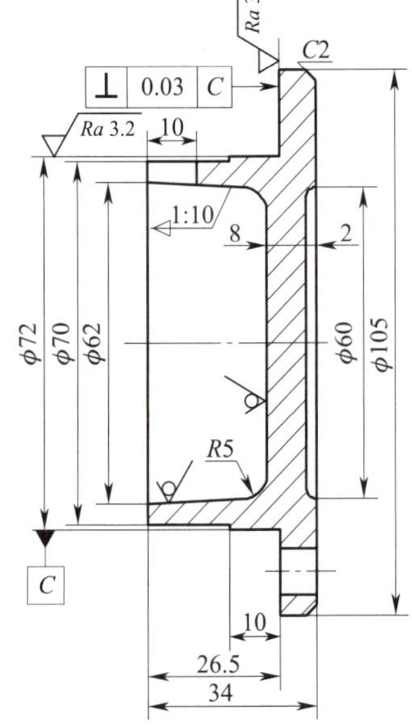

图3-50 某端盖主视图

在CAXA电子图板中，可使用填充图案对封闭区域或选定对象进行填充，生成剖面线。

单击“绘图”主菜单中的“剖面线”命令，或单击“绘图工具”工具条中的按钮，或单击“常用”选项卡中“绘图”面板上的按钮，或在命令行中执行hatch命令，即可执行剖面线命令。CAXA电子图板提供了两种绘制剖面线的方式：拾取点方式和拾取边界方式。

一、用拾取点方式绘制剖面线

用拾取点方式绘制剖面线，是指根据拾取点的位置，从右向左搜索最小内环，根据环生成剖面线。如果拾取点在环外，则操作无效。

1. 操作步骤

（1）执行剖面线命令，系统弹出如图3-51所示立即菜单1，选择“1. 拾取点”方式。

图3-51 “剖面线”立即菜单1

（2）在立即菜单中可以选择“2. 选择剖面图案”，如果不选择剖面图案，将按默认图案生成。如果选择剖面图案，进行拾取点操作并确认后，将弹出如图3-52所示的“剖面图案”对话框。

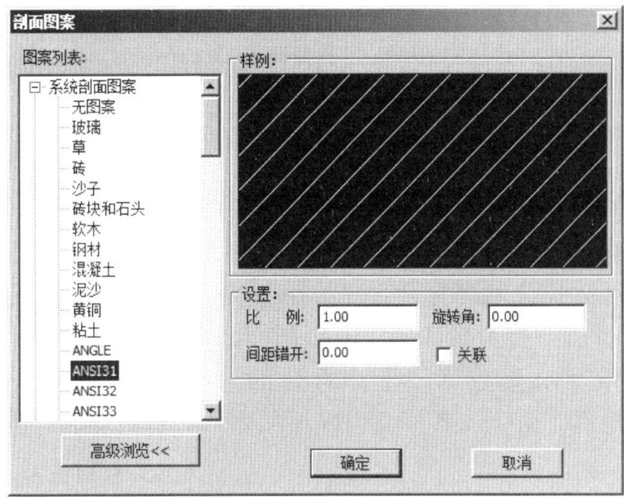

图 3-52 “剖面图案”对话框

在图 3-52 所示“剖面图案”对话框中，可在“图案列表”中选择剖面图案，选择的剖面图案将在“样例”中显示出来，图中显示的样例为“ANSI31”剖面图案。在“设置”项中可以设置剖面线的比例、旋转角、间距错开距离等参数。

（3）选择“剖面图案”后，单击“确定”按钮，一组已选定的剖面图案立刻在环内画出。

此方法操作简单、方便、迅速，适用于各式各样的封闭区域。

注：拾取环内点的位置，当用户拾取完点以后，系统首先从拾取点开始，从右向左搜索最小封闭环。

2. 示例

如图 3-53 所示，矩形为一个封闭环，而其内部又有一个圆，圆也是一个封闭环。若拾取点设在圆外，则系统搜索到的封闭环是矩形，则矩形和圆都将被绘制出剖面线，如图 3-53a 所示。若拾取点设在圆内，系统搜索到的封闭环为圆，则圆将被绘制出剖面线，如图 3-53b 所示。

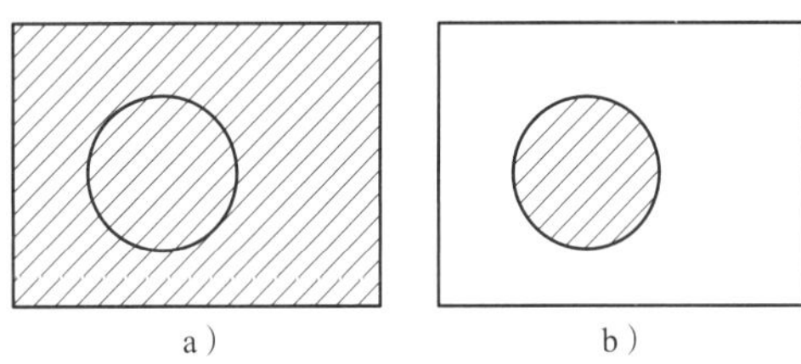

a）　　b）

图 3-53　拾取点绘制剖面线

a）拾取点在圆外　b）拾取点在圆内

二、用拾取边界方式绘制剖面线

用拾取边界的方式绘制剖面线，是指根据拾取到的曲线搜索环生成剖面线。如果拾取到的曲线不能生成互不相交的封闭环，则操作无效。

1. 操作步骤

（1）执行剖面线命令，系统弹出“剖面线”立即菜单，选择“1. 拾取边界”方式，立即菜单变为图 3-54 所示。

图 3-54 “剖面线”立即菜单 2

（2）在立即菜单中可以选择“2. 选择剖面图案”，如果不选择剖面图案，将按默认图案生成。如果选择剖面图案，进行拾取边界操作并确认后，将弹出如图 3-52 所示的“剖面图案”对话框。选择剖面图案，并设置剖面线参数。

（3）移动鼠标拾取构成封闭环的若干条曲线，如果所拾取的曲线能够生成互不相交（重合）的封闭的环，右击确认后，一组剖面线立即显示出来，否则操作无效。如图 3-55a 所示，拾取圆和矩形后，形成重合的封闭环可以绘制出剖面线。而拾取图 3-55b 中的圆和矩形，由于二者不能生成相互重合的封闭环，系统认为操作无效，不能绘制出剖面线。

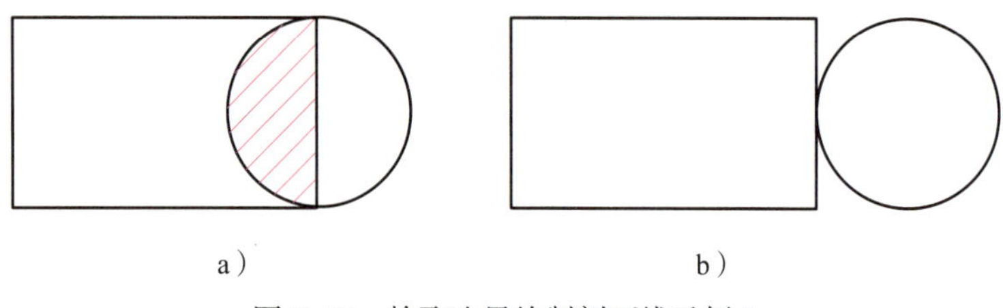

图 3-55 拾取边界绘制剖面线示例 1

a）形成重合的封闭环 b）未形成重合的封闭环

（4）若拾取的边界曲线所形成的封闭环包含另一个拾取边界曲线所形成的封闭环，则两边界曲线之间所形成的封闭环将绘制出剖面线。如图 3-56 所示，矩形包含圆，如果拾取圆，结果如图 3-56a 所示；如果拾取矩形，结果如图 3-56b 所示；如果拾取圆和矩形，结果如图 3-56c 所示。

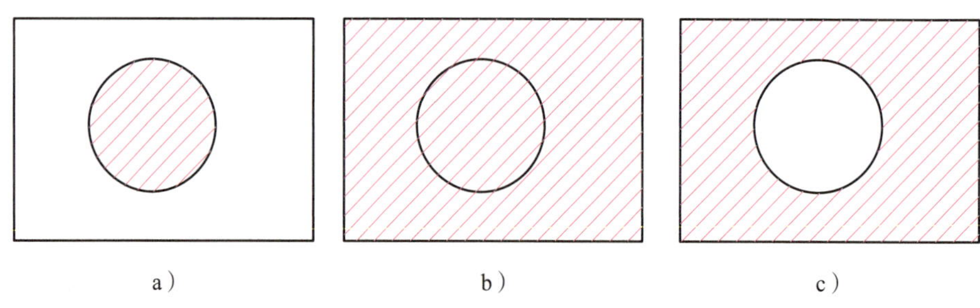

图 3-56 拾取边界绘制剖面线示例 2

a）拾取圆 b）拾取矩形 c）拾取圆和矩形

2. 示例

绘制图 3-57 所示图形的剖面线。

绘制图 3-57a 所示两曲线非重合封闭环的剖面线，只能采用点拾取方式。同时，圆部分的剖面线的旋转角为 45°，矩形部分的剖面线的旋转角为 135°。绘制 3-57b 所示玻璃的剖面线，只能采取边界拾取方式，同时拾取两个圆，单击右键确认，在弹出的剖面图案对话框中，选择“玻璃”作为剖面图案，单击对话框中的“确定”，就可绘制出两圆之间的剖面线。绘制图 3-57c 所示混凝土材料的剖面线，既可采取点拾取方式，也可采取边界拾取方式，注意采用的剖面图案为“混凝土”。

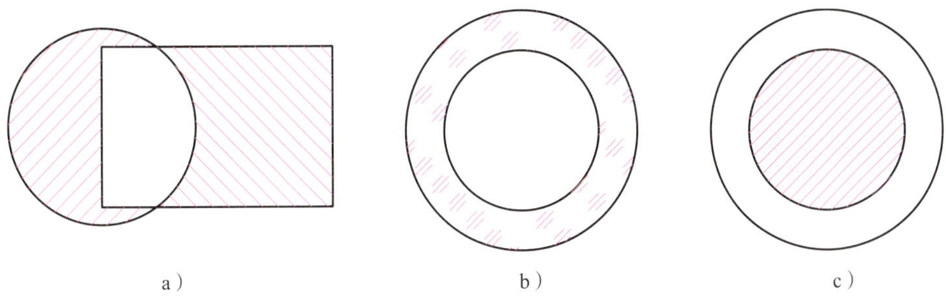

图 3-57　绘制剖面线示例 3

a）非重合封闭环　b）玻璃　c）混凝土

§3-7　填　充

使用填充命令，可对封闭区域的内部进行实心填充。填充图案实际是一种图形类型，它可对封闭区域的内部进行填充。某些制件剖面需要涂黑时可用此功能。

一、调用方式

单击“绘图”主菜单中的“填充”命令，或单击“绘图工具”工具条中的按钮，或单击“常用”选项卡中“绘图”面板上的按钮，或在命令行中执行 solid 命令，即可调用“填充”命令，系统弹出如图 3-58 所示立即菜单。

图 3-58　“填充”立即菜单

在立即菜单“1. ”中可选择“独立”或“非独立”方式。“独立”表示填充的多个区域是相互独立的对象，“非独立”表示填充的多个区域是一个对象。

调用“填充”功能后，命令行中提示“拾取环内一点”，用鼠标左键拾取要填充的封闭区域内任意一点，即可完成填充操作。

二、示例

将图 3-59a 所示圆的第一象限和第三象限涂黑。

调用“填充”功能，拾取圆的第一象限和第三象限中任意一点，单击鼠标右键确认，即可绘制出如图 3-59b 所示图形。

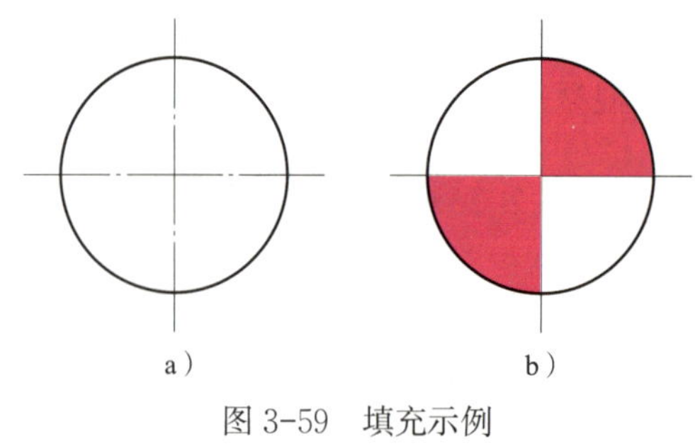

图 3-59　填充示例
a）操作前　b）操作后

§3-8　绘制中心线

如图 3-60 所示为内六角螺钉的主视图，该螺钉是以中心线为对称轴的完全对称图形。CAXA 电子图板提供了绘制中心线的功能，可以根据已有图形方便地绘制出图形的中心线。

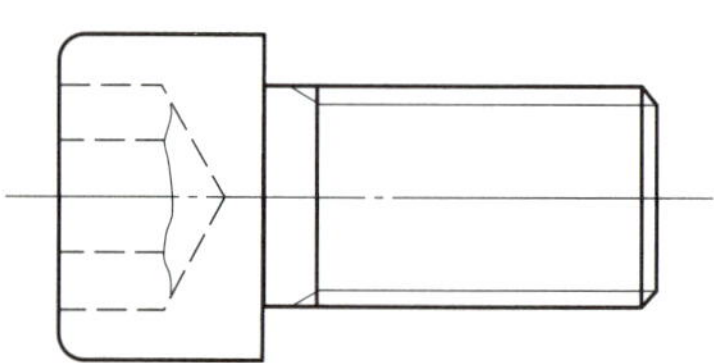

图 3-60　内六角螺钉主视图

调用中心线命令后，如果拾取一个圆、圆弧或椭圆，则直接生成一对正交的中心线。如果拾取两条平行或非平行线（如锥体），则生成这两条直线的中心线。

一、调用方式

单击“绘图”主菜单中的“ 中心线”命令，或单击“常用”选项卡中“绘图”面板上的 按钮，或单击“绘图工具”工具条上的 按钮，或在命令行中执行 centerl 命令，即可执行“中心线”命令，系统弹出如图 3-61 所示的立即菜单。

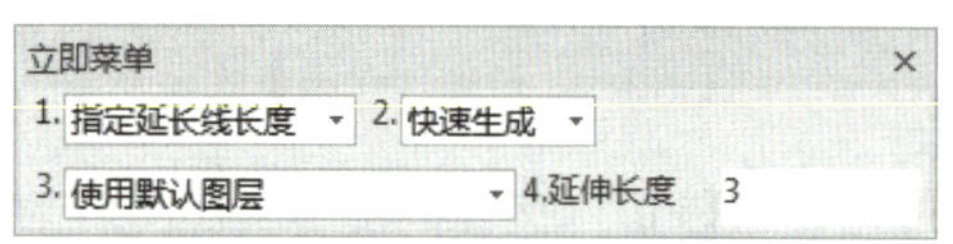

图 3-61　“中心线”立即菜单

二、说明

（1）单击立即菜单中的“1. 指定延长线长度”可切换到“1. 自由”。“指定延伸长度”是指超过轮廓线的长度按照“延伸长度”编辑框中数字表示的长度显示，数值可通过键盘重新输入；“自由”是指手动移动鼠标指定超过轮廓线的长度。

（2）单击立即菜单中的“2. 快速生成”可切换到“2. 批量生成”。“快速生成”指一个元素的中心线生成；“批量生成”指框选元素的批量生成。

（3）按命令输入区提示“拾取圆（弧、椭圆、圆弧形多段线）或第一条直线”，若拾取的是圆（弧、椭圆、圆弧形多段线），则在被拾取的圆或圆弧上画出一对正交垂直且超出其轮廓线一定长度的中心线；若拾取的是第一条直线，提示变为“拾取另一条直线”，当拾取完以后，在被拾取的两条直线之间即画出一条中心线。

（4）此命令可以重复操作，右击结束操作。

三、示例

图 3-62 为绘制中心线的示例（绘图步骤略）。

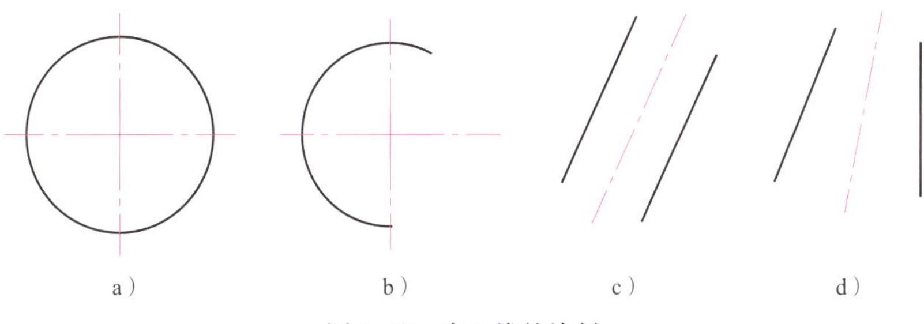

图 3-62　中心线的绘制

a）圆　b）圆弧　c）平行直线　d）对称直线

§3-9　绘制等距线

工程图样中存在很多具有等距特征的图线，如图 3-63 所示某容器的剖视图。图中内轮廓线和外轮廓线的间距是不变的。可以应用多段线命令按尺寸依次绘制出外轮廓，然后通过等距线功能快速地绘制出内轮廓线。

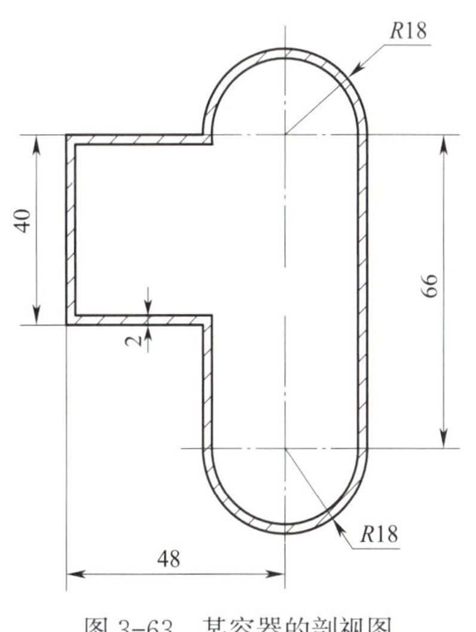

图 3-63　某容器的剖视图

CAXA 电子图板可以按等距方式生成一条或同时生成多条给定曲线的等距线。可以生成等距线的对象有直线、圆弧、圆、椭圆、多段线、样条曲线。等距线方式具有链拾取功能，它能把首尾相连的图形元素作为一个整体进行等距，从而提高操作效率。

一、调用方式

单击“绘图”主菜单中的“ 等距线”命令，或单击“常用”选项卡中“修改”面板上的 按钮，或单击“绘图工具”工具条上的 按钮，或在命令行中执行 offset 命令，即可执行等距线命令，系统弹出如图 3-64 所示立即菜单。

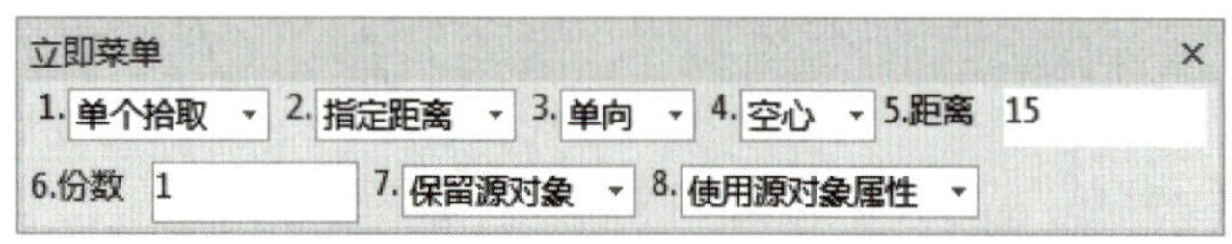

图 3-64 “等距线”立即菜单

二、说明

（1）单击立即菜单“1. 单个拾取”，可以选择“单个拾取”或“链拾取”。若是单个拾取，则只拾取一个元素；若是链拾取，则拾取首尾相连的元素。

（2）单击立即菜单“2. 指定距离”，可选择“指定距离”或“过点方式”。“指定距离”方式是指选择箭头方向确定等距方向，按给定距离的数值来确定等距线的位置，如图 3-65 所示。过点方式是指过已知点绘制等距线，如图 3-66 所示。等距功能默认为指定距离方式。

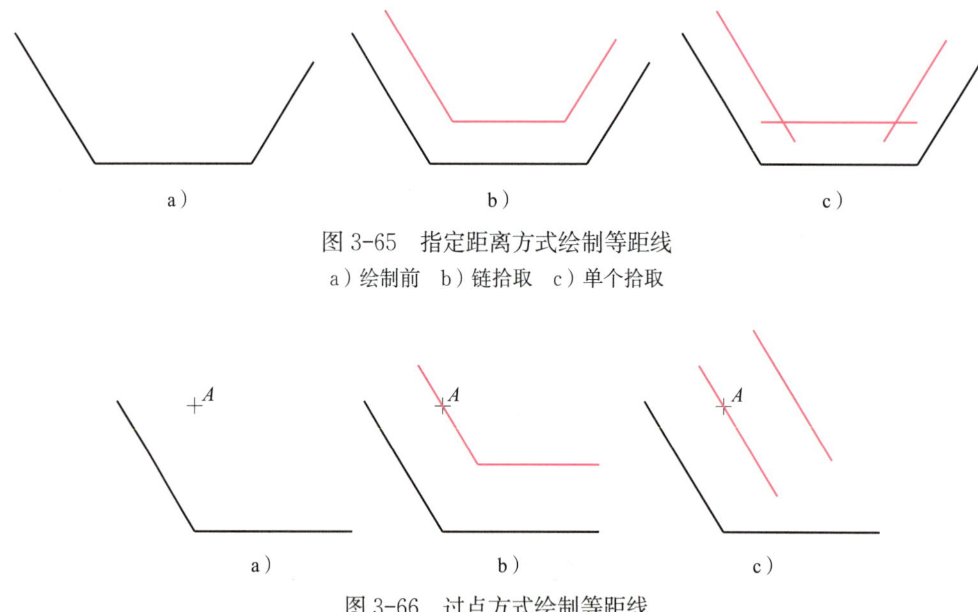

图 3-65 指定距离方式绘制等距线

a）绘制前 b）链拾取 c）单个拾取

图 3-66 过点方式绘制等距线

a）绘制前 b）链拾取 c）单个拾取（份数为 2）

（3）单击立即菜单“3. 单向”，可选择“单向”或“双向”。“单向”是指只在一侧绘制等距线，“双向”是指在直线两侧均绘制等距线。

（4）单击立即菜单“4. 空心”，可选择“空心”或“实心”。“实心”是指原曲线与等距线之间进行填充，“空心”是指只画等距线，不进行填充。

（5）单击立即菜单“5. 距离”编辑框，可输入等距线与原曲线的距离，框中的数值为系统默认值。

（6）单击立即菜单“6. 份数”编辑框，则可输入所需等距线的份数。

三、示例

绘制如图 3-63 所示某容器的剖视图。其绘图步骤见表 3-3。

表 3-3　某容器剖视图绘图步骤

操作步骤	图示
（1）应用多段线命令绘制外轮廓 启动执行命令："多段线" 第一点：（用鼠标确定直线段 66 的下端点位置） 下一点：66（设置为直线方式，光标垂直向上移动，输入直线段的长度值） 下一点：@36<180（设置为圆弧方式，输入相对前一点的极坐标） 下一点：30（设置为直线方式，光标水平向左移动，输入直线段的长度值） 下一点：40（设置为直线方式，光标垂直向下移动，输入直线段的长度值） 下一点：30（设置为直线方式，光标水平向右移动，输入直线段的长度值） 下一点：26（设置为直线方式，光标水平向下移动，输入直线段的长度值） 下一点：@36<-180（设置为圆弧方式，输入相对前一点相对极坐标） 单击鼠标右键或者按 Esc 键，退出多段线命令	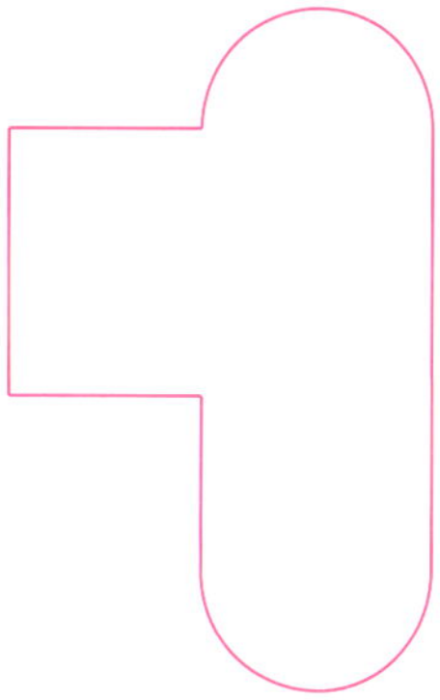
（2）应用等距线命令，绘制内轮廓 启动执行命令："等距线"（按图 3-67 所示立即菜单进行设置） 拾取曲线：（拾取上一个步骤绘制的外轮廓曲线） 请拾取所需的方向：（拾取向里的方向）	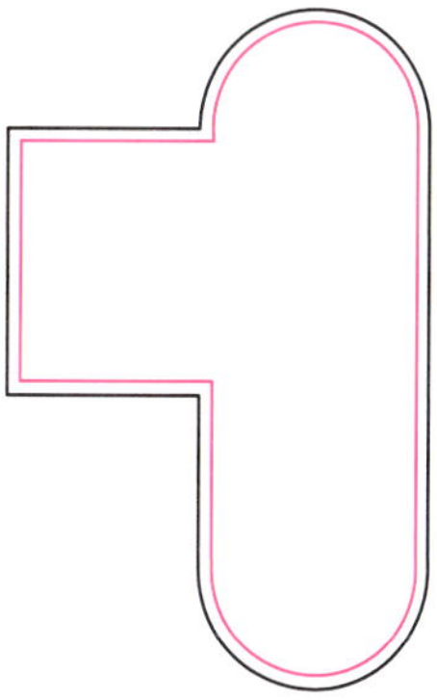
（3）绘制中心线 启动执行命令："中心线" 拾取圆（弧、椭圆、圆弧形多段线）或第一条直线：（拾取上、下 $R18$ 圆弧） 单击鼠标右键或者按 Esc 键，退出中心线命令	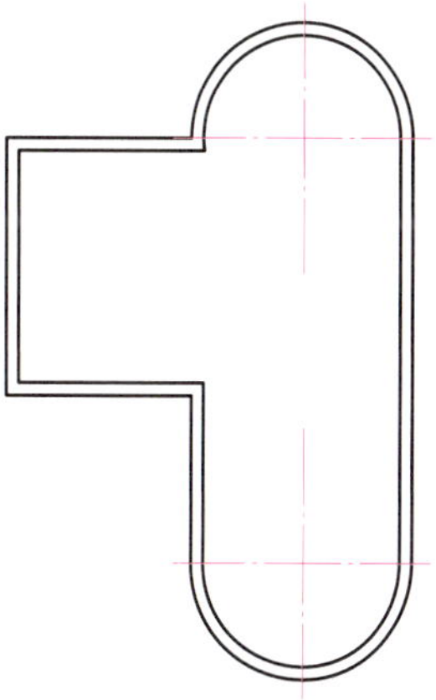

续表

操作步骤	图示
（4）绘制剖面线 启动执行命令："剖面线"（用边界方式绘制剖面线） 拾取边界曲线：（拾取内外轮廓线，按鼠标右键确认，在“剖面图案”对话框中选择“ANSI31”图案，单击“确定”按钮）	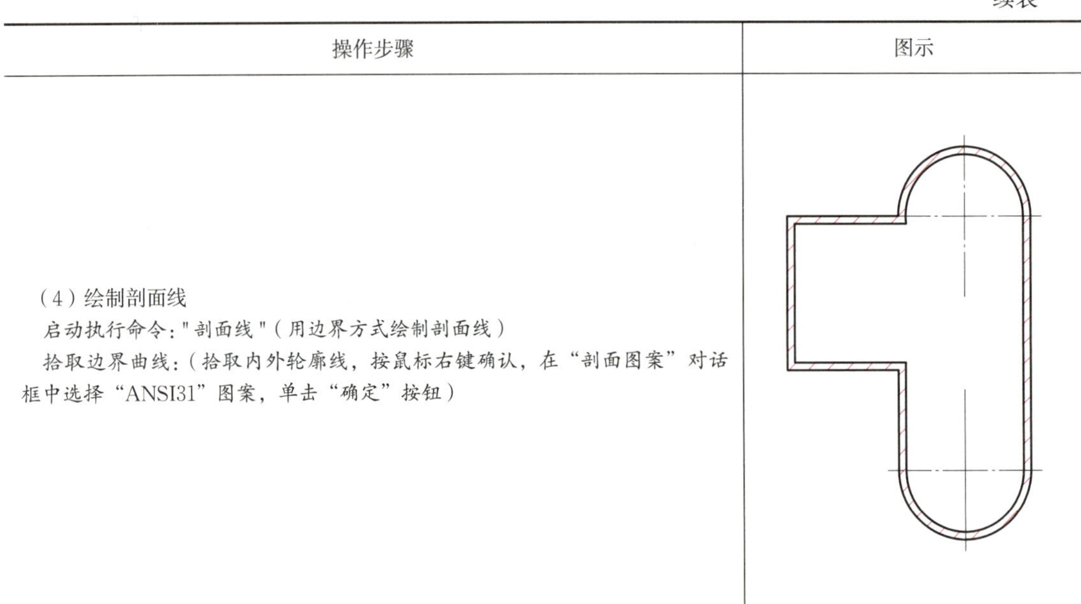

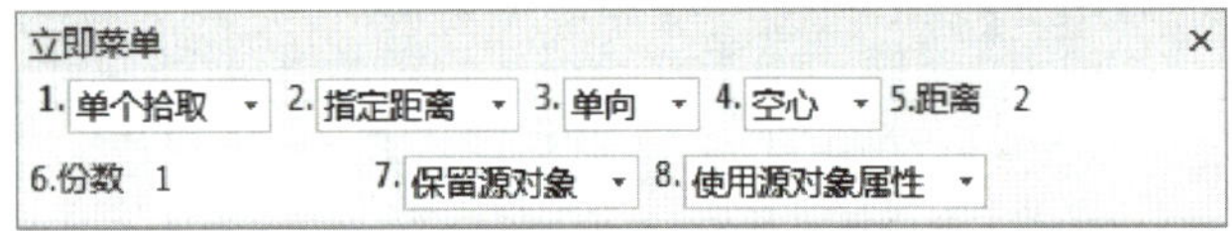

图 3-67 设置等距线立即菜单

§3-10 综合应用举例

应用 CAXA 电子图板绘制如图 3-68 所示弯板的三视图。

一、分析

弯板是由带切角的底板与半圆拱形竖板两部分组合而成。绘制三视图时，考虑到三视图的布局，应先绘制出各视图定位线（物体的中心线、较大平面的基线等），由于每个视图都能反映物体两个方向的尺寸，因此每个物体的长、宽、高三个方向都要有基准（基准即画图或度量尺寸的起点）；然后从反映物体形状特征的视图画起，如立体图中箭头指示方向；再按投影关系逐步画出各部分的三视图。

二、绘图步骤

1. 绘制中心线、底面基线及 45° 辅助线

将中心线层置为当前层，根据图 3-68 所示尺寸，应用“直线”命令，绘制弯板的中心线、底面基线及 45° 辅助线，如图 3-69 所示。

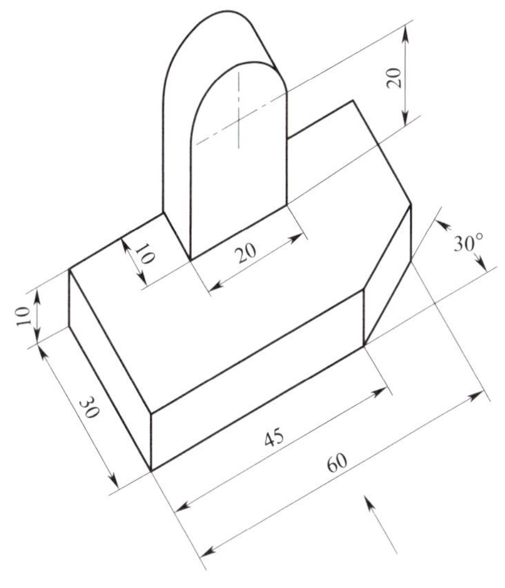

图 3-68　弯板

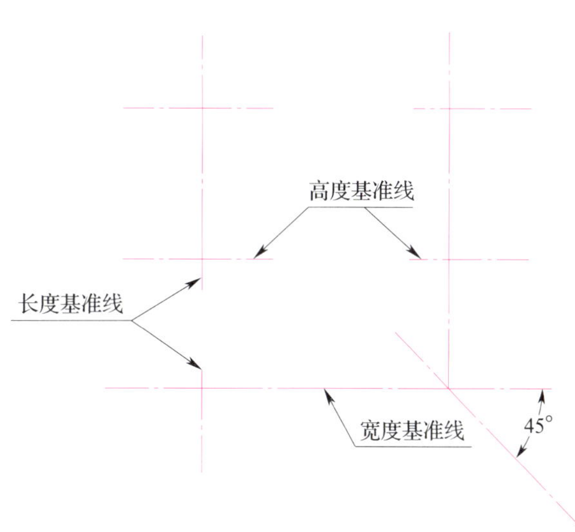

图 3-69　绘制中心线、底面基线及 45° 辅助线

2. 绘制底板三视图

将粗实线层置为当前层，根据图 3-68 所示尺寸，应用“两点线”命令绘制底板三视图。先绘制反映底板形状特征（切角）的俯视图，再按投影关系补绘制主视图、左视图，绘制结果如图 3-70 所示。

3. 绘制竖板三视图

根据图 3-68 所示尺寸，先绘制反映竖板形状特征的主视图，然后再按投影关系补画其俯视图、左视图，如图 3-71 所示。

4. 整理图形

根据机械制图要求，删除不必要的作图线，完成三视图的绘制，如图 3-72 所示。

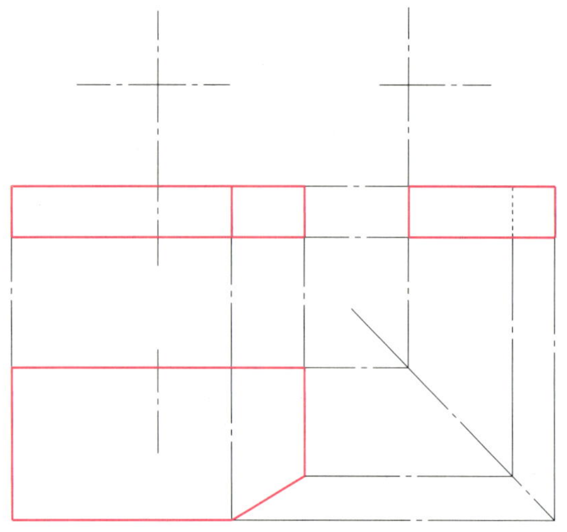
图 3-70　绘制底板三视图

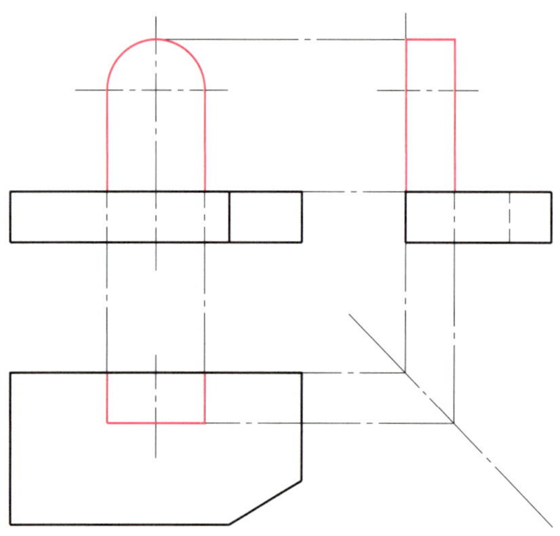
图 3-71　绘制竖板三视图

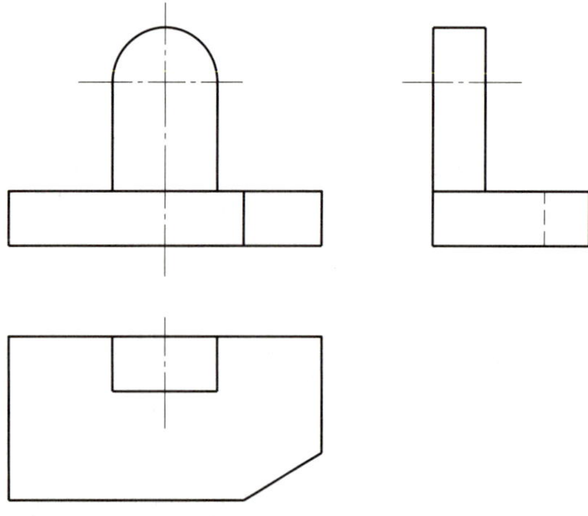
图 3-72　整理三视图

注：绘制三视图时，应用对象追踪命令可以省略投影线的绘制。

习　题

1. 应用直线命令，上机绘制如图 3-73 所示图形。
2. 应用直线命令，上机绘制如图 3-74 所示图形。

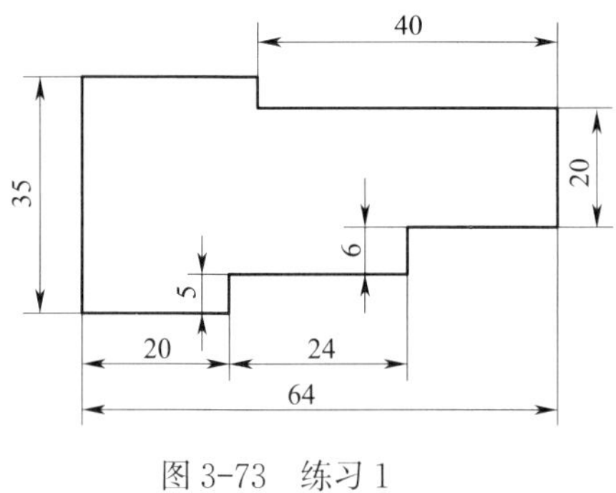

图 3-73　练习 1

图 3-74　练习 2

3. 应用直线和圆弧命令，上机绘制如图 3-75 所示图形。

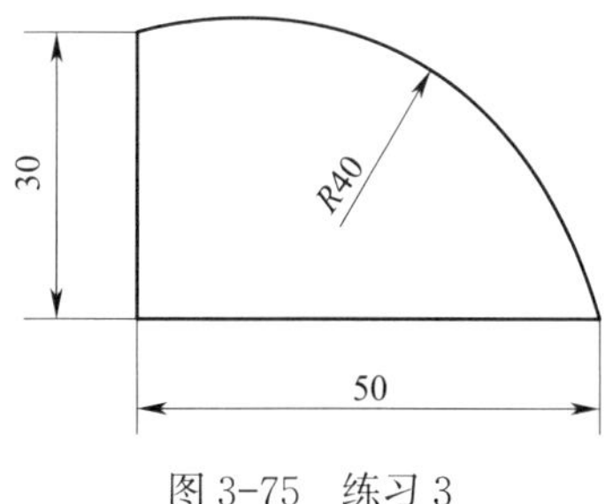

图 3-75　练习 3

4. 应用本章所学知识，上机绘制如图 3-76 所示图形。

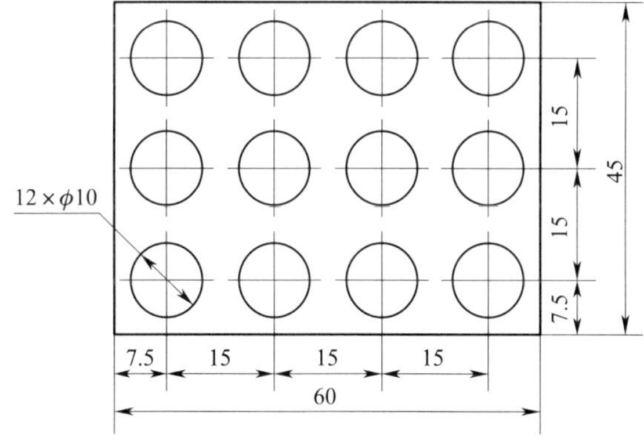

图 3-76　练习 4

第四章 图形编辑

图形的编辑修改功能对提高绘图速度及质量起着至关重要的作用。CAXA 电子图板提供了功能齐全、操作灵活、简便易学的图形编辑修改功能。

CAXA 电子图板的图形编辑主要是对生成的图形对象，例如曲线、块、文字、标注等进行编辑操作，这些操作主要包括：夹点编辑、平移、平移复制、裁剪、打断、删除、过渡、拉伸、镜像、阵列、比例缩放等。通过本章的学习，读者应：

- 掌握各种图形编辑功能的应用及操作方法。
- 掌握零件图的一般绘制方法。

§4-1 夹点编辑

夹点编辑是指拖动夹点对图形对象进行平移、拉伸、旋转、缩放等编辑操作。不同图形对象的不同夹点都具有不同的含义。

一、夹点的概念

在没有执行任何命令的情况下，选择对象时，在对象上将显示出若干个蓝色小方框或三角形，这些蓝色小方框或三角形即为夹点，如图 4-1 所示。实际上，夹点就是对象上的控制点。

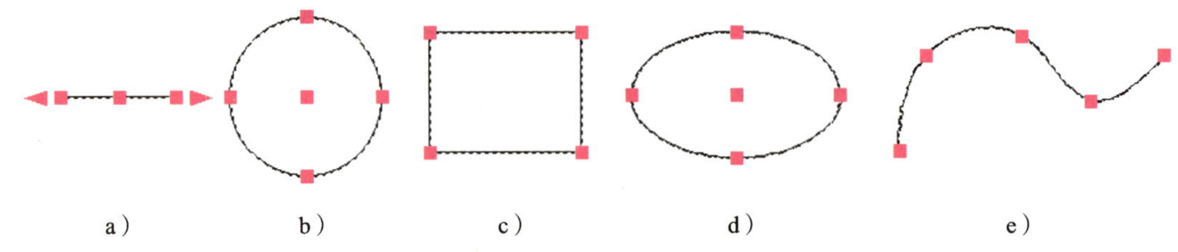

图 4-1　对象夹点示例

a）直线的夹点　b）圆的夹点　c）矩形的夹点　d）椭圆的夹点　e）样条曲线的夹点

通过“工具”→“选项”→“交互”选项卡，可打开显示“交互”选项卡的“选项”对话框，如图 4-2 所示，通过该对话框可以设置夹点的大小、夹点的颜色等。

二、方形夹点编辑

方形夹点可用于移动对象和拉伸封闭曲线的尺寸。选中对象后，对象被加亮显示，同时当前对象可使用的夹点也会显示出来。

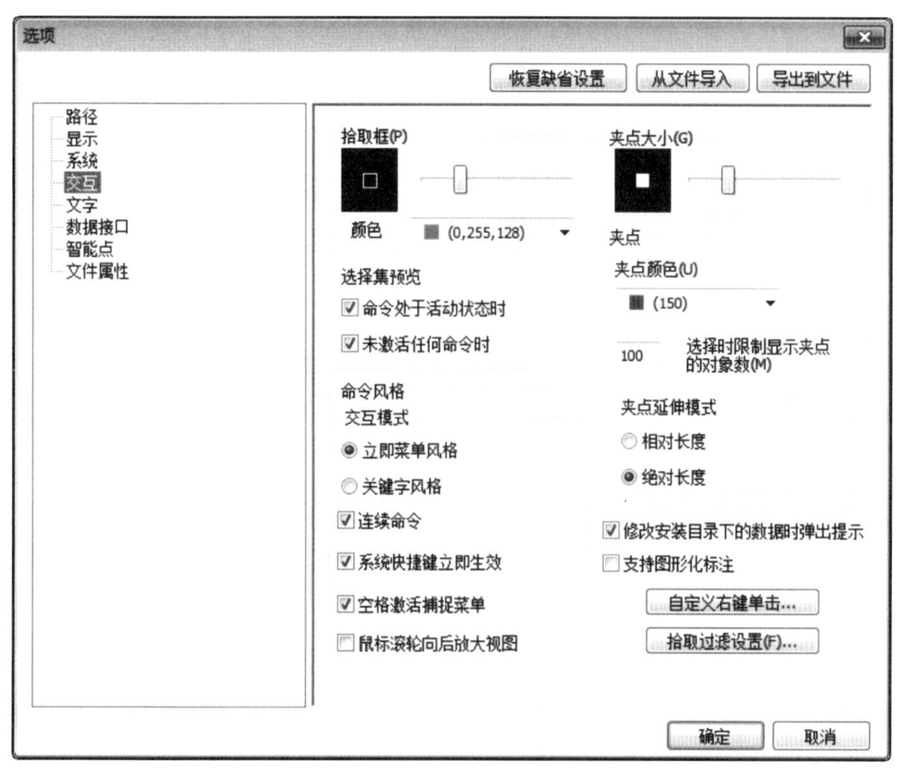

图 4-2 “选项”中的“交互”选项卡

1. 平移对象

选中直线、圆、圆弧、椭圆、椭圆弧后，它们的夹点即显示出来。左键单击直线的中点夹点、圆的圆心夹点、圆弧的圆心夹点、椭圆的圆心夹点、椭圆弧的任一夹点。被选中的夹点会变为红色，移动鼠标，即可实现上述对象（绿色显示）的平移，如图 4-3 所示。用左键拾取位置或输入距离或输入相对坐标，选中的对象置于新位置上。

2. 拉伸对象

通过圆的象限夹点、椭圆的象限夹点，可改变圆的半径和椭圆的轴长，实现对象的拉伸，如图 4-4a、b 所示。通过矩形上的夹点、圆弧上的四方夹点、样条曲线上的夹点，可以改变这些对象的形状，如图 4-4c、d、e 所示。

此外，方形夹点还被用于编辑文字、图片、OLE 对象等对象的显示范围。

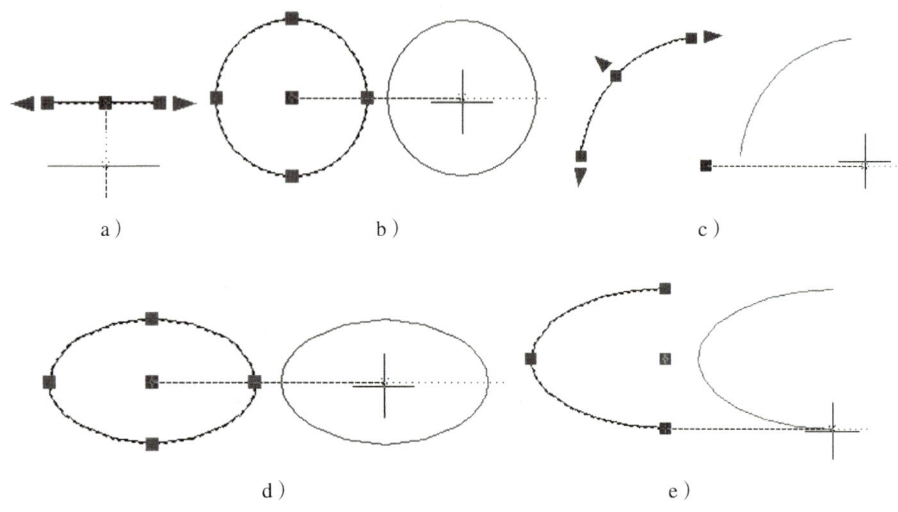

图 4-3　平移对象

a）直线的平移　b）圆的平移　c）圆弧的平移　d）椭圆的平移　e）椭圆弧的平移

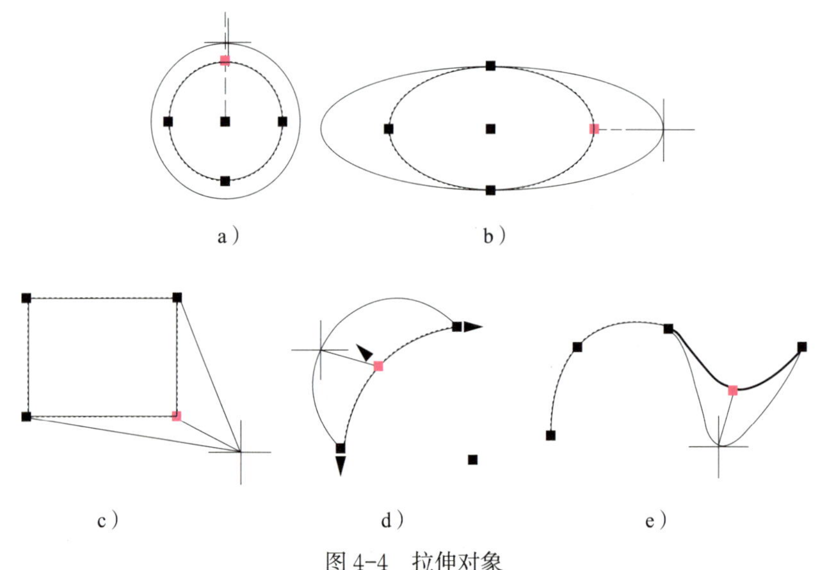

图 4-4　拉伸对象

a）拉伸圆　b）拉伸椭圆　c）拉伸矩形　d）拉伸圆弧　e）拉伸样条曲线

三、三角形夹点编辑

三角形夹点可用于沿现有对象轨迹延伸非封闭的曲线。三角形夹点同样是在对象被选中后显示出来。

选中直线或圆弧的端部三角形夹点后，拖动鼠标，直线将沿直线方向延伸，圆弧将随当前的圆心和半径加长圆弧的长度，如图 4-5 所示。

四、示例

将图 4-6 中的 ϕ40 mm 圆平移至 ϕ70 mm 的圆心处，并将 ϕ70 mm 的圆拉伸放大至与 ϕ80 mm 圆相切。

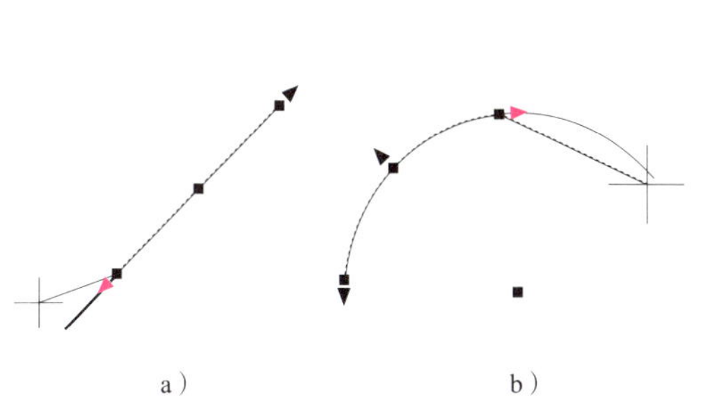

图 4-5　延伸对象

a）延伸直线　b）延伸圆弧

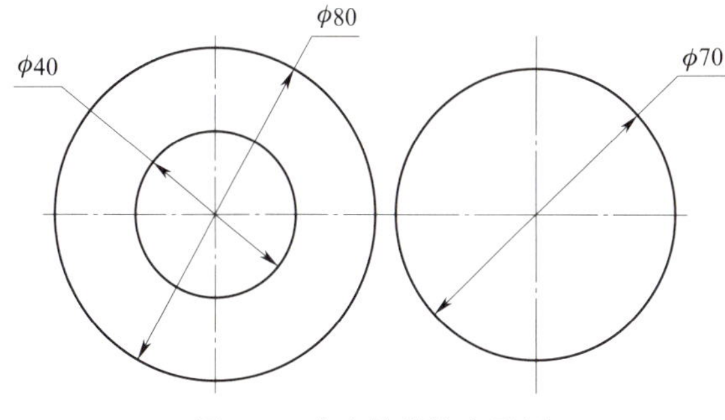

图 4-6　夹点编辑综合示例

绘图步骤见表 4-1。

表 4-1　　　　夹点编辑综合示例绘图步骤

绘图步骤	图示
（1）将 ϕ40 mm 圆平移至 ϕ70 mm 的圆心处 拾取 ϕ40 mm 圆后，单击圆心夹点，夹点变为红色，移动鼠标至 ϕ70 mm 的圆心处，如图 a 所示，单击左键确定 ϕ40 mm 圆的位置。单击 Esc 键退出夹点状态，如图 b 所示	a） b）
（2）拉伸 ϕ70 mm 的圆 拾取 ϕ70 mm 圆，左键单击 ϕ70 mm 圆的左侧象限点，向左拉伸至 ϕ80 mm 圆的右侧象限点处，如图 a 所示。单击左键，ϕ70 mm 的圆被拉伸放大至与 ϕ80 mm 圆相切，如图 b 所示	a） b）

续表

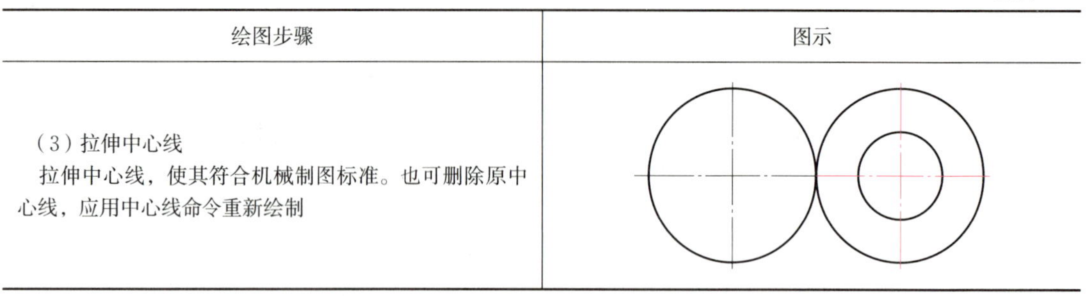

绘图步骤	图示
（3）拉伸中心线 拉伸中心线，使其符合机械制图标准。也可删除原中心线，应用中心线命令重新绘制	

§4-2　平移、平移复制和旋转图形

一、平移图形

平移图形是以指定的角度和方向移动拾取的图形对象。

1. 调用“平移”命令

单击“修改”主菜单中的“ 平移”命令，或单击“常用”选项卡中“修改”面板上的 按钮，或单击“编辑工具”工具条上的 按钮，或在命令行中执行 move 命令，即可执行平移命令，系统弹出如图 4-7 所示立即菜单。

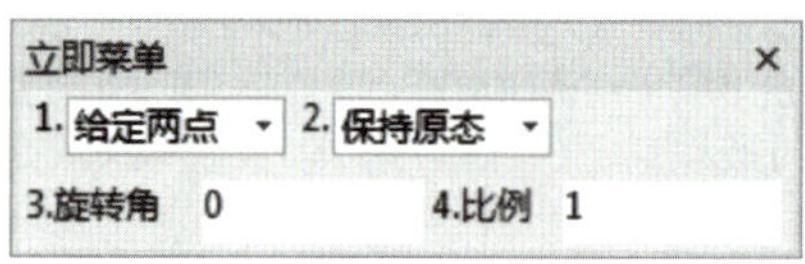

图 4-7　“平移”立即菜单

2. 说明

（1）偏移方式

单击立即菜单中的“1. 给定两点”，可切换为“1. 给定偏移”方式平移对象。

1）给定两点方式。拾取图形后，通过键盘输入或鼠标点击确定第一点和第二点位置，完成平移操作。

2）给定偏移方式。拾取图形后，系统自动给出一个基准点（一般来说，直线的基准点定在中点处，圆、圆弧、矩形的基准点定在中心处，其他如样条曲线的基准点也定在中心处），系统提示“*X* 和 *Y* 方向偏移量”，通过键盘或鼠标确定平移量，即可完成平移操作。

（2）图形状态

单击立即菜单中的“2. 保持原态”，可根据需要设置图形移动后的状态（“保持原态”或“平移为块”）。

（3）旋转角

图形在进行平移时，允许指定图形的旋转角度。

（4）比例

进行平移操作之前，允许用户指定被平移图形的缩放系数。

使用坐标、栅格捕捉、对象捕捉或动态输入等工具可以精确移动对象，并且可以切换为正交、极轴等操作状态。“平移”功能支持先拾取后操作，即先拾取对象再执行此命令。

3. 示例

将图 4-8 中的 ϕ20 mm 圆、中心线及其尺寸标注，平移到正方形中心处。

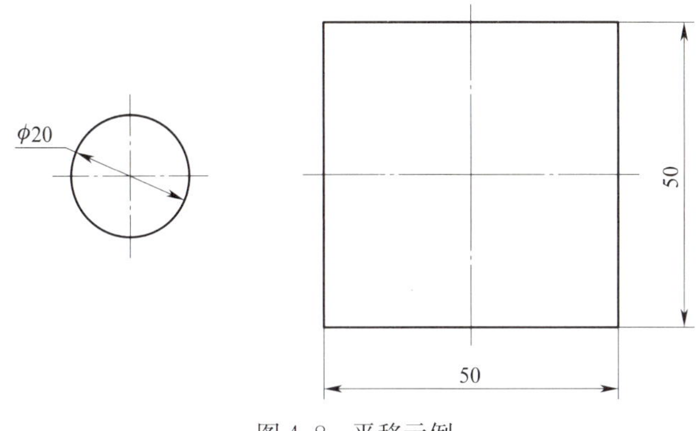

图 4-8　平移示例

绘图步骤如下：

启动执行命令："平移"

拾取添加

对角点：（框选 ϕ20 mm 圆、中心线及其尺寸标注）

第一点：（拾取 ϕ20 mm 圆的圆心，如图 4-9a 所示）

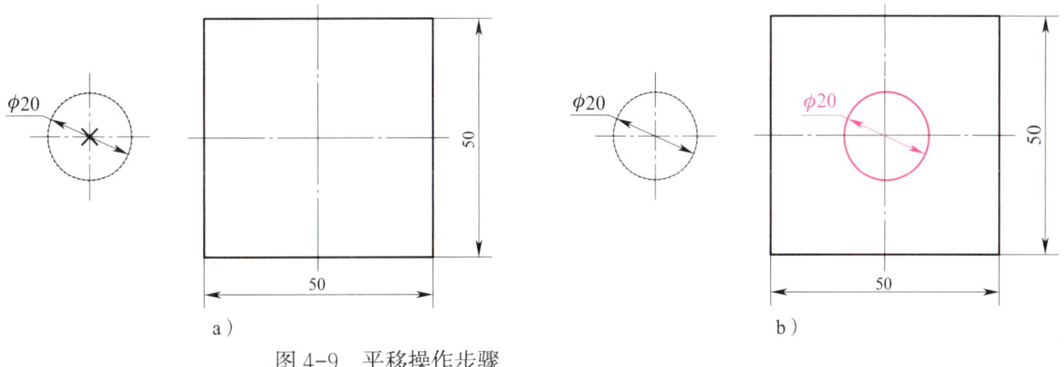

图 4-9　平移操作步骤

a）确定第一点　b）平移至第二点

第二点：（光标平移至正方形中心线的交点处，如图 4—9b 所示，单击左键确认）

绘图结果如图 4-10 所示。

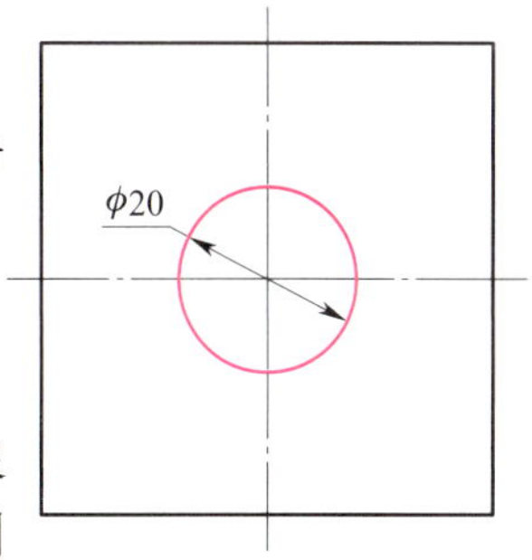

图 4-10　平移结果

二、平移复制图形

平移复制图形是指以指定的角度和方向创建拾取图形对象的副本。平移复制功能与基本编辑的复制功能区别：平移复制是在同一个电子图板文件内对图形对象创建副本，所拾取对象并不存入 Windows 剪贴板；基本编辑中的复制与粘贴功能配合使用，可将所选图形存储到 Windows 剪贴板上，除了可以在不同的电子图板文件中进行复制粘贴外，还可以粘贴到其他支持 OLE（对象连接与嵌入）的软件（如 Word、AutoCAD、PowerPoint 等）中。

1. 调用“平移复制”命令

单击“修改”主菜单中的“ 平移复制”命令，或单击“常用”选项卡中“修改”面板上的 按钮，或单击“编辑工具”工具条上的 按钮，或在命令行中执行 copy 命令，即可执行平移复制命令，系统弹出如图 4-11 所示立即菜单。

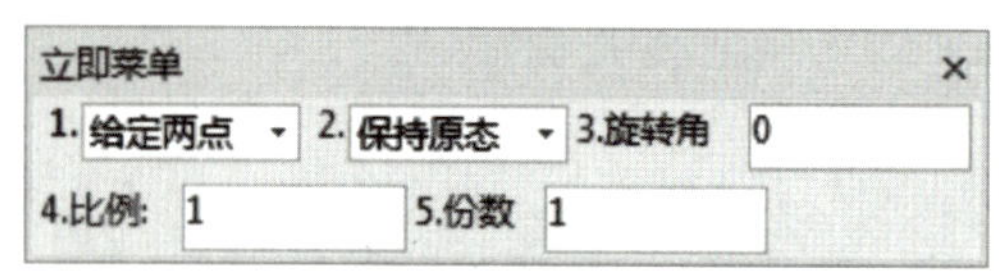

图 4-11 “平移复制”立即菜单

2. 说明

（1）立即菜单中的偏移方式、图形状态、旋转角、比例的含义与平移立即菜单中的含义相同。

（2）所谓份数即要复制的图形数量。系统根据用户指定的两点距离和份数，计算每份的间距，然后再进行复制。如果立即菜单中的份数值大于 1，则系统按基准点和目标点之间所确定的偏移量和方向，朝着目标点方向安排若干个被复制的图形。

3. 示例

将图 4-12a 中的 ϕ20 mm 圆、中心线及其标注进行平移复制，份数为 3，平移距离为 30 mm，结果如图 4-12b 所示。

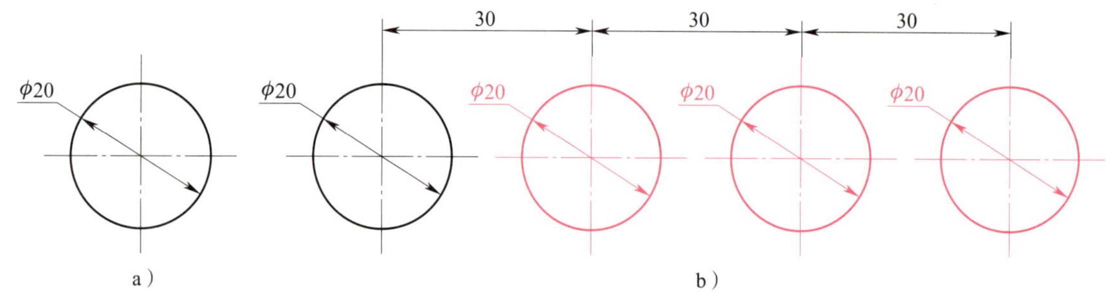

图 4-12 平移复制示例

a）操作前 b）操作后

三、旋转图形

旋转图形是对拾取到的图形进行旋转或旋转复制。

1. 调用“旋转”命令

单击“修改”主菜单中的“ 旋转”命令，或单击“常用”选项卡中“修改”面板上的 按钮，或单击“编辑工具”工具条上的 按钮，或在命令行中执行 rotate 命令，即可执行旋转命令，系统弹出如图 4-13 所示立即菜单。

2. 说明

（1）按系统提示拾取要旋转的图形，可单个拾取，也可用窗口拾取，拾取到的图形呈虚线显示，拾取完成后单击鼠标右键加以确认。

图 4-13 “旋转”立即菜单

（2）这时操作提示变为“基点”，用鼠标指定一个旋转基点。操作提示变为“旋转角”，此时，可以由键盘输入旋转角度，也可以用鼠标移动来确定旋转角。由鼠标确定旋转角时，拾取的图形随光标的移动而旋转。当确定了旋转位置之后，单击鼠标左键，旋转操作结束。还可以通过动态输入旋转角度。

（3）单击立即菜单中的“1. 给定角度”，切换为“1. 起始终止点”。按立即菜单提示选择旋转基点，然后通过鼠标移动来确定起始点和终止点，完成图形的旋转操作。

（4）单击立即菜单中的“2. 旋转”，切换为“2. 拷贝”，可对图形进行旋转复制操作。旋转复制的操作方法与旋转操作完全相同，只是旋转复制后原图不消失。

3. 示例

例 1 图 4-14 是一个只旋转不复制的例子，它要求将有键槽的轴的断面图旋转 90° 放置。

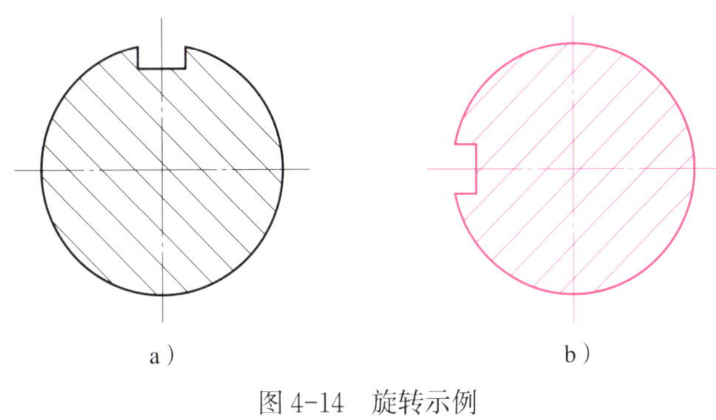

图 4-14 旋转示例
a）操作前 b）操作后

例 2 图 4-15 为旋转 60° 并复制的示例。

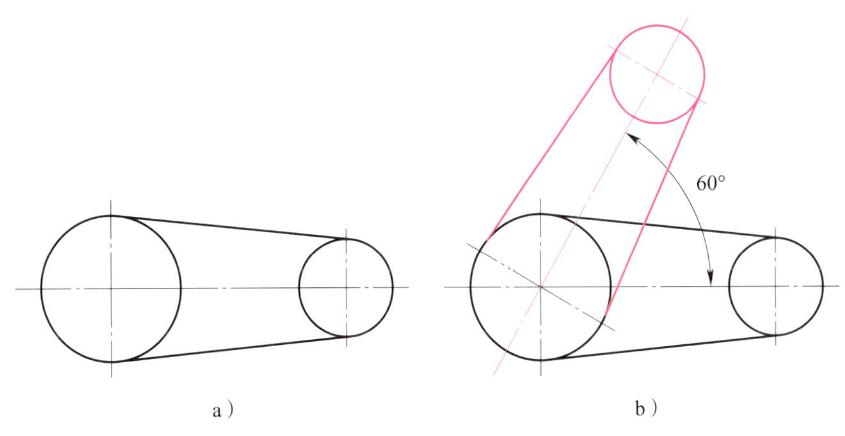

图 4-15 旋转复制示例
a）操作前 b）操作后

四、综合示例

绘制如图 4-16 所示长方体的正等轴测图。

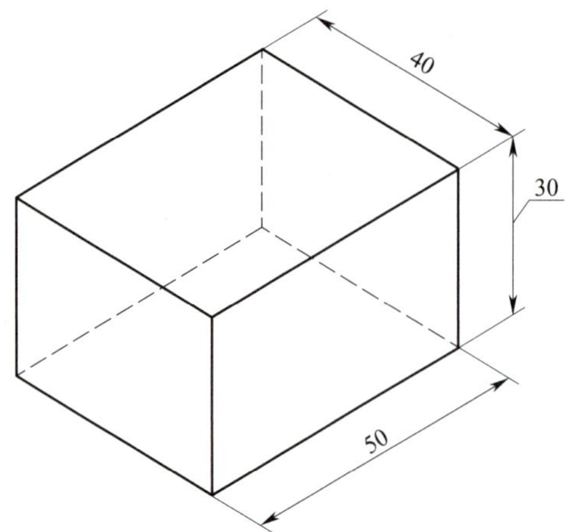

图 4-16　长方体正等轴测图

绘图步骤见表 4-2。

表 4-2　　长方体正等轴测图绘图步骤

绘图步骤	图示
（1）绘制三条长分别为 30 mm、40 mm、50 mm 的直线段	
（2）旋转直线段 以三条直线线段的交点为旋转定位点，将 40 mm 直线线段旋转 −30°，将 50 mm 直线线段旋转 30°	
（3）平移复制 30 mm 直线线段 以 30 mm 直线线段的下端点为基准点，将其平移复制到另两条直线线段的另一端点上	
（4）平移复制 50 mm 直线线段	

续表

绘图步骤	图示
（5）平移复制 40 mm 直线段	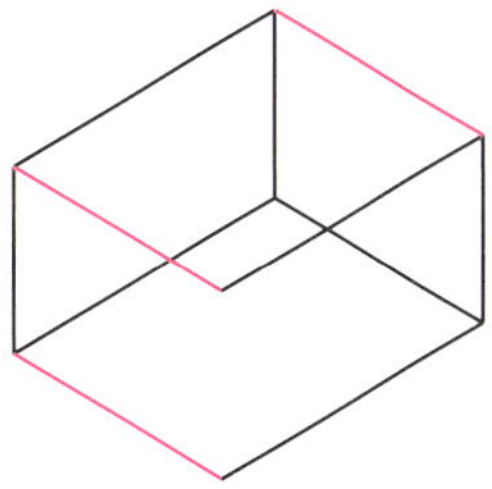
（6）平移复制 30 mm 直线段	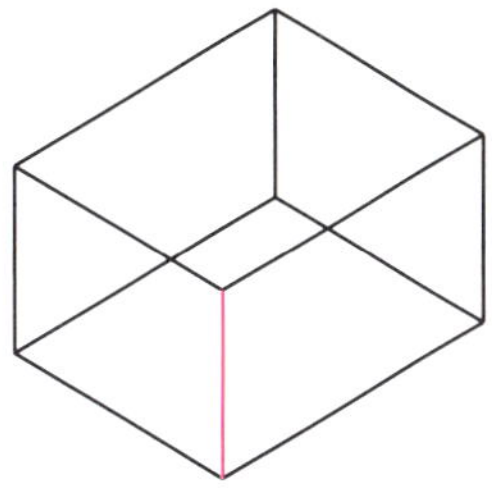
（7）将看不见的直线段的线型改为细虚线	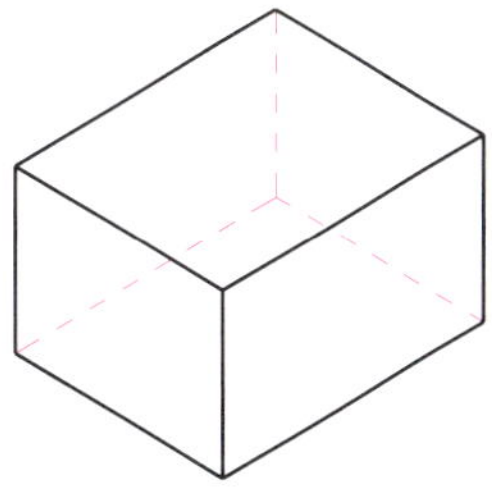

§4-3 裁剪、打断和删除

一、裁剪

裁剪是指对给定曲线（称为被裁剪线）进行修剪，裁剪掉不需要的部分，得到新曲线的一种编辑方法。

单击"修改"主菜单中的"-/- 裁剪"按钮，或单击"常用"选项卡中"修改"面板上的 -/- 按钮，或单击"编辑工具"工具条上的 -/- 按钮，或在命令行中执行 trim 命令，即可执行裁剪命令，系统弹出如图 4-17 所示立即菜单。

立即菜单 ×
1. 快速裁剪 ▾

图 4-17 "裁剪"立即菜单

CAXA 电子图板中的裁剪操作分为快速裁剪、拾取边界裁剪和批量裁剪 3 种方式，通过立即菜单的选项可以进行选择。

1. 快速裁剪

快速裁剪是指用鼠标直接拾取被裁剪的曲线，系统自动判断边界并做出裁剪响应。快速裁剪时，允许用户在各交叉曲线中进行任意裁剪。其操作方法是直接用光标拾取要被裁剪掉的线段，系统根据与该线段相交的曲线自动确定出裁剪边界，待单击鼠标左键后，将被拾取的线段裁剪掉。

快速裁剪在相交边界较简单的情况下可发挥巨大的优势，它具有很强的灵活性，熟练掌握它，能提高绘图效率。

（1）操作步骤

执行“裁剪”命令，并通过立即菜单选择“快速裁剪”，直接点击要裁剪的对象即可裁剪，按 Esc 键可退出裁剪命令，也可以点击立即菜单选择其他裁剪方式。

（2）示例

例 1 在快速裁剪操作中，拾取同一曲线的不同位置，将产生不同的裁剪结果，如图 4-18 所示。

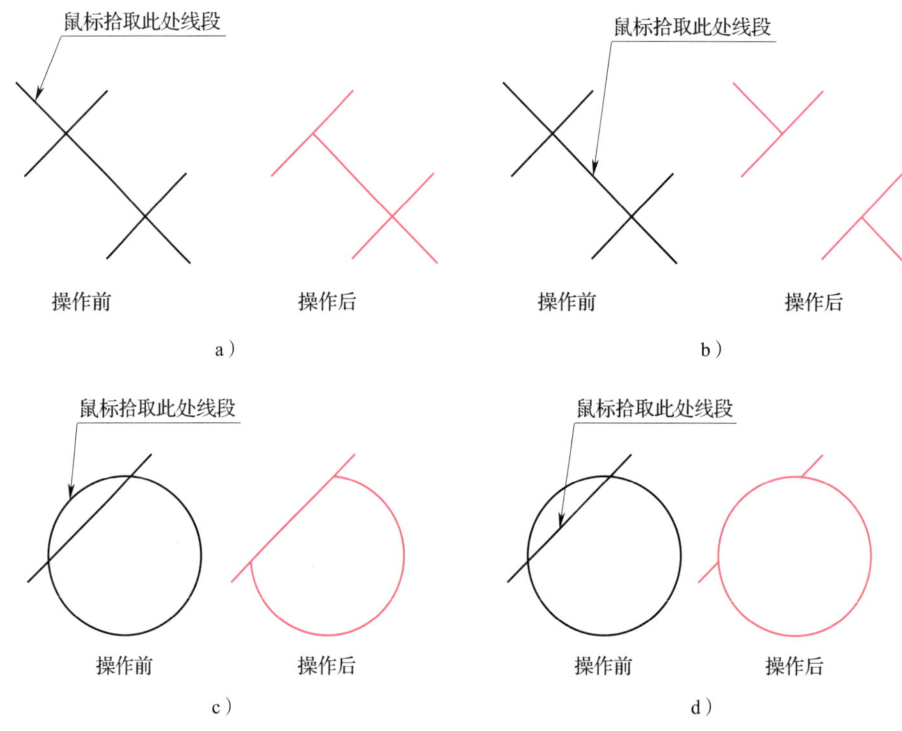

图 4-18 快速裁剪拾取位置

a）拾取直线左上段 b）拾取直线中间段 c）拾取左上侧圆弧 d）拾取直线中间段

例 2 图 4-19 为快速裁剪直线段示例。

例 3 图 4-20 为快速裁剪圆弧示例。

2. 拾取边界裁剪

拾取边界裁剪是指拾取一条或多条曲线作为剪刀线，构成裁剪边界，对一系列被裁剪的曲线进行裁剪。系统将裁剪掉所拾取到的曲线段，保留在剪刀线另一侧的曲线段。

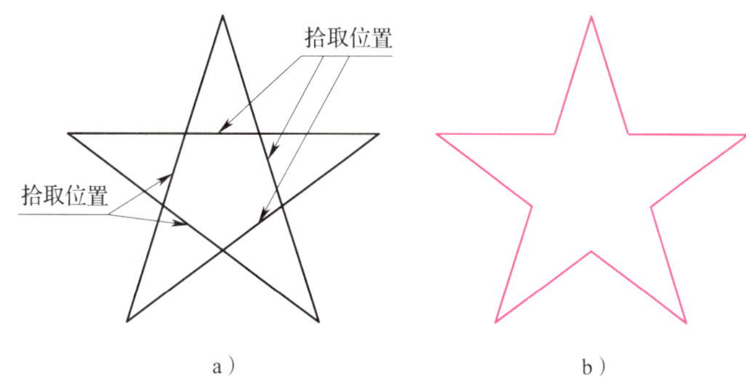

图 4-19　快速裁剪直线段

a）快速裁剪拾取位置　b）裁剪结果

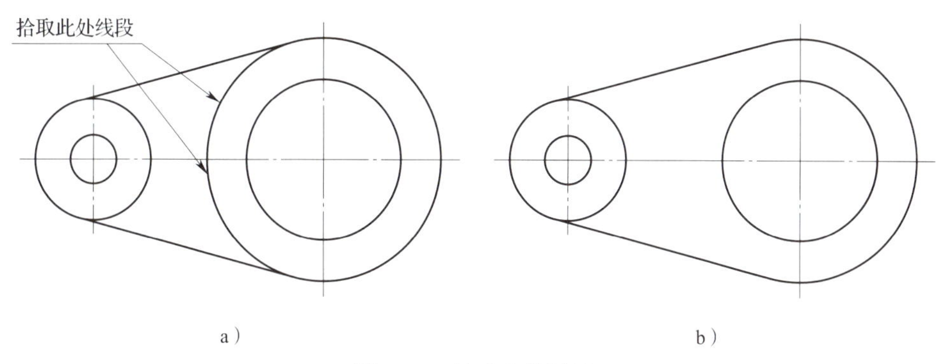

图 4-20　快速裁剪圆弧

a）拾取位置　b）裁剪结果

（1）操作步骤

执行“裁剪”命令，并通过立即菜单选择“拾取边界”，系统提示“拾取剪刀线”，用鼠标拾取一条或多条曲线作为剪刀线，然后单击鼠标右键确认。此时，操作提示变为“拾取要裁剪的曲线”，用鼠标拾取要裁剪的曲线，系统将根据用户选定的边界作出响应，并裁剪掉拾取的曲线段至边界部分，保留边界另一侧的部分。

拾取边界裁剪方式可以在选定边界的情况下对一系列的曲线进行精确的裁剪。此外，拾取边界裁剪与快速裁剪相比，省去了计算边界的时间，因此执行速度比较快，这一点在边界复杂的情况下更加明显。

（2）示例

例 1　图 4-21 所示为拾取圆作为边界裁剪圆的示例。

例 2　图 4-22 所示为拾取圆弧和直线作为边界裁剪圆的示例。

3. 批量裁剪

如果需要进行裁剪的曲线较多，可对曲线或曲线组执行批量裁剪操作。

（1）操作步骤

执行“裁剪”命令，并通过立即菜单选择“批量裁剪”，系统提示“拾取剪刀链”，按提示拾取剪刀链后，系统提示拾取要裁剪的曲线，用窗口拾取或单个拾取要裁剪的曲线，单击右键确认，系统弹出裁剪方向，选择要裁剪的方向，裁剪完成。剪刀链可以是一条曲线，也可以是首尾相连的多条曲线。

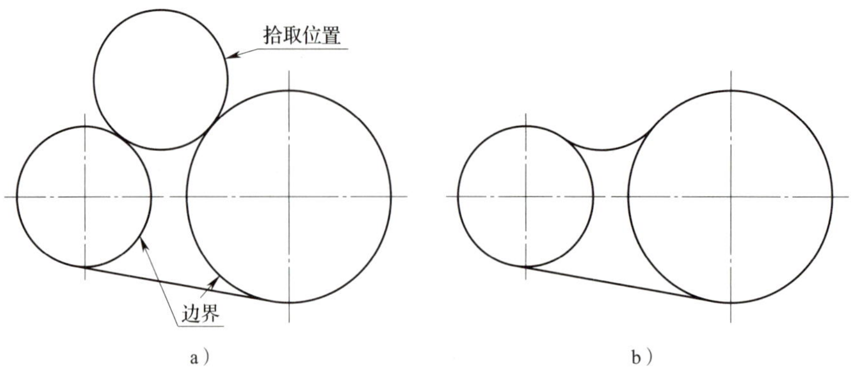

图 4-21　边界裁剪示例 1

a）拾取圆作边界裁剪圆　b）裁剪结果

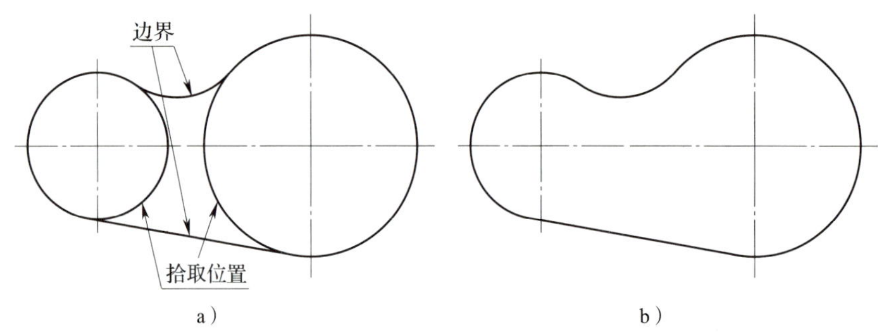

图 4-22　边界裁剪示例 2

a）拾取直线和圆弧为边界，裁剪圆　b）裁剪结果

（2）示例

图 4-23 所示为批量裁剪示例。

执行批量裁剪，拾取圆作为剪刀链，拾取三条直线为被裁剪对象，单击右键确认，系统弹出裁剪方向，如图 4-23a 所示；若选择向圆外裁剪，裁剪结果如图 4-23b 所示；若选择向圆内裁剪，裁剪结果如图 4-23c 所示。

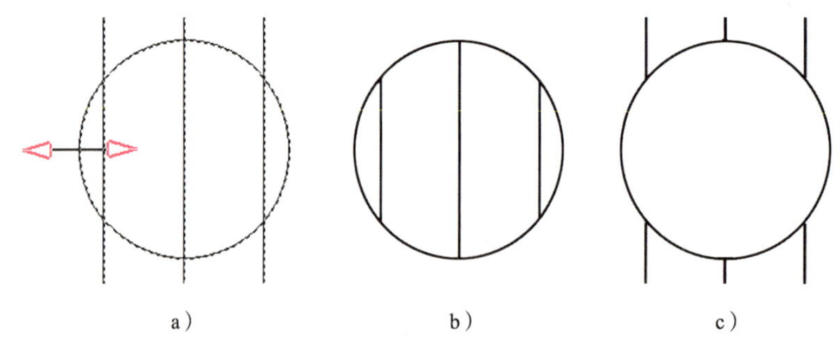

图 4-23　批量裁剪示例

a）弹出裁剪方向　b）向圆外裁剪结果　c）向圆内裁剪结果

二、打断

打断是将一条指定曲线在指定点处打断成两条曲线，以便于其他操作。打断有一点打断和两点打断两种形式。

单击“修改”主菜单中的“ 打断”按钮，或单击“常用”选项卡中“修改面板”上的 按钮，或单击“编辑工具”工具条上的 按钮，或在命令行中执行 break 命令，即可执行打断命令。系统弹出如图 4-24 所示立即菜单。

图 4-24 “打断”立即菜单

1. 一点打断

（1）操作步骤

执行“打断”命令后，单击立即菜单中的“1. 两点打断”，切换为“一点打断”，即使用一点打断模式。此时，系统提示“拾取曲线”，用鼠标拾取一条待打断的曲线。拾取后，该曲线呈虚线显示，命令行提示变为“拾取打断点”。根据当前作图需要，移动鼠标在曲线上选取打断点，选中后单击鼠标左键，曲线即被打断。打断点也可由键盘输入。曲线被打断后，在屏幕上所显示的与打断前并没有什么两样。但实际上，原来的一条曲线已经变成了两条互不相干的独立的曲线。

注意：打断点最好选在需打断的曲线上，为作图准确，可充分利用智能点、栅格点、导航点以及工具点菜单。

（2）说明

为了方便用户更灵活地使用此功能，电子图板也允许用户把点设在曲线外，使用规则是：

1）若欲打断的线为直线，则系统自动从用户选定点向直线作垂线，设定垂足为打断点。

2）若欲打断的线为圆弧或圆，则从圆心向用户设定点作直线，该直线与圆弧交点被设定为打断点。

（3）示例

图 4-25 所示为打断点设在曲线外的情况示例。

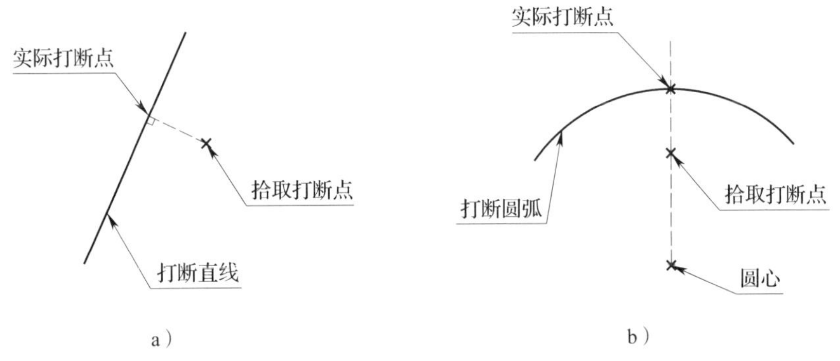

图 4-25 打断点设在曲线外

a）打断直线 b）打断圆弧

2. 两点打断

执行“打断”命令后，单击立即菜单中的“1. 一点打断”，切换为“两点打断”，即使用两点打断模式。“两点打断”有“伴随拾取点”和“单独拾取点”两种打断点拾取模式。

（1）如果选择“伴随拾取点”，则执行“两点打断”时，首先拾取需打断的曲线，在拾取完毕后，直接将拾取点作为第一打断点，并提示选择第二打断点。

（2）如果选择“单独拾取点”，则执行“两点打断”时，同样首先拾取需打断的曲线，在拾取完毕后，命令输入区会提示分别拾取两个打断点。

无论使用哪种打断点拾取模式，拾取两个打断点后，被打断曲线会从两个打断点处被打断，同时两点间的曲线会被删除。

注意：如果被打断的曲线是封闭曲线，则被删除的曲线部分是从第一点以逆时针方向指向第二点的那部分。

三、删除

删除命令是指从图形中删除图形对象。

1. 调用“删除”命令

单击“修改”主菜单中的“ 删除”命令，或单击“常用”选项卡中“修改”面板上的 按钮，或单击“编辑工具”工具条上的 按钮，或在命令行中执行 erase 命令，即可执行删除命令。

2. 说明

执行删除命令后，拾取要删除的图形对象并确认，所拾取的对象即被删除。如果想中断本命令，则在确认前按下 Esc 键退出即可。删除命令支持先拾取后操作，即先拾取对象再调用删除功能。

四、综合示例

绘制图 4-26 所示手柄平面图。

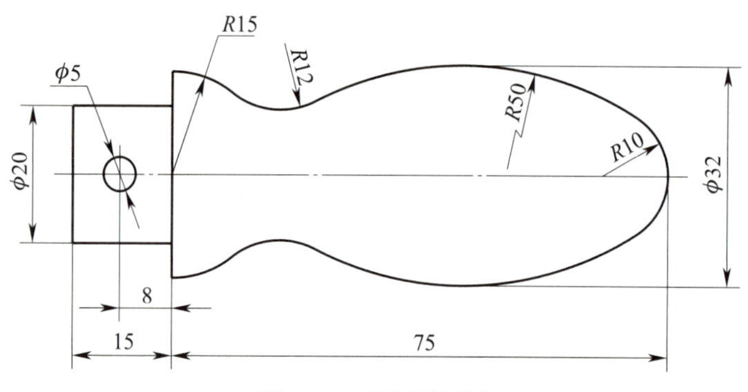

图 4-26　手柄平面图

绘图步骤见表 4-3。

表 4-3　　手柄平面图绘制步骤

绘图步骤	图示
（1）绘制中心线及直线轮廓 将中心线层置为当前层，应用“两点线”命令绘制中心线。将粗实线层置为当前层，根据尺寸 ϕ20 mm、15 mm、R15 mm，应用“两点线”命令绘制已知直线段	

绘图步骤	图示
（2）绘制 ϕ5 mm、R10 mm 圆、R15 mm 圆弧 根据长度尺寸 8 mm，确定 ϕ5 mm 圆心，应用“圆心 _ 半径”命令绘制 ϕ5 mm 圆；根据长度尺寸 75 mm，确定 R10 mm 圆心，应用“圆心 _ 半径”命令绘制 R10 mm 圆；应用“两点、半径”圆弧命令，绘制 R15 mm 圆弧	
（3）绘制等距线 应用“等距线”命令，绘制两条与中心线相距 16 mm 的等距线	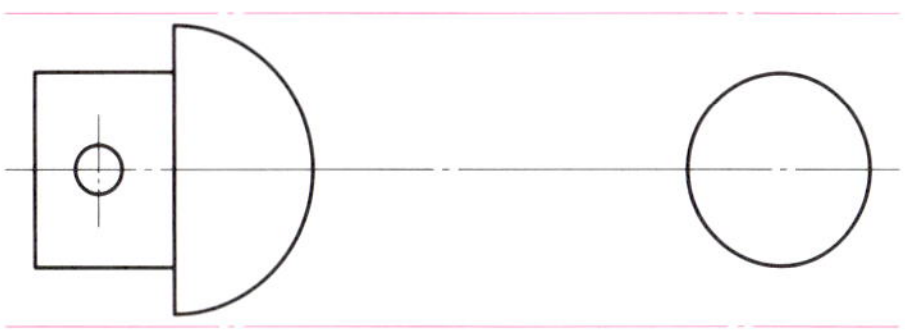
（4）绘制 R50 mm 圆弧 应用“两点、半径”圆弧命令，绘制 R50 mm 圆弧。捕捉两点时，单击空格键，在弹出点菜单中，选择切点，捕捉 R10 mm 圆和上面直线的切点	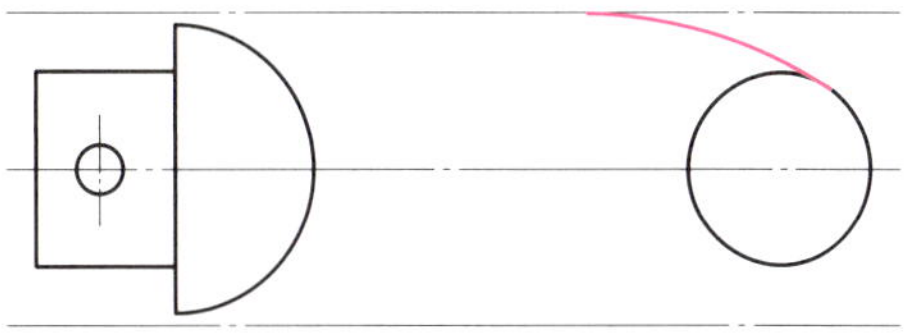
（5）拉伸 R50 mm 圆弧 选中 R50 mm 圆弧，利用它的三角形夹点拉伸圆弧至图示位置	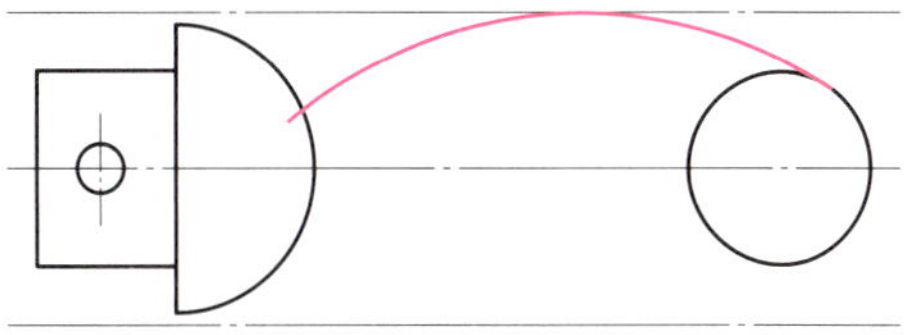
（6）绘制另外一条 R50 mm 圆弧 应用步骤（4）、步骤（5）的方法，绘制另外一条 R50 mm 圆弧	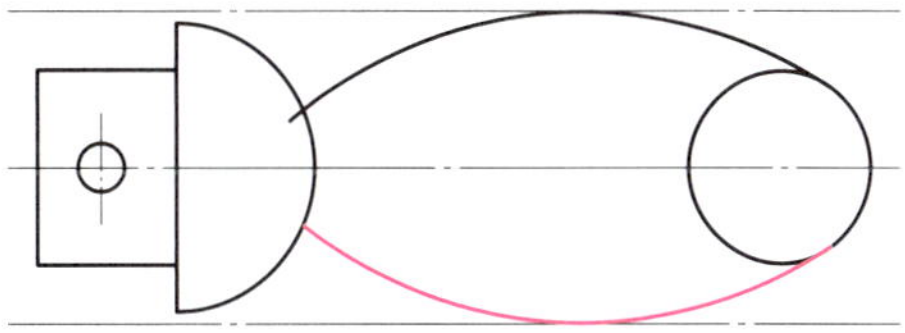
（7）绘制两条 R12 mm 圆弧 应用“两点、半径”圆弧命令，绘制与 R15 mm 和 R50 mm 圆弧相切的 R12 mm 的圆弧	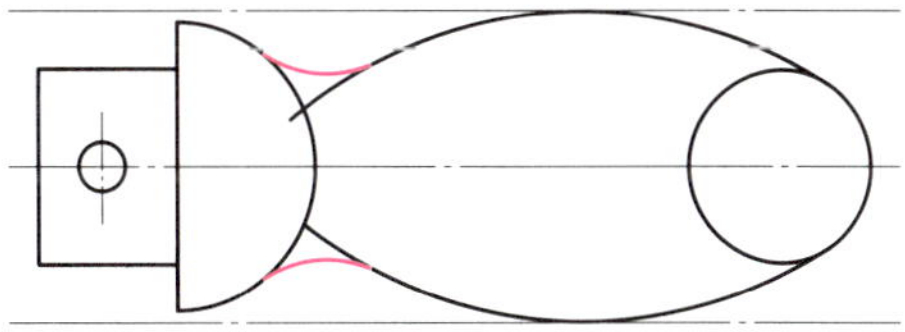
（8）整理图形 应用删除命令删除两条等距线。应用裁剪命令，裁剪多余的圆弧段	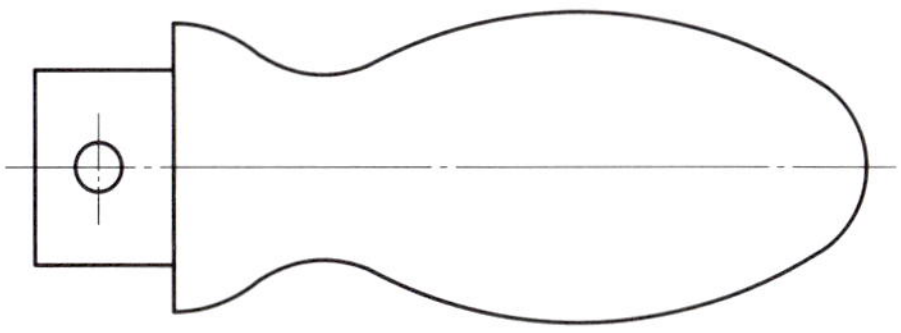

§4-4 过　渡

在 CAXA 电子图板中，过渡命令用来修改对象，使其以圆角、倒角等方式连接。过渡方式分为圆角、多圆角、倒角、多倒角、内倒角、外倒角和尖角等多种。

单击“修改”主菜单中的“ 过渡”命令，或单击“常用”选项卡中“修改”面板上的 按钮，或单击“编辑工具”工具条上的 按钮，或在命令行中执行 corner 命令，即可执行过渡命令，系统弹出如图 4-27 所示立即菜单。

立即菜单 1.圆角 2.不裁剪 3.半径 5

图 4-27　“过渡”立即菜单

一、圆角过渡

圆角过渡用于对两曲线（包括直线、圆弧或圆）之间用圆角进行光滑过渡。

1. 调用“圆角”功能

单击“修改”主菜单中“过渡”子菜单中的“ 圆角”命令，或单击“常用”选项卡中“过渡”功能子菜单的 按钮，或单击“过渡”工具条上的 按钮，或在命令行中执行 fillet 命令，即可执行圆角过渡命令，系统弹出如图 4-28 所示的立即菜单。

图 4-28　“圆角”立即菜单

2. 说明

（1）单击立即菜单中的“1. 裁剪”，弹出“裁剪”“裁剪始边”“不裁剪”三种裁剪方式，可用鼠标单击进行切换。“裁剪”表示圆角过渡时裁剪掉所有边的多余部分；“裁剪始边”表示圆角过渡时只裁剪掉起始边的多余部分，起始边也就是拾取的第一条曲线；“不裁剪”表示执行圆角过渡操作以后，原线段保留原样，不被裁剪。图 4-29 所示为圆角过渡中的三种裁剪方式。

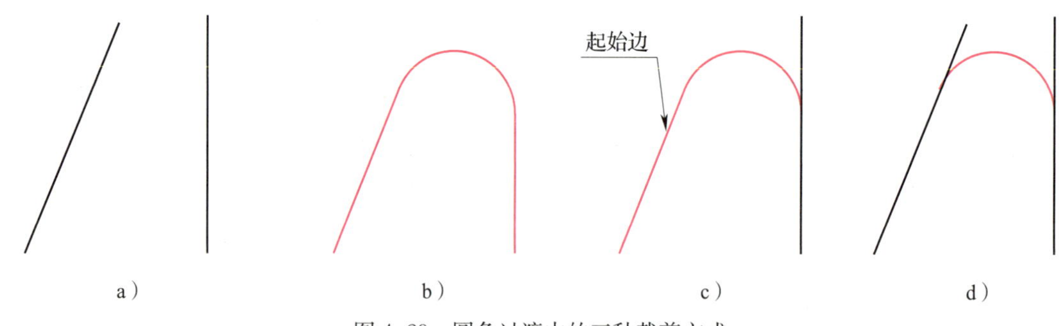

图 4-29　圆角过渡中的三种裁剪方式

a）圆角过渡前　b）裁剪　c）裁剪始边　d）不裁剪

（2）单击立即菜单中的“2. 半径”编辑框，可输入过渡圆弧的半径值。

（3）设置好裁剪方式和过渡圆角半径值后，用鼠标拾取待过渡的第一条曲线，被拾取到的曲线呈虚线显示，而操作提示变为“拾取第二条曲线”。再用鼠标拾取第二条曲线以后，则可在两条曲线之间用一个圆弧光滑过渡。

注意：用鼠标拾取曲线的不同位置，会得到不同的结果，而且，过渡圆弧半径的大小应合适，否则也将得不到正确的结果，如图 4-30 所示。

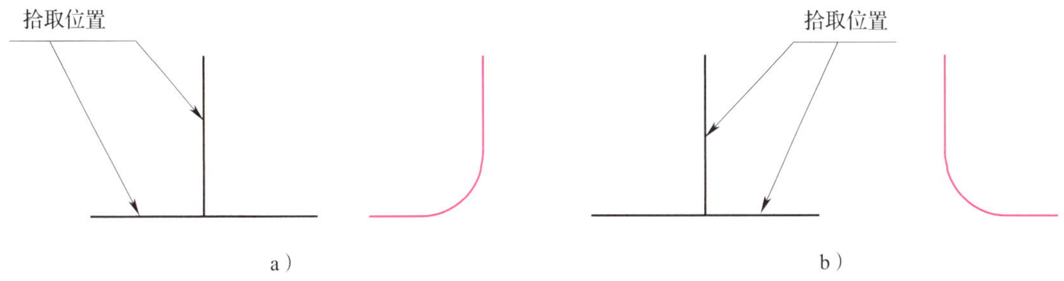

图 4-30　圆角过渡拾取不同位置的结果
a）左侧圆角过渡　b）右侧圆角过渡

（4）示例

绘制图 4-31 所示平面图形。

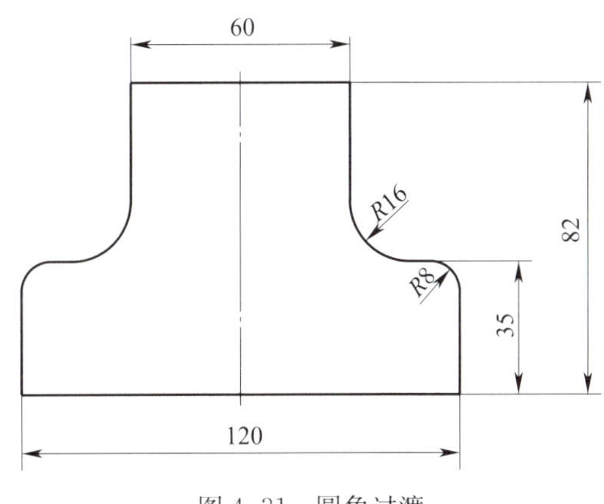

图 4-31　圆角过渡

绘图步骤见表 4-4。

表 4-4　　圆角过渡示例绘图步骤

绘图步骤	图示
（1）绘制中心线与轮廓线 将中心线层置为当前层，应用“直线”命令绘制垂直中心线；将粗实线层置为当前层，应用“直线”命令绘制零件轮廓	

续表

绘图步骤	图示
（2）绘制 $R8$ mm 圆角 执行“圆角过渡”命令，将立即菜单中的“1.”选为“裁剪”，“2. 半径”设为 8；拾取圆角过渡的左侧两直线，则绘制出左侧 $R8$ mm 的圆角；拾取右侧两直线，则绘制出右侧 $R8$ mm 的圆角	
（3）绘制 $R16$ mm 圆角 按步骤（2）的操作方法，绘制两侧 $R16$ mm 圆角	

二、多圆角过渡

多圆角过渡主要用于多条首尾相连的直线进行圆角过渡。

1. 调用“多圆角”命令

单击“修改”主菜单中“过渡”子菜单中的“ 多圆角”命令，或单击“常用”选项卡中“过渡”功能子菜单的 按钮，或单击“过渡”工具条上的 按钮，或在命令行中执行 fillets 命令，即可执行多圆角过渡命令，系统弹出如图 4-32 所示立即菜单。

图 4-32 “多圆角”立即菜单

2. 说明

（1）单击立即菜单中的“2. 半径”编辑框，可设定过渡圆弧的半径。

（2）系统提示“拾取首尾相连的直线”，用鼠标拾取待过渡的一系列首尾相连的直线中的一条，即可完成多圆角过渡。这一系列首尾相连的直线可以是封闭的，也可以是不封闭的，如图 4-33 所示。

（3）示例

绘制图 4-34 所示图形。绘图步骤见表 4-5。

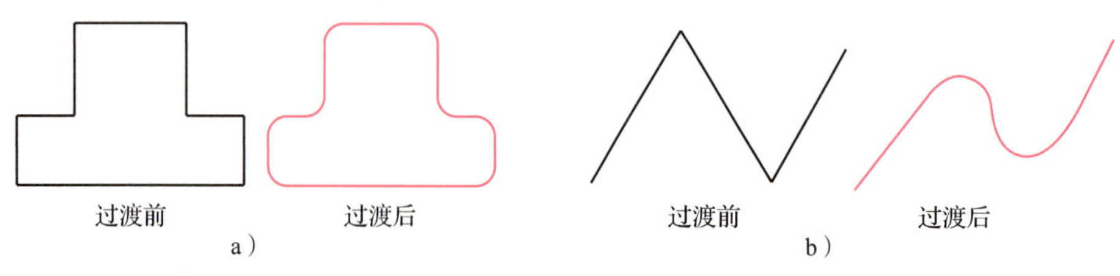

图 4-33 多圆角过渡一

a）封闭 b）不封闭

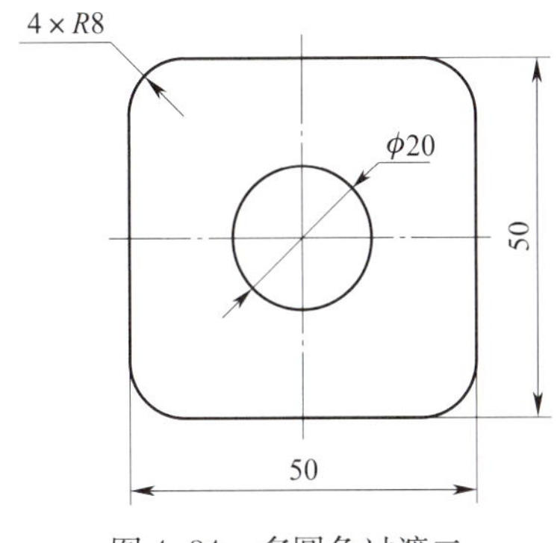

图 4-34　多圆角过渡二

表 4-5　　　　　　　　　　　　**多圆角过渡示例绘图步骤**

绘图步骤	图示
（1）绘制中心线与边长为 50 mm 的正方形 应用正多边形命令，绘制一个边长为 50 mm 且带中心线的正方形	
（2）绘制 ϕ 20 mm 的圆 应用“圆心 _ 半径”命令，绘制 ϕ 20 mm 的圆	
（3）多圆角过渡 执行多圆角过渡命令，单击立即菜单中的“2. 半径”编辑框，设定过渡圆弧的半径为 8，拾取正方形的任意一条边，完成多圆角过渡	

三、倒角过渡

倒角过渡用于对两直线之间进行直线倒角过渡。直线可被裁剪或向角的方向延伸。

1. 调用“倒角”命令

单击“修改”主菜单中“过渡”子菜单中的“倒角”命令，或单击“常用”选项卡中“过渡”功能子菜单的按钮，或单击“过渡”工具条上的按钮，或在命令行中执行 chamfer 命令，即可执行“倒角”命令，系统弹出如图 4-35 所示立即菜单。

图 4-35　“倒角过渡”立即菜单

2. 说明

（1）单击立即菜单“1. 长度和角度方式”，即切换为“长度和宽度方式”。“长度”表示倒角的轴向长度，“宽度”表示倒角的径向长度，“角度”是指倒角线与所拾取第一条直线的夹角，其数值范围是 0 ～ 180，如图 4-36 所示。“长度和角度方式”就是给出倒角的轴向长度和倒角角度进行倒角；“长度和宽度方式”就是给出倒角的轴向长度和径向长度进行倒角。

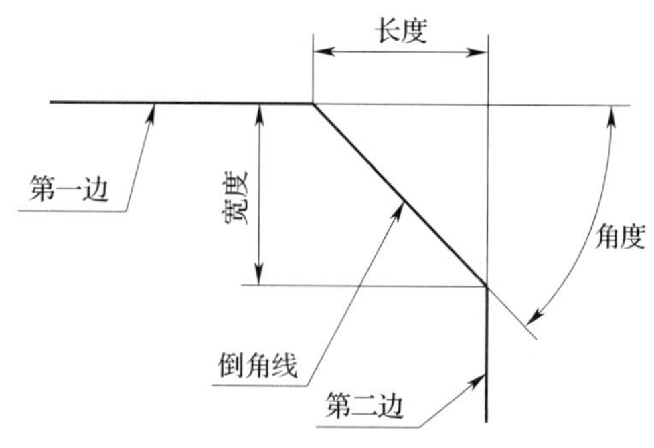

图 4-36　长度、宽度与角度的定义

（2）单击立即菜单中的“2. 裁剪”，可选择裁剪的方式，操作方法及各选项的含义与“圆角过渡”中相同。

（3）需倒角的两直线已相交（即已有交点），则拾取两直线后，立即作出一个由给定长度、给定角度确定的倒角，如图 4-37a 所示。如果待作倒角过渡的两条直线没有相交（即尚不存在交点），则拾取完两条直线以后，系统会自动计算出交点的位置，并将直线延伸，而后作出倒角，如图 4-37b 所示。

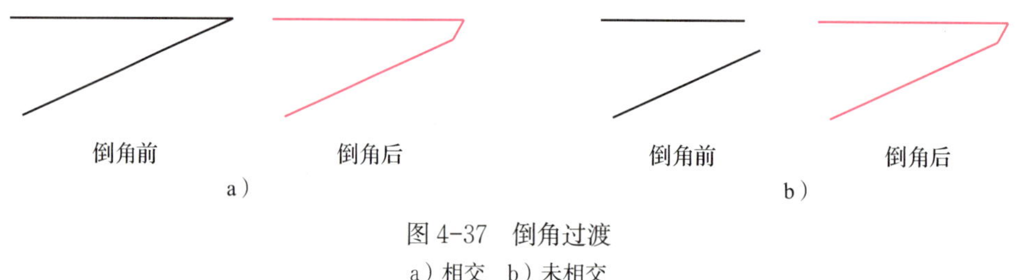

图 4-37　倒角过渡

a）相交　b）未相交

3. 示例

从图 4-38 中可以看出，轴向长度均为 3，角度均为 60° 的倒角，由于拾取直线的顺序不同，倒角的结果也不同。

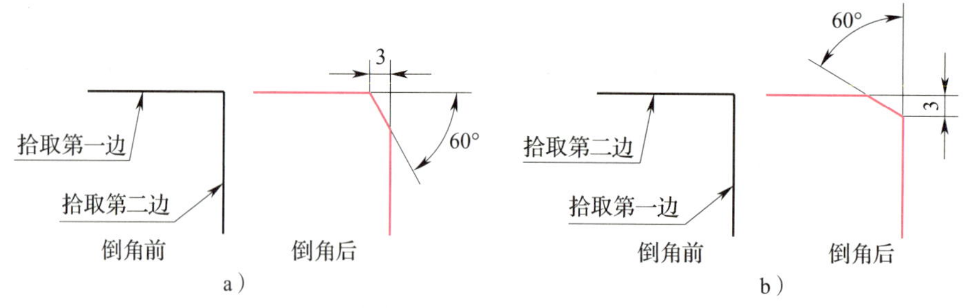

图 4-38　直线拾取的顺序与倒角的关系

a）先拾取水平线，再拾取垂直线　b）先拾取垂直线，再拾取水平线

四、多倒角过渡

多倒角过渡用于对多条首尾相连的直线进行倒角过渡。具体操作方法与“多圆角”的操作方法十分相似，图 4-39 所示为多倒角示例。

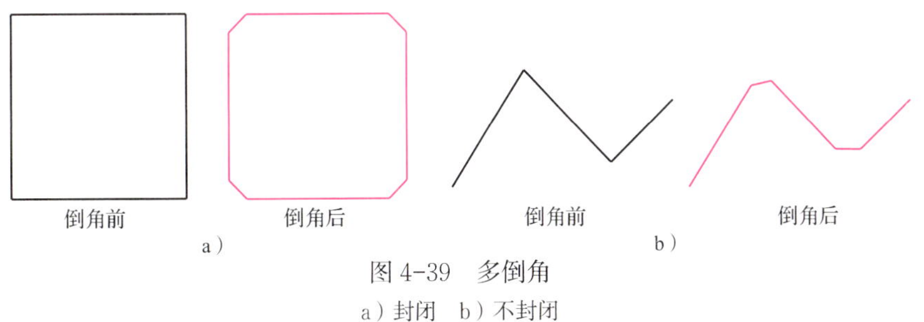

图 4-39　多倒角

a）封闭　b）不封闭

五、内倒角过渡

内倒角过渡是指拾取一对平行线及其垂线分别作为两条母线和端面线生成内倒角的过渡。

1. 调用“内倒角”命令

单击“修改”主菜单中“过渡”子菜单中的“ 内倒角”命令，或单击“常用”选项卡中“过渡”功能子菜单中的 按钮，或单击“过渡”工具条上的 按钮，或在命令行中执行 chamferinside 命令，即可执行内倒角命令，系统弹出如图 4-40 所示立即菜单。

2. 说明

（1）内倒角方式有“长度和角度方式”和“长度和宽度方式”两种。长度、宽度和角度可根据需要设定。

（2）内倒角过渡时，系统提示选择三条相互垂直的直线，这三条相互垂直的直线是指类似于如图 4-41 所示的三条直线，即直线 a、b 同垂直于 c，并且在 c 的同侧。

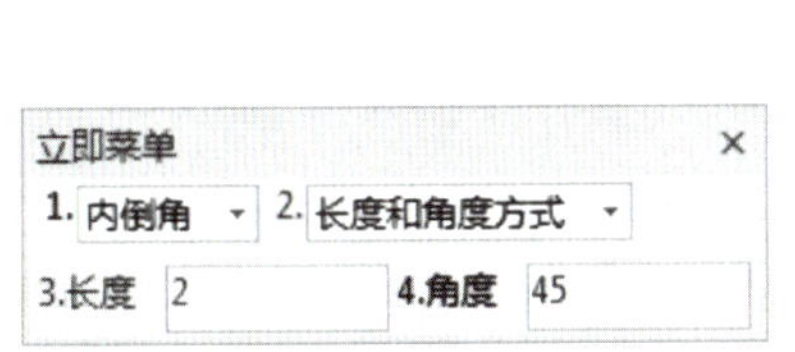

图 4-40　“内倒角”立即菜单

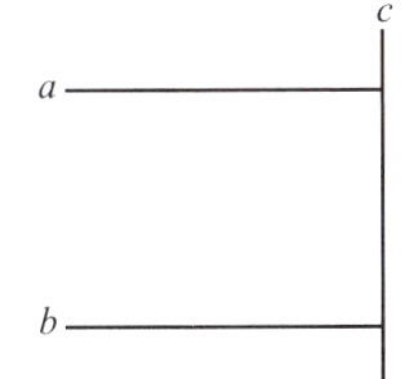

图 4-41　相互垂直的直线

（3）内倒角的结果与三条直线拾取的顺序无关，只取决于三条直线的相互垂直关系，如图 4-42 所示。

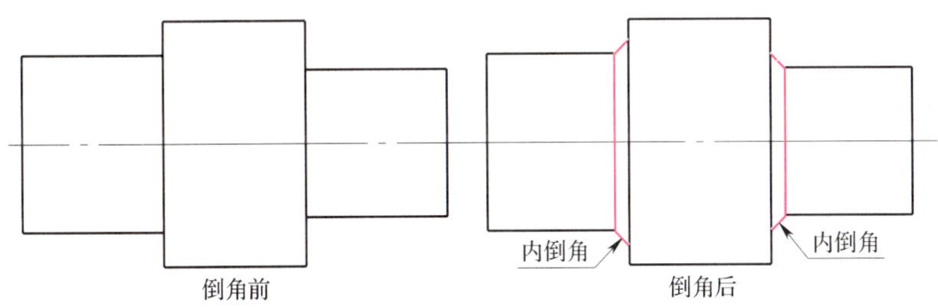

图 4-42　内倒角示例

六、外倒角过渡

外倒角过渡是指拾取一对平行线及其垂线分别作为两条母线和端面线生成外倒角的过渡。外倒角功能的使用方法与内倒角功能十分类似，图 4-43 所示为外倒角示例。

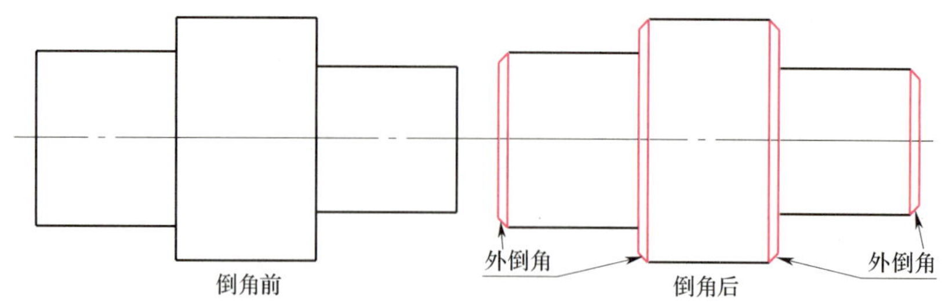

图 4-43　外倒角示例

七、尖角过渡

尖角过渡是指在两条曲线（直线、圆弧、圆等）的交点处，形成尖角的过渡。两曲线若有交点，则以交点为界，多余部分被裁剪掉；两曲线若无交点，则系统首先计算出两曲线的交点，再将两曲线延伸至交点处。

1. 调用“尖角”命令

单击“修改”主菜单中“过渡”子菜单中的“ 尖角”按钮，单击“常用”选项卡中“过渡”功能子菜单的 按钮，或单击“过渡”工具条上的 按钮，或在命令行中执行 sharp 命令，即可执行尖角命令。

2. 说明

执行尖角过渡命令，按提示要求连续拾取第一条曲线和第二条曲线以后，即可完成尖角过渡的操作。

注意：鼠标拾取的位置不同，将产生不同的结果。

3. 示例

图 4-44 为尖角过渡的 4 个示例，其中图 4-44a、b 为由于拾取位置的不同而结果不同的示例，图 4-44c、d 为直线与圆弧已相交和尚未相交的示例。

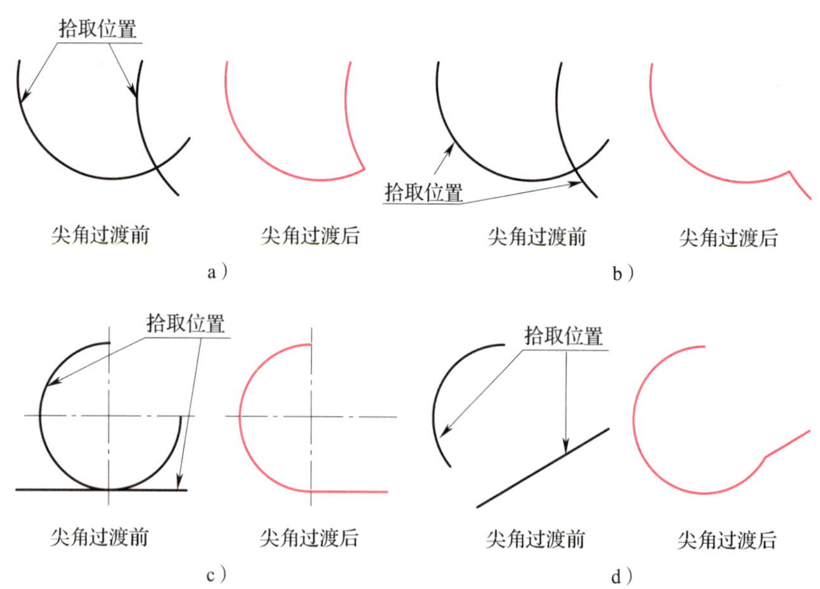

图 4-44　尖角过渡示例

a）拾取两曲线交点同侧　b）拾取两曲线交点异侧　c）直线与圆弧相交　d）直线与圆弧不相交

八、综合示例

绘制如图 4-45 所示扳手平面图形。绘图步骤见表 4-6。

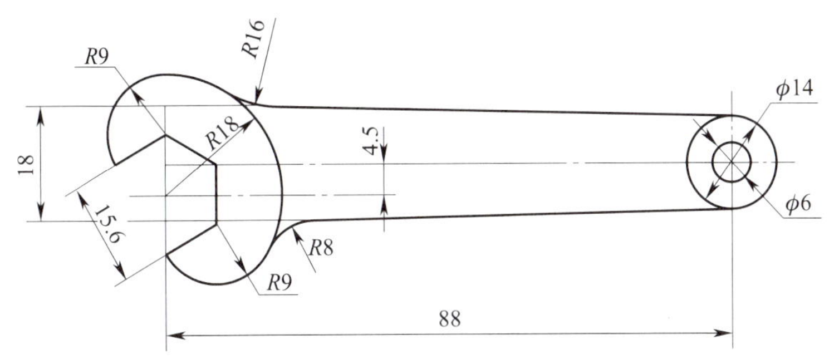

图 4-45　扳手平面图形

表 4-6　　**扳手平面图形的绘图步骤**

绘图步骤	图示
（1）绘制中心线与定位线	
（2）绘制扳手柄部 φ 6 mm、φ 14 mm 圆及外轮廓线	
（3）根据尺寸 15.6 mm，绘制扳手头部正六边形，并删除口部两条边。然后再绘制 *R*9 mm、*R*18 mm、*R*9 mm 三段圆弧，并修剪多余的圆弧线	
（4）圆角过渡 应用圆角过渡中的“裁剪始边”方式，绘制 *R*8 mm 和 *R*16 mm 圆弧	

§4-5 拉伸与延伸

一、拉伸

拉伸是指对已存在的单个曲线或曲线组进行拉伸或缩短处理。拉伸的作用在于对已存在的曲线进行变形处理。拉伸分为对单条曲线拉伸和对曲线组拉伸两种。

1. 调用“拉伸”命令

单击“修改”主菜单中的“ 拉伸”命令，或单击“常用”选项卡中“修改”面板上的 按钮，或单击“编辑工具”工具条上的 按钮，或在命令行中执行 stretch 命令，即可执行拉伸命令。

2. 单条曲线拉伸

单条曲线拉伸是用“单个拾取”选项拾取直线、圆、圆弧或者样条曲线进行拉伸。执行拉伸命令后，在立即菜单中选择“单个拾取”方式，如图 4-46a 所示。

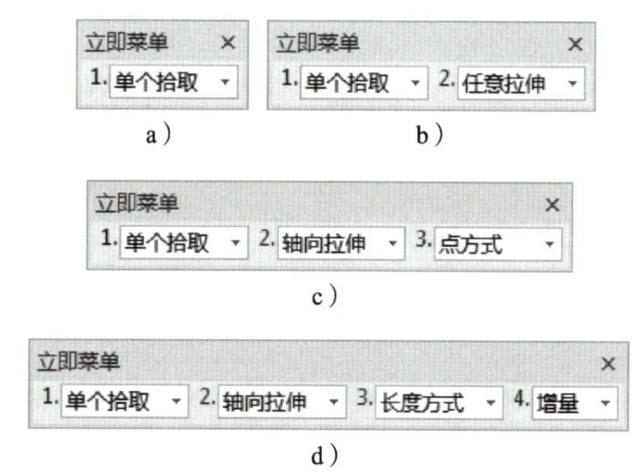

图 4-46 “单个拾取拉伸”立即菜单

a）单个拾取 b）任意拉伸 c）点方式轴向拉伸 d）长度方式轴向拉伸

（1）拉伸直线

按提示要求拾取所要拉伸的直线的一端，其立即菜单变为图 4-46b 所示，此时，可将直线在任意方向上拉伸或缩短。单击立即菜单“2. 任意拉伸”选项，可切换到“2. 轴向拉伸”方式，如图 4-46c 所示。单击立即菜单“3. 点方式”，可切换到“3. 长度方式”。若选择“3. 点方式”，可按鼠标给出的点沿直线原方向拉伸或缩短直线。若选“3. 长度方式”，立即菜单变为图 4-46d 所示，单击立即菜单中的“4. 增量”可切换至“4. 绝对”。绝对是指所拉伸直线的整个长度，增量是指在原图素基础上增加的长度，如图 4-47 所示。

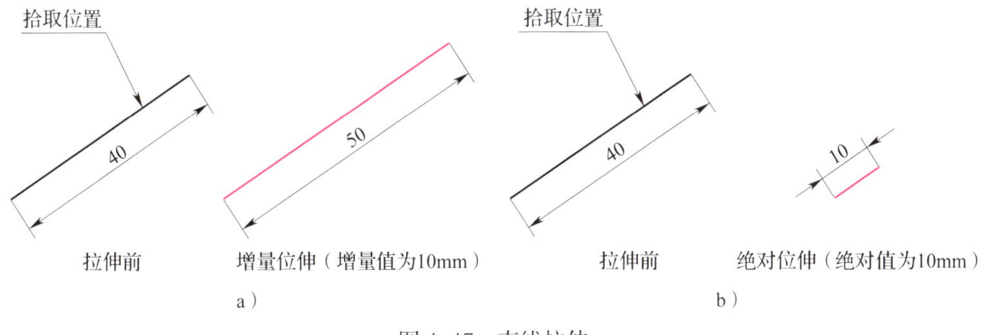

图 4-47　直线拉伸

a）增量方式拉伸　b）绝对方式拉伸

（2）拉伸圆弧

按提示要求拾取所要拉伸的圆弧的一端，其立即菜单变为图 4-48 所示，单击立即菜单“2. 弧长拉伸”项，可选择“弧长拉伸”“角度拉伸”“半径拉伸”或“自由拉伸”。弧长和角度拉伸时，圆心和半径不变，圆心角改变，用户可以用键盘输入新的圆心角。半径拉伸时，圆心和圆心角不变，半径改变，用户可以输入新的半径值。自由拉伸时，圆心、半径和圆心角都可以改变。除了自由拉伸外，以上所述的拉伸量都可以通过立即菜单“3. ”来选择是“绝对”值还是“增量”值。“绝对”是指所拉伸图素的整个长度或者角度，“增量”是指在原图素基础上增加的长度或者角度。图 4-49 所示为圆弧拉伸示例。

图 4-48　“弧长拉伸”立即菜单

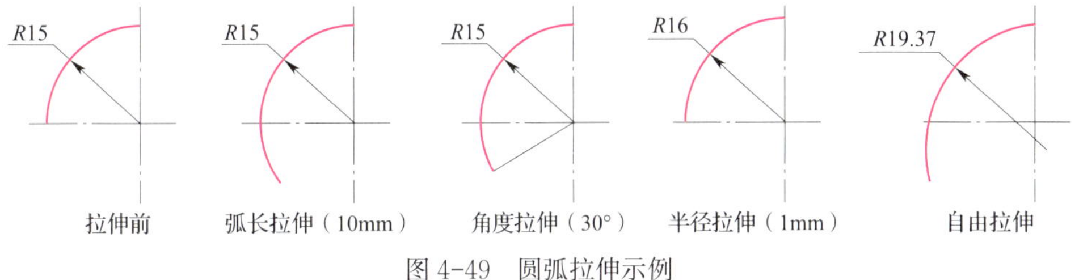

图 4-49　圆弧拉伸示例

本命令可以重复操作，右击可结束操作。

3. 曲线组拉伸

曲线组拉伸是将移动窗口内图形的指定部分（即窗口内的图形）一起进行拉伸。操作步骤如下：

（1）执行拉伸命令后，单击立即菜单中的“1. 单个拾取”，切换至“窗口拾取”方式，如图 4-50 所示。

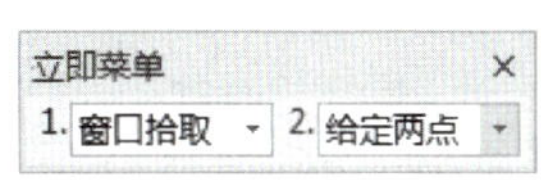

图 4-50　“曲线组拉伸”立即菜单

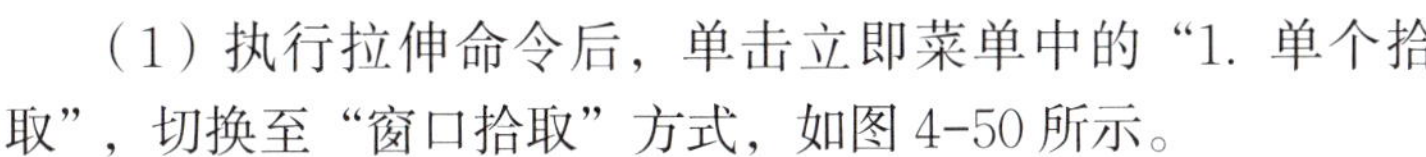

（2）按提示要求用鼠标指定待拉伸曲线组窗口中的第一角点。则提示变为“对角点”。再拖动鼠标选择另一角点，则一个窗口形成。注意：这里窗口的拾取必须从右向左拾取，即第二角点的位置必须位于第一角点的左侧，这一点至关重要，如果窗口不是从右向左选取，则不能实现曲线组的全部拾取。

（3）拾取完成后，单击立即菜单中的“2. 给定两点”，切换至“2. 给定偏移”，提示又变为“X、Y 方向偏移量或位置点”。此时，再移动鼠标，或从键盘输入一个位置点，窗口内的曲线组被拉伸。注意："X、Y 方向偏移量"是指相对基准点的偏移量，这个基准点是由系统自动给定的。一般来说，直线的基准点在中点处，圆、圆弧、矩形的基准点在中心，而组合实体、样条曲线的基准点在该实体的包容矩形的中心处。图 4-51b、c 中显示出了拾取窗口和基准点。

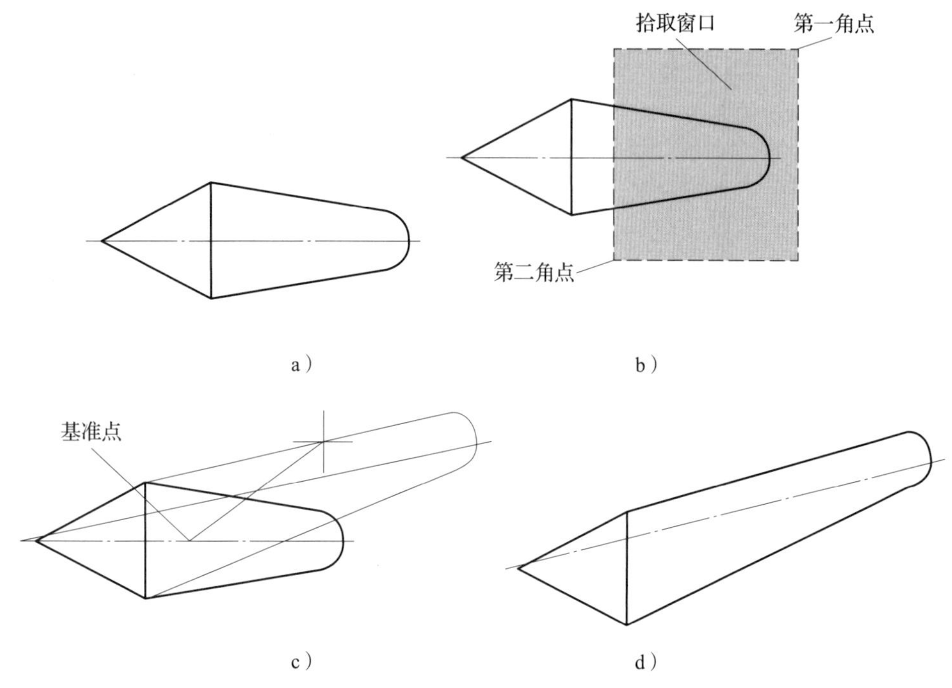

图 4-51　曲线组给定偏移拉伸

a）拉伸前　b）窗口拾取　c）拉伸过程　d）拉伸结果

（4）单击立即菜单"2. 给定偏移"，切换为"2. 给定两点"。操作提示变为"拾取添加"。在这种状态下，用窗口拾取曲线组并按右键确定，当出现"第一点"时，用鼠标指定一点，提示又变为"第二点"，再移动鼠标时，曲线组被拉伸拖动，当确定第二点以后，曲线组被拉伸。如图 4-52 所示，拉伸长度和方向由两点连线的长度和方向所决定。

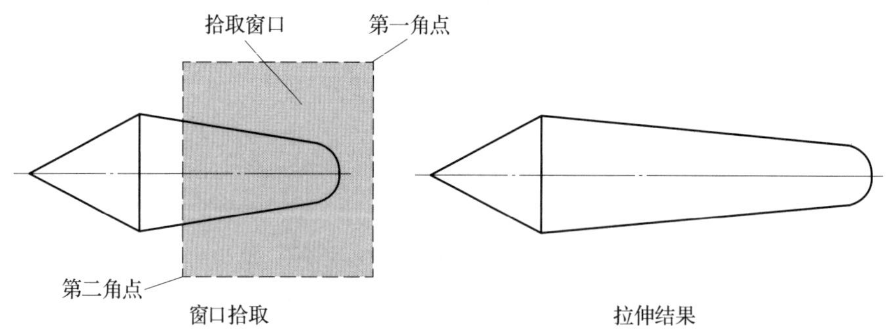

图 4-52　曲线组给定两点拉伸

二、延伸

延伸是指以一条曲线为边界对一系列曲线进行裁剪或延伸。

1. 调用“延伸”命令

单击“修改”主菜单中的“ -\ 延伸”命令，或单击“常用”选项卡中“修改”面板上的 -\ 按钮，或单击“编辑工具”工具条上的 -\ 按钮，或在命令行中执行 edge 命令，即可执行延伸命令，系统弹出图 4-53 所示立即菜单。

图 4-53 “延伸”立即菜单

2. 说明

（1）单击立即菜单中的“1. 齐边”，可实现“齐边”与“延伸”切换。“齐边”是将拾取的第一条曲线作为剪刀线，对后面拾取的曲线进行裁剪或延伸。“延伸”是将线段、曲线等对象延伸到一个边界对象，使其与边界对象相交，或者按 Shift 键裁剪与其相交的对象。

（2）“齐边”时，如果拾取的曲线与边界曲线有交点，系统则按“裁剪”功能进行操作，系统将裁剪所拾取的曲线至边界为止。如果拾取的曲线与边界曲线没有交点，那么，系统将把曲线按其本身的趋势（如直线的方向、圆弧的圆心和半径均不发生改变）延伸至边界。图 4-54 为齐边示例。

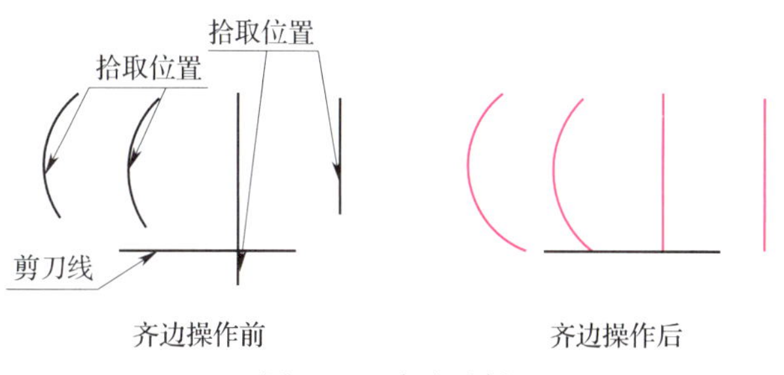

图 4-54 齐边示例

注意：圆或圆弧可能会有例外，这是因为它们无法向无穷远处延伸，它们的延伸范围是以半径为限的，而且圆弧只能以拾取的一端开始延伸，不能两端同时延伸（见图 4-54 最左侧的圆弧）。

3. 示例

图 4-55 为延伸示例。启动执行延伸命令，系统提示“选择对象或 <全部选择>”，选择水平线为边界，并按鼠标右键结束拾取；系统提示“选择要延伸的对象，或按住 Shift 键选择要裁剪的对象”，拾取左侧的圆弧，该圆弧延伸至水平线下方与其相交；拾取第二条圆弧，该圆弧延伸至边界线；拾取与边界线相交的直线，没有变化，但按住 Shift 键，可以应用边界线裁剪该直线；拾取最右侧的直线，因其延伸后不能与边界线相交，所以该直线没有变化。

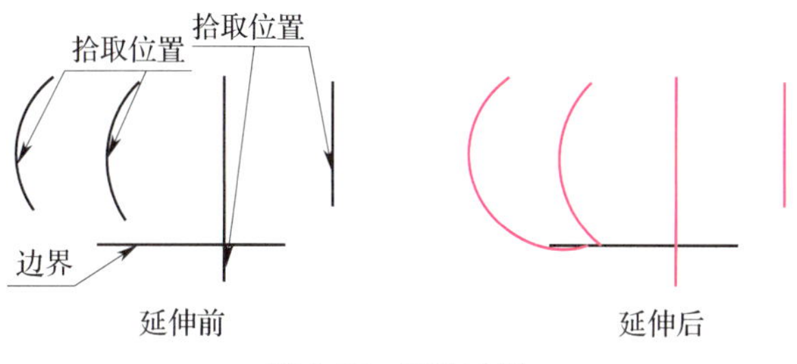

图 4-55 延伸示例

§4-6 镜像和阵列

一、镜像

镜像是将拾取到的图素以某一条直线为对称轴，进行对称镜像或对称复制。

1. 调用“镜像”命令

单击“修改”主菜单中的“ 镜像”命令，或单击“常用”选项卡中“修改”面板上的 按钮，或单击“编辑工具”工具条上的 按钮，或在命令行中执行 mirror 命令，即可执行镜像命令，系统弹出如图 4-56 所示立即菜单。

图 4-56 “镜像”立即菜单

2. 说明

（1）按系统提示“拾取元素”，拾取要镜像的图素（可单个拾取，也可用窗口拾取），拾取到的图素呈虚线显示，拾取完成后单击鼠标右键加以确认。

（2）这时操作提示变为“选择轴线”，用鼠标拾取一条作为镜像操作的对称轴线，一个以该轴线为对称轴的新图形显示出来，同时原来的实体即刻消失。

（3）如果用鼠标单击立即菜单“1. 选择轴线”，则切换为“1. 给定两点”。其含义为允许用户指定两点，两点连线作为镜像的对称轴线，其他操作与前面相同。

（4）如果用鼠标单击立即菜单中的“2. 镜像”，则切换为“2. 拷贝”，用户按这个菜单内容能够进行拷贝操作。拷贝操作的方法和操作过程与镜像操作完全相同，只是拷贝后原图不消失。

3. 示例

例 1 以对称轴线镜像图 4-57a 所示图形。

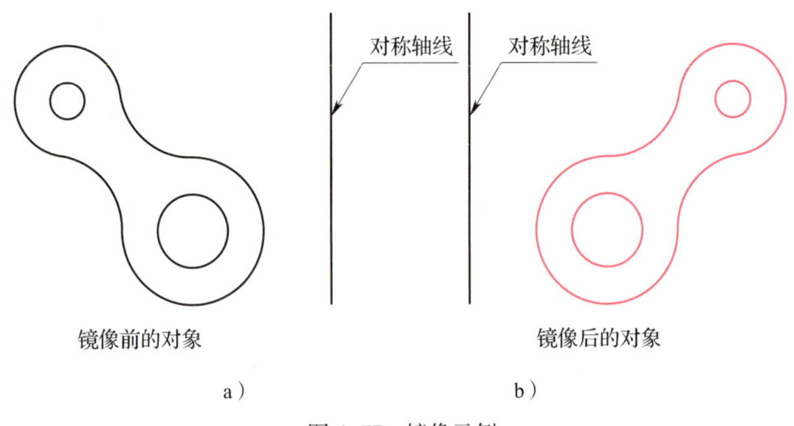

图 4-57 镜像示例
a）镜像前 b）镜像后

操作如下：

启动执行命令："镜像"（立即菜单“1. ”设为“选择轴线”，“2. ”设为“镜像”）

拾取元素：（拾取所要镜像对象，如图 4-57a 所示，按右键确认）

拾取轴线：（拾取对称轴线）

操作结果如图 4-57b 所示。

例 2 以 1、2 点镜像拷贝图 4-58a 所示图形。

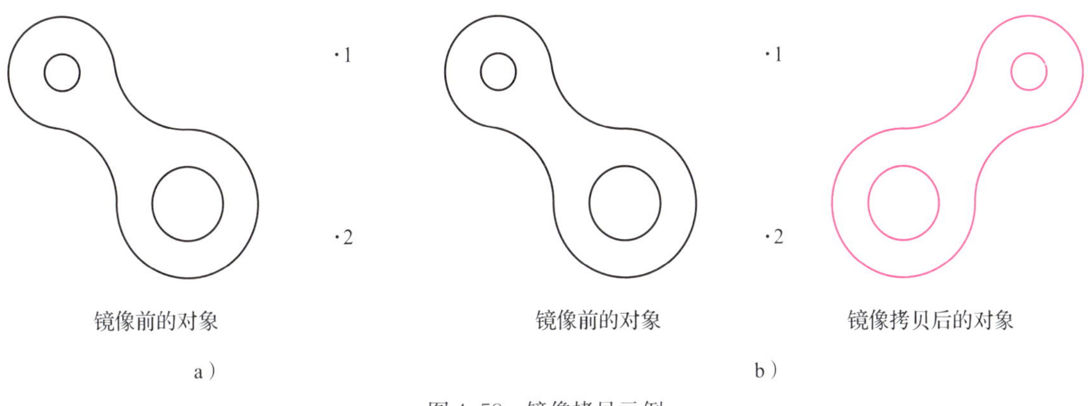

图 4-58 镜像拷贝示例

a）镜像拷贝前 b）镜像拷贝后

操作步骤如下：

启动执行命令："镜像"（立即菜单“1. ”设为“选择两点”，“2. ”设为“拷贝”）

拾取元素：（拾取所要镜像对象，按右键确认）

第一点：（拾取镜像 1 点）

第二点：（拾取镜像 2 点）

操作结果如图 4-58b 所示，镜像前的对象保留在原位置。

二、阵列

阵列命令可以按照一定的排列规律一次复制多个图形对象，以提高作图效率。阵列的方式有圆形阵列、矩形阵列和曲线阵列 3 种。

单击“修改”主菜单中的“ 阵列”命令，或单击“常用”选项卡中“修改”面板上的 按钮，或单击“编辑工具”工具条上的 按钮，或在命令行中执行 array 命令，即可执行阵列命令，系统弹出如图 4-59 所示立即菜单。

1. 圆形阵列

圆形阵列是指对拾取到的图素，以某基点为圆心进行阵列复制。

（1）说明

1）执行阵列命令，选择圆形阵列，其立即菜单如图 4-60 所示。

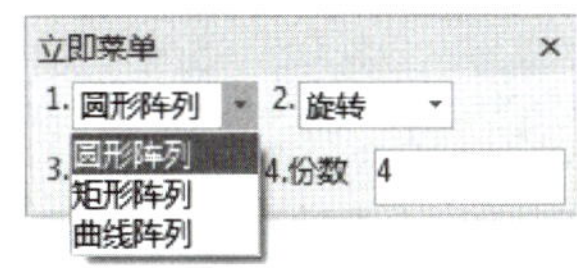

图 4-59 “阵列”立即菜单

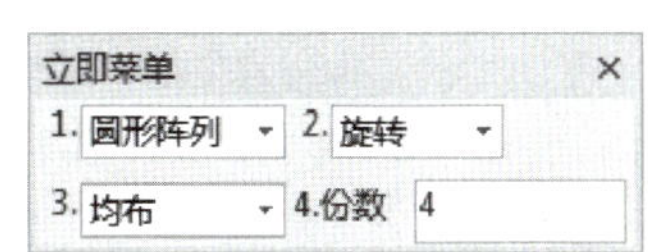

图 4-60 “圆形阵列”立即菜单 1

2）用鼠标拾取元素，拾取的图形呈虚线显示，拾取完成后单击鼠标右键加以确认。按照操作提示，用鼠标左键拾取阵列图形的中心点后，一个阵列复制的结果显示出来。

3）系统根据立即菜单中的“2. 旋转”在阵列时自动对图形进行旋转。

4）系统根据立即菜单中的“3. 均布”和“4. 份数”自动计算各插入点的位置，且各点之间夹角相等。各阵列图形均匀地排列在同一圆周上。其中的份数包含阵列拾取对象。

5）用鼠标单击立即菜单中的“3. 均布”，切换为“3. 给定夹角”，如图 4-61 所示。

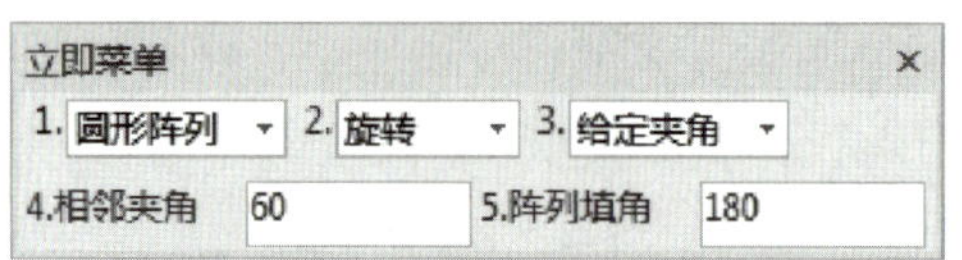

图 4-61　“圆形阵列”立即菜单 2

此立即菜单的含义是用给定夹角的方式进行圆形阵列，各相邻图形夹角为 60°，阵列的填充角度为 180°。其中阵列填充角度的含义为从拾取的实体所在位置起，绕中心点逆时针方向转过的夹角。相邻夹角和阵列填充角度都可以由键盘输入确定。

（2）示例

图 4-62 是圆形阵列操作的示例，其中图 4-62b 为均布方式，份数为 6 份；图 4-62c 为给定夹角方式，夹角为 60°，阵列填角为 180°。

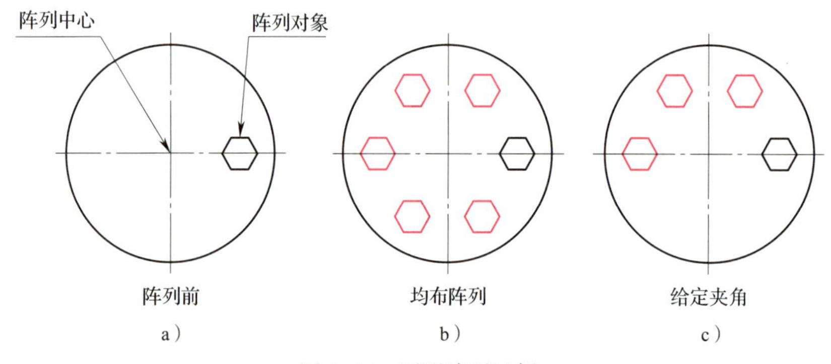

图 4-62　圆形阵列示例

a）阵列前　b）均布阵列　c）给定夹角阵列

2. 矩形阵列

矩形阵列是指对拾取到的实体按矩形阵列的方式进行阵列复制。

（1）说明

1）执行阵列命令，选择矩形阵列，其立即菜单如图 4-63 所示。当前立即菜单中规定了矩形阵列的行数、行间距、列数、列间距以及旋转角的默认值，这些值均可通过键盘输入进行修改。

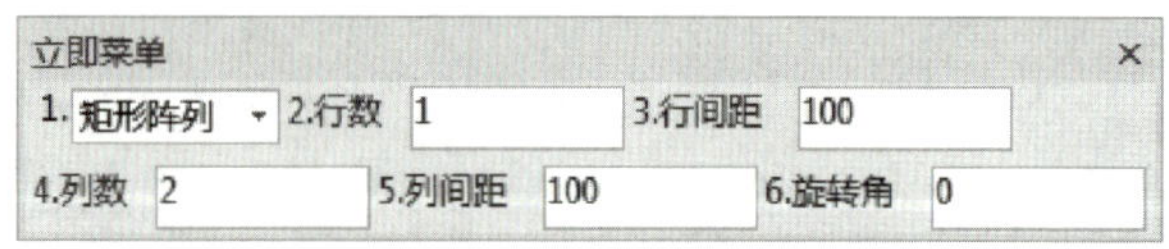

图 4-63　“矩形阵列”立即菜单

2）行、列间距指阵列后各元素基点之间的间距大小，旋转角指与 X 轴正方向的夹角。

（2）示例

图 4-64 是矩形阵列的两个示例，其中图 4-64a 的行数为 3，行间距为 15，列数为 4，列间距为 20，旋转角为 0°；图 4-64b 的行数为 2，行间距为 15，列数为 3，列间距为 20，旋转角为 30°。

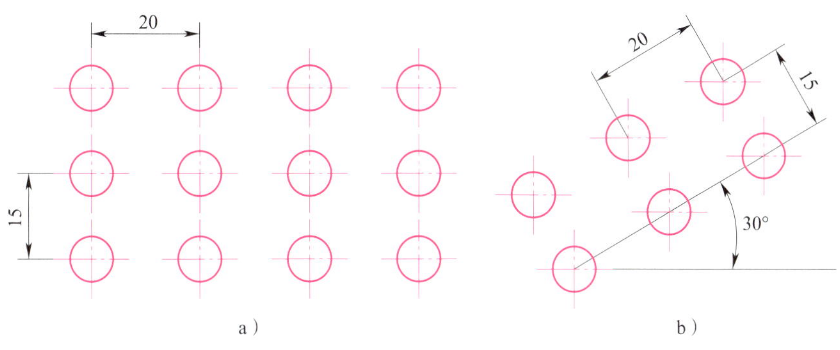

图 4-64　矩形阵列示例

a）不旋转　b）旋转 30°

3. 曲线阵列

曲线阵列是指在一条或多条首尾相连的曲线上生成均布的图形选择集。各图形选择集的结构相同，位置不同，其姿态是否相同取决于“旋转 / 不旋转”选项。

（1）说明

1）执行阵列命令，选择曲线阵列，其立即菜单如图 4-65 所示。

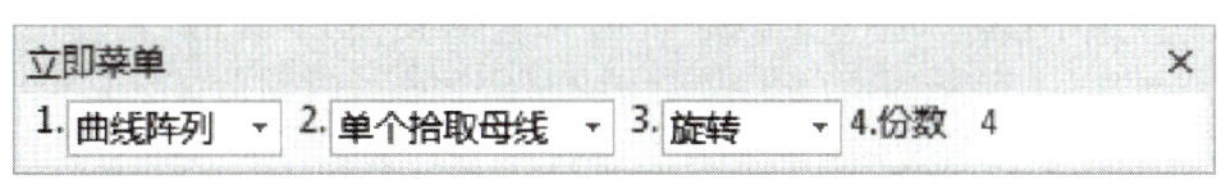

图 4-65　“曲线阵列”立即菜单

2）母线拾取方式。拾取母线可单个拾取或链拾取，也可重新指定母线。单个拾取时仅拾取单根母线；链拾取时可拾取多根首尾相连的母线集，也可只拾取单根母线。单根拾取母线时，阵列从母线的端点开始；链拾取母线时，阵列从鼠标单击到的那根曲线的端点开始。

3）可拾取的母线种类。对于单个拾取母线，可拾取的曲线种类有直线、圆弧、圆、样条、椭圆、多段线；对于链拾取母线，链中只能有直线、圆弧或样条。

4）对于旋转的情况：首先拾取阵列对象，其次确定基点，然后选择母线，最后确定生成方向，于是在母线上生成了均布的与阵列对象结构相同但姿态与位置不同的多个选择集。对于不旋转的情况：首先拾取阵列对象，其次决定基点，然后选择母线，于是在母线上生成了均布的与阵列对象结构和姿态相同但位置不同的多个选择集。

5）阵列份数表示阵列后生成的新选择集的个数。特别提醒，当母线不闭合时，母线的两个端点均生成新选择集，新选择集的总份数不变。

（2）示例

图 4-66 是曲线阵列的两个示例，其中图 4-66a 选择旋转，份数为 6。图 4-66b 是同种条件下，选择不旋转情况的阵列结果。

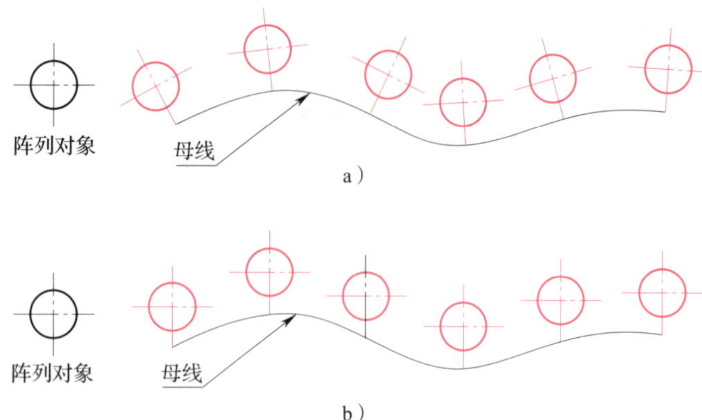

图 4-66　曲线阵列示例

a）旋转　b）不旋转

三、综合示例

绘制如图 4-67 所示铣刀平面图。

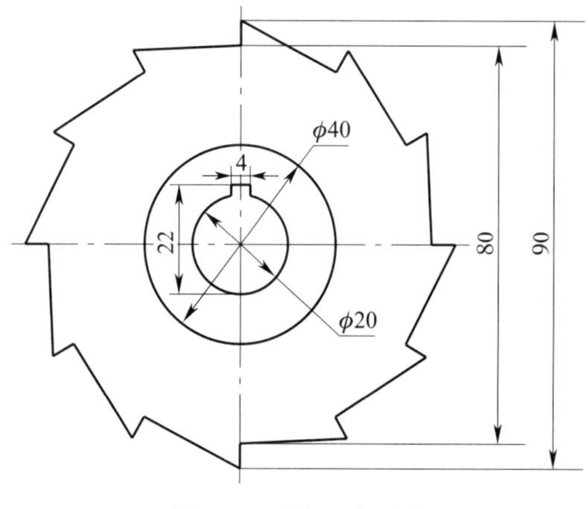

图 4-67　铣刀平面图

绘图步骤见表 4-7。

表 4-7　　铣刀平面图绘制步骤

绘图步骤	图示
（1）绘制中心线及 ϕ20 mm、ϕ40 mm、ϕ80 mm、ϕ90 mm 4 个同心圆 将粗实线置为当前层，应用“圆心＿半径”圆命令，绘制 ϕ20 mm、ϕ40 mm、ϕ80 mm、ϕ90 mm 4 个同心圆。应用“中心线”命令绘制中心线	

绘图步骤	图示
（2）绘制水平与垂直辅助线 应用“等距线”命令，在水平中心线上方绘制与其相距 12 mm 的辅助线，在垂直中心线两侧绘制与其相距 2 mm 的辅助线	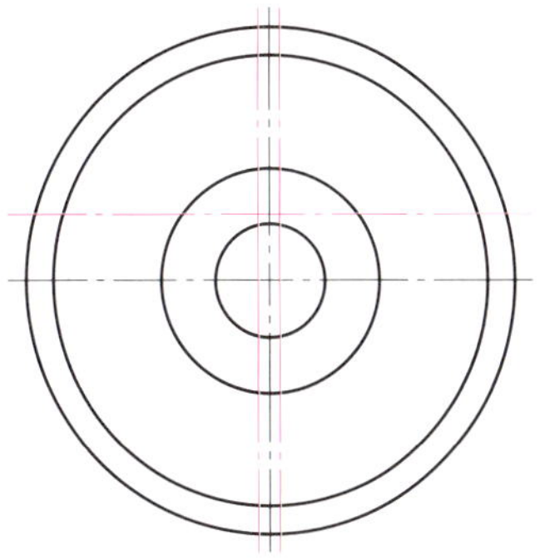
（3）绘制键槽 应用“两点线”命令绘制键槽，并删除水平和垂直辅助线，裁剪圆弧线	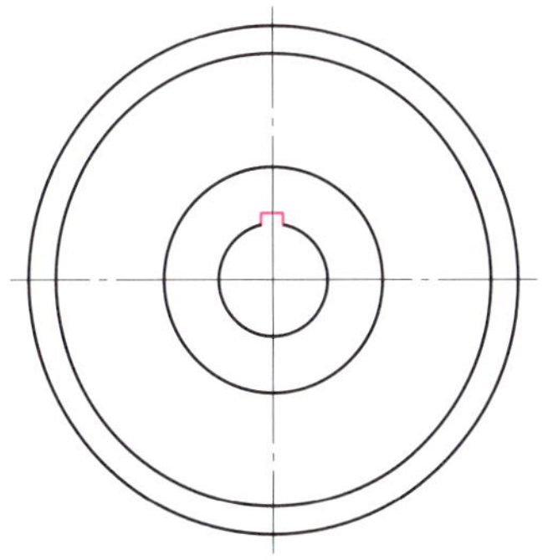
（4）绘制 120° 的辅助线 该铣刀共有 12 个齿，每个齿所对应的圆心角为 30°，先绘制位于第二象限的第一个齿。应用“角度线”命令，绘制 120° 的辅助线	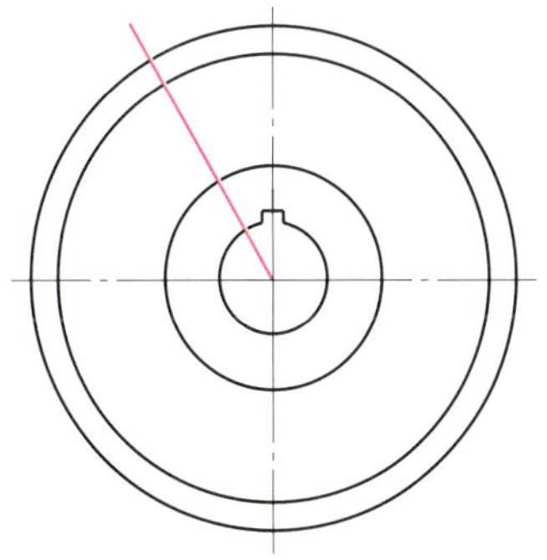
（5）绘制一个铣刀齿 应用“两点线”命令，将垂直中心线与 ϕ80 mm 圆的交点同 120° 辅助线与 ϕ90 mm 的交点连接起来，并应用 ϕ80 mm 和 ϕ90 mm 圆作为剪刀线，裁剪 120° 辅助线。上述两条直线形成一个铣刀齿	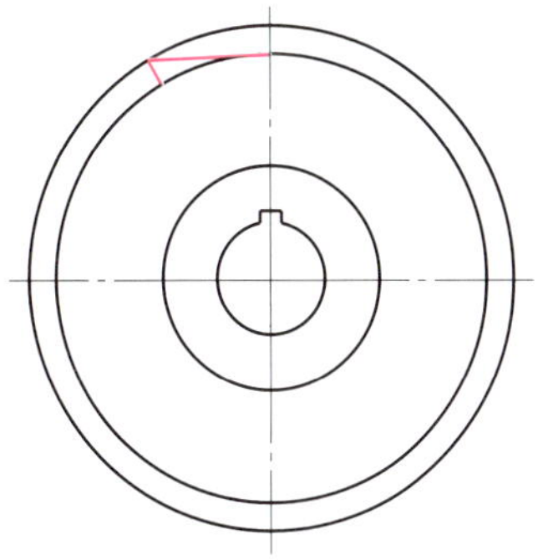

续表

绘图步骤	图示
（6）阵列铣刀齿 应用“圆形阵列”命令，将步骤（5）绘制的一个铣刀齿进行阵列，阵列份数为 12，阵列中心点为圆心，均布	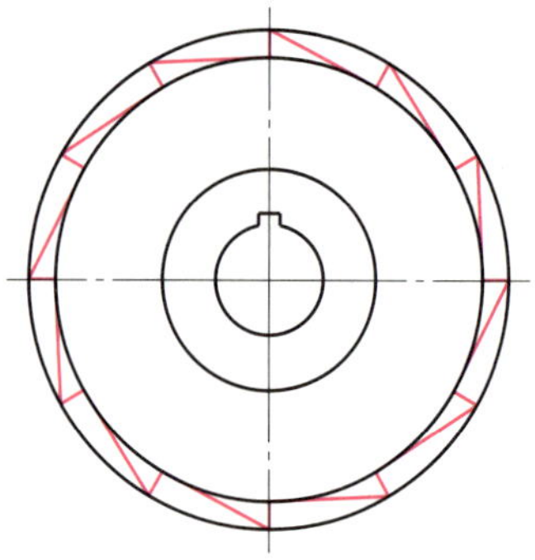
（7）删除 ϕ80 mm 和 ϕ90 mm 圆 应用“删除”命令，删除 ϕ80 mm 和 ϕ90 mm 圆	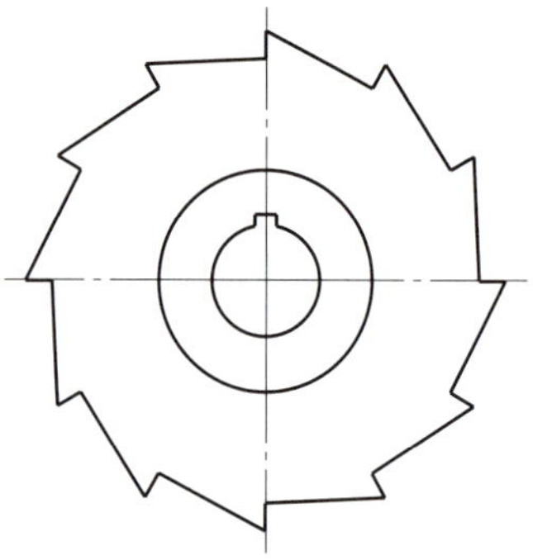

§4-7 缩放和分解

一、缩放

缩放是指对拾取到的图素进行比例放大和缩小。

1. 调用“缩放”命令

单击“修改”主菜单中的“ 缩放”命令，或单击“常用”选项卡中“修改”面板上的 按钮，或单击“编辑工具”工具条上的 按钮，或在命令行中执行 scale 命令，即可执行缩放命令。

2. 说明

执行缩放命令后，系统弹出如图 4-68a 所示立即菜单，系统提示“拾取添加”，拾取图素结束后单击鼠标右键确认，立即菜单变为如图 4-68b 所示。

a） b）

图 4-68 “缩放”立即菜单

a）未拾取图素前的立即菜单 b）拾取图素后的立即菜单

（1）单击立即菜单中的“1. ”，可在“平移”和“拷贝”两项中相互切换。当切换为“平移”项时，在进行比例缩放操作后，只生成目标图形，原图在屏幕上消失；当切换为“拷贝”项时，在进行比例缩放操作后，除了生成缩放比例目标图形，还会保留原图形。

（2）单击立即菜单中的“2. ”，可在“比例因子”与“参考方式”两种缩放方式间相互切换。

（3）单击立即菜单中的“3. ”，可在“尺寸值不变”与“尺寸值变化”两者间相互切换。当切换为“尺寸值变化”时，如果拾取的图素中包含尺寸元素，则尺寸值会根据相应的比例进行放大或缩小。当切换为“尺寸值不变”时，所选择尺寸元素不会随着比例变化而变化。

用鼠标指定一个比例缩放的基点，则系统提示输入比例系数。当移动鼠标时，会看到图形在屏幕上动态显示，用户认为光标位置合适后，单击鼠标左键，系统会自动根据基点和当前光标点的位置来计算比例系数，一个变换后的图形立即显示在屏幕上。用户也可通过键盘直接输入缩放的比例系数。

3. 示例

图 4-69 和图 4-70 为缩放示例。如图 4-69 所示，选用“尺寸值不变”对 ϕ20 mm 的圆进行缩小和放大，缩放图中，尺寸值没有变化。如图 4-70 所示，选用“尺寸值变化”对 20 mm × 15 mm 的矩形进行缩放，缩放图中，尺寸数值随着比例系数发生了变化。

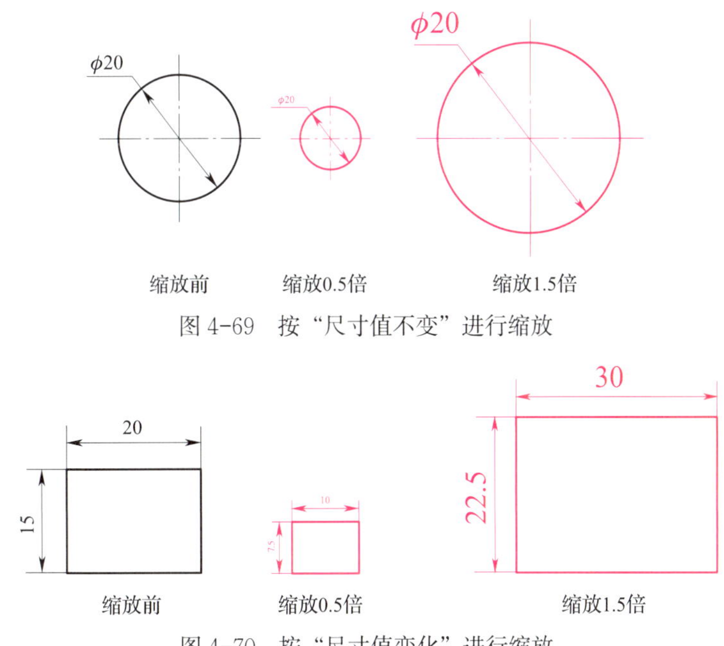

图 4-69 按“尺寸值不变”进行缩放

图 4-70 按“尺寸值变化”进行缩放

二、分解

1. 概念

分解可以将多段线、标注、图案填充或块等合成对象转变为单个的元素。例如，分解多段线将其分为简单的线段和圆弧，分解块使其替换为组成块的对象副本。

分解标注或图案填充后，将失去其所有的关联性，标注或填充对象被替换为单个对象（如直线、文字、点和二维实体）。

分解多段线时，将放弃所有关联的宽度信息。所得直线和圆弧将沿原多段线的中心线放置。如果分解包含多段线的块，则需要单独分解多段线。如果分解一个圆环，它的宽度将变为 0。

对于大多数对象，分解的效果并不是看得见的。

2. 调用“分解”命令

单击“修改”主菜单中的“分解”命令，或单击“常用”选项卡中“修改”面板上的按钮，或单击“编辑工具”工具条上的按钮，或在命令行中执行 explode 命令，即可执行分解命令。

执行分解命令后，选择要分解的对象并确认即可。

§4-8 综合应用举例

齿轮是一种常用的机械零件，一般包括圆柱齿轮、圆锥齿轮、蜗轮等。本节将以绘制齿轮零件图为例来介绍零件图的绘制方法。如图 4-71 所示为某圆柱齿轮的零件图。

一、建立新文件

执行“新建”文件命令，在弹出的“新建”对话框中选择“GB—A3（CHS）”模板，并单击“确定”按钮。

二、绘制中心线

将中心线层置为当前层，执行“两点线”命令，在正交模式下，依次绘制一组中心线，其中中心线的两个交点坐标分别为 O_1（−90，35）和 O_2（110，35），中心线上下、左右对称，其尺寸如图 4-72 所示。

三、绘制主视图

1. 切换图层

将粗实线层置为当前层。

2. 绘制水平线

调用“两点线”命令，以（−110，35）为第一点和（−90，35）为第二点绘制水平线 1，如图 4-73a 所示。

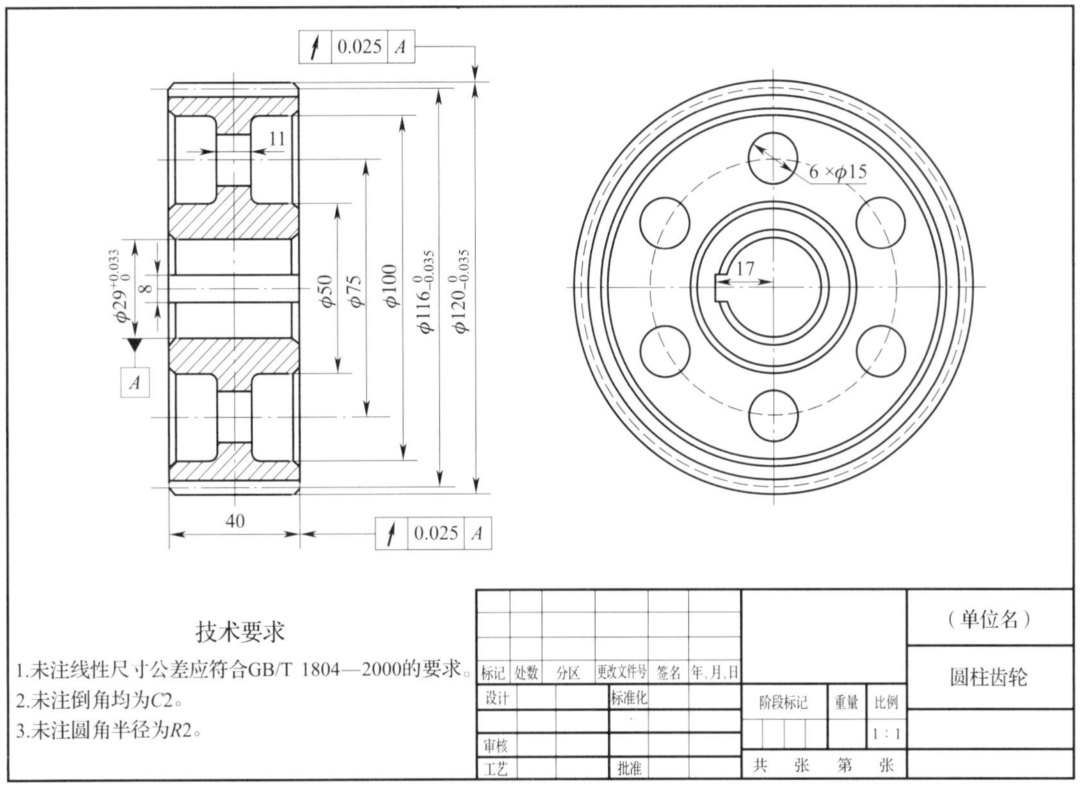

图 4-71　圆柱齿轮零件图

图 4-72　绘制中心线

3. 绘制等距水平线

执行“等距线”命令，在“保留源对象”的方式下，以线 1 为起始，向上绘制线 2 ～ 9（共 8 条水平线）。每次等距均以上一条直线为起始，距离依次为 4 mm、10.5 mm、10.5 mm、5 mm、15 mm、5 mm、6 mm 和 4 mm，如图 4-73b 所示。

4. 绘制垂线

执行“两点线”命令，分别以线 1 的左端点和线 9 的右端点绘制两条垂线，并删除水平线 1，结果如图 4-73c 所示。

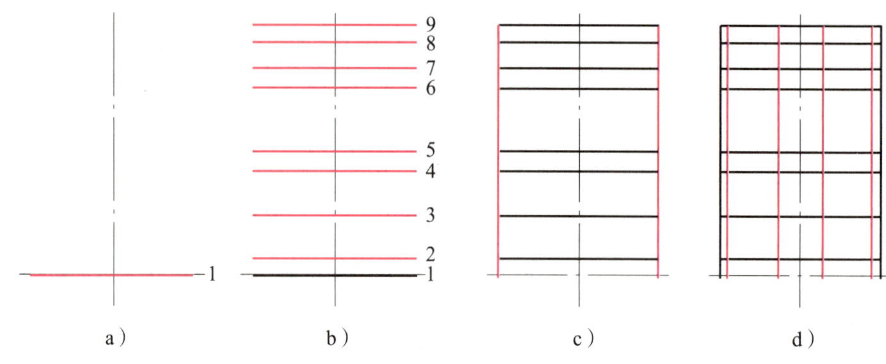

图 4-73　绘制轮廓线

a）绘制水平线 1　b）绘制等距水平线　c）绘制垂线　d）绘制等距垂线

5. 绘制等距垂线

执行“等距线”命令，在“保留源对象”的方式下，将两条垂线分别向中心线方向等距 2 mm 和 14.5 mm，结果如图 4-73d 所示。

6. 裁剪图形

执行“裁剪”命令，采用“快速裁剪”方式，对图形进行裁剪，裁剪结果如图 4-74 所示。

7. 曲线过渡

（1）调用“倒角”命令，采用“裁剪始边”方式，倒角长度设置为 2，倒角角度设置为 45°，根据提示依次选择图形中对应的直线段，进行倒角操作。

（2）调用“圆角”命令，采用“裁剪”方式，圆角半径设置为 2，根据提示依次选择图形中对应的直线段，进行圆角操作。

过渡操作的结果如图 4-75 所示。

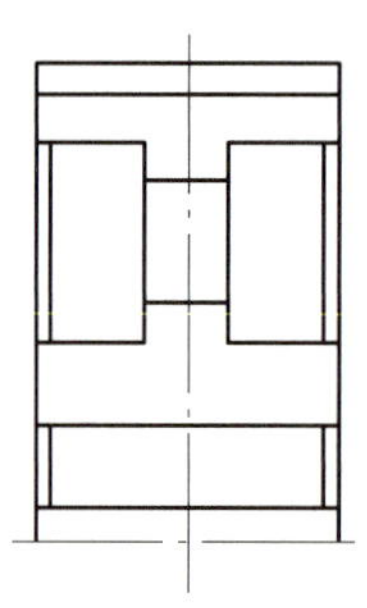

图 4-74　裁剪结果

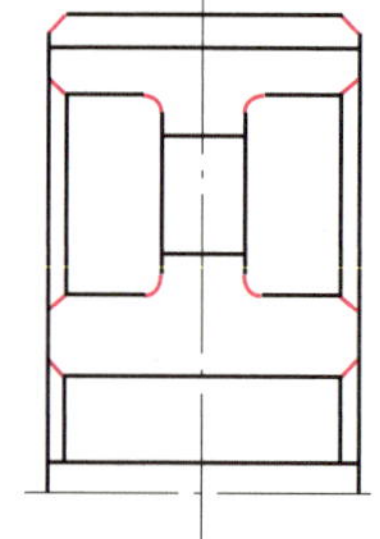

图 4-75　过渡操作结果

8. 镜像图形

执行“镜像”命令，以水平中心线为镜像线，对前面绘制的图形进行镜像操作，得到如图 4-76 所示图形。

9. 绘制剖面线

执行“剖面线”命令，绘制封闭区域的剖面线，结果如图 4-77 所示。

10. 绘制齿轮分度圆线

将“中心线层”置为当前层，执行“两点线”命令，绘制齿轮分度圆线，如图 4-78 所示。

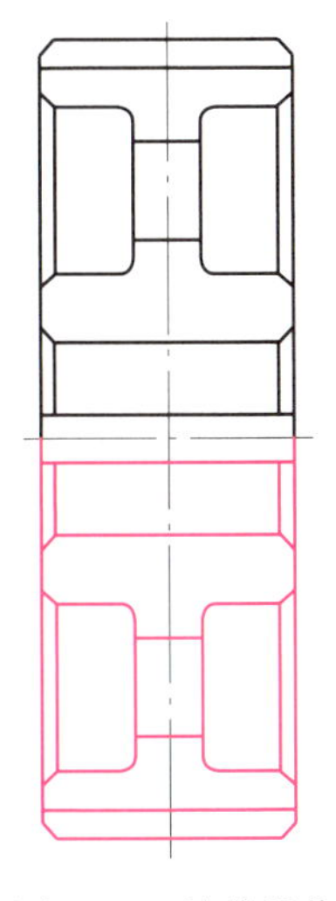
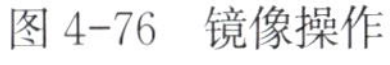

图 4-76　镜像操作

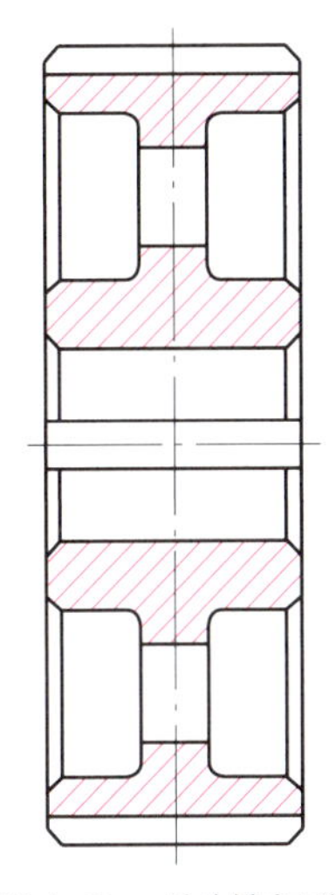

图 4-77　绘制剖面线

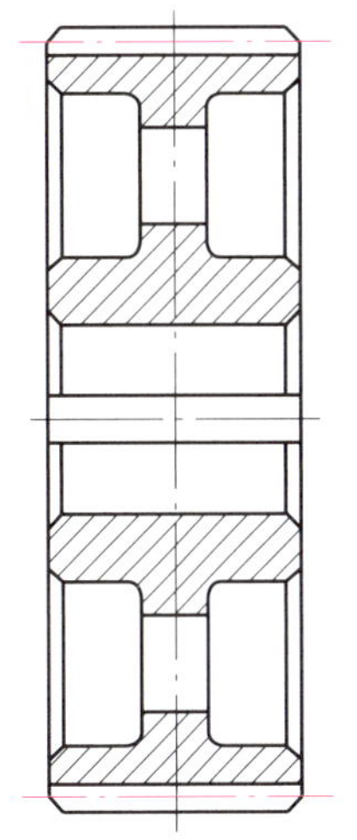

图 4-78　绘制齿轮分度圆线

四、绘制左视图

1. 绘制同心圆

将“粗实线层”置为当前层，执行“圆”命令，以左视图中心线的交点 O_2 为圆心，依次绘制半径分别为 14.5 mm、16.5 mm、23 mm、25 mm、50 mm、52 mm、56 mm、60 mm 的 8 个同心圆。将“中心线层”置为当前层，以 O_2 为圆心，依次绘制半径分别为 37.5 mm、58 mm 的圆，如图 4-79 所示。

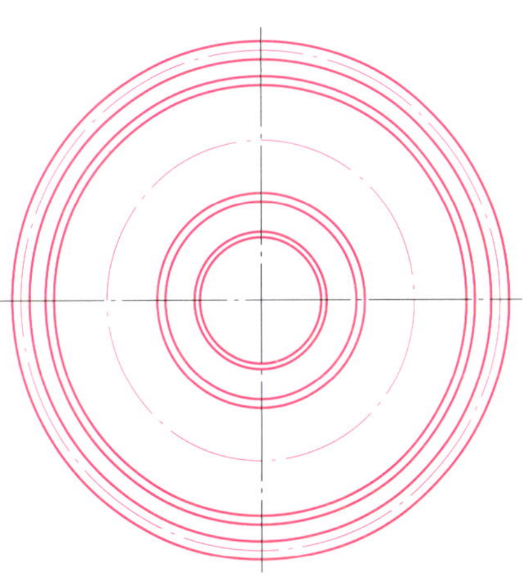

图 4-79　绘制同心圆

2. 绘制齿轮幅板上的 6 个 ϕ15 mm 圆

将“粗实线层”置为当前层，执行“圆”命令，以垂直中心线与半径为 37.5 mm 细点画线圆的交点为圆心，绘制半径为 7.5 mm 的圆，如图 4-80a 所示。

执行“阵列”命令，采用圆形阵列方式，份数为 6 份，以水平中心线和垂直中心线交点为中心点，对半径为 7.5 mm 的圆进行阵列，结果如图 4-80b 所示。

五、绘制齿轮键槽

1. 绘制水平线

执行“两点线”命令，以齿轮圆心为起点，向左绘制一条长为 17 mm 的水平线，如图 4-81a 所示。

2. 绘制等距线

执行“等距线”命令，将 17 mm 的水平线，分别向上和向下等距，等距距离为 4 mm，如图 4-81b 所示。

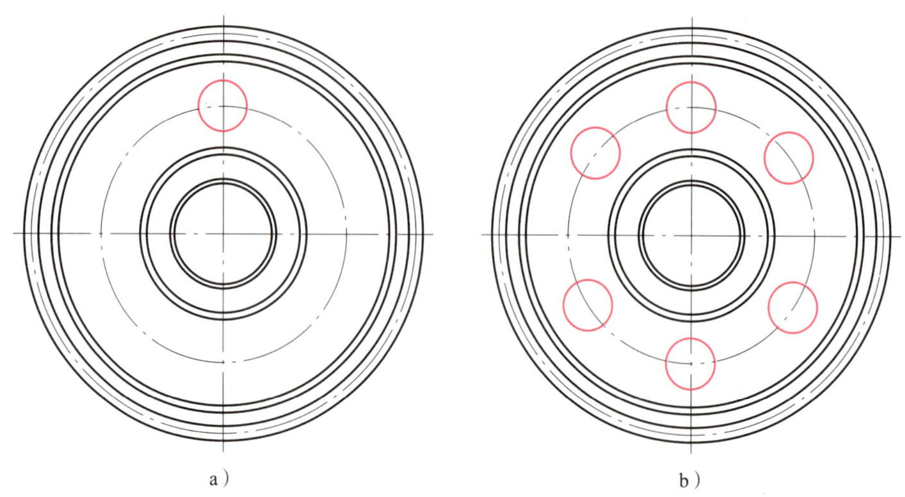

图 4-80　绘制齿轮幅板上的 6 个 ϕ15 mm 圆

a）绘制半径为 7.5 mm 的圆　b）阵列圆

3. 绘制竖直线

执行“两点线”命令，以两根等距线的左端点，绘制一条竖直直线，如图 4-82 所示。

4. 裁剪图形

执行“裁剪”命令，采用快速裁剪方式，对图形进行裁剪，并删除以齿轮圆心为起点，向左绘制的 17 mm 的水平线，即可完成齿轮键槽的绘制，如图 4-83 所示。

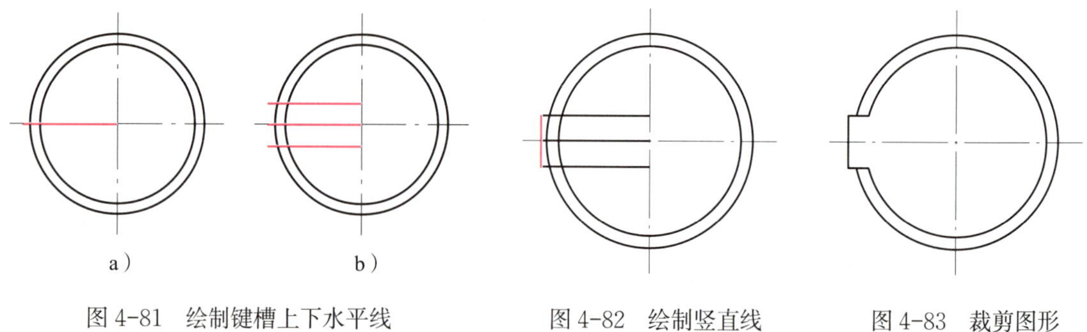

图 4-81　绘制键槽上下水平线

a）绘制长为 17 mm 水平线　b）等距水平线

图 4-82　绘制竖直线

图 4-83　裁剪图形

至此，圆柱齿轮零件图的绘制完成，关于图中的尺寸标注，将在后面的章节介绍。

习　题

1. 平移复制功能与基本编辑的复制功能有何区别？
2. 裁剪有哪几种方式？各适用于什么情况？
3. 曲线过渡有哪些类型？不同类型的曲线过渡操作对象有何不同？
4. 运用所学知识，绘制如图 4-84 ～图 4-88 所示图形。

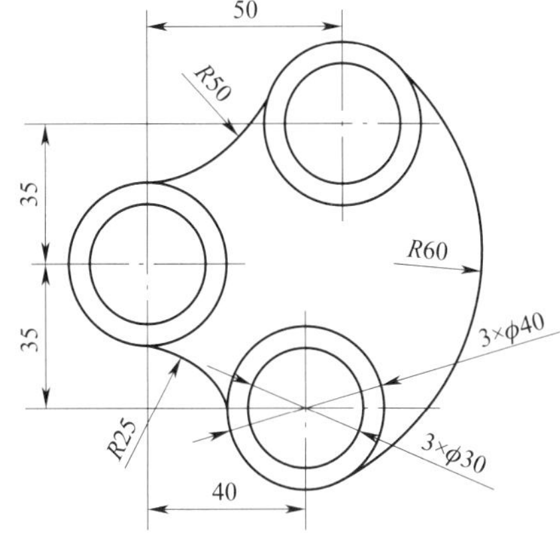

图 4-84

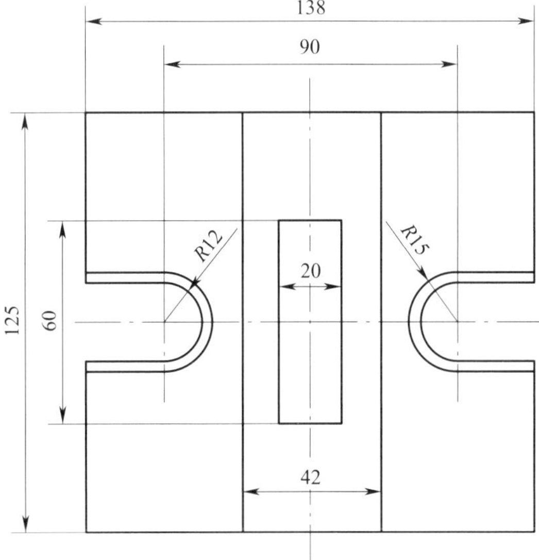

图 4-85

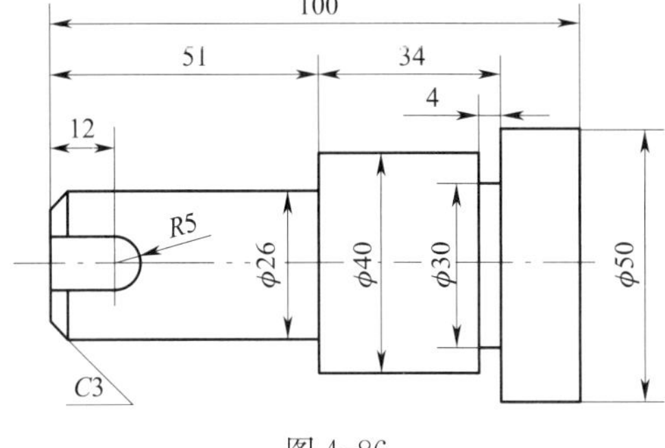

图 4-86

6×ϕ10
ϕ48
ϕ80
ϕ64
16
98°
R4
R31
R7
R32
ϕ19
ϕ5
ϕ9
ϕ13
13°
R8
11
ϕ30
52

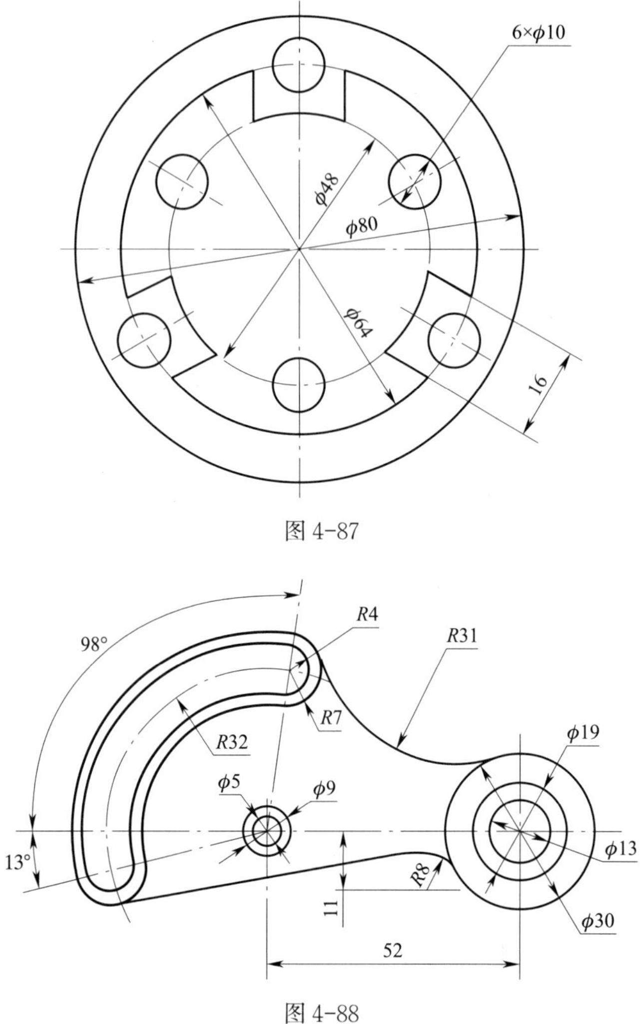

图 4-87

图 4-88

第五章 高级曲线绘制

高级曲线是指由基本元素组成的一些特定的图形或特定的曲线。CAXA 电子图板提供了一些高级曲线的绘制功能，利用这些功能可以方便地绘制出复杂的工程图。高级曲线包括样条曲线、点、公式曲线、椭圆、正多边形、圆弧拟合样条、局部放大图、波浪线、双折线、箭头、齿轮、孔 / 轴等，这些曲线都能完成绘图设计的某种特殊要求。通过本章的学习，读者应：

- 熟悉各种高级曲线的功能和操作方法。
- 熟练掌握各种高级曲线绘制技巧，提高绘制工程图的速度。

§5-1 绘制正多边形

如图 5-1 所示为边长为 10 mm 和 5 mm 的正五边形和正十边形。在 CAXA 电子图板中如何来绘制这样的正多边形呢?

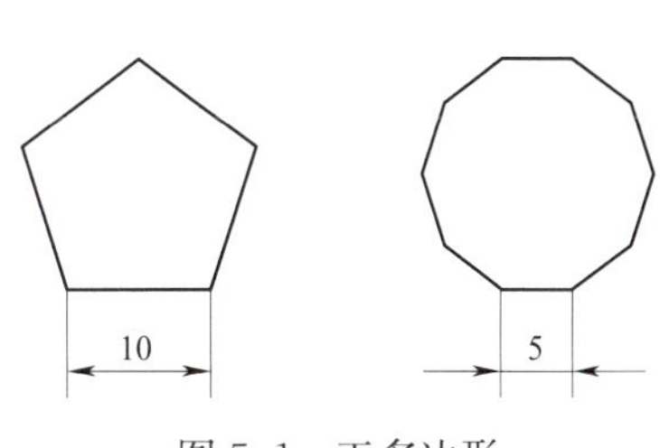

图 5-1 正多边形

CAXA 电子图板提供了绘制正多边形的功能，利用此命令可在给定点处绘制一个给定半径、给定边数的正多边形，多边形生成后属性为多段线。绘制多边形时，可以通过设置各种参数（包括半径、边数、内接或外切等）快速绘制。

单击“绘图”主菜单中的“ 正多边形”命令，或单击“常用”选项卡中“绘图”面板内的 按钮，或单击“绘图工具”工具条上的 按钮，或在命令行中执行 polygon 命令，即可执行正多边形命令，系统弹出如图 5-2 所示立即菜单。立即菜单“1. ”中有“中心定位”和“底边定位”两个选项，分别对应绘制正多边形的两种方式。

一、用中心定位方式绘制正多边形

1. 操作步骤

（1）执行“正多边形”命令，系统弹出图 5-2 所示立即菜单，单击立即菜单“1. ”，选择“中心定位”选项。

（2）单击立即菜单“2.”，可选择“给定半径”方式或“给定边长”方式。若选“给定半径”方式，则用户可根据提示输入正多边形的内切（或外接）圆半径；若选“给定边长”方式，则输入每一边的长度。

（3）当使用“给定边长”方式时，单击立即菜单中的“3. 边数”编辑框，则可按照操作提示重新输入待绘制正多边形的边数。单击立即菜单“4. 旋转角”编辑框，用户可以根据提示输入一个新的角度值，以决定正多边形的旋转角度。单击立即菜单“5.”，可选择“无中心线”或“有中心线”方式。

（4）当使用“给定半径”方式时，立即菜单变为图 5-3 所示。单击立即菜单“3.”，则可选择“内接于圆”或“外切于圆”方式，表示所绘制的正多边形为某个圆的内接或外切正多边形。

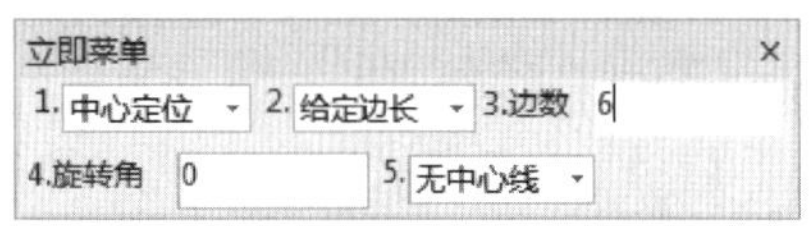

图 5-2 “正多边形”立即菜单 1

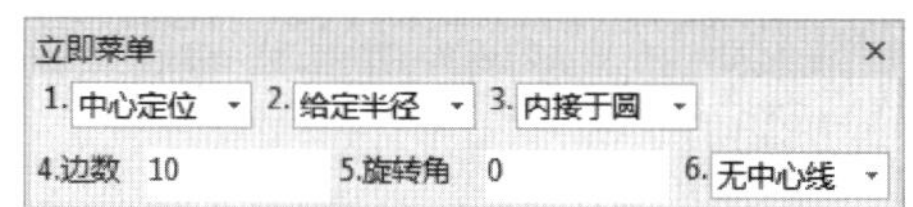

图 5-3 “正多边形”立即菜单 2

（5）立即菜单项中的内容全部设定完以后，用户可按提示要求输入一个中心点，则提示变为“圆上一点或边长”。如果输入一个半径值或输入圆上一个点，则由立即菜单所决定的内接正多边形被绘制出来。点与半径的输入既可用鼠标也可用键盘来完成。

2. 示例

图 5-4 所示为根据一个已知半径为 20 mm 的圆绘制的圆的内接正八边形和外切正八边形。

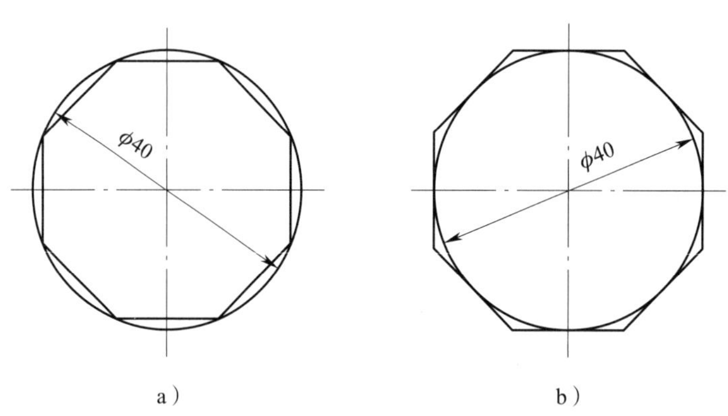

图 5-4 用中心定位法绘制的正八边形

a）内接于圆的正八边形 b）外切于圆的正八边形

二、用底边定位方式绘制正多边形

1. 操作步骤

（1）执行“正多边形”命令，系统弹出图 5-2 所示立即菜单，单击立即菜单“1.”，选择“底边定位”选项，则立即菜单变为如图 5-5 所示的内容。

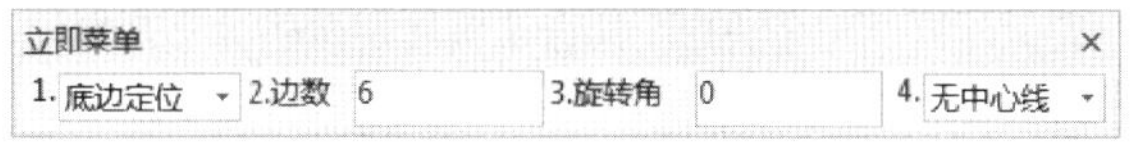

图 5-5 “正多边形”立即菜单 3

此菜单的含义为绘制一个以底边为定位基准的正多边形，其边数和旋转角可通过立即菜单进行设置。通过立即菜单“4. 无中心线”可设置绘制的正多边形是否有中心线。

（2）设置完参数后，根据系统提示“第一点”，通过鼠标或键盘输入第一点后，系统提示“第二点或边长”。根据这个要求如果输入了第二点或边长，就等于决定了正多边形的大小。当输入完第二点或边长后，就会立即绘制出一个以第一点和第二点为边长的正多边形，且旋转角为用户设定的角度。

2. 示例

图 5-6 所示图形是应用底边定位法绘制的正八边形，边长均为 20 mm，不同的是，图 5-6a 旋转角为 0°，图 5-6b 旋转角为 30°。

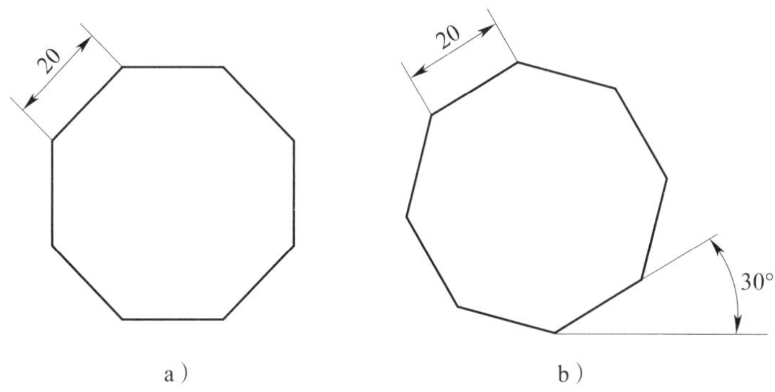

图 5-6 用底边定位法绘制正八边形

a）旋转角为 0° b）旋转角为 30°

三、综合示例

绘制如图 5-7 所示图形。绘制步骤见表 5-1。

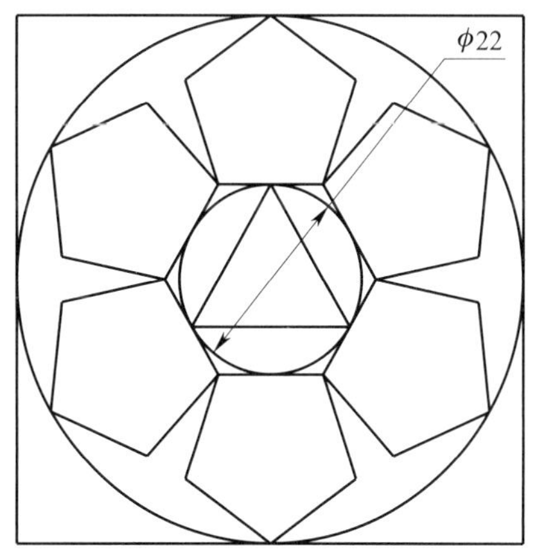

图 5-7 “正多边形”综合示例

表 5-1　　　　　　　　　　“正多边形”综合示例绘制步骤

操作步骤	图示
(1) 绘制 ϕ22 mm 圆 启动执行命令："圆：圆心 _ 半径" 圆心点：(通过鼠标在屏幕中确定圆心位置) 输入半径或圆上一点：11 (输入圆的半径值)	
(2) 绘制 ϕ22 mm 圆的内接正三角形 启动执行命令："正多边形"(按图 5-8a 所示立即菜单进行设置) 中心点：(捕捉 ϕ22 mm 圆心) 圆上点或外接圆半径：11 (输入外接圆半径值)	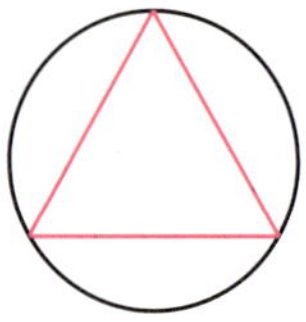
(3) 绘制 ϕ22 mm 圆的外切正六边形 启动执行命令："正多边形"(按图 5-8b 所示立即菜单进行设置) 中心点：(捕捉 ϕ22 mm 圆心) 圆上点或内切圆半径：11 (输入内切圆半径值)	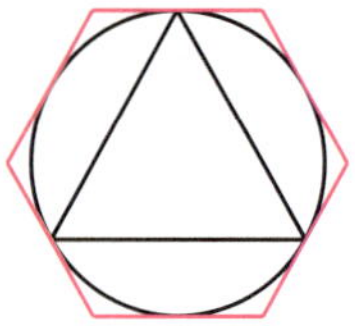
(4) 绘制六个正五边形 启动执行命令："正多边形"(按图 5-8c 所示立即菜单进行设置) 第一点：(捕捉正六边形上边长左端点) 第二点或边长：(捕捉正六边形上边长右端点) 执行上述操作，则绘制出正上方正五边形。再次执行“正多边形”命令，并将旋转角设为 60°，捕捉正六边形左上边长的左下点为第一点，右上点为第二点，则绘制出左上方正五边形。按照此方法，依次绘制出其余 4 个正五边形，绘制时，旋转角依次设为 120°、180°、240°、300°	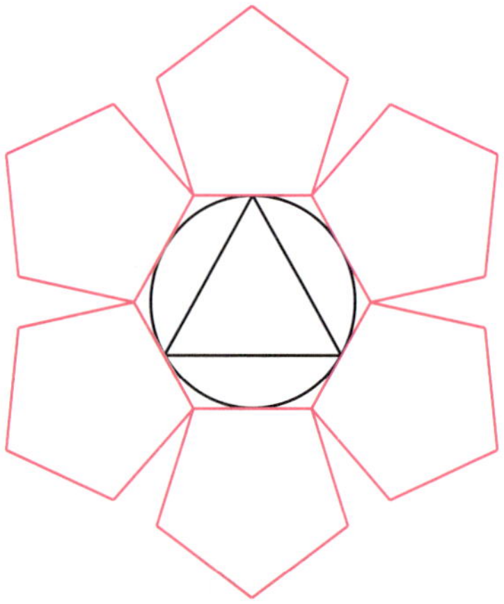
(5) 绘制过正五边形顶点的大圆 启动执行命令："圆：三点" 第一点：(捕捉一个正五边形的最外面的顶点) 第二点：(捕捉另一个正五边形的最外面的顶点) 第三点：(捕捉第三个正五边形的最外面的顶点)	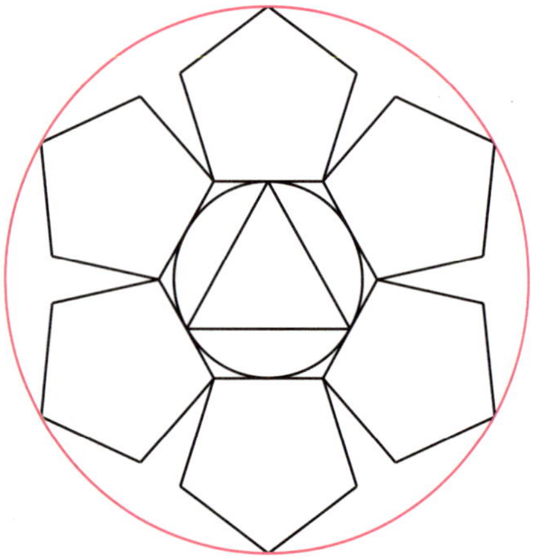

续表

操作步骤	图示
（6）绘制大圆的外切正四边形 启动执行命令："正多边形"（按图 5-8d 所示立即菜单进行设置） 中心点：（捕捉 ϕ22 mm 圆心） 圆上点或内切圆半径：（捕捉正上方正五边形的顶点）	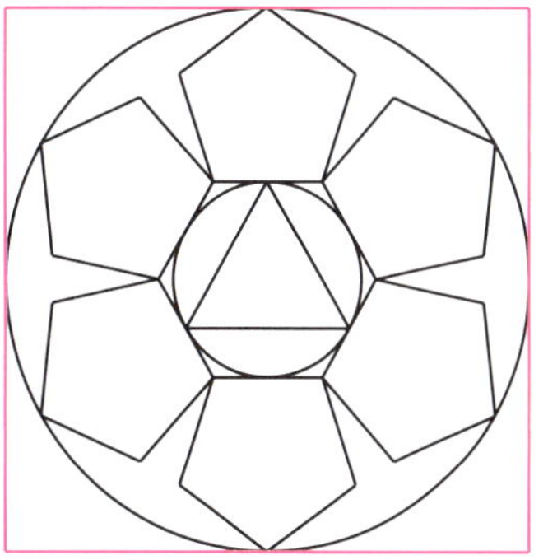

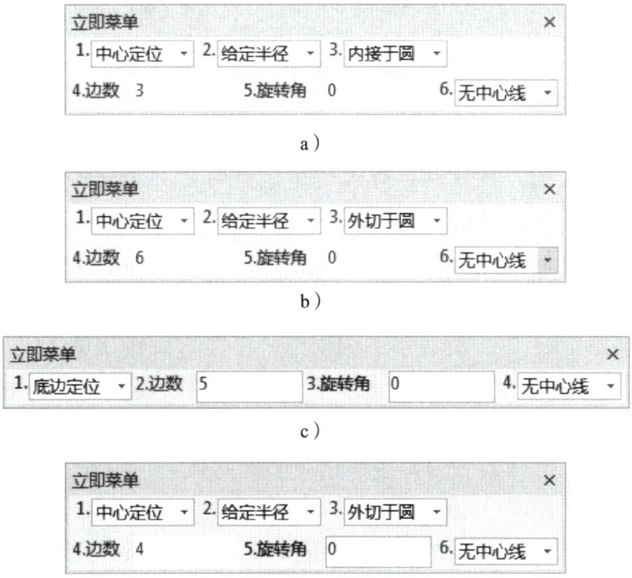

a）

b）

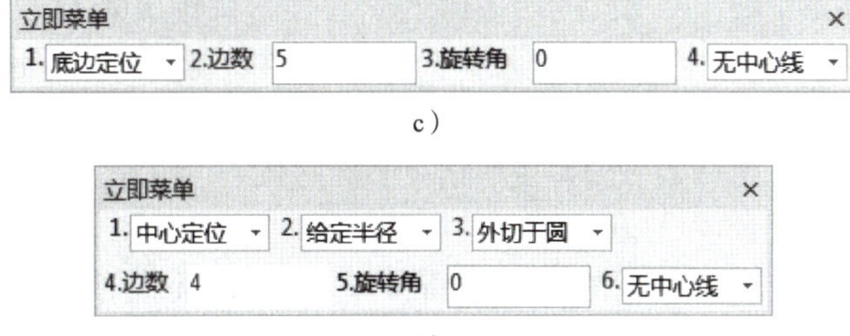

c）

d）

图 5-8　绘制正多边形用立即菜单

a）"绘制内接三角形"立即菜单　b）"绘制外切正六边形"立即菜单

c）"绘制正五边形"立即菜单　d）"绘制大圆的外切正四边形"立即菜单

§5-2　绘制椭圆和椭圆弧

在 CAXA 电子图板中，应用椭圆命令可绘制椭圆和椭圆弧。

单击"绘图"主菜单中的 命令，或单击"常用"选项卡中"绘图"面板内的 按钮，或单击“绘图工具”工具条上的 按钮，或在命令行中执行 ellipse 命令，即可执行椭圆命令，系统弹出如图 5-9 所示立即菜单。立即菜单中有“给定长短轴”“轴上两点”和“中心点 _ 起点”三个选项，分别对应绘制椭圆的三种方式。

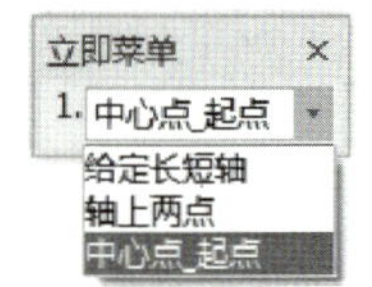

图 5-9 “椭圆”立即菜单

一、用给定长短轴方式绘制椭圆

1. 操作步骤

（1）执行“椭圆”命令，单击立即菜单“1. ”，选择“给定长短轴”方式，弹出图 5-10 所示立即菜单。该立即菜单的含义：以定位点为中心绘制一个旋转角为 0°，长半轴为 100 mm，短半轴为 50 mm 的整个椭圆。

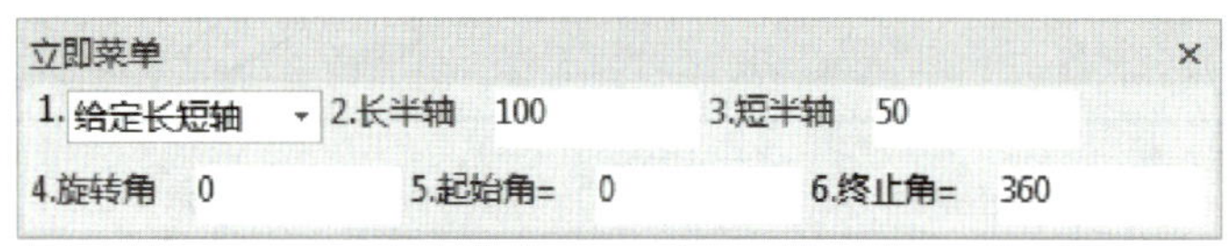

图 5-10 “给定长短轴”方式立即菜单

（2）系统提示“基准点”，此时，用鼠标或键盘输入一个定位点，上述定义的椭圆即被绘制出来。操作时会发现，在移动鼠标确定定位点时，一个长半轴为 100 mm，短半轴为 50 mm 的椭圆随光标的移动而移动。

（3）单击立即菜单中的“2. 长半轴”或“3. 短半轴”编辑框，可重新定义待画椭圆的长、短轴的数值。

（4）单击立即菜单中的“4. 旋转角”编辑框，可输入旋转角度，以确定椭圆的方向。

（5）单击立即菜单中的“5. 起始角”和“6. 终止角”编辑框，可输入椭圆的起始角和终止角，当起始角为 0°、终止角为 360° 时，所画的为整个椭圆，当改变起始角、终止角时，所画的为一段从起始角开始、到终止角结束的椭圆弧。

2. 示例

图 5-11 为按上述步骤所绘制的椭圆和椭圆弧。图 5-11a 是旋转角为 60°、长半轴为 50 mm、短半轴为 25 mm 的整个椭圆，图 5-11b 是起始角为 60°、终止角为 220°、长半轴为 50 mm、短半轴为 25 mm 的一段椭圆弧。

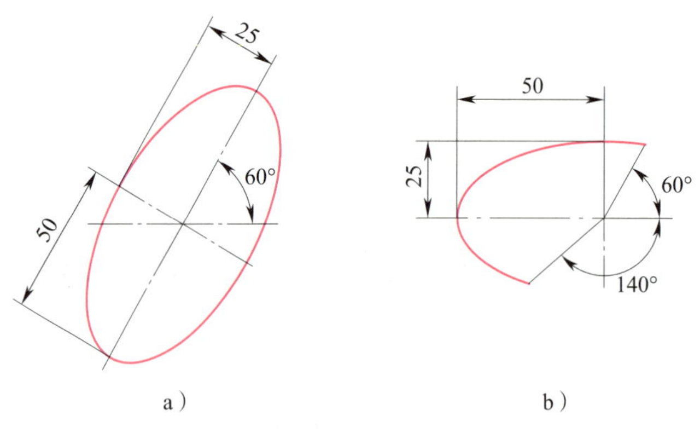

图 5-11 椭圆的绘制

a）椭圆 b）椭圆弧

二、用轴上两点方式绘制椭圆

当选择图 5-9 中的“轴上两点”方式时，则系统提示输入一个轴的两端点，然后输入另一个半轴的长度，也可用鼠标拖动来决定椭圆的形状。

三、用中心点 _ 起点方式绘制椭圆

当选择图 5-9 中的“中心点 _ 起点”方式时，则应输入椭圆的中心点和一个轴的端点（即起点），然后输入另一个半轴的长度，也可用鼠标拖动来决定椭圆的形状。

四、综合示例

绘制如图 5-12 所示图形。绘图步骤见表 5-2。

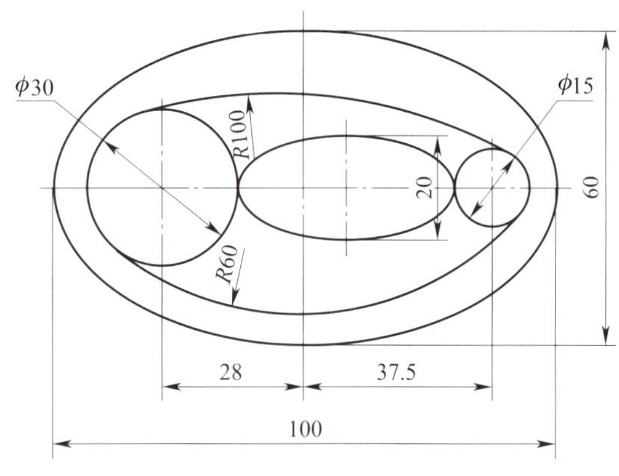

图 5-12　综合示例

表 5-2　　**综合示例绘图步骤**

操作步骤	图示
（1）绘制水平和垂直中心线 将图层设置为“中心线层”，绘制水平和垂直中心线	
（2）绘制 ϕ30 mm 和 ϕ15 mm 圆 将图层设置为“粗实线层” 1）绘制 ϕ30 mm 圆 启动执行命令："圆：圆心 _ 半径"（将立即菜单中“3. 无中心线”改为“3. 有中心线”） 圆心点：28（以两中心线交点向左导航，输入圆心距离） 输入半径或圆上一点：15（输入半径） 2）绘制 ϕ15 mm 圆 启动执行命令："圆：圆心 _ 半径" 圆心点：37.5（以两中心线交点向右导航，输入圆心距离） 输入半径或圆上一点：7.5（输入半径值）	

续表

操作步骤	图示
(3) 绘制 100 mm × 60 mm 和 43 mm × 20 mm 椭圆 1) 绘制 100 mm × 60 mm 椭圆 启动执行命令："椭圆"(选择"给定长短轴"方式，旋转角为 0°、长半轴为 50、短半轴为 30、起始角为 0°，终止角为 360°) 基准点：(捕捉两中心线交点) 2) 绘制 43 mm × 20 mm 椭圆 启动执行命令："椭圆"(选择"轴上两点"方式) 轴上第一点：(捕捉 ϕ30 mm 圆与水平中心线的右交点) 轴上第二点：(捕捉 ϕ15 mm 圆与水平中心线的左交点) 另一半轴的长度：10(输入短半轴长度)	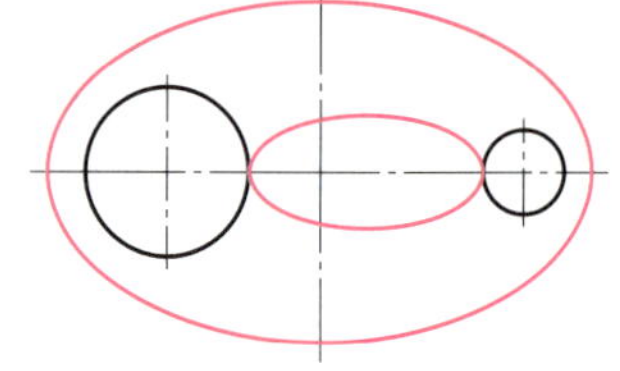
(4) 绘制 R100 mm 和 R60 mm 圆弧 1) 绘制 R100 mm 圆弧 启动执行命令："圆弧：两点_半径" 第一点：(按空格键弹出工具点菜单，单击"切点"项，捕捉 ϕ30 mm 圆上的切点) 第二点：(按空格键弹出工具点菜单，单击"切点"项，捕捉 ϕ15 mm 圆上的切点) 第三点(半径)：100(光标向上移动，输入圆弧半径) 2) 绘制 R60 mm 圆弧 启动执行命令："圆弧：两点_半径" 第一点：(按空格键弹出工具点菜单，单击"切点"项，捕捉 ϕ30 mm 圆上的切点) 第二点：(按空格键弹出工具点菜单，单击"切点"项，捕捉 ϕ15 mm 圆上的切点) 第三点(半径)：60(光标向下移动，输入圆弧半径)	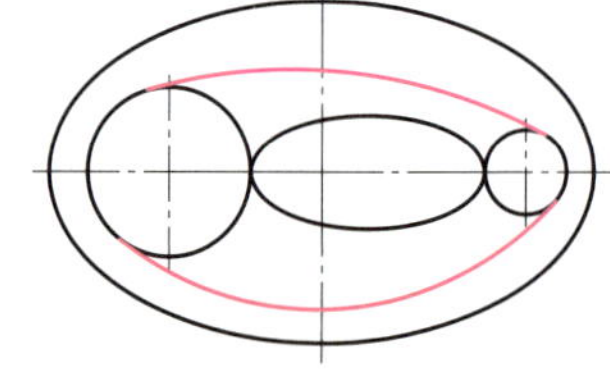

§5-3 绘制孔/轴

孔和轴是机械制图中常见的两类图形，在 AutoCAD 等绘图软件中，需要很多步骤才能绘制出来。CAXA 电子图板提供了"孔/轴"功能，可以在给定位置绘制出带有中心线的孔和轴，或绘制出带有中心线的圆锥孔和圆锥轴，从而减少绘图步骤，提高工作效率。

单击“绘图”主菜单中的“ 孔 / 轴”命令，或单击“常用”选项卡中“绘图”面板上的 按钮，或单击“绘图工具Ⅱ”工具条上的 按钮，或在命令行中执行 hoax 命令，即可执行孔 / 轴命令，系统弹出如图 5-13 所示立即菜单。

图 5-13 “孔 / 轴”立即菜单

一、绘制轴

1. 操作步骤

（1）执行“孔 / 轴”命令，单击立即菜单“1. ”，选择“轴”选项。

（2）选择立即菜单“2. ”中的“直接给出角度”选项，可以在立即菜单“3. 中心线角度”编辑框中输入一个角度值，以确定待绘制轴的倾斜角度，角度的范围为 −360 ～ 360。

（3）系统提示“插入点”，按提示要求，移动鼠标或用键盘输入一个插入点，这时在立即菜单处出现一个新的立即菜单，如图 5-14 所示。

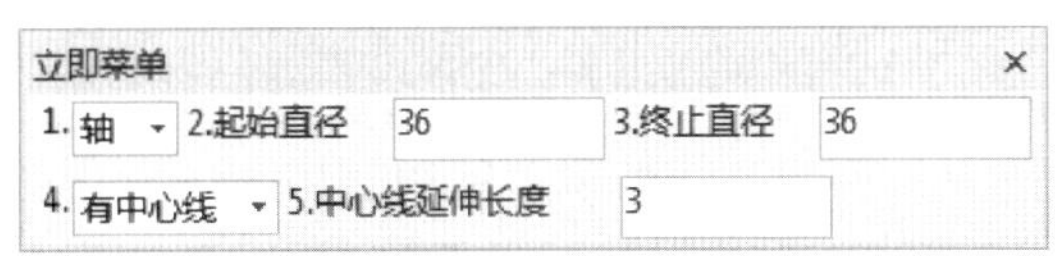

图 5-14 “绘制轴”立即菜单

（4）同时，系统提示“轴上一点或轴的长度”，移动鼠标会发现，一个按设定起始直径和终止直径的轴被显示出来（绿色），该轴是以插入点为起点，其长度随鼠标的移动而变化。

（5）单击立即菜单中的“2. 起始直径”或“3. 终止直径”编辑框，用户可以输入新值以重新确定轴的直径，如果起始直径与终止直径不同，则画出的是圆锥轴。

（6）立即菜单“4. 有中心线”表示在轴绘制完后，会自动添加上中心线，如果选择“无中心线”方式则不会添加上中心线。

（7）当立即菜单中的所有内容设定完后，用鼠标确定轴上一点，或由键盘输入轴的轴长度。一旦输入结束，一个带有中心线的轴即被绘制出来。

2. 示例

应用孔 / 轴命令，绘制如图 5-15 所示图形。

操作步骤如下：

启动执行命令："孔 / 轴"

插入点：（用鼠标左键在绘图区确定轴的起点）

轴上一点或轴的长度：30（在孔 / 轴立即菜单中，设置起始和终止直径为 36 mm，有中心线，中心线延伸长度为 3 mm，设置完毕后，在命令提示区输入轴的长度 30）

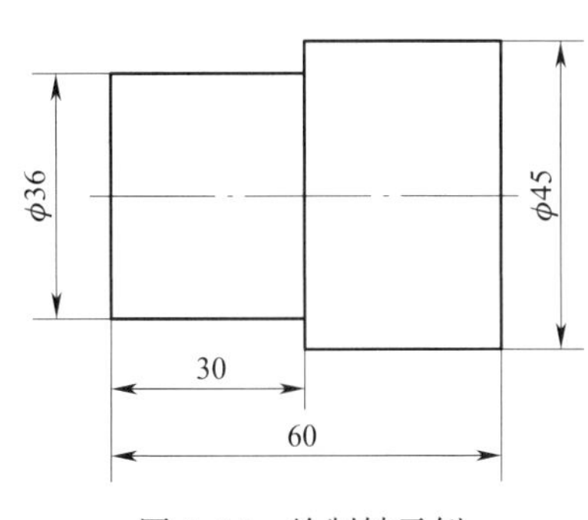

图 5-15 绘制轴示例

轴上一点或轴的长度：30（在孔 / 轴立即菜单中，设置起始和终止直径为 45 mm，有中心线，中心线延伸长度为 3 mm，设置完毕后，在命令提示区输入轴的长度 30）

轴上一点或轴的长度：（按确认键或鼠标右键退出孔 / 轴命令）

二、绘制孔

绘制孔和绘制轴的步骤基本相同，只是在立即菜单“1. ”中选择“孔”。绘制结果的不同之处在于绘制孔时省略了两端的端面线。

图 5-16a、b 分别为用孔 / 轴命令所绘制的孔和轴。但在实际绘图过程中孔应绘制在实体中，图 5-16c 为阶梯轴和孔的综合实体。

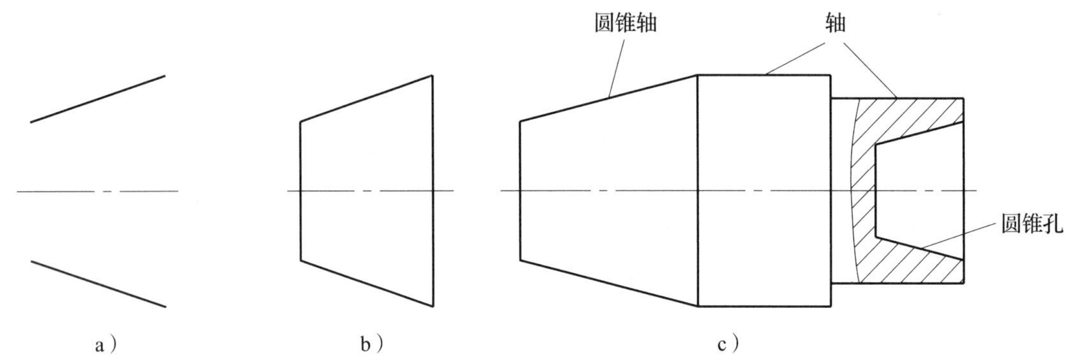

图 5-16　孔 / 轴应用示例

a）孔　b）轴　c）孔和轴的综合实体

三、综合示例

应用孔 / 轴命令，绘制如图 5-17 所示图形。

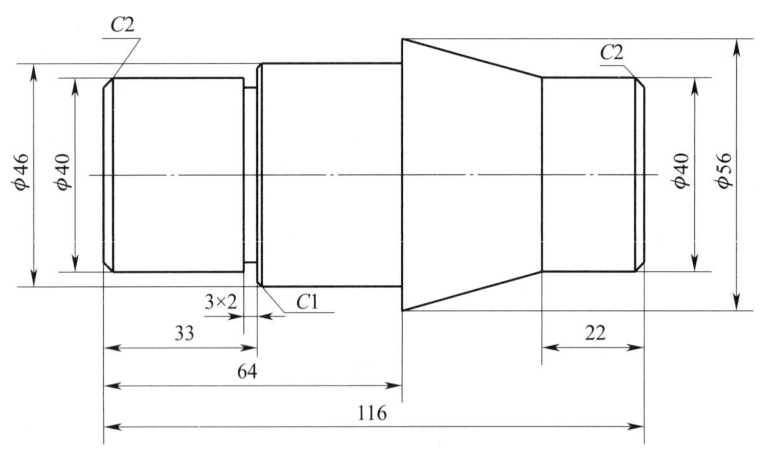

图 5-17　“孔 / 轴”应用综合示例

绘图步骤见表 5-3。

表 5-3　　“孔 / 轴”应用综合示例绘图步骤

绘图步骤	图示
（1）绘制左侧 $C2$ mm 倒角 启动执行命令："孔 / 轴" 插入点：（用鼠标左键确定起点） 轴上一点或轴的长度：2（将立即菜单中的起始直径设为 36，终止直径设为 40，并在提示栏中输入长度值 2）	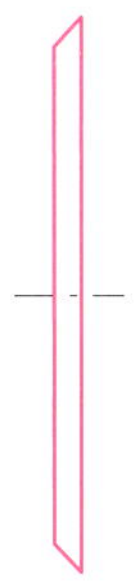
（2）绘制 ϕ40 mm × 28 mm 的圆柱 轴上一点或轴的长度：28（将立即菜单中的起始直径设为 40，终止直径设为 40，并在提示栏中输入长度值 28）	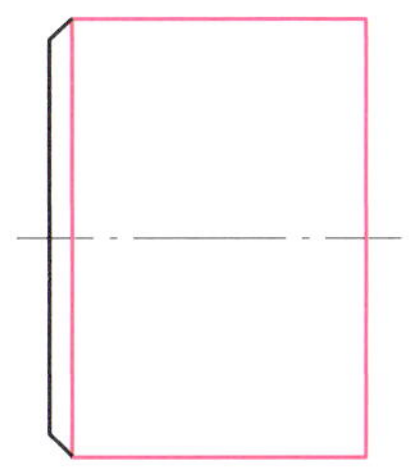
（3）绘制 3 mm × 2 mm 的槽 轴上一点或轴的长度：3（将立即菜单中的起始直径设为 36，终止直径设为 36，并在提示栏中输入长度值 3）	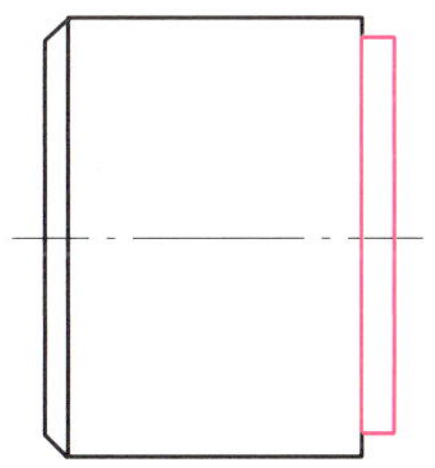
（4）绘制 $C1$ mm 倒角 轴上一点或轴的长度：1（将立即菜单中的起始直径设为 44，终止直径设为 46，并在提示栏中输入长度值 1）	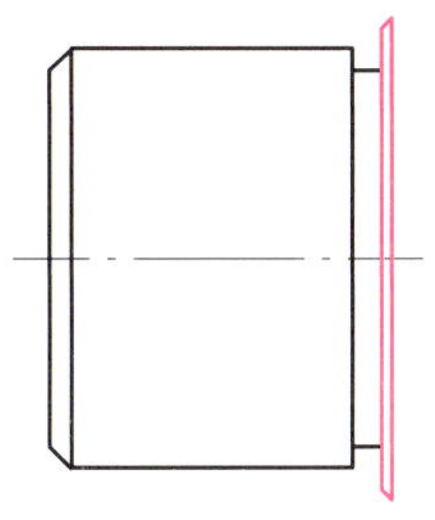

续表

绘图步骤	图示
（5）绘制 ϕ46 mm×30 mm 的圆柱 轴上一点或轴的长度：30（将立即菜单中的起始直径设为 46，终止直径设为 46，并在提示栏中输入长度值 30）	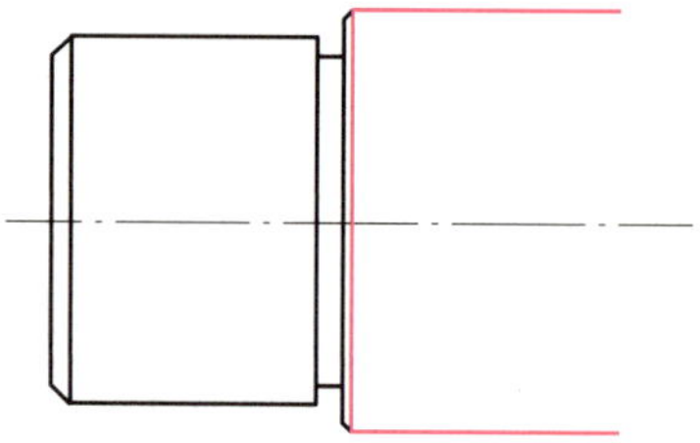
（6）绘制锥体 轴上一点或轴的长度：30（将立即菜单中的起始直径设为 56，终止直径设为 40，并在提示栏中输入长度值 30）	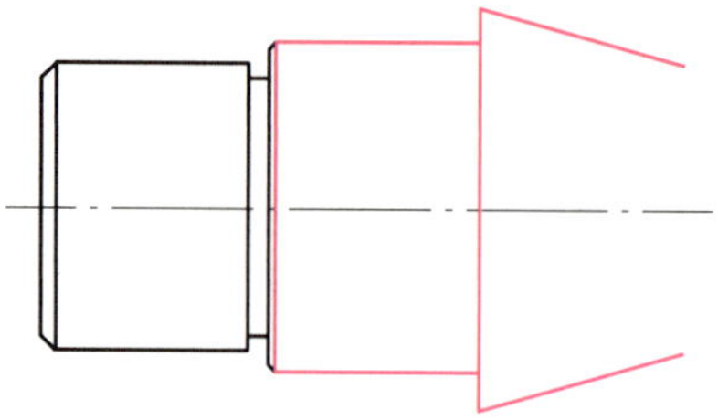
（7）绘制 ϕ40 mm×20 mm 的圆柱 轴上一点或轴的长度：20（将立即菜单中的起始直径设为 40，终止直径设为 40，并在提示栏中输入长度值 20）	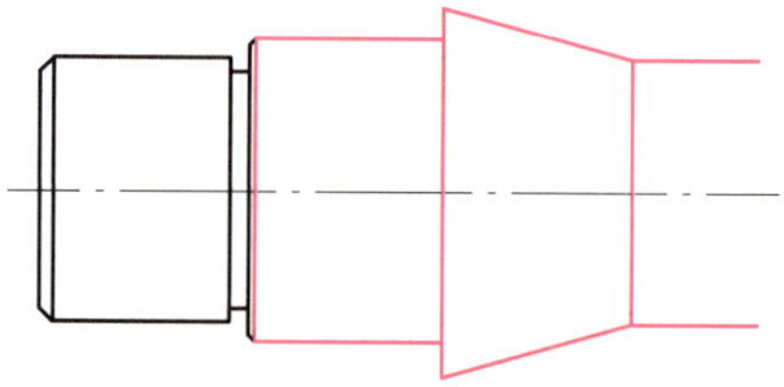
（8）绘制右侧 C2 mm 倒角 轴上一点或轴的长度：2（将立即菜单中的起始直径设为 40，终止直径设为 36，并在提示栏中输入长度值 2）	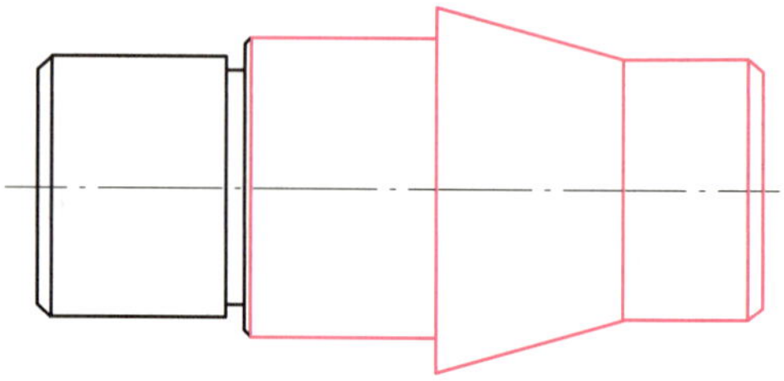

§5-4　绘制特殊曲线

一、绘制样条曲线

样条曲线是通过或接近一系列给定点的平滑曲线。绘制样条曲线时，点的输入可以由鼠标输入或由键盘输入，也可以从外部样条数据文件中直接读取样条。

1. 调用“样条”命令

单击“绘图”主菜单中的“ 样条”按钮，或单击“常用”选项卡中“绘图”面板上的 按钮，或单击“绘图工具”工具条上的 按钮，或在命令行中执行 spline 命令，即可执行样条命令，系统弹出如图 5-18 所示的立即菜单。

图 5-18　“样条”立即菜单

2. 说明

（1）若在立即菜单“1. ”中选取“直接作图”，则按提示用鼠标或键盘输入一系列控制点，一条光滑的样条曲线自动画出。

（2）若在立即菜单“1. ”中选取“从文件读入”，则屏幕弹出“打开样条数据文件”对话框，从中可选择数据文件，单击“确认”后，系统可根据文件中的数据绘制出样条。

（3）绘制样条曲线时，可通过“3. 开曲线”选项进行开曲线和闭合曲线间的切换。

3. 示例

调用样条功能后，依次输入绝对坐标值（0，0）、（10，20）、（20，0）、（30，−20）、（40，0）、（50，20）、（60，0），则绘制出如图 5-19 所示样条曲线。

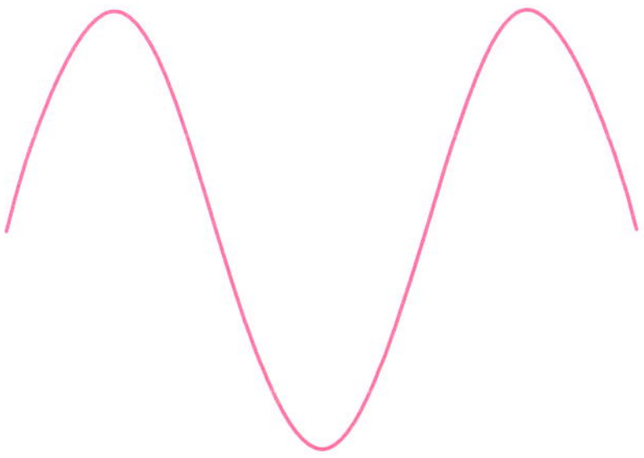

图 5-19　绘制样条曲线示例

二、绘制公式曲线

在 CAXA 电子图板中，应用公式曲线命令，可根据数学公式或参数表达式快速绘制出相应的数学曲线。公式的给出既可以是直角坐标形式，也可以是极坐标形式。公式曲线为用户提供一种更方便、更精确的作图手段，以适应某些精确型腔、轨迹线形的作图设计。用户只要交互输入数学公式，给定参数，系统便会自动绘制出该公式描述的曲线。

1. 调用“公式曲线”命令

单击“绘图”主菜单中的“ 公式曲线”命令，或单击“常用”选项卡中“绘图”面板上的按钮，或单击“绘图工具”工具条上的按钮，或在命令行中执行 fomul 命令，即可执行公式曲线命令，系统弹出如图 5-20 所示对话框。

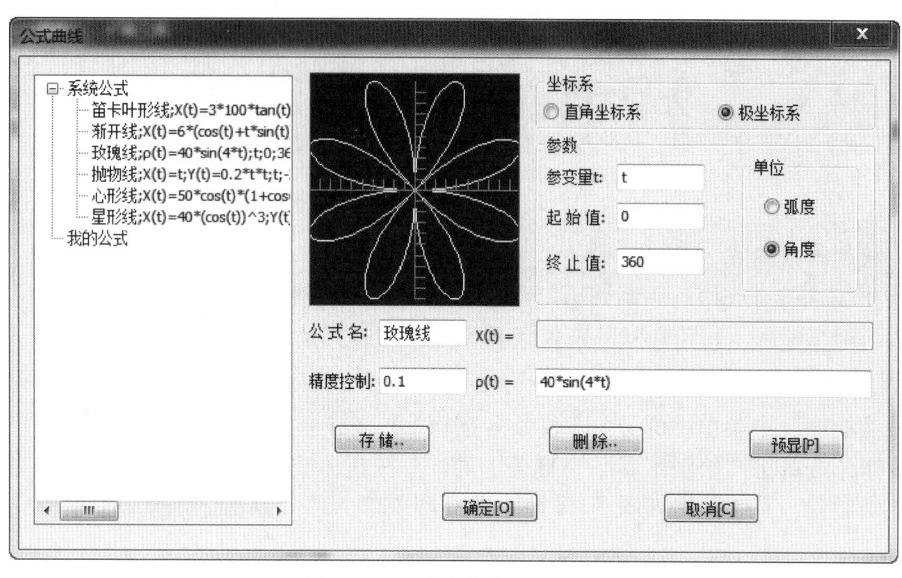

图 5-20 “公式曲线”对话框

2. 说明

（1）调用“公式曲线”命令后，用户首先在对话框中选择是在直角坐标系下还是在极坐标系下输入公式。

（2）填写需要给定的参数，并选择变量的单位。

（3）在编辑框中输入公式名、公式及精度。单击“预显”按钮，在预览框中可以看到设定的曲线。

（4）对话框中还有“储存”“删除”两个按钮，“储存”是针对当前曲线而言，用于保存当前曲线；“删除”是对已存在的曲线进行删除操作，系统默认的公式不能被删除。

设定完曲线后，单击“确定”，按照系统提示输入定位点以后，一条公式曲线就绘制出来了。

3. 示例

例 1 已知双曲线：$\frac{x^2}{20^2}-\frac{y^2}{10^2}=1$，其极坐标参数方程是：$\rho=\frac{p}{1\text{-}e\cos\theta}$。

其中，$p=\frac{10^2}{20}=5$，$e=\sqrt{10^2+20^2}/20=\sqrt{5}/2$。

则参数方程为：

$z(t)=0$

$\rho(t)=5/(1-\text{sqrt}(5)*\cos(t)/2)$

t 的取值范围为 50° ~ 310°

最后预显结果如图 5-21 所示。

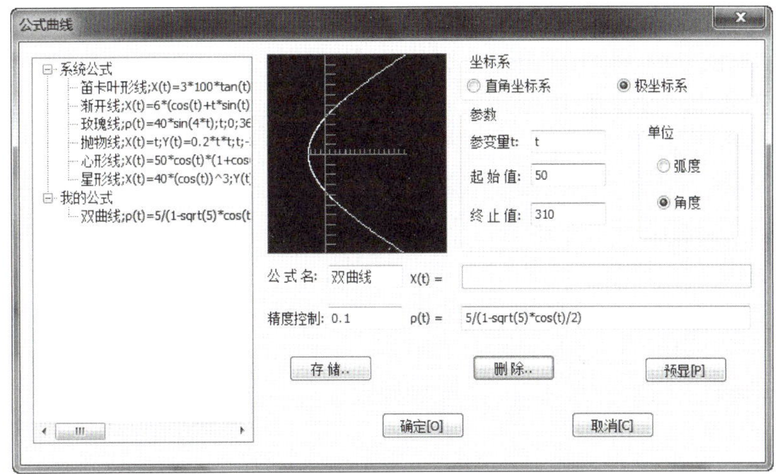

图 5-21　双曲线的公式表达和预显结果

例 2　如图 5-22a 所示轴类零件，图样右端为余弦曲线 z=10*cos（（π/21）*x）。

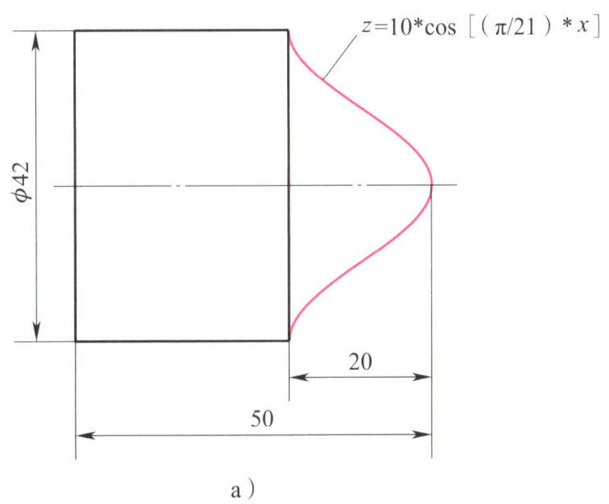

a）

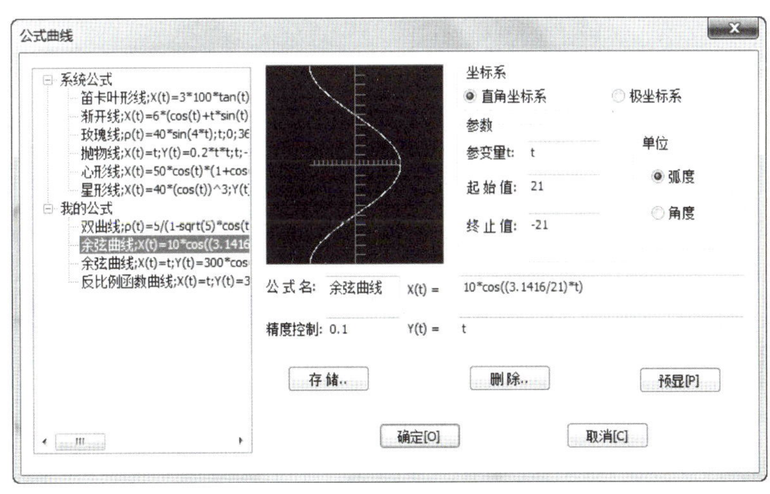

b）

图 5-22　余弦曲线的公式表达和结果显示

a）余弦曲线示例　b）参数设置及结果显示

由于CAXA电子图板采用的坐标系为*XY*直角坐标系，数控车床采用的*XZ*直角坐标系，绘制该余弦曲线时，要注意两种坐标的转换。图5-22a中的余弦曲线采用公式曲线绘制，其参数设置如图5-22b所示。

三、圆弧拟合样条

圆弧拟合样条是指用多段圆弧按指定拟合的精度拟合已有样条曲线。配合查询功能使用，可以查询各拟合圆弧的元素属性。

1. 调用“圆弧拟合样条”命令

单击“绘图”主菜单中的“圆弧拟合样条”命令，或单击“常用”选项卡中“绘图”面板上的按钮，或单击“绘图工具Ⅱ”工具条上的按钮，或在命令行中执行nhs命令，即可执行圆弧拟合样条命令，系统弹出如图5-23所示立即菜单。

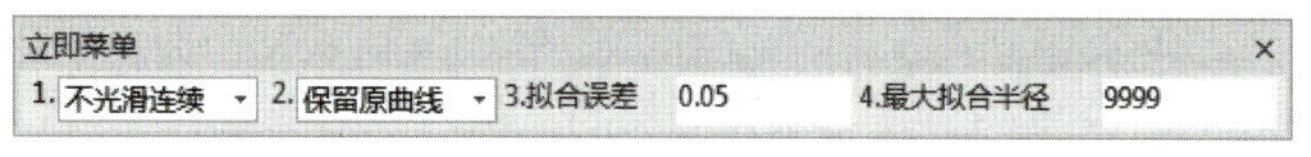

图5-23 “圆弧拟合样条”立即菜单

2. 说明

（1）单击立即菜单“1.”，可选取“不光滑连续”或“光滑连续”。

（2）单击立即菜单“2.”，可选取“保留原曲线”或“删除原曲线”。

（3）拾取需要拟合的样条线。

（4）单击查询工具中的“元素属性”按钮，弹出各拟合圆弧的属性，如图5-24所示。

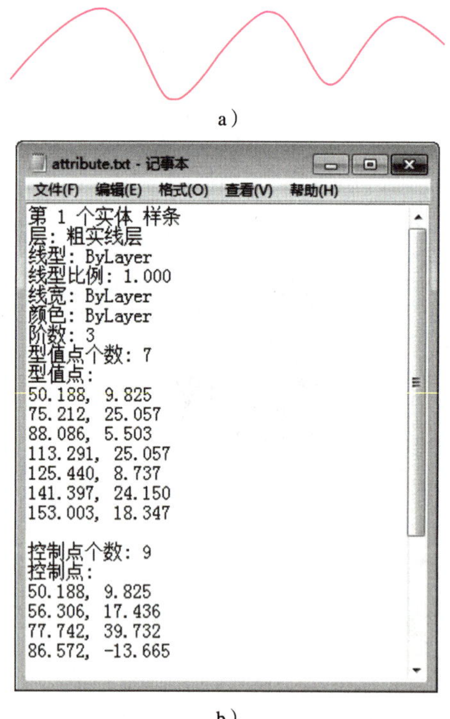
a）

attribute.txt - 记事本

文件(F) 编辑(E) 格式(O) 查看(V) 帮助(H)

第 1 个实体 样条
层：粗实线层
线型：ByLayer
线型比例：1.000
线宽：ByLayer
颜色：ByLayer
阶数：3
型值点个数：7
型值点：
50.188, 9.825
75.212, 25.057
88.086, 5.503
113.291, 25.057
125.440, 8.737
141.397, 24.150
153.003, 18.347

控制点个数：9
控制点：
50.188, 9.825
56.306, 17.436
77.742, 39.732
86.572, -13.665

b）

图5-24 查询拟合圆弧的属性

a）圆弧拟合样条 b）查询各拟合圆弧属性

四、绘制波浪线

在绘制图形时，有时需要用到波浪线，由于波浪线与直线和圆弧不同，形状不易控制。如果利用手工绘制，其形状很难保证平滑。在 CAXA 电子图板中，可按给定方式生成波浪线。在绘制过程中，用户可改变波峰高度和波浪线各线段的曲率和方向。

1. 调用“波浪线”命令

单击“绘图”主菜单中的“ 波浪线”命令，或单击“常用”选项卡中“绘图”面板上的 按钮，或单击“绘图工具Ⅱ”工具条上的 按钮，或在命令行中执行 wavel 命令，即可执行波浪线命令，系统弹出如图 5-25 所示立即菜单。

2. 说明

单击立即菜单“1. 波峰”，用户可以输入波峰的数值，以确定波峰的高度。在立即菜单“2. 波浪线段数”编辑框中输入数字，可确定波浪线一次性生成的段数。

3. 示例

按系统提示要求，用鼠标在画面上连续指定几个点，一条波浪线随即显示出来，在每两点之间绘制出一个波峰和一个波谷，右击即可结束。图 5-26 为用上述操作方法绘制的波浪线。

图 5-25 “波浪线”立即菜单

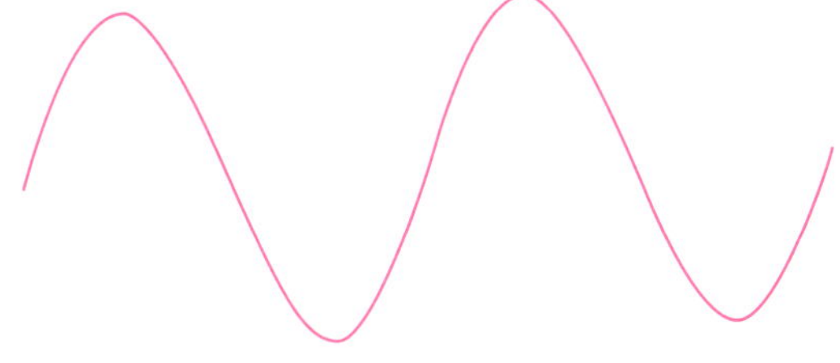

图 5-26 波浪线的绘制

五、绘制双折线

由于图幅限制，有些图形无法按比例画出，可以用双折线表示。在绘制双折线时，可对折点距离进行控制。

1. 调用“双折线”功能

单击“绘图”主菜单中的“ 双折线”命令，或单击“常用”选项卡中“绘图”面板上的 按钮，或单击“绘图工具Ⅱ”工具条上的 按钮，或在命令行中执行 condup 命令，即可执行“双折线”命令，系统弹出如图 5-27 所示立即菜单。

2. 说明

（1）如果在立即菜单“1. ”中选择“折点个数”，在立即菜单“2. 个数”中输入折点的个数值，在“3. 峰值”中输入双折线高度，拾取直线或第一点，则生成给定折点个数的双折线。

（2）如果在立即菜单“1. ”中选择“折点距离”，在立即菜单“2. 长度”中输入距离值，在“3. 峰值”中确认双折线高度，按状态栏提示拾取直线或第一点，则生成给定折点距离的双折线。

3. 示例

图 5-28 所示图形，就是采用双折线命令绘制的双折线。

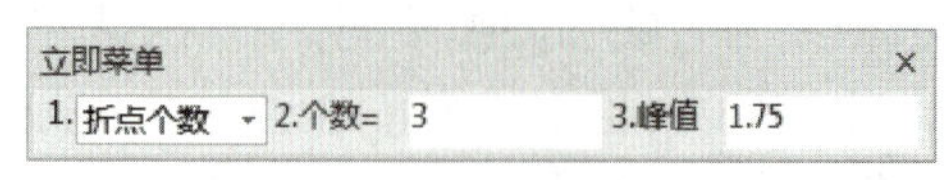

图 5-27 “双折线”立即菜单

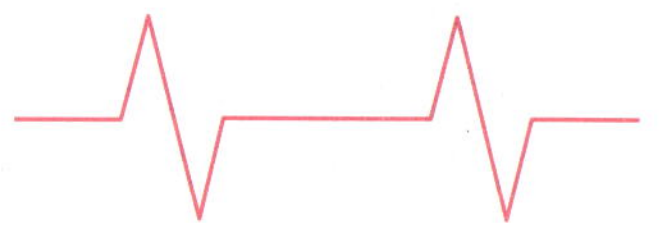

图 5-28 双折线示例

六、绘制云线

云线是由连续圆弧组成的多段线，用来构成云线形状的对象。应用云线功能，可以随意在图纸内添加批注、警示框等操作。

1. 调用“云线”命令

单击“绘图”主菜单中的“ 云线”命令，或单击“常用”选项卡中“绘图”面板上的 按钮，或单击“绘图工具”工具条上的 按钮，或在命令行中执行 cloudline 命令，即可执行“云线”命令，系统弹出如图 5-29 所示立即菜单。

2. 说明

（1）通过立即菜单“1. 最小弧长”可以设置最小弧长半径值，通过立即菜单“2. 最大弧长”可以设置最大弧长半径值。

（2）执行云线命令后，系统提示“指定起点”，输入起点，系统提示“沿云线路径引导光标”，沿需要绘制的云线路径移动光标，就绘制出一条云线。移动鼠标过程中，不需要应用左键确定云线圆弧段的位置。

3. 示例

如图 5-30 所示图形，就是采用云线命令绘制的云线。

图 5-29 “云线”立即菜单

图 5-30 云线示例

七、综合示例

绘制如图 5-31 所示图形。

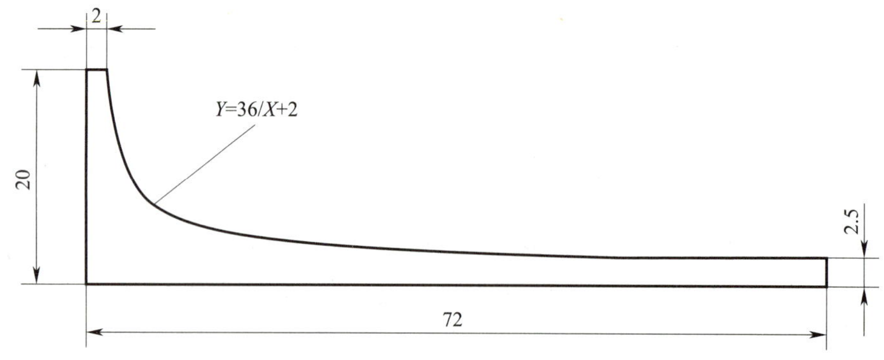

图 5-31 特殊曲线绘制综合示例

绘图步骤见表 5-4。

表 5-4　特殊曲线绘制综合示例绘图步骤

绘图步骤	图示
（1）绘制直线 启动直线命令，按图 5-31 所示尺寸，绘制 4 条直线段	
（2）绘制反比例函数曲线 启动公式曲线命令，按照图 5-32 所示公式曲线对话框，设置公式曲线参数取值范围及参数方程。单击对话框中的“确定”按钮，拾取曲线定位点（72 mm 直线段的左端点），则绘制出反比例函数曲线	

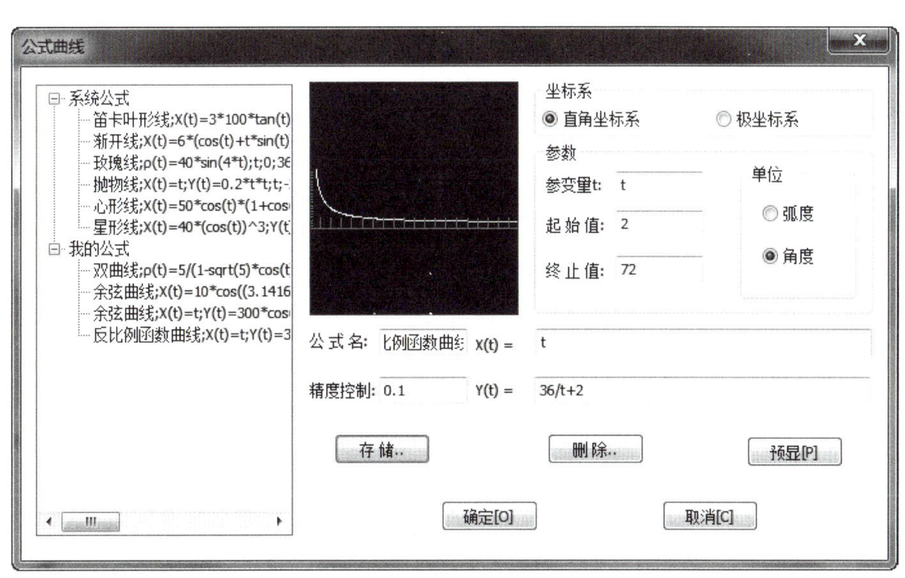

图 5-32　设置反比例函数曲线取值范围和参数方程

§5-5　绘　制　点

点是一类比较特殊，也是极为常见的一类图形元素。CAXA 电子图板可以生成孤立点实体，该点即可作为点实体绘图输出，也可用于绘图中的定位捕捉。

一、点样式设置

点样式设置用于设置屏幕中点的样式与大小。

1. 调用“点样式”功能

单击“格式”主菜单下的“点”命令，或单击“设置工具”工具条的按钮，或单击“工具”选项卡下“选项”面板上的按钮，或在命令行中执行 ddptype 命令，即可调用“点样式”功能，系统弹出如图 5-33 所示的对话框。

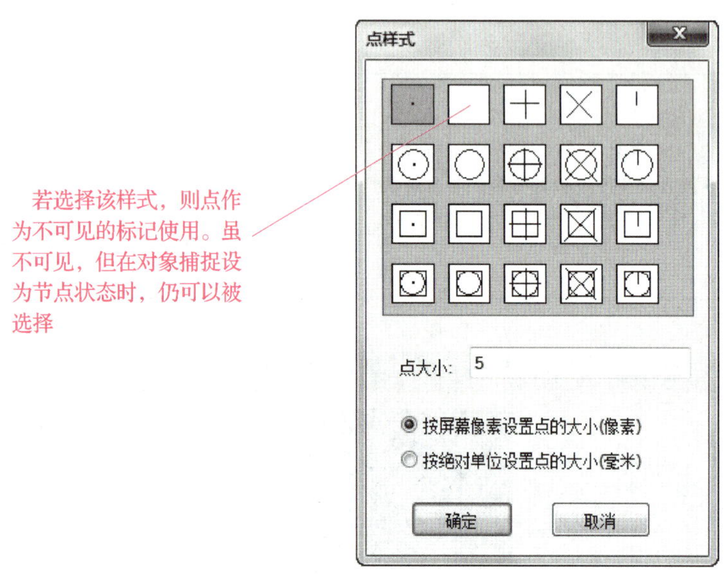

图 5-33 “点样式”对话框

2. 说明

点样式设置包括点样式选择与点的大小设置两部分。

（1）点样式

CAXA 电子图板提供了 20 种不同点的样式，以适应用户的需求，如图 5-33 所示。用鼠标左键单击所要选择的样式，选中的样式呈蓝色显示。

（2）点的大小

点的大小分为像素大小与绝对大小两种。像素大小即为像素值相对于屏幕的大小；绝对大小即为实际点的大小，其单位为毫米（mm）。

设置完点样式后，单击“确定”按钮，退出即可。

二、点的绘制

在 CAXA 电子图板中，可以绘制孤立点，也可以绘制曲线上的等分点。

1. 调用“点”命令

单击“绘图”主菜单中的“点”命令，或单击“常用”选项卡中“绘图”面板内的按钮，或单击“绘图工具”工具条上的按钮，或在命令行中执行 point 命令，即可执行点命令，系统弹出如图 5-34 所示的立即菜单。

2. 说明

单击立即菜单“1. 孤立点”，可选择“孤立点”“等分点”或“等距点”3 种方式。

（1）若选“孤立点”，则可用鼠标拾取或用键盘直接输入点，利用工具点菜单，则可绘制出端点、中点、圆心点等特征点。

（2）若选“等分点”，输入等分数，然后拾取要等分的曲线，则可绘制出曲线的等分点。

注意：这里只是做出等分点，而不会将曲线打断，若想对某段曲线进行几等分，则除了本操作外，还应使用“曲线编辑”中的“打断”功能。

（3）若选“等距点”，则将圆弧按指定的弧长划分，其立即菜单变为如图 5-35 所示的内容。

图 5-34 “点”的立即菜单 1

图 5-35 “点”的立即菜单 2

如果在立即菜单“2. ”中选择“指定弧长”方式，则在立即菜单“3. 弧长”中指定每段弧的长度，在其“等分数”中输入等分份数，然后拾取要等分的曲线，接着拾取起始点，选取等分的方向，则可绘制出曲线的等弧长点；如果在立即菜单“2. ”中切换为“两点确定弧长”方式，则在“等分数”中输入等分数，然后拾取要等分的曲线，拾取起始点，在圆弧上选取等弧长点（弧长），则可绘制出曲线的等弧长点。

3. 示例

将图 5-36a 所示直线三等分。

（1）设置点样式

调用点样式功能，在点样式对话框中，选择 ▢ 点样式。

（2）直线三等分

调用“点”功能，在立即菜单“1. ”中，选用“等分点”方式，在立即菜单“2. ”编辑框中输入等分份数 3，然后拾取图 5-36a 所示直线，则可绘制出该直线的三等分点，如图 5-36b 所示。

（3）打断

执行“打断”命令，选择“一点打断”方式。然后按提示拾取直线，再拾取 1 点，则直线在 1 点处被打断。这时如果再拾取直线，则可以看到原来的直线已成为两条线段，如图 5-36c 所示。

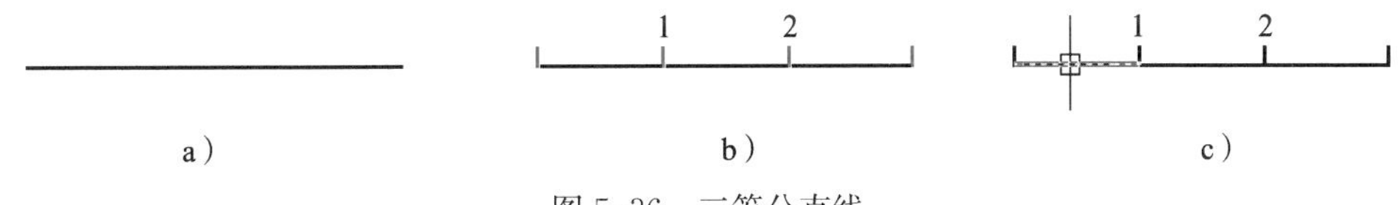

图 5-36 三等分直线

a）要等分的直线 b）三等分 c）打断直线

用同样的方法，可以将剩余的直线在 2 点处打断。此时，原来的直线已被等分为三条互不相关的线段。用同样的方法，也可以将其他曲线（如圆、圆弧）等分。

§5-6 绘制箭头和齿轮齿形

一、绘制箭头

箭头是机械图样中经常用到的一类图形符号。CAXA 电子图板提供了箭头绘制命令。应用箭头命令，可在直线、圆弧、样条或某一点处，按指定的正方向或反方向绘制一个实心箭头。

1. 调用“箭头”命令

单击“绘图”主菜单中的“ 箭头”命令，或单击“常用”选项卡中“绘图”面板上的 按钮，或单击“绘图工具Ⅱ”工具条上的 按钮，或在命令行中执行 arrow 命令，即可执行箭头命令，系统弹出如图 5-37 所示立即菜单。

图 5-37 “箭头”立即菜单

2. 说明

（1）单击立即菜单“1.”，则可进行“正向”和“反向”的切换，在立即菜单“2. 箭头大小”编辑框中可定义箭头的大小。

（2）应用箭头命令，可在直线、圆弧或某一点处画一个正向或反向的箭头。系统对箭头的方向是这样定义的：

1）直线。当箭头指向与 X 正半轴的夹角大于或等于 0°、小于 180° 时为正向；当夹角大于或等于 180°、小于 360° 时为反向。

2）圆弧。逆时针方向为箭头的正方向，顺时针方向为箭头的反方向。

3）样条。逆时针方向为箭头的正方向，顺时针方向为箭头的反方向。

4）指定点。指定点的箭头无正、反方向之分，它总是指向该点的。

直线、圆弧、指定点、样条曲线上的箭头画法如图 5-38 ～图 5-41 所示。

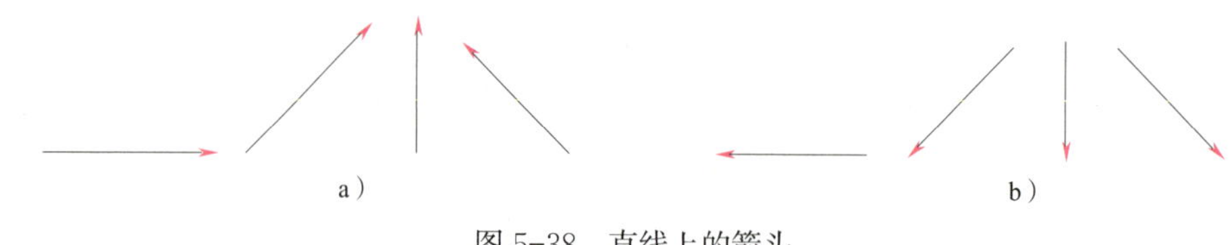

图 5-38 直线上的箭头

a）正向箭头 b）反向箭头

（3）按操作提示要求，用鼠标拾取直线、圆弧或某一点，拾取后会看到在移动鼠标时，一个绿色的箭头已经显示出来，且随光标的移动而在直线或圆弧上滑动，待选好位置，单击鼠标左键，则箭头被画出。

（4）箭头的方向可在 360° 范围内选择，拖动鼠标可看到引线的长度和方向跟随鼠标的移动而变化，当认为合适时，单击鼠标左键即可画出箭头及引线，若不需画引线，则选定“箭头位置”后，不必拖动鼠标，直接单击鼠标左键即可。

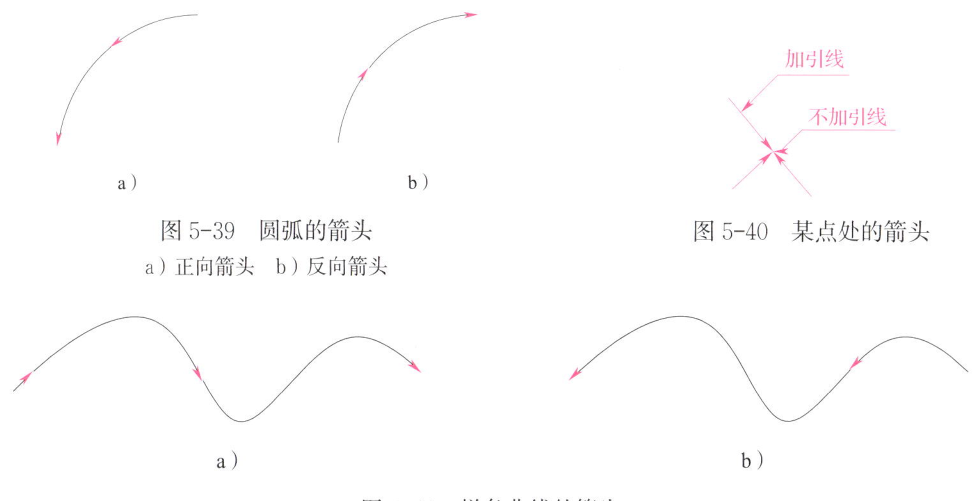

图 5-39　圆弧的箭头

a）正向箭头　b）反向箭头

图 5-40　某点处的箭头

图 5-41　样条曲线的箭头

a）反向箭头　b）正向箭头

（5）还可以像画两点线一样绘制带箭头的直线，若选“正向”，则箭头由第一点指向第二点，若选“反向”，则箭头由第二点指向第一点，结果如图 5-42 所示。绘制方法是，当系统提示“拾取直线、圆弧或第一点”时，单击鼠标左键在屏幕绘图区内任意指定一点，拖动鼠标，可以看到一条动态的带箭头直线随鼠标的移动而变化，当移动到合适位置时，再单击鼠标左键输入第二点，则带箭头的直线绘制完成。

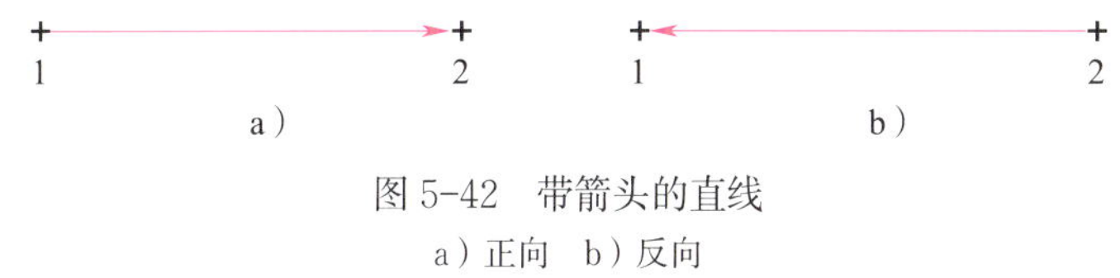

图 5-42　带箭头的直线

a）正向　b）反向

二、绘制渐开线齿轮齿形

影响齿轮形状的参数很多，因此，在一般的 CAD 绘图软件中，齿轮绘制的步骤十分复杂。CAXA 电子图板提供了绘制齿轮齿形的命令，使得齿轮的绘制变得十分简单，大幅提高了绘制效率。

在 CAXA 电子图板中，可以按给定参数生成整个齿轮，也可以生成给定个数的齿形。

1. 调用“齿轮齿形”命令

单击“绘图”主菜单中的“ 齿轮齿形”命令，或单击“常用”选项卡中“绘图”面板上的 按钮，或单击“绘图工具Ⅱ”工具条上的 按钮，或在命令行中执行 gear 命令，即可执行齿轮齿形命令，系统弹出“渐开线齿轮齿形参数”对话框，如图 5-43 所示。

2. 说明

在对话框中可设置齿轮的齿数、模数、压力角、变位系数等，用户还可通过改变齿轮的齿顶高系数和齿顶隙系数来改变齿轮的齿顶圆半径和齿根圆半径，也可直接指定齿轮的齿顶圆直径和齿根圆直径。

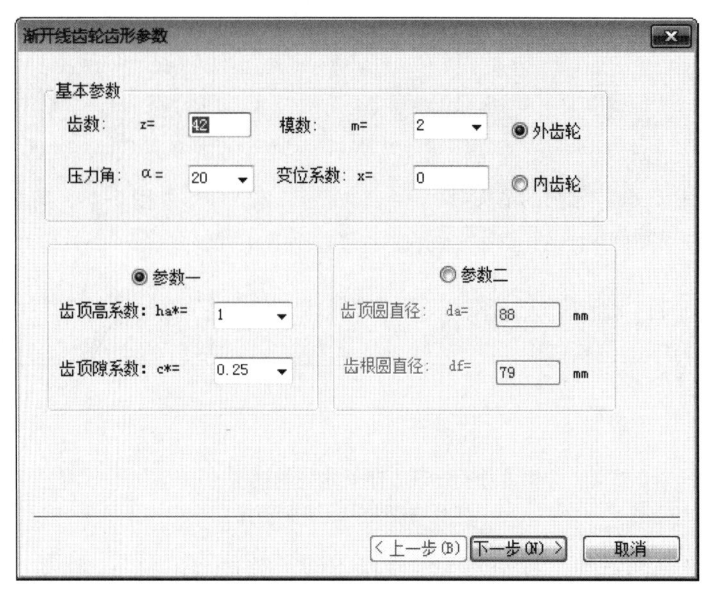

图 5-43 “渐开线齿轮齿形参数”对话框

确定完齿轮的参数后，单击“下一步”按钮，弹出“渐开线齿轮齿形预显”对话框，如图 5-44 所示。

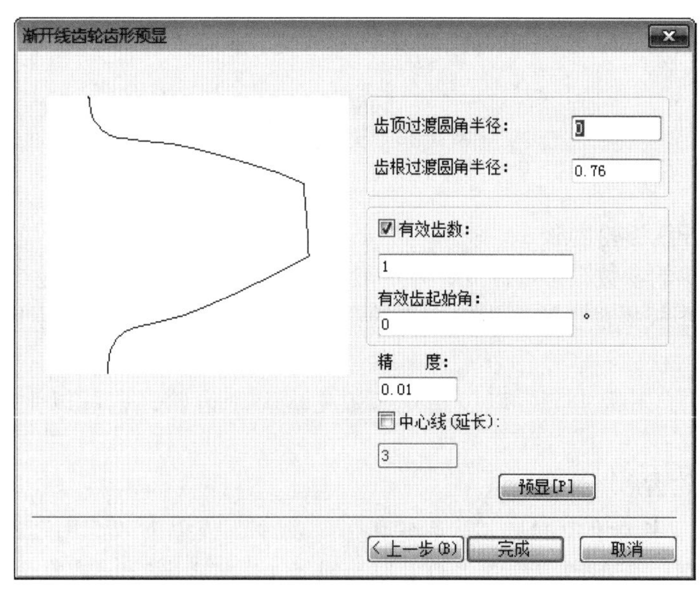

图 5-44 “渐开线齿轮齿形预显”对话框

在此对话框中，用户可设置齿形的齿顶过渡圆角半径和齿根过渡圆角半径及齿形的精度等，确定完参数后可单击“预显”按钮观察生成的齿形。单击“完成”按钮结束齿形的生成，如果要修改前面的参数，单击“上一步”按钮可回到前一对话框。

确定齿形的参数后，给出齿轮的定位点即可完成齿轮绘制。

注：该功能生成的齿轮要求模数大于 0.1、小于 50，齿数大于或等于 5、小于 1 000。

3. 示例

绘制齿数 z 为 20，模数 m 为 2，压力角为 20° 的渐开线直齿圆柱齿轮齿形图。绘图步骤如下：

（1）绘制分度圆

根据分度圆公式 $d=mz$ 可知，$d=20\times2=40$ mm。将中心线层设为当前层，绘制 ϕ40 mm 分度圆，如图 5-45 所示。

（2）绘制齿轮齿形

启动执行命令："齿形"（在渐开线齿轮齿形参数对话框中设置齿数 z 为 20，模数为 2，压力角为 20°。单击"下一步"按钮，在"渐开线齿轮齿形预显"对话框中设置有效齿数为 20，单击"完成"按钮）

齿轮定位点：（拾取分度圆的圆心）

则绘制出图 5-46 所示图形。

图 5-45　绘制分度圆

图 5-46　绘制齿轮齿形

三、综合示例

绘制两个直齿渐开线齿轮的啮合图，两齿轮齿数皆为 20，模数为 2，压力角为 20°，如图 5-47 所示。

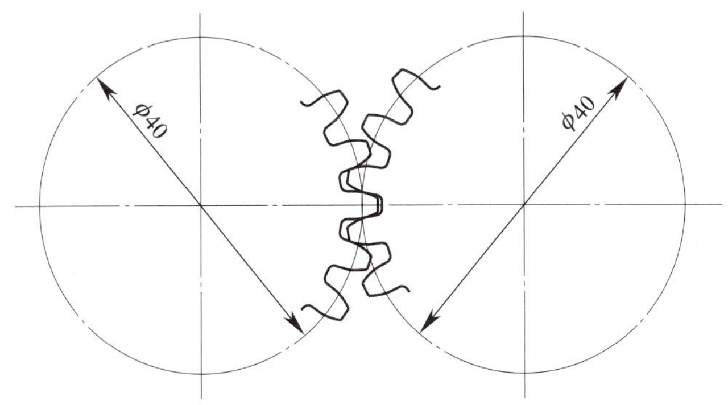

图 5-47　两齿轮轮齿的啮合图

绘图步骤见表 5-5。

表 5-5　　两齿轮轮齿的啮合图绘制步骤

绘图步骤	图示
（1）绘制两分度圆及其中心线 将当前层置为中心线层，应用圆和中心线命令绘制两分度圆及其中心线	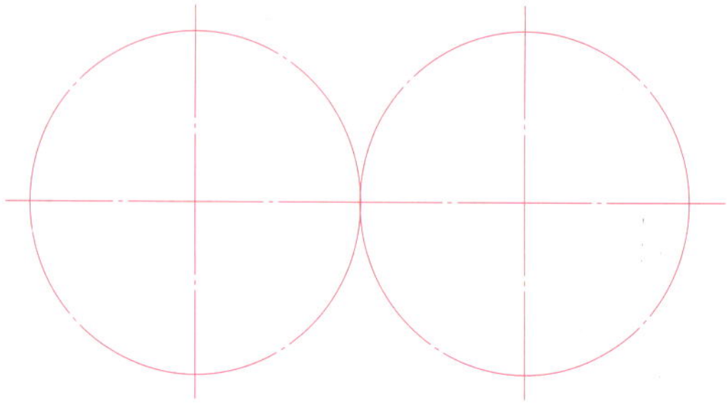
（2）绘制左边齿轮的五个齿 启动执行命令："齿形"（在“渐开线齿轮齿形参数”对话框中设置齿数 z 为 20，模数为 2，压力角为 20°。单击“下一步”按钮，在“渐开线齿轮齿形预显”对话框中设置有效齿数为 5，有效齿起始角为 −45°，如图 5-48 所示） 齿轮定位点：（拾取左侧分度圆的圆心）	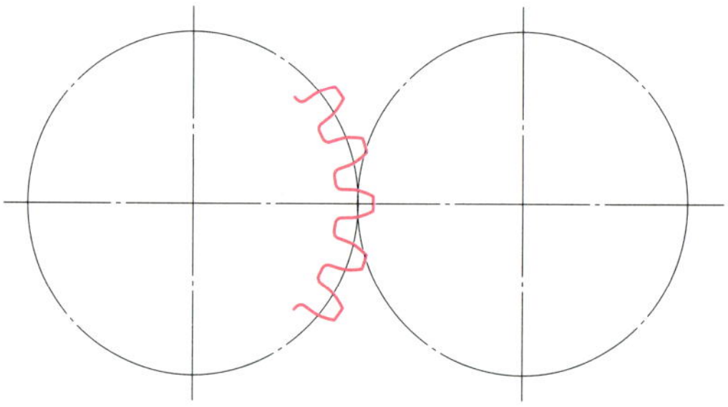
（3）绘制右边齿轮的五个齿 启动执行命令："齿形"（在“渐开线齿轮齿形参数”对话框中设置齿数 z 为 20，模数为 2，压力角为 20°。单击“下一步”按钮，在“渐开线齿轮齿形预显”对话框中设置有效齿数为 5，有效齿起始角为 126°，如图 5-49 所示） 齿轮定位点：（拾取右侧分度圆的圆心）	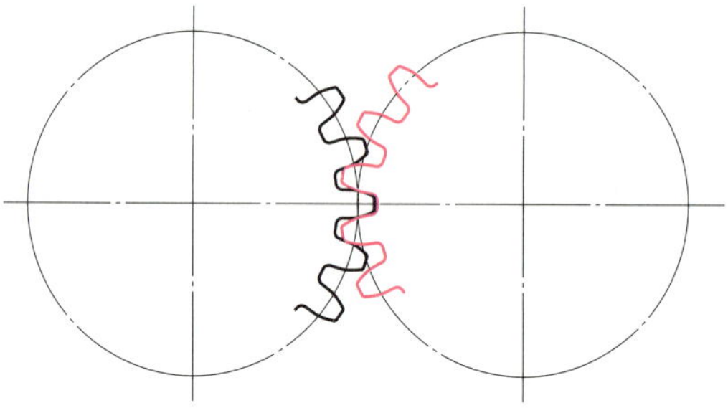

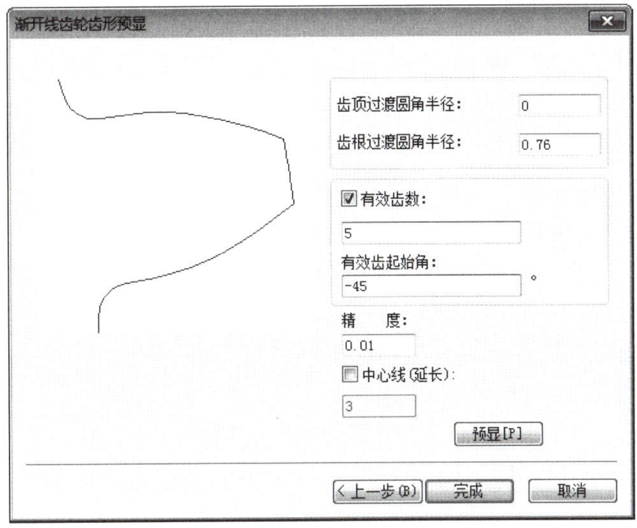

图 5-48　设置左端齿轮有效齿数及其起始角

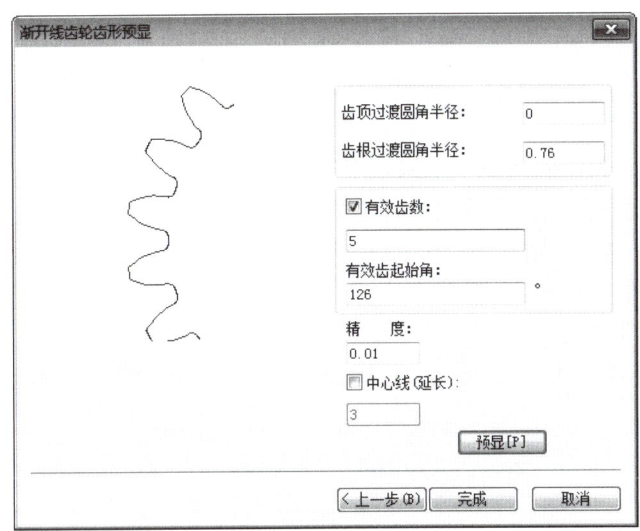

图 5-49　设置右端齿轮有效齿数及其起始角

§5-7　绘制局部放大图

在绘图时，有时需要观察图形的局部特征。CAXA 电子图板提供了局部放大功能，方便用户对图形局部进行放大。局部放大图是指按照给定参数生成对局部图形进行放大的视图。

一、调用“局部放大图”命令

单击“绘图”主菜单中的“ 局部放大图”命令，或单击“常用”选项卡中“绘图”面板上的 按钮，或单击“标注”工具条上的 按钮，或在命令行中执行 enlarge 命令，即可执行局部放大图命令，系统弹出如图 5-50 所示的立即菜单。

图 5-50 “局部放大图”立即菜单 1

二、说明

绘制局部放大图时，边界可以设置为圆形或矩形边界形状。

1. 圆形边界局部放大

（1）单击立即菜单“1. ”，选择“圆形边界”选项。

（2）单击立即菜单“2. 加引线”选择是否添加引线；在立即菜单“3. 放大倍数”和“4. 符号”编辑框中，则可输入放大比例和该局部视图的名称；单击立即菜单“5. 保持剖面线图样比例”，可选择局部放大图是否使用原图剖面线比例。

（3）按状态栏提示“中心点”，输入局部放大图形中心点，然后输入半径或圆上一点确定局部放大边界。

（4）提示变为“符号插入点”。如果不需要标注符号文字，则右击；否则，移动光标在屏幕上选择好合适的符号文字插入位置后，单击鼠标左键即插入符号文字。

（5）提示变为“实体插入点”。已放大的局部放大图形虚像随着光标的移动动态显示。在屏幕上指定实体插入点的合适位置后，生成局部放大图形。

（6）如果在第（4）步输入了符号插入点，此时提示“符号插入点”，移动光标在屏幕上合适的位置输入符号文字插入点，生成符号文字。

2. 矩形边界局部放大

（1）单击立即菜单“1. ”，选择“矩形边界”方式，立即菜单如图 5-51 所示。

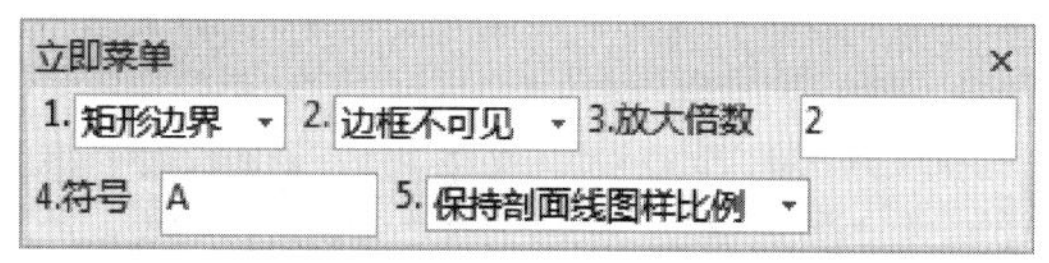

图 5-51 “局部放大图”立即菜单 2

（2）单击立即菜单“2. ”，可选择边框可见或不可见；单击立即菜单“3. 放大倍数”和“4. 符号”编辑框，则可输入放大倍数和该局部视图的名称；单击立即菜单“5. 保持剖面线图样比例”，可选择局部放大图是否使用原图剖面线比例。

（3）若步骤（2）中选择边框可见，系统弹出新的立即菜单，如图 5-52 所示。单击立即菜单“3. ”，可选择“加引线”或“不加引线”。

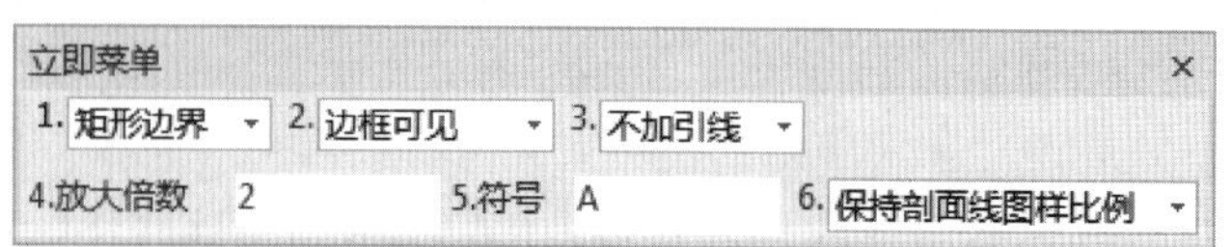

图 5-52 “局部放大图”立即菜单 3

（4）按系统提示输入局部放大图形矩形两角点。如果步骤（2）中选择边框可见，则生成矩形边框，否则不生成。

（5）系统提示变为“符号插入点”。如果不需要标注符号文字，则右击；否则，移动光标在屏幕上选择好合适的符号文字插入位置后，单击鼠标左键插入符号文字。

（6）系统提示变为“实体插入点”。已放大的局部放大图形虚像随着光标的移动动态显示。在屏幕上指定合适的位置输入实体插入点后，生成局部放大图形。

（7）如果在第（5）步输入了符号插入点，此时提示“符号插入点”，移动光标在屏幕上合适的位置输入符号文字插入点，生成符号文字。

三、示例

图 5-53b 是采用局部放大图命令绘制图 5-53a 中的细实线圆内结构的 2 倍放大图。

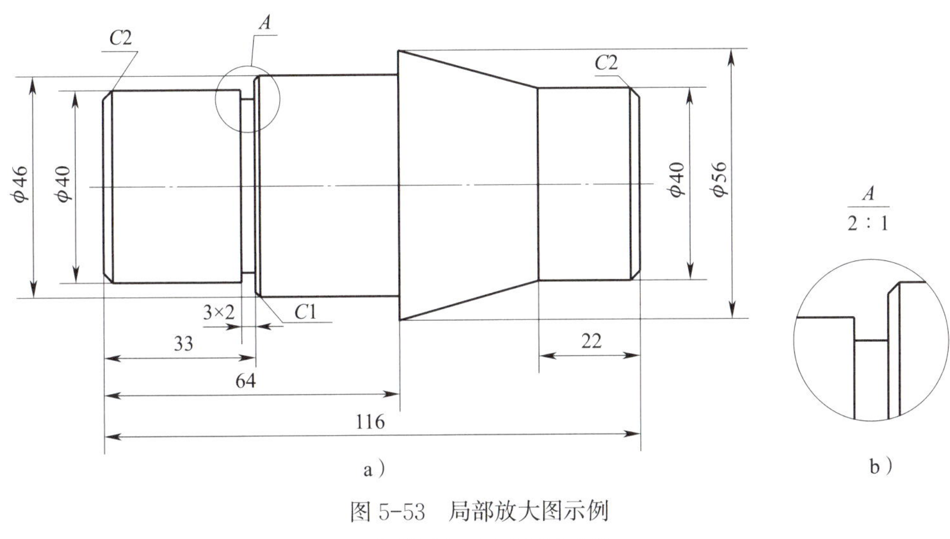

图 5-53　局部放大图示例
a）轴类零件　b）局部放大图

§5-8　综合应用举例

图 5-54 为某联轴器装配图。该联轴器由左右两个联轴器套、4 根螺栓和 4 个螺母组成，图 5-55 至图 5-57 分别为它们的零件图。本例将详细介绍该联轴器装配图的绘制步骤。

一、新建文件

执行“新建”文件命令，在弹出的“新建”对话框中选择“GB－A3（CHS）”模板，并单击“确定”按钮。

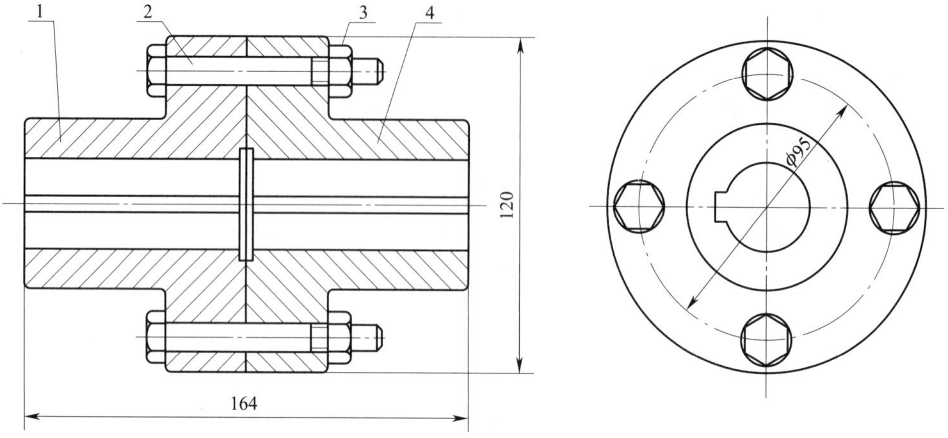

技术要求

1. 零件在装配前必须清理和清洗干净。
2. 螺栓和螺母紧固时，严禁打击或使用不合适的旋具和扳手，紧固后螺母和螺栓头部不得损坏。
3. 联轴器装配后，两端孔的同轴度不大于0.02mm。

序号	代号	名称	数量	材料	单件重量	总计重量	备注
4		右联轴器套	1	45			
3	GB/T 6184—2000—1型	六角锁紧螺母	4	45			
2	GB/T 5782—2000	六角头螺栓	4	45			
1		左联轴器套	1	45			

标记	处数	分区	更改文件号	签名	年、月、日	阶段标记	重量	比例
设计			标准化					1：1
审核								
工艺			批准			共 张	第 张	

图 5-54 某联轴器装配图

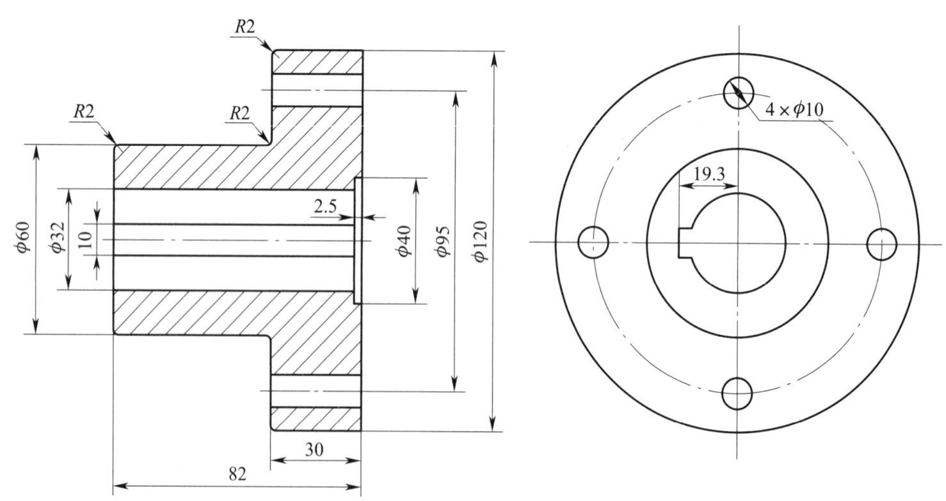

图 5-55 联轴器套零件图

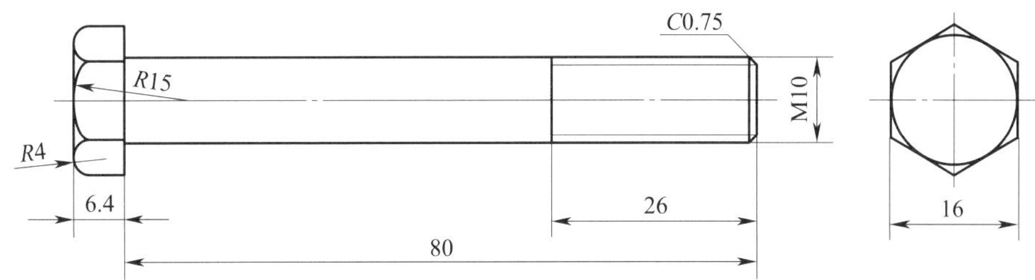

图 5-56　螺栓零件图

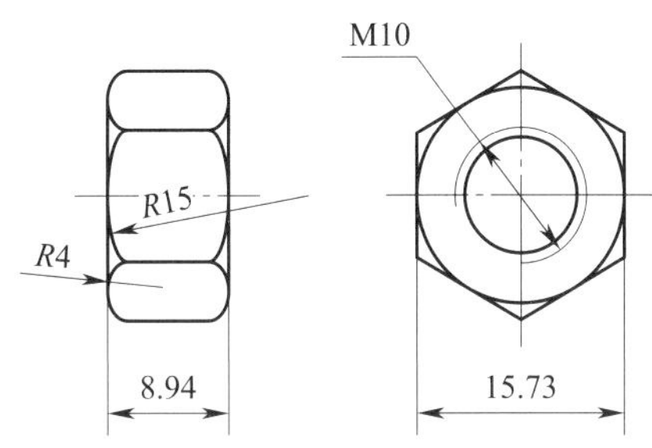

图 5-57　螺母零件图

二、绘制联轴器套主视图

1. 绘制 82 mm 长的水平线

将粗实线层置为当前层，执行“两点线”命令，绘制一条 82 mm 长的水平线，如图 5-58a 所示。

图 5-58　绘制水平线

a）绘制长为 82 mm 水平线　b）等距水平线

2. 等距水平线

执行“等距线”命令，在“保留源对象”的方式下，以直线 1 为起始，向上绘制直线 2 ～ 8（共 7 条水平直线）。每次等距均以上一条直线为起始，距离依次为 5 mm、11 mm、4 mm、10 mm、12.5 mm、10 mm、7.5 mm，如图 5-58b 所示。

3. 绘制垂直线

执行“两点线”命令，绘制两条垂直线分别将直线 1 和直线 8 两端连接起来，如图 5-59a 所示。

4. 绘制等距垂直线

执行“等距线”命令，将右端垂直线向左等距 2.5 mm 和 30 mm，如图 5-59b 所示。

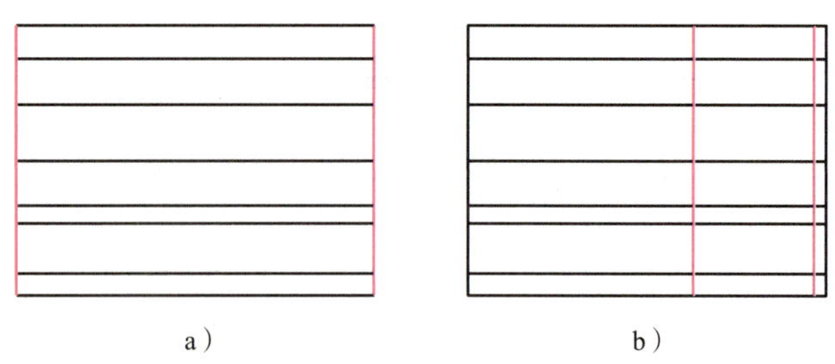

图 5-59　绘制垂直线

a）绘制两端垂直线　b）绘制等距右端垂直线

5. 裁剪图形

执行“裁剪”命令，将多余的线条裁剪掉，结果如图 5-60 所示。

6. 圆角过渡

执行“圆角”过渡命令，圆角半径设为 2 mm，应用裁剪方式，对 3 处进行圆角过渡，如图 5-61 所示。

图 5-60　裁剪图形　　图 5-61　圆角过渡

7. 镜像图形

执行“镜像”命令，对所绘制图形以所绘制的第一条直线进行镜像，镜像完毕后，删除第一条直线，结果如图 5-62 所示。

8. 绘制中心线

执行“中心线”命令，绘制图中的水平中心线及上下两孔的中心线，如图 5-63 所示。

9. 绘制剖面线

执行“剖面线”命令，绘制联轴器套的剖面线，结果如图 5-64 所示。

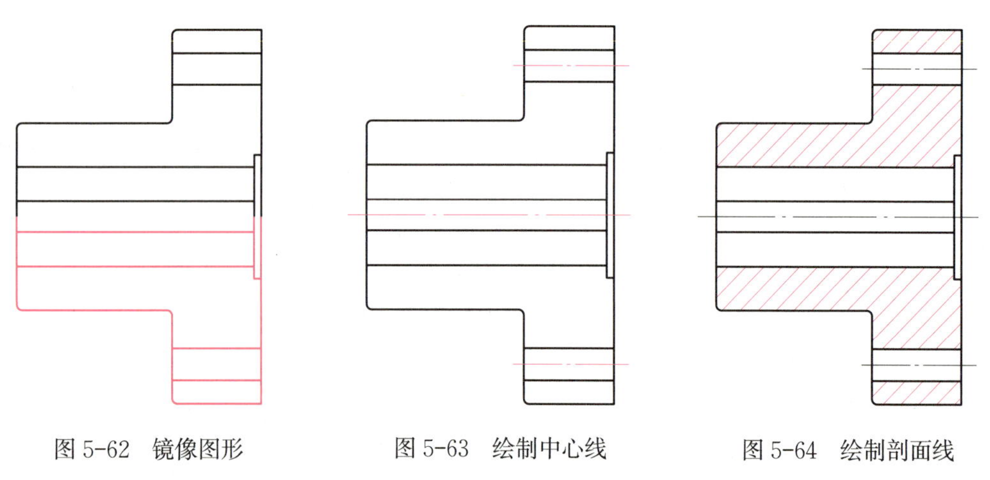

图 5-62　镜像图形　　图 5-63　绘制中心线　　图 5-64　绘制剖面线

三、绘制联轴器套左视图

1. 绘制中心线

将“中心线层”置为当前层，执行“两点线”命令，绘制联轴器套左视图水平和垂直中心线，如图 5-65 所示。

2. 绘制圆

将“粗实线层”置为当前层，执行“圆”命令，以中心线交点为圆心，绘制直径为 32 mm、60 mm、120 mm 的三个轮廓线圆。将“中心线层”置为当前层，执行“圆”命令，以中心线交点为圆心，绘制直径为 95 mm 的细点画线圆。结果如图 5-66 所示。

3. 绘制 4 个直径为 10 mm 的圆

将“粗实线层”置为当前层，执行“圆”，绘制左视图上的 4 个直径为 10 mm 的圆，如图 5-67 所示。

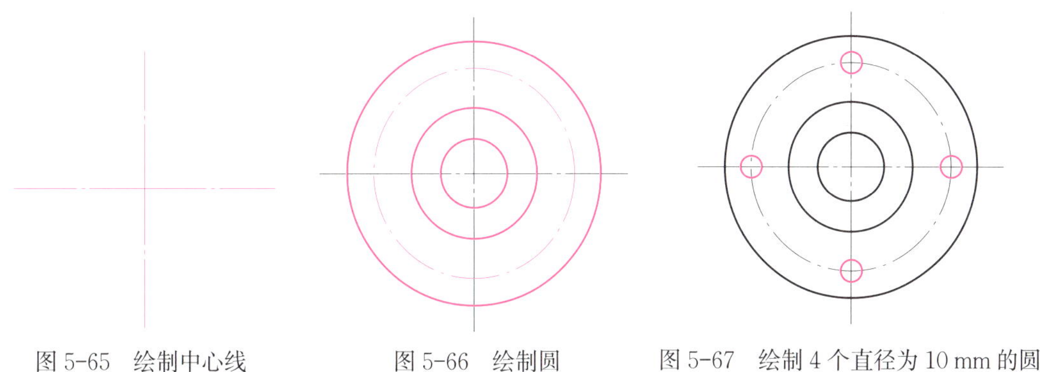

图 5-65　绘制中心线　　图 5-66　绘制圆　　图 5-67　绘制 4 个直径为 10 mm 的圆

4. 绘制键槽

执行“等距线”命令，将水平中心线向两侧等距 5 mm，将垂直中心线向左侧等距 19.3 mm，如图 5-68a 所示。执行“两点线”命令，绘制键槽线，如图 5-68b 所示。删除和裁剪多余的线条，结果如图 5-68c 所示。

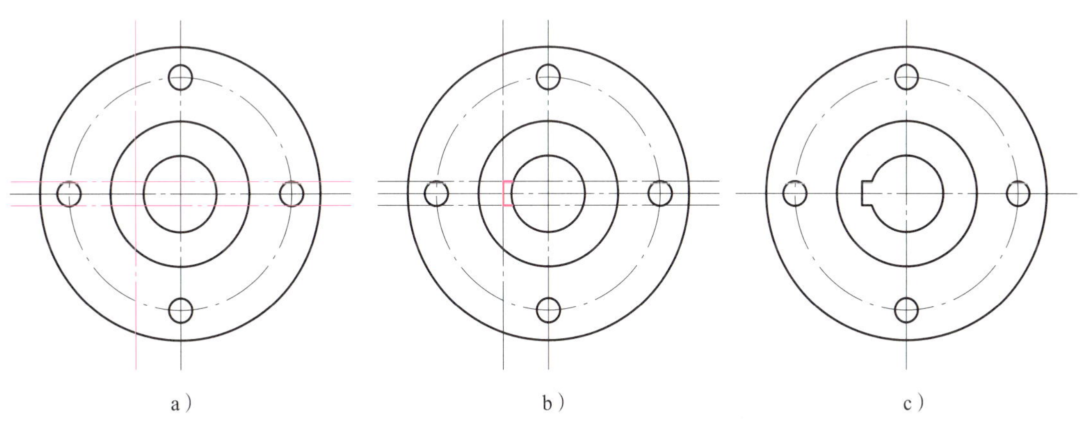

图 5-68　绘制键槽

a）等距中心线　b）绘制键槽轮廓线　c）删除和裁剪多余的线条

四、绘制 M10 螺栓左视图

执行“圆”命令，绘制直径为 16 mm 的圆，且带有中心线。执行“正多边形”命令，绘制 ϕ16 mm 圆的外接正六边形。结果如图 5-69 所示。

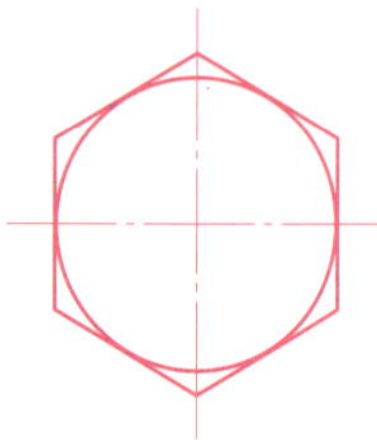

图 5-69　绘制螺栓左视图

五、绘制 M10 螺栓主视图

1. 绘制轮廓线

执行“两点线”命令，应用导航及正交模式，绘制螺栓主视图轮廓线，如图 5-70 所示。

图 5-70　绘制螺栓主视图轮廓线

2. 绘制 *R*15 mm 圆弧

执行“圆”命令，绘制 *R*15 mm 的圆，以左端面与中心线的交点为基准点，向右导航，输入 15，确定圆心位置，输入半径 15，则绘制出如图 5-71a 所示的圆。应用“裁剪”命令，修剪掉多余的圆弧和线条，结果如图 5-71b 所示。

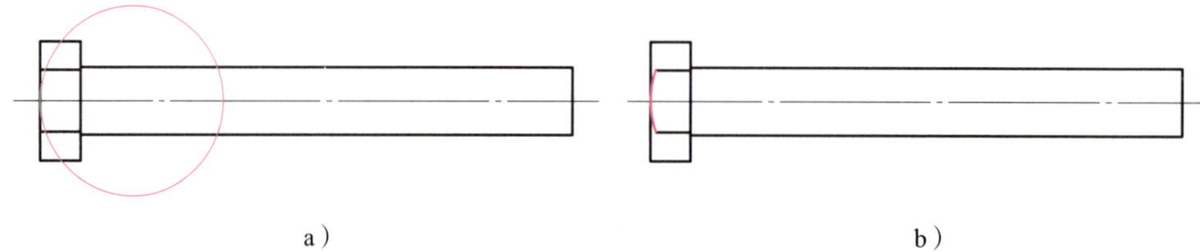

图 5-71　绘制 *R*15 圆弧

a）绘制 *R*15 mm 圆　b）裁剪圆和直线

3. 绘制 *R*4 mm 圆弧

执行“两点线”命令，绘制一条过 *R*15 mm 圆弧两端点的辅助线，并延伸至上下轮廓线，如图 5-72a 所示。执行“两点 _ 半径”圆弧命令，绘制两处 *R*4 mm 圆弧，如图 5-72b 所示。执行“裁剪”和“删除”命令，裁剪掉多余的线条，并删除辅助线，如图 5-72c 所示。

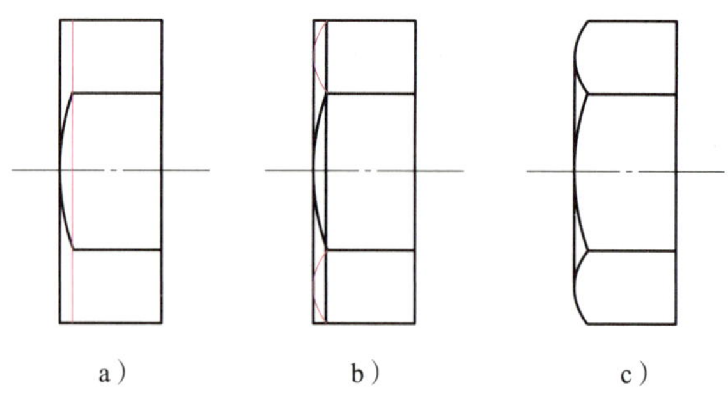

图 5-72　绘制 *R*4 圆弧（该图仅绘制端部）

a）绘制辅助线　b）绘制 *R*4 mm 圆弧　c）裁剪图形

4. 绘制倒角及螺纹

执行“倒角”命令，绘制螺栓尾部 $C0.75$ 倒角。应用“两点线”命令，绘制尾部倒角线、螺纹线和螺纹截止线，其中螺纹线为细实线，倒角线和螺纹截止线为粗实线，结果如图 5-73 所示。

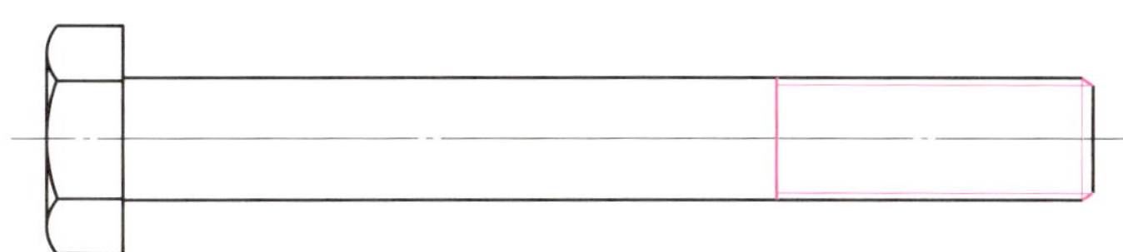

图 5-73　绘制倒角及螺纹线

六、绘制 M10 螺母左视图

执行“圆”命令，绘制直径分别为 8.5 mm、10 mm、15.73 mm 的三个圆，其中 ϕ10 mm 圆应用细实线绘制。执行“打断”命令，将 ϕ10 mm 圆删去四分之一圆弧。执行“正多边形”命令，绘制 ϕ15.73 mm 圆的外切正六边形。结果如图 5-74 所示。

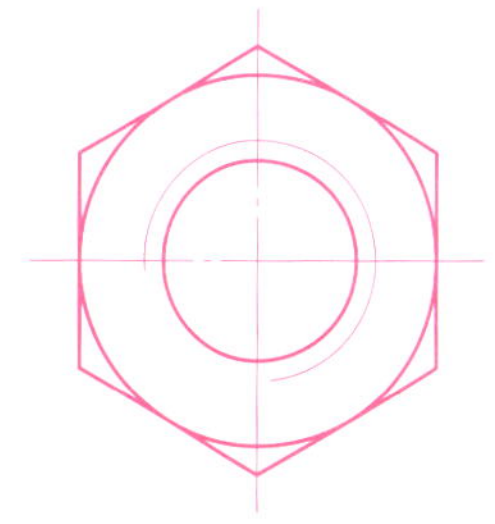

图 5-74　绘制 M10 螺母左视图

七、绘制 M10 螺母主视图

执行“两点线”命令，绘制 M10 螺母主视图轮廓线，如图 5-75a 所示。执行“圆”和“两点 _ 半径”圆弧命令，绘制 R15 mm 和 R4 mm 圆弧（其绘制方法与螺栓端部圆弧绘制方法相同，在此不再赘述），如图 5-75b 所示。执行“镜像”命令，镜像 R15 mm 和 R4 mm 圆弧，如图 5-75c 所示。执行“裁剪”命令，将多余的线条裁剪掉，如图 5-75d 所示。

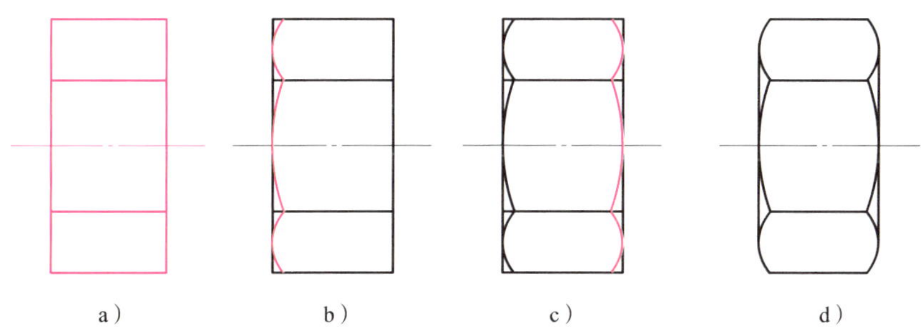

图 5-75　绘制 M10 螺母主视图

a）绘制轮廓线　b）绘制 R15 mm 和 R4 mm 圆弧　c）镜像 R15 mm 和 R4 mm 圆弧　d）裁剪多余的线条

八、拼画装配图

1. 绘制左联轴器套的主视图和左视图

执行“平移复制”命令，将联轴器套主视图和左视图平移复制至 A3 图纸的合适位置，构成装配图中左联轴器套的主视图和左视图，如图 5-76 所示。

2. 绘制装配图中的右联轴器套主视图

执行“镜像”命令，将联轴器套主视图，以其右端面线为镜像轴进行镜像，绘制出装配图中的右联轴器套主视图，如图 5-77 所示。注意：在 CAXA 电子图板中，镜像后的剖面线与原方向相同，不符合装配图绘制要求，可双击剖面线，打开“剖面图案”对话框，将旋转角由 0° 改为 90°，单击“确定”按钮即可。

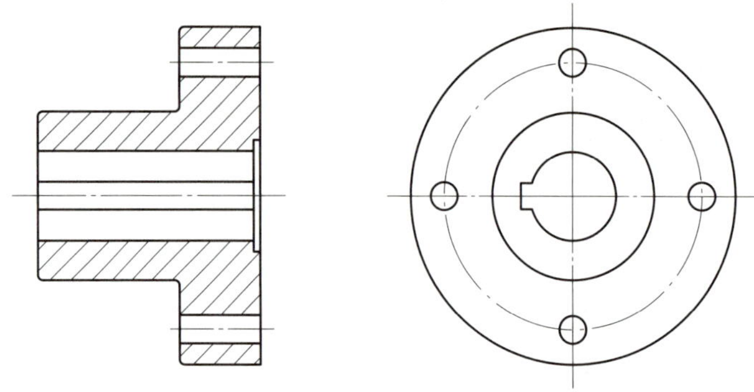

图 5-76　平移复制联轴器套主视图和左视图

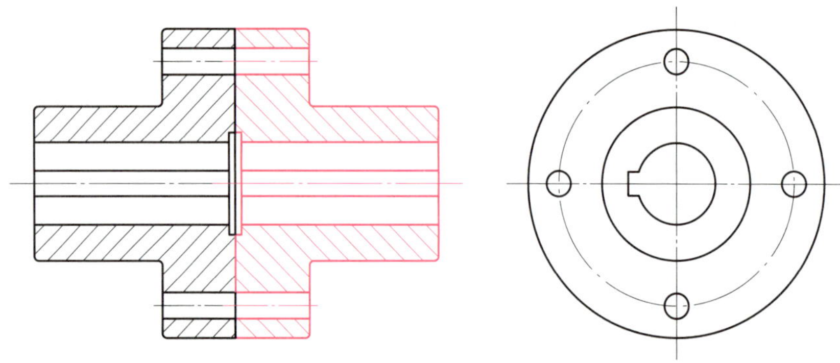

图 5-77　绘制装配图中的右联轴器套

3. 绘制装配图中的螺栓视图

执行“平移复制”命令，将 M10 螺栓主视图平移复制至装配图主视图中，将 M10 螺栓左视图复制至装配图左视图中，如图 5-78 所示。注意：平移复制 M10 螺栓左视图前，先删除左视图中的 4 个 ϕ10 mm 的圆。同时，执行“裁剪”命令，将主视图中 M10 螺栓与左右联轴器套中间端面相交线裁剪掉。

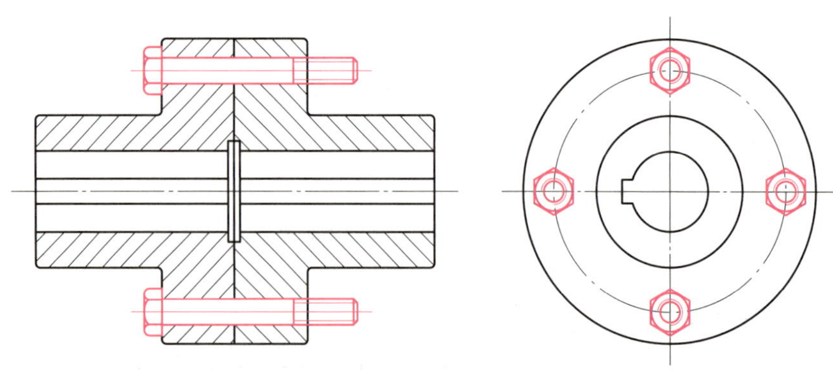

图 5-78　绘制装配图中螺栓

4. 绘制装配图中螺母的视图

执行“平移复制”命令，将 M10 螺母主视图，平移复制到装配图主视图中。因左视图中看不到螺母的左视图，故不需要进行平移复制。同时，执行“裁剪”命令，将螺栓被螺母遮住的线条裁剪掉，如图 5-79 所示。

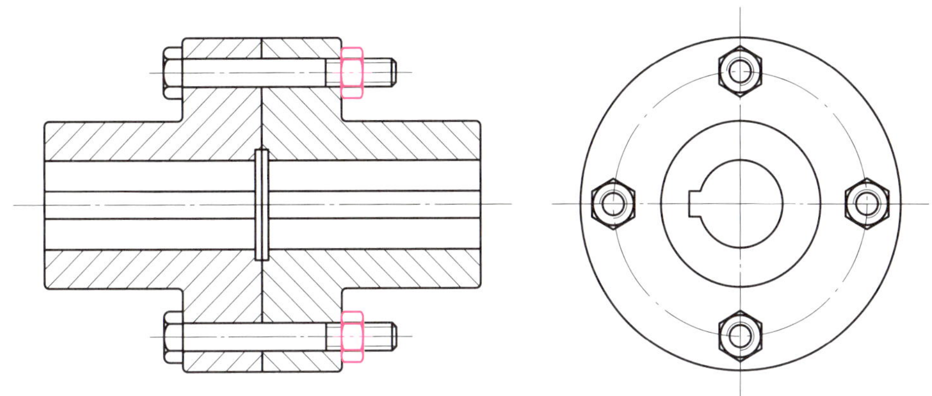

图 5-79　绘制装配图中螺母的视图

装配图中的尺寸标注、技术要求和文字标注，将在后面章节进行学习。

习　题

1. 绘制正多边形的两种方式有何不同？各适用于何种情况？
2. 在 CAXA 电子图板中，箭头的正向、反向是怎样定义的？
3. 绘制公式曲线时，可选用几种坐标系？
4. 应用所学知识，绘制图 5-80 ～图 5-83 所示图形。

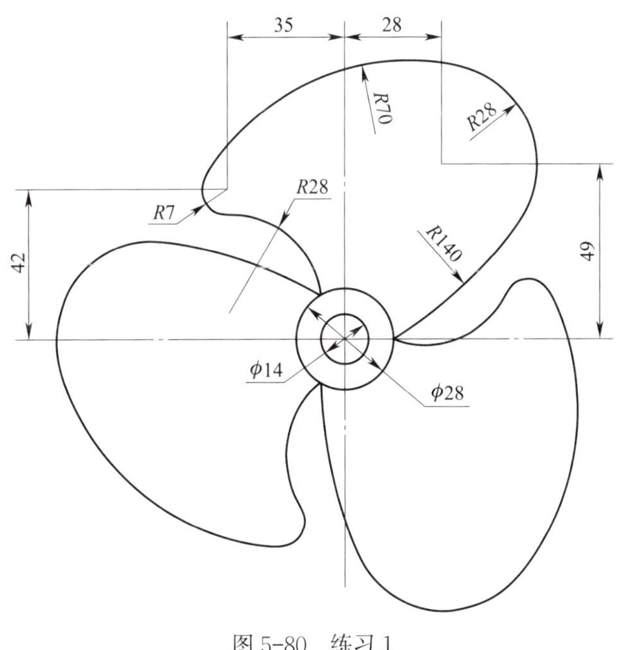

图 5-80　练习 1

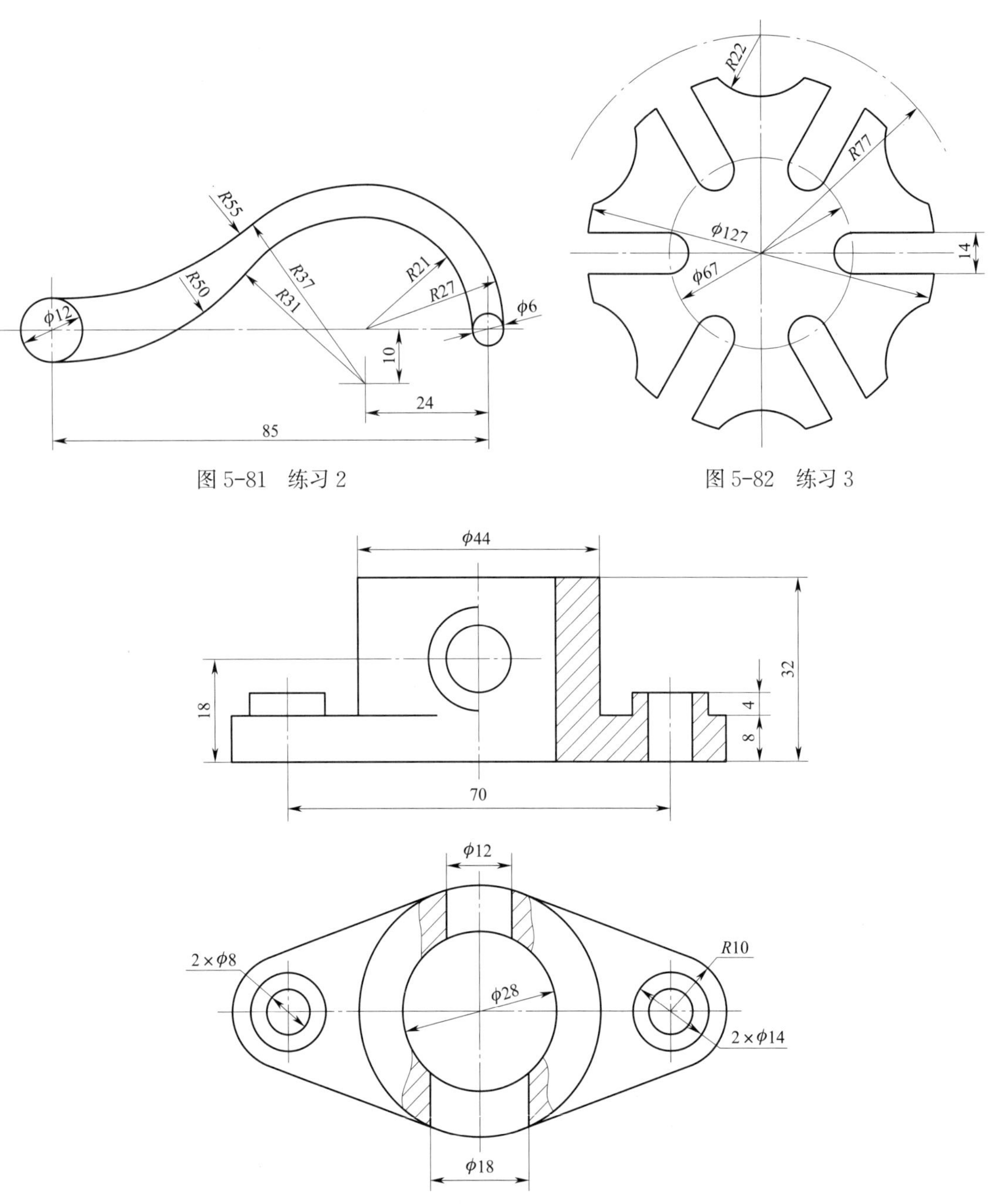

图 5-81 练习 2

图 5-82 练习 3

图 5-83 练习 4

第六章 工程标注

标注是图样中必不可少的内容，图样需要通过标注来表达图形对象的尺寸大小和各种注释信息。电子图板依据相关制图标准提供了丰富而智能的尺寸标注功能，包括尺寸标注、坐标标注、文字标注、工程标注等，并可以方便地对标注进行编辑修改。另外，电子图板各种类型的标注都可以通过相应样式进行参数设置，满足各种条件下的标注需求。通过本章的学习，读者应：

- 熟练掌握尺寸标注、文字标注和工程符号标注。
- 掌握标注风格的设置方法。

§6-1 尺寸标注

在工程设计中，尺寸标注是绘图设计工作中的一项重要内容，因为图形只能反映对象的形状，而图形中各个对象的真实大小和相互位置只有标注尺寸后才能确定。尺寸标注包括基本标注、基线标注、连续标注、三点角度标注、角度连续标注、半标注、大圆弧标注、射线标注、锥度／斜度标注、曲率半径标注等。这些标注命令均可以通过调用“尺寸标注”功能并在立即菜单中切换选择，也都可以单独执行。执行每个标注命令时，也都可以在立即菜单中临时切换到以上各种标注命令。

单击主菜单“标注”下拉菜单中的“ 尺寸标注”命令，或单击“标注”选项卡中“尺寸”面板上的 按钮，或单击“常用”选项卡中“标注”面板上的 按钮，或单击“标注”工具条上的 按钮，或在命令行中执行 dim 命令，即可调用“尺寸标注”功能，系统弹出如图 6-1 所示的立即菜单。

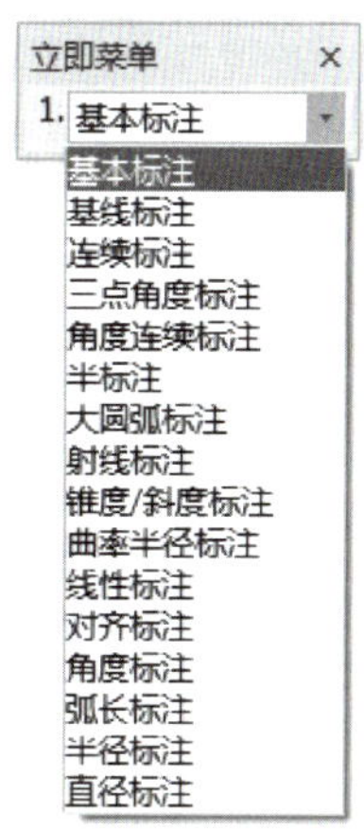

图 6-1 “尺寸标注”立即菜单

一、基本标注

基本标注是指快速生成线性尺寸、直径尺寸、半径尺寸、角度尺寸等基本类型的标注。尺寸标注的类型非常多，CAXA 电子图板的基本标注可以根据所拾取对象自动判别要标注的尺寸类型。调用“基本标注”功能后，根据提示拾取要标注的对象，然后再确认标注的参数和位置即可。

1. 直线的标注

调用“基本标注”功能拾取直线后，屏幕上出现标注的预显提示，并且弹出如图 6-2 所示的“标注直线”立即菜单。

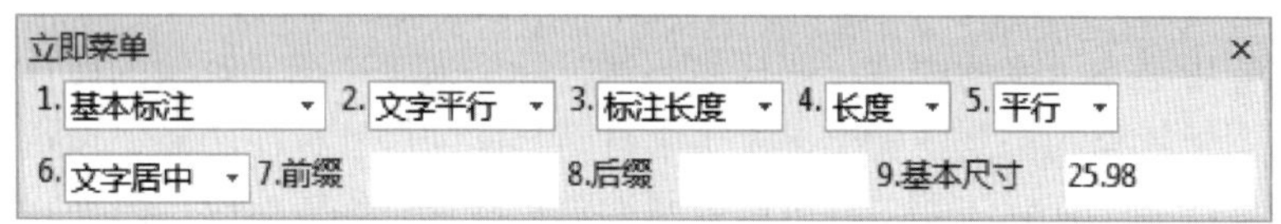

图 6-2 “标注直线”立即菜单

（1）立即菜单参数说明

1）单击立即菜单中的“1. 基本标注”，可以选择其他尺寸标注方式。

2）立即菜单中的“2. 文字平行”，用于设置标注文字与尺寸线的位置关系，可以设置为“文字平行”“文字水平”或“ISO 标准”。

3）直线长度的标注。当立即菜单中的“3.”选择“标注长度”，“4.”选择“长度”时，此时标注的即为直线的长度。当立即菜单中的“5. ”为“正交”时，标注尺寸为该直线沿水平方向或沿铅垂方向的长度；当立即菜单中的“5. ”切换为“平行”时，标注尺寸为直线的实际长度。

4）直径的标注。当立即菜单中的“4. 长度”切换为“4. 直径”时，即标注直径。其标注方式与长度基本相同，区别在于在尺寸值前是否默认加前缀“ϕ”。

5）当立即菜单中的“6.”为“文字居中”时，表示标注的尺寸文字在尺寸线的中心位置；当立即菜单中的“6.”切换为“文字拖动”时，则尺寸文字跟随光标的移动而移动。

6）立即菜单中的“7. 前缀”表示尺寸文字前面加前缀，如半径“*R*”、直径“ϕ”等；立即菜单中的“8. 后缀”表示尺寸文字后面加后缀，如公差等级“7h”“8G”等。

7）立即菜单中的“9. 基本尺寸”为测量直线的长度值，编辑框中的数字是测量值，可通过键盘输入新的尺寸值。

8）直线与坐标轴夹角的标注。当立即菜单中的“3.”切换为“标注角度”时，即为直线与坐标轴角度的标注，立即菜单变为图 6-3 所示内容。

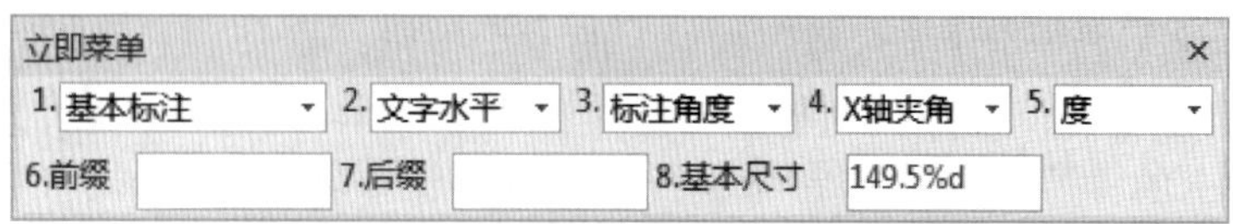

图 6-3 “直线与坐标轴夹角标注”立即菜单

切换立即菜单中的“4.”可标注直线与 X 轴的夹角或与 Y 轴的夹角，角度尺寸的顶点为直线靠近拾取点的端点。立即菜单中的“5. 度”表示标注尺寸的单位是度，也可切换为“度分秒”“百分度”或“弧度”。

（2）示例

图 6-4 所示为直线标注示例。

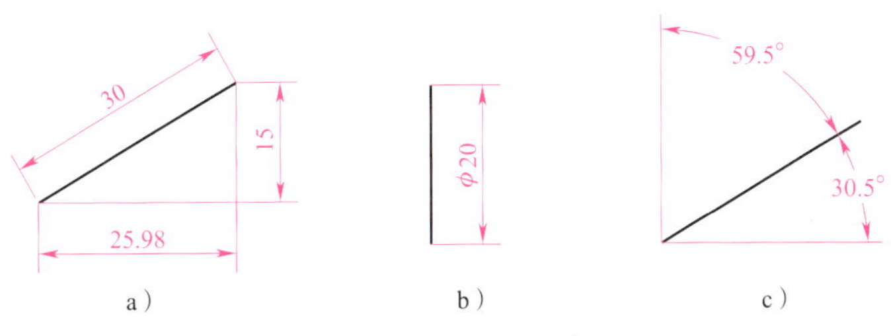

图 6-4　直线标注示例

a）标注长度　b）标注直径　c）标注角度

1）调用“基本标注”功能拾取图 6-4a 中的直线后，按照图 6-2 所示设置立即菜单；若向下拖动鼠标，则可标注出尺寸 25.98；若向右拖动鼠标，则可标注出尺寸 15；若将图 6-2 所示立即菜单中“5.”切换为“平行”时，则可标注出直线的实际长度 30。

2）调用“基本标注”功能拾取图 6-4b 中的直线后，将图 6-2 所示立即菜单中“4. 长度”切换为“直径”时，则可标注 ϕ20。

3）调用“基本标注”功能拾取图 6-4c 中的直线（拾取直线的下部）后，按照图 6-3 所示设置立即菜单，则可标注出角度 30.5°；若将立即菜单中的“4.”切换为“Y 轴夹角”，则可标注出角度 59.5°。

2. 圆的标注

调用“基本标注”功能，按提示拾取要标注的圆，弹出如图 6-5 所示立即菜单。

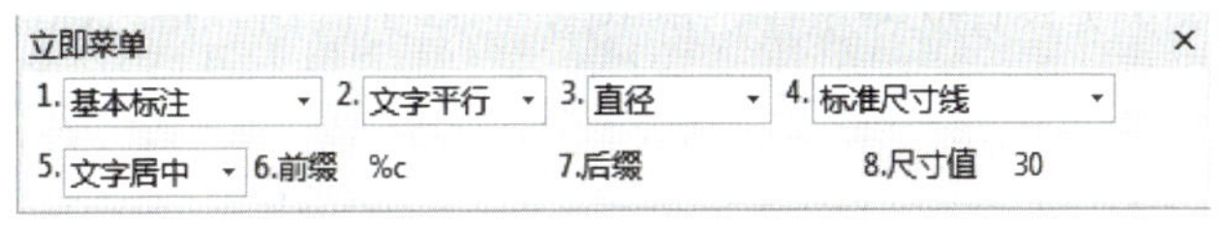

图 6-5　“标注圆”立即菜单

（1）立即菜单参数说明

1）立即菜单中的“3.”有“直径”“半径”和“圆周直径”三种标注方式。“圆周直径”为自圆周引出尺寸界线，标注直径尺寸。

2）在标注“直径”和“圆周直径”时，尺寸值自动带前缀 ϕ；在标注半径尺寸时，尺寸值自动带前缀 R。

3）当选择“圆周直径”时，立即菜单变为图 6-6 所示内容。

图 6-6　“圆周直径”立即菜单 1

4）当将图 6-6 中的“5. 正交”选项切换为“5. 平行”时，立即菜单中增加了一项“6. 旋转角”，如图 6-7 所示，该菜单用来指定尺寸线的倾斜角度。尺寸线与尺寸文字的标注位置，随“标注点”动态确定。

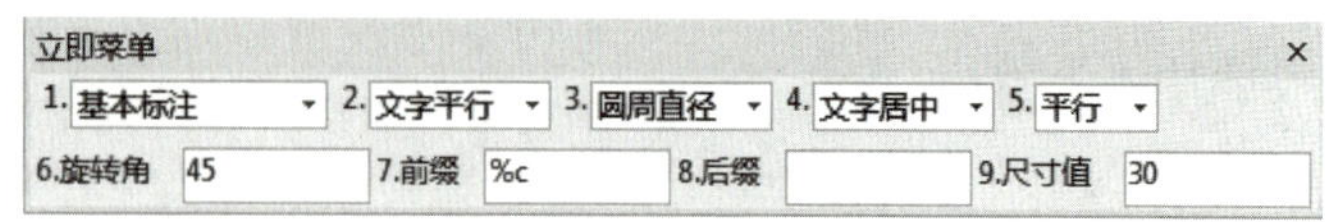

图 6-7 “圆周直径”立即菜单 2

（2）示例

图 6-8 为圆的标注示例。

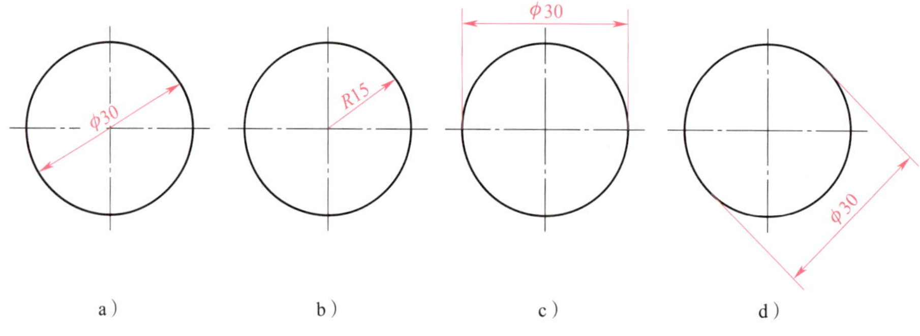

图 6-8 圆的标注示例

a）直径标注 b）半径标注 c）正交标注圆周直径 d）平行标注圆周直径

调用“基本标注”功能拾取图 6-8a 中的圆后，按照图 6-5 所示设置立即菜单，拖动鼠标，则可标注出直径 30。若将图 6-5 中的立即菜单“3.”切换为“半径”，拾取图 6-8b 中的圆，则可标注出半径 15。若按图 6-6 设置立即菜单，拾取图 6-8c 中的圆，可标注出正交圆周直径 30。若按图 6-7 设置立即菜单，拾取图 6-8d 中的圆，则可标注出倾斜 45° 圆周直径 30。

3. 圆弧的标注

调用“基本标注”功能，按提示拾取要标注的圆弧，弹出的立即菜单如图 6-9 所示。

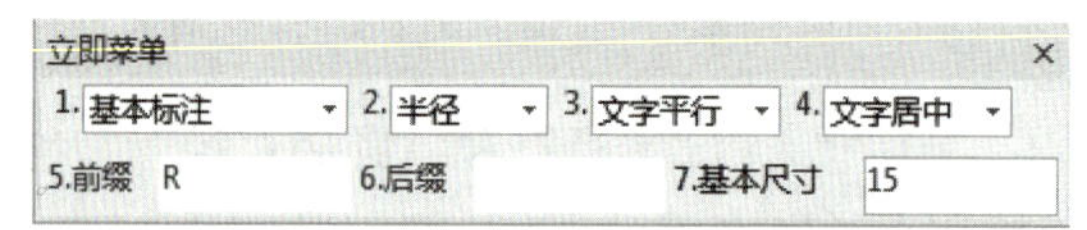

图 6-9 “标注圆弧”立即菜单

（1）立即菜单参数说明

在“2. 半径”选项中包含半径、直径、圆心角、弦长、弧长 5 个选项，可根据需要选用这五种不同的方式对圆弧进行标注。然后按提示指定尺寸线位置，标注位置可随“标注点”动态确定。

（2）示例

图 6-10 为圆弧标注示例。

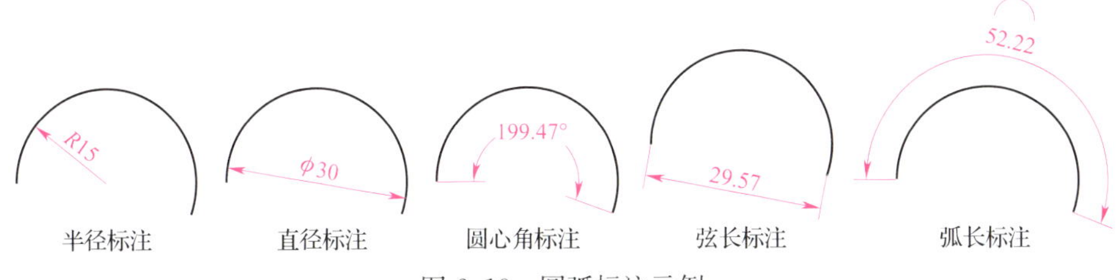

图 6-10　圆弧标注示例

4. 点至点的距离的标注

分别拾取两点（屏幕点、孤立点或利用工具点菜单画的特征点），标注两点之间的距离。调用“基本标注”功能，按提示拾取第一点，再拾取第二点，弹出如图 6-11 所示立即菜单。

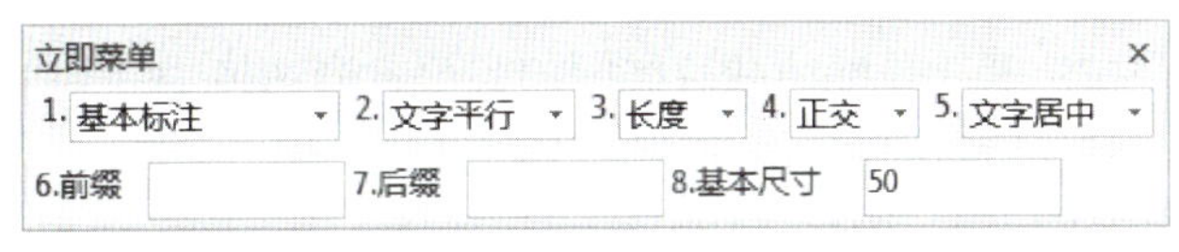

图 6-11　“标注两点”立即菜单

根据作图需要选定菜单中的各个选项，再按提示指定尺寸线位置。

5. 点至直线的距离的标注

分别拾取点和直线，标注点到直线的距离。调用“基本标注”功能，按提示拾取第一点，再拾取直线上任意一点，弹出如图 6-12 所示立即菜单。

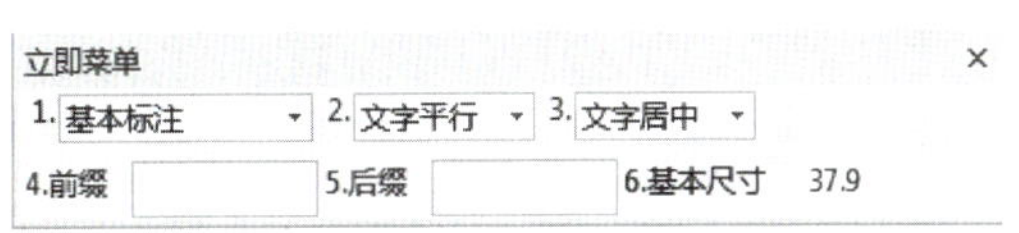

图 6-12　“标注点到直线距离”立即菜单

根据作图需要选定菜单中的各个选项，再按提示指定尺寸线位置。

6. 点至圆（或点至圆弧）的距离的标注

分别拾取点和圆（或圆弧），标注点到圆心的距离。操作步骤与点到直线的距离的标注相同。

注意：如果先拾取点，则点可以是任意点（屏幕点、孤立点或各种特征点）；如果先拾取圆（或圆弧），则点不能是屏幕点。

7. 圆至圆（或圆至圆弧、圆弧至圆弧）的距离的标注

分别拾取圆和圆（或圆和圆弧、圆弧和圆弧），标注两个圆心之间的距离。操作步骤与点到直线的距离的标注相同。

8. 直线至圆（或圆弧）的距离的标注

分别拾取直线和圆（或直线和圆弧），标注直线到圆心之间的距离。调用“基本标注”功能，按提示拾取直线和圆，弹出如图 6-13 所示的立即菜单。

图 6-13　“标注直线到圆心距离”立即菜单

立即菜单中的“3. 圆心”是指标注圆心到直线的最短或垂直距离；当切换为“3. 切点”时是指标注圆的切点与直线的距离。

9. 直线和直线的距离或夹角的标注

拾取两条直线，系统根据两直线的相对位置（平行或相交），标注两直线的距离或夹角。调用“基本标注”功能，如果所拾取的两直线平行，则标注两直线间的长度或对应的直径，弹出如图 6-14 所示的立即菜单。

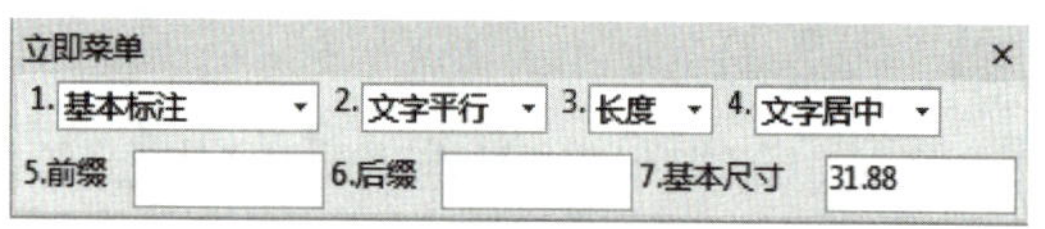

图 6-14 “标注两平行直线距离”立即菜单

立即菜单中的“3. 长度”是标注两直线间的长度；当切换为“3. 直径”时，则是标注两直线对应的直径，在尺寸值前自动加前缀 ϕ。

如果所拾取的两直线相交，则标注两直线间的夹角，则立即菜单变为图 6-15 所示内容。立即菜单中的“4. 度”可以切换成“4. 度分秒”。

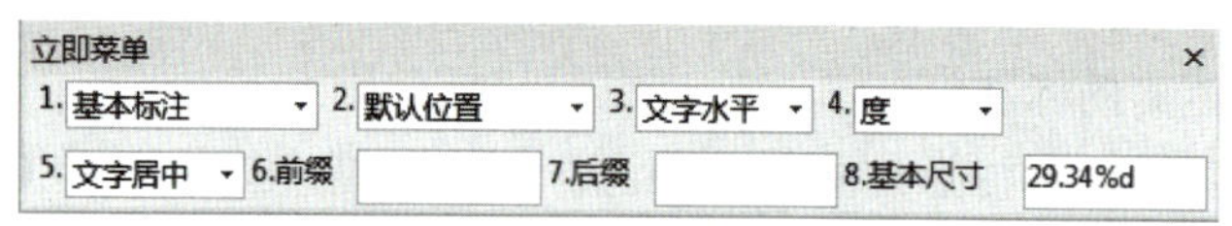

图 6-15 “标注两直线夹角”立即菜单

10. 示例

图 6-16 为拾取两个对象标注示例。

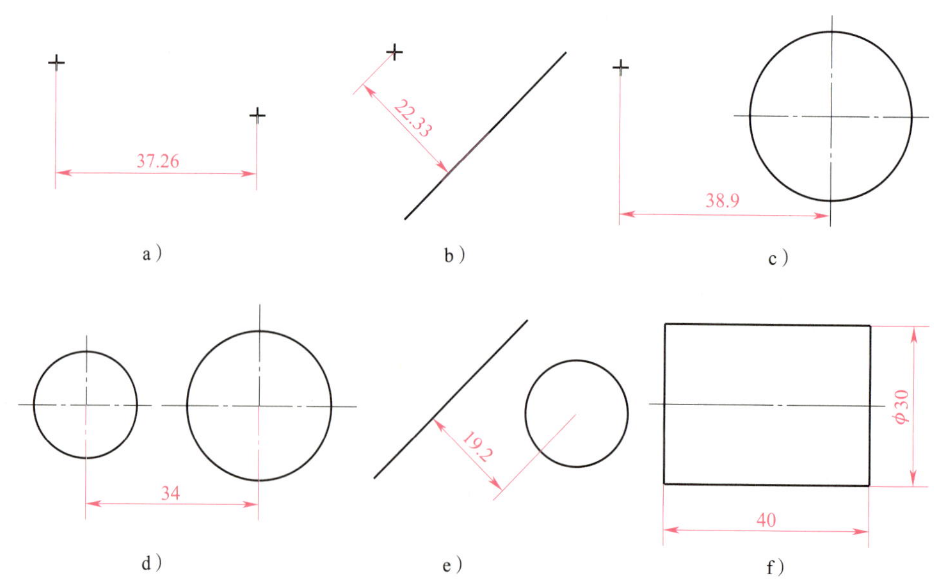

图 6-16 拾取两个对象标注示例

a）两点间距离的标注 b）点至直线的距离的标注 c）点至圆的距离的标注

d）圆至圆间距离的标注 e）直线至圆的距离的标注 f）直线和直线的距离或夹角的标注

二、基线标注

基线标注是指从同一基点处引出多个标注。

1. 调用“基线标注”功能

单击“尺寸标注”功能按钮处子菜单中的 ⊢⊣ 按钮，或调用“尺寸标注”功能并在立即菜单选择“基线标注”，或在命令行中执行 basdim 命令，即可调用“基线标注”功能。

2. 说明

调用“基线标注”功能，按提示操作即可连续生成多个标注。拾取一个已有标注和拾取引出点，操作方法不同，具体如下：

（1）如拾取一个已标注的“线性尺寸”，则该线性尺寸就作为“基线标注”中的第一基准尺寸，并按拾取点的位置确定尺寸基准界线，再按提示标注后续基准尺寸。对应的立即菜单如图 6-17 所示。

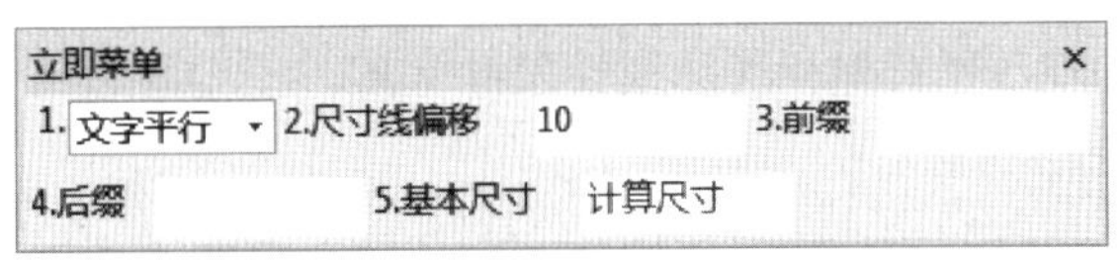

图 6-17 “基线标注”立即菜单 1

立即菜单各项的含义如下：

1）立即菜单中的“1.”有“文字平行”“文字水平”“ISO 标准”三个选项，用来控制尺寸文字的方向。

2）立即菜单中的“2. 尺寸线偏移”，用来指定尺寸线的间距。默认为 10 mm，可以修改。

3）立即菜单中的“3. 前缀”，表示可在尺寸前加前缀；立即菜单中的“4. 后缀”，表示可在尺寸后加后缀。

4）立即菜单中的“5. 基本尺寸”，默认为实际测量值，还可以重新输入数值。

（2）如拾取的是“第一引出点”，弹出如图 6-18 所示立即菜单。

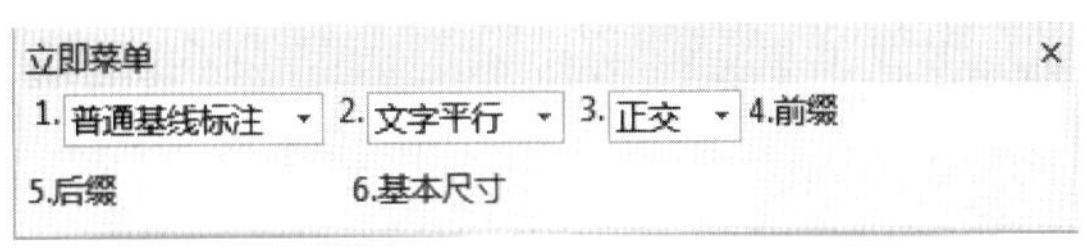

图 6-18 “基线标注”立即菜单 2

以此引出点作为尺寸基准界线引出点，拾取“第二引出点”指定尺寸线位置后，即可标注两个引出点间的第一基准尺寸。按提示可以反复拾取“第二引出点”，即可标注出一组基准尺寸。

其中，立即菜单中的“3. 正交”是指尺寸线平行于坐标轴。单击“3. 正交”可切换为“3. 平行”，即尺寸线平行于两点连线方向。

3. 示例

图 6-19 为基线标注的图例。

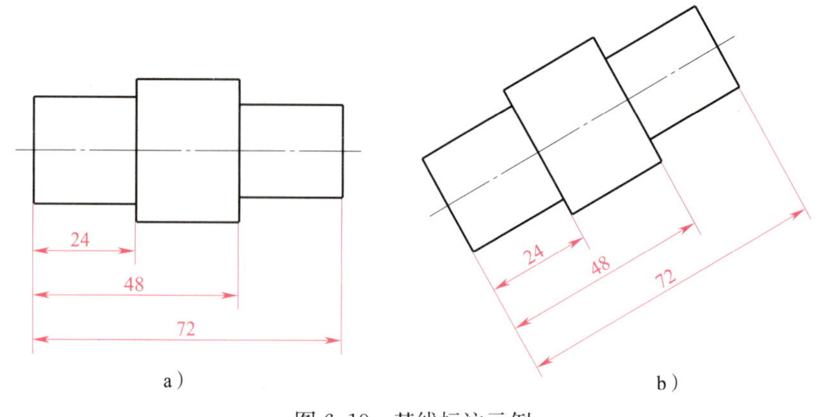

图 6-19　基线标注示例
a）正交方式标注　b）平行方式标注

三、连续标注

连续标注是指生成一系列首尾相连的线性尺寸标注。

1. 调用“连续标注”功能

单击“尺寸标注”功能按钮处子菜单中的 ⊢⊢ 按钮，或调用“尺寸标注”功能并在立即菜单选择“连续标注”，或在命令行中执行 contdim 命令，即可调用“连续标注”功能。

2. 说明

调用“连续标注”功能，按提示操作即可连续生成多个标注。拾取一个已有标注和拾取引出点，操作方法不同。

（1）如拾取一个已标注的“线性尺寸”，则该线性尺寸就作为“连续尺寸”中的第一个尺寸，并按拾取点的位置确定尺寸基准界线，沿另一方向可标注后续的连续尺寸，此时相应的立即菜单如图 6-20 所示。

给定第二引出点后，按提示可以反复拾取适当的“第二引出点”，即可标注出一组连续尺寸。

（2）如拾取的是“第一引出点”，则此引出点为尺寸基准界线的引出点，按提示拾取第二引出点后，立即菜单变为如图 6-21 所示的内容。

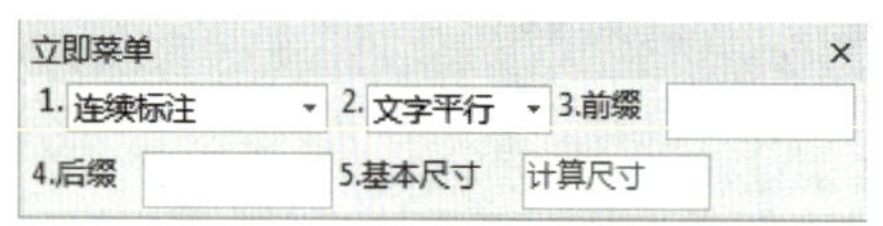

图 6-20　“连续标注”立即菜单 1

图 6-21　“连续标注”立即菜单 2

可以标注两个引出点间的 X 轴方向、Y 轴方向或沿两点方向的“连续尺寸”中的第一尺寸，系统重复提示“第二引出点：”。此时，通过反复拾取适当的“第二引出点”，即可标注出一组连续尺寸。

3. 示例

图 6-22 为连续标注示例。

启动执行命令："连续标注"

拾取线性尺寸或第一引出点：（拾取图 6-22 中的 A 点）

拾取第二引出点：（拾取图 6-22 中的 B 点）

尺寸线位置：（单击鼠标左键确定尺寸线位置，则标注出 A、B 两点间的长度尺寸）

拾取第二引出点：（拾取图 6-22 中的 C 点，则标注出 B、C 两点间的长度尺寸）

拾取第二引出点：（拾取图 6-22 中的 D 点，则标注出 C、D 两点间的长度尺寸）

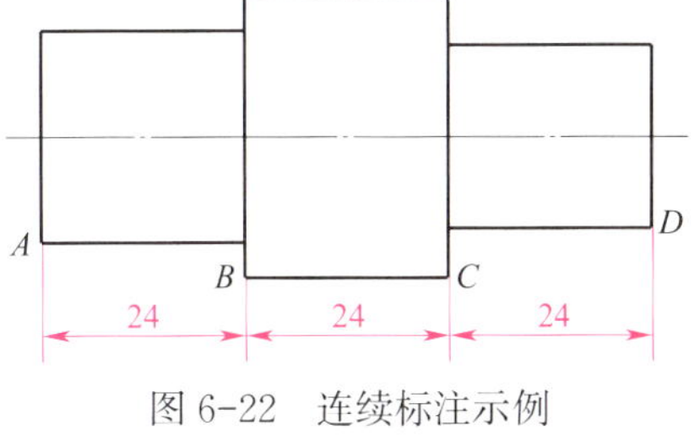

图 6-22　连续标注示例

单击右键弹出快捷菜单，选择“确定”按钮，退出连续标注。

四、三点角度标注

三点角度标注是指生成一个用三个点确定的角度标注。

1. 调用“三点角度标注”功能

单击“尺寸标注”功能按钮处子菜单中的 命令，或调用“尺寸标注”功能并在立即菜单中选择“三点角度标注”，或在命令行中执行 dimanglep 命令，即可调用“三点角度标注”功能。

2. 说明

执行“三点角度标注”命令后，弹出如图 6-23 所示立即菜单。

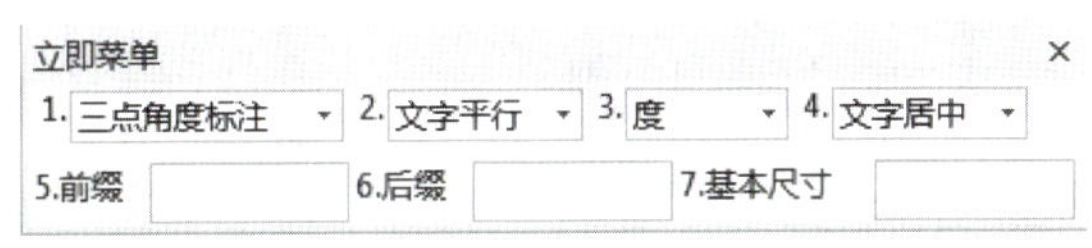

图 6-23　“三点角度标注”立即菜单

（1）单击立即菜单中的“3. 度”可切换为“3. 度分秒”。

（2）根据提示拾取“顶点”“第一点”“第二点”并确认标注的位置即可。第一引出点和顶点的连线与第二引出点和顶点的连线之间的夹角即为“三点角度标注”的角度值。

3. 示例

图 6-24 所示为三点角度标注的示例。操作步骤如下：

启动执行命令："三点角度标注"

顶点：（拾取图 6-24 中的顶点）

第一点：（拾取图 6-24 中的第一点）

第二点：（拾取图 6-24 中的第二点）

尺寸线位置：（移动光标，选择合适的位置，单击鼠标左键确定尺寸线位置）

图 6-24　三点角度标注

五、角度连续标注

角度连续标注是指连续生成一系列角度标注。

1. 调用“角度连续标注”功能

单击“尺寸标注”功能按钮处子菜单中的 命令，或调用“尺寸标注”功能并在立即菜单中选择“角度连续标注”，或在命令行中执行 dimanglec 命令，即可调用“角度连续标注”功能。

2. 说明

调用“角度连续标注”功能，按提示操作即可连续生成多个标注。在拾取第一个标注元素或角度尺寸时，可以选择标注点、标注边或已有角度标注。

3. 示例

（1）选择标注点示例（图 6-25）

启动执行命令："角度连续标注"

拾取第一个标注元素或角度尺寸：（拾取图 6-25a 中的 *O* 点）

拾取角度起始点：（拾取图 6-25a 中 *A* 点）

拾取角度终止点：（拾取图 6-25a 中 *B* 点，立即菜单变为图 6-25b 所示，可根据标注需要进行设置）

尺寸线位置：（移动光标，在合适的位置单击鼠标左键，即可标注出∠*AOB* 的角度）

尺寸线位置：（依次捕捉 *C*、*D*、*E* 点，则可完成其余三个角度的标注）

单击右键弹出快捷菜单，选择“确定”按钮，退出角度连续标注。

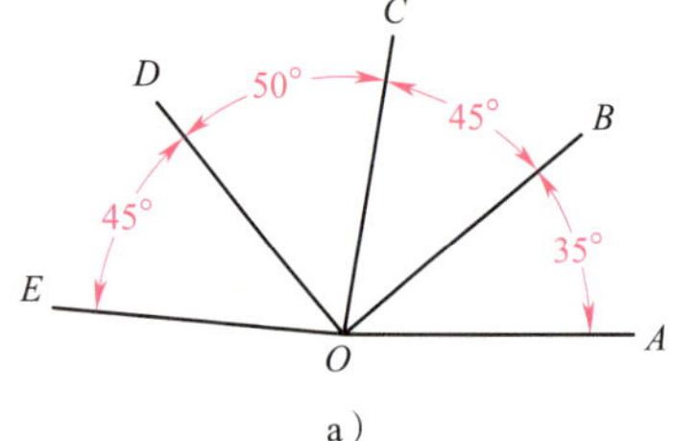

a）

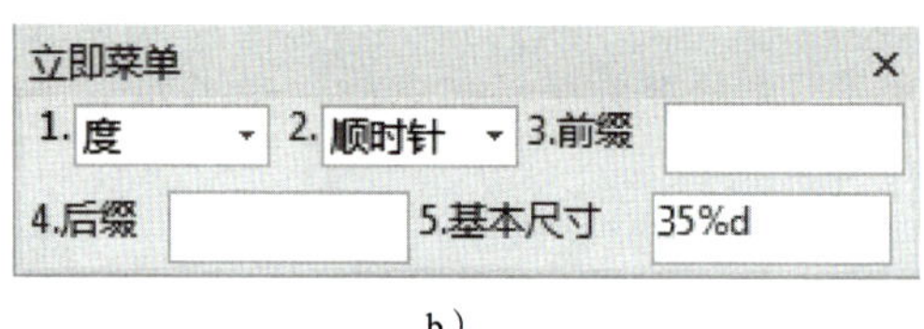

b）

图 6-25　选择标注点

a）示例　b）立即菜单

（2）选择标注边示例（图 6-26）

启动执行命令："角度连续标注"

拾取第一个标注元素或角度尺寸：（拾取图 6-26a 中的直线 *OA*）

拾取另一条直线：（拾取图 6-26a 中的直线 *OB*，弹出如图 6-26b 所示立即菜单，可根据标注需要进行设置）

尺寸线位置：（移动光标，在合适的位置，单击鼠标左键，即可标注出∠*AOB* 的角度，依次拾取直线 *OC* 和 *OD*，则可完成∠*BOC* 和∠*COD* 的标注）

单击右键弹出快捷菜单，选择确定按钮，退出角度连续标注。

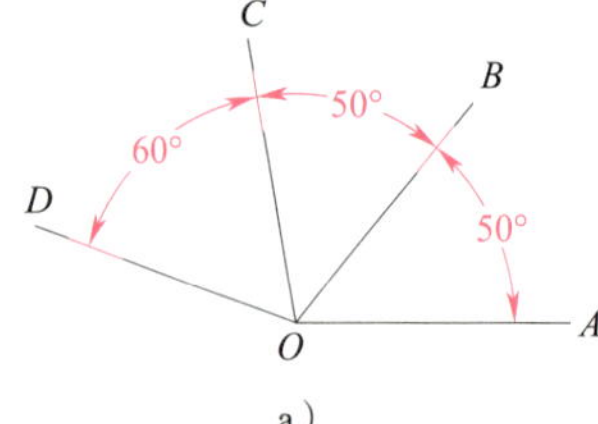

a）

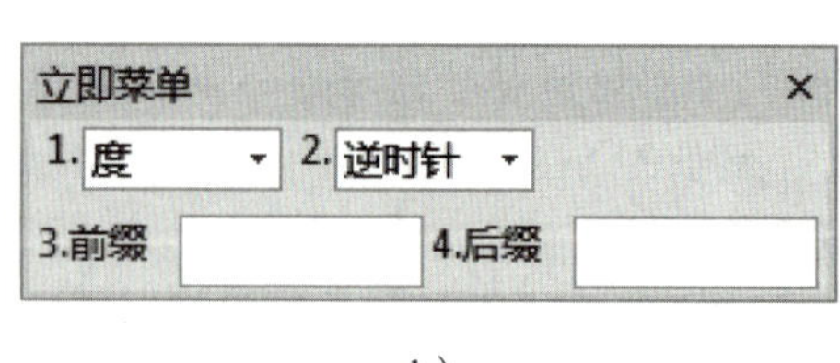

b）

图 6-26　选择标注边

a）示例　b）立即菜单

（3）选择已有角度标注示例（图 6-27）

启动执行命令："角度连续标注"

拾取第一个标注元素或角度尺寸：（拾取图 6-27b 中∠AOB 的标注，弹出如图 6-27a 所示立即菜单）

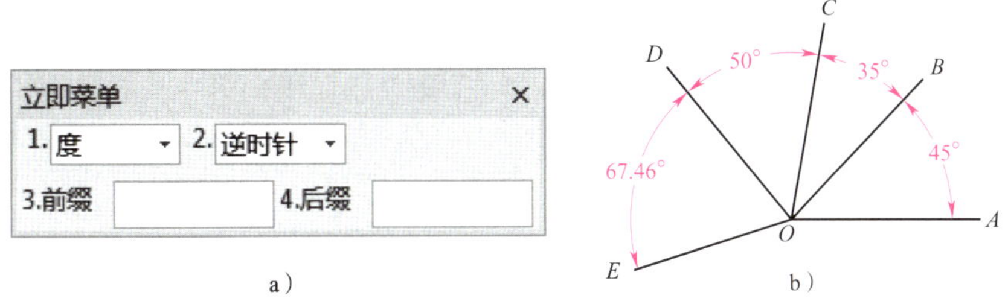

a）　　b）

图 6-27　选择已有角度标注

a）立即菜单　b）示例

依次拾取直线 OC、OD、OE，则可完成∠BOC、∠COD、∠DOE 的标注，尺寸位置与∠AOB 对齐，如图 6-27b 所示。单击右键弹出快捷菜单，选择“确定”按钮，退出角度连续标注。

六、半标注

半标注用于生成一个具有单箭头的线性尺寸。

1. 调用“半标注”功能

单击“尺寸标注”功能按钮处子菜单中的 ⊢ 命令，或调用“尺寸标注”功能并在立即菜单中选择“半标注”，或在命令行中执行 dimhalf 命令，即可调用“半标注”功能，系统弹出如图 6-28 所示立即菜单。

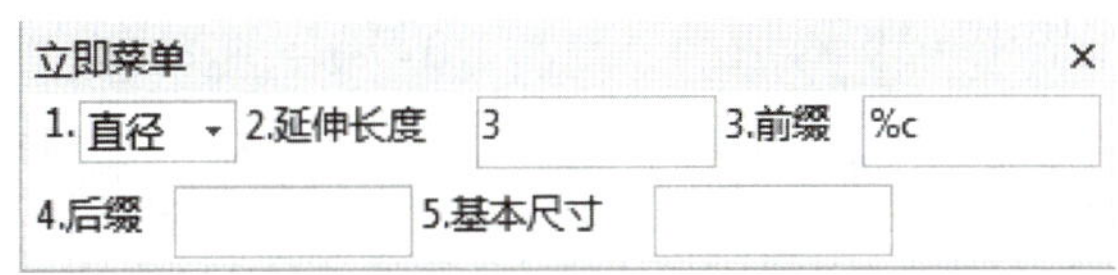

图 6-28　“半标注”立即菜单

2. 说明

立即菜单“1. 直径”可以切换为“1. 长度”。当立即菜单“1.”为直径时，立即菜单“3. 前缀”后面的框中会自动添加“%c”符号。设置好立即菜单的参数后，根据提示进行操作。

（1）拾取直线或第一点

如果拾取到一条直线，系统提示“拾取与第一条直线平行的直线或第二点”；如果拾取到一个点，系统提示“拾取直线或第二点”。

（2）拾取第二点或直线

如果两次拾取的都是点，第一点到第二点距离的 2 倍为尺寸值；如果拾取的为点和直线，点到被拾取直线的垂直距离的 2 倍为尺寸值；如果拾取的是两条平行的直线，两直线之间距离的 2 倍为尺寸值。尺寸值在立即菜单“5. 基本尺寸”中显示，用户也可以输入数值。输入第二个元素后，系统提示“尺寸线位置”。

（3）确定尺寸线位置

用鼠标动态拖动尺寸线，在适当位置确定尺寸线位置后，即完成标注。

半标注的尺寸界线引出点总是从第二次拾取元素上引出。尺寸线箭头指向尺寸界线。

3. 示例

图 6-29 为半标注的示例。其中，图 6-29a 为两次拾取的都是点的标注形式；图 6-29b 为第一次拾取的是点，第二次拾取的是直线的标注形式；图 6-29c 为拾取两条平行直线的标注形式；图 6-29d 为第一次拾取的是直线，第二次拾取的是点的标注形式。

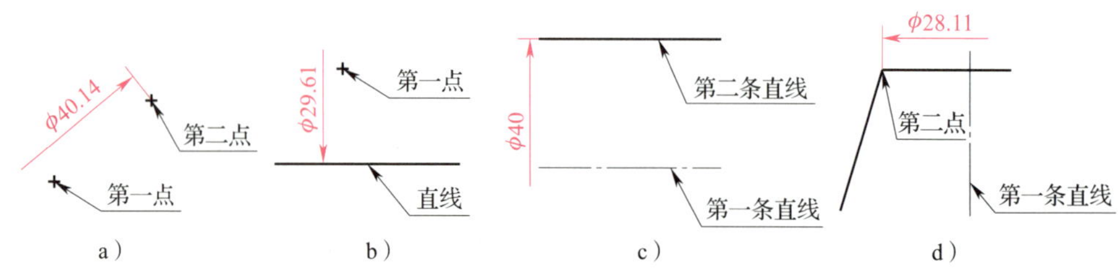

图 6-29　半标注示例

a）两点之间的半标注　b）点与直线之间的半标注

c）两条直线之间的半标注　d）直线与点之间的半标注

七、大圆弧标注

大圆弧标注用于生成大圆弧的尺寸。

1. 调用“大圆弧标注”功能

单击“尺寸标注”功能按钮处子菜单中的 按钮，或调用“尺寸标注”功能并在立即菜单中选择“大圆弧标注”，或在命令行中执行 arcdim 命令，即可调用“大圆弧标注”功能，系统弹出如图 6-30 所示立即菜单。

图 6-30　“大圆弧标注”立即菜单

2. 说明

（1）执行“大圆弧标注”功能后，按提示拾取圆弧。拾取圆弧之后，圆弧的尺寸值在立即菜单“4. 基本尺寸”编辑框中显示，用户也可以输入尺寸值。

（2）按提示依次指定“第一引出点”“第二引出点”和“定位点”后即完成大圆弧标注。

3. 示例

图 6-31 为大圆弧标注示例。

操作步骤如下：

启动执行命令："大圆弧标注"

拾取圆弧：（拾取图 6-31 所示圆弧）

第一引出点：（确定第一引出点）

第二引出点：（确定第二引出点）

定位点：（确定定位点）

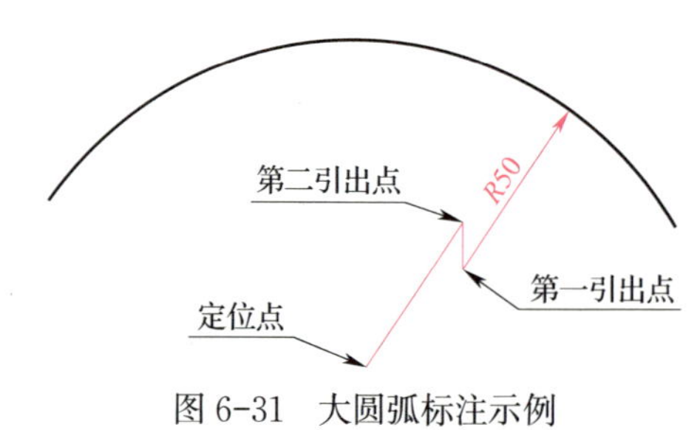

图 6-31　大圆弧标注示例

执行上述操作，则可标注出如图 6-31 所示标注。单击右键弹出快捷菜单，选择“确定”按钮，退出大圆弧标注。

八、射线标注

射线标注用于生成射线尺寸。

1. 调用“射线标注”功能

单击“尺寸标注”功能按钮处子菜单中的 →— 按钮，或调用“尺寸标注”功能并在立即菜单中选择“射线标注”，或在命令行中执行 dimradial 命令，即可调用射线标注功能，弹出如图 6-32 所示立即菜单。

2. 说明

调用射线标注功能后，系统提示“第一点”，指定第一点后，系统提示“第二点”，指定第二点后，立即菜单变为图 6-33 所示内容。

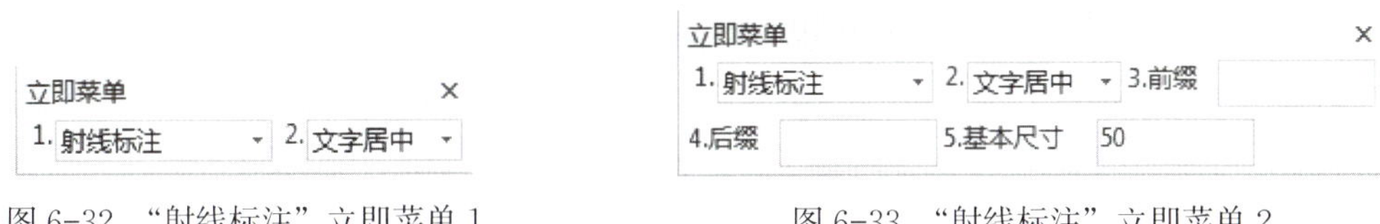

图 6-32　“射线标注”立即菜单 1　　图 6-33　“射线标注”立即菜单 2

基本尺寸默认为第一点到第二点的距离。用户也可以输入尺寸值。然后拖动尺寸线，在适当位置指定文字定位点即完成射线标注。

3. 示例

图 6-34 为射线标注示例。

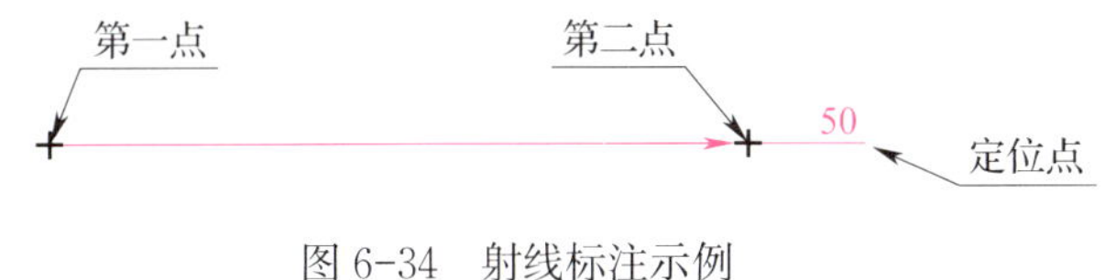

图 6-34　射线标注示例

操作步骤如下：

启动执行命令："射线标注"

第一点：（拾取第一点）

第二点：（拾取第二点）

定位点：（拾取定位点）

执行上述操作，则可完成如图 6-34 所示标注。单击右键弹出快捷菜单，选择“确定”按钮，退出射线标注。

九、锥度 / 斜度标注

锥度 / 斜度标注用于标注锥度或斜度。

1. 调用“锥度 / 斜度标注”功能

单击“尺寸标注”功能按钮处子菜单中的 命令，或调用“尺寸标注”功能并在立即菜单中选择“锥度 / 斜度标注”，或在命令行中执行 gradientdim 命令，即可调用“锥度 / 斜度”标注功能，系统弹出如图 6-35 所示立即菜单。

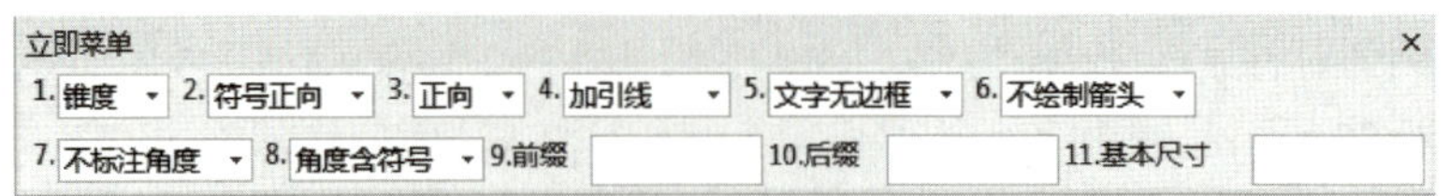

图 6-35 “锥度 / 斜度标注”立即菜单

2. 说明

立即菜单各选项的含义如下：

（1）单击立即菜单“1. 锥度”可以切换为“1. 斜度”。锥度的默认尺寸值为被标注直线相对轴线高度差的 2 倍与直线长度的比值，用 1∶*X* 表示；斜度的默认尺寸值为被标注直线相对轴线高度差与直线长度的比值，用 1∶*X* 表示。

（2）单击立即菜单“2. 符号正向”可以切换为“2. 符号反向”，用来调整锥度或斜度符号的方向。

（3）单击立即菜单“3. 正向”可以切换为“3. 反向”，用来调整锥度或斜度标注文字的方向。

（4）单击立即菜单“4. 加引线”，控制是否添加引线。

（5）单击立即菜单“5. 文字无边框”，设置标注的文字是否加边框。

（6）单击立即菜单“6. 不绘制箭头”，设置是否绘制引出线的箭头。

（7）单击立即菜单“7. 不标注角度”，设置是否添加角度标注。

确认立即菜单的参数后，先拾取轴线，再拾取直线。拾取直线后，在立即菜单“11. 基本尺寸”框中显示默认尺寸值，用户也可以输入尺寸值。用光标拖动尺寸线，在适当位置输入文字定位点即完成锥度标注。

3. 示例

图 6-36 为锥度 / 斜度标注示例。

操作步骤如下：

启动执行命令："锥度 / 斜度标注"

拾取轴线：（拾取图 6-36 中的中心线）

拾取直线：（拾取图 6-36 中的轮廓线）

定位点：（移动光标，在合适的位置确定定位点）

执行上述操作，则可标注出图 6-36 中的锥度符号；单击“1. 锥度”，切换为斜度，按上述步骤，则可标注出图 6-36 中的斜度符号。单击右键弹出快捷菜单，选择“确定”按钮，退出“锥度 / 斜度标注”。

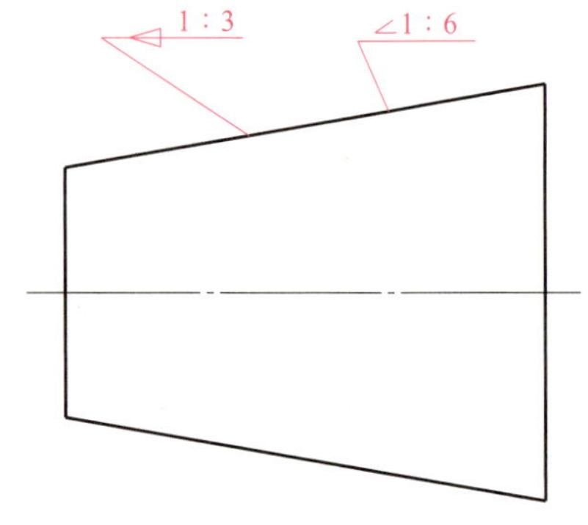

图 6-36 锥度 / 斜度标注示例

十、曲率半径标注

曲率半径标注用于对样条曲线进行曲率半径的标注。

1. 调用“曲率半径标注”功能

单击“标注”功能按钮处子菜单中的命令，或调用“标注”功能并在立即菜单中选择“曲率半径标注”，或在命令行中执行 dimcurvrature 命令，即可调用“曲率半径标注”功能，系统弹出如图 6-37a 所示立即菜单。

2. 说明

执行“曲率半径标注”命令后，系统提示“拾取标注元素或点取第一点”，拾取标注元素，立即菜单变为图 6-37b 所示，系统提示变为“尺寸线位置”，确定标注尺寸线位置，样条线曲率半径标注完成。

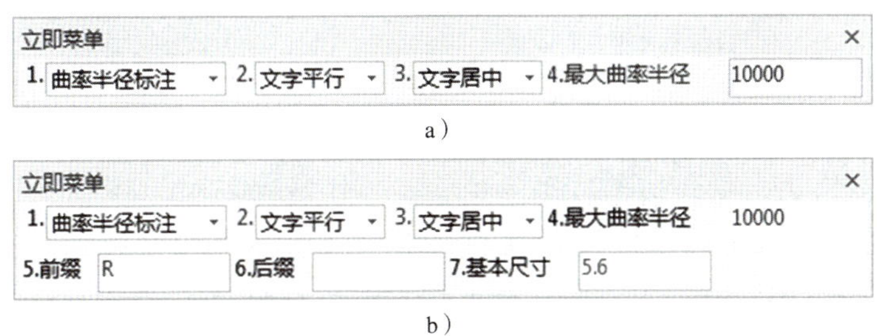

图 6-37 “曲率半径标注”立即菜单

a）拾取标注元素前 b）拾取标注元素后

单击立即菜单“2. ”，可以选择“文字水平”“文字平行”或者“ISO 标准”。单击立即菜单“3. ”，可以选择“文字居中”或者“文字拖动”。

R15.01

R15.5

图 6-38 曲率半径标注示例

3. 示例

图 6-38 所示为曲率半径标注示例。

操作步骤如下：

启动执行命令："曲率半径标注"

拾取标注元素或点取第一点：（拾取图 6-38 中的样条曲线）

尺寸线位置：（随着光标的移动，样条曲线的曲率半径发生变化，单击左键，确定标注的位置）

执行上述操作，完成曲率半径的标注。单击右键弹出快捷菜单，选择“确定”按钮，退出曲率半径标注。

十一、综合示例

例 1 绘制如图 6-39 所示燕尾块零件形，并标注尺寸。

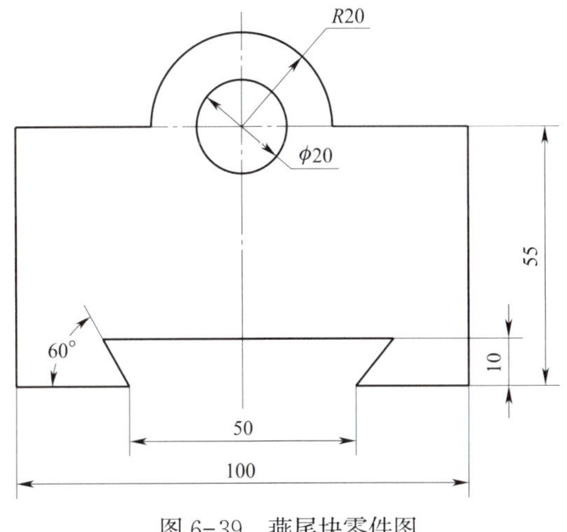

图 6-39 燕尾块零件图

绘图步骤见表 6-1。

表 6-1　　综合示例一绘图步骤

操作步骤	图示
（1）绘制图形 将中心线层置为当前层，应用直线命令，绘制中心线。再将粗实线层置为当前层，应用圆命令和直线命令，绘制零件轮廓。最后，应用修剪等命令，修改图形	
（2）标注尺寸 应用尺寸标注中的“基本标注”，标注图中的长度、角度、直径、半径等尺寸	

例 2　绘制如图 6-40 所示的挂轮架零件图，并标注尺寸。

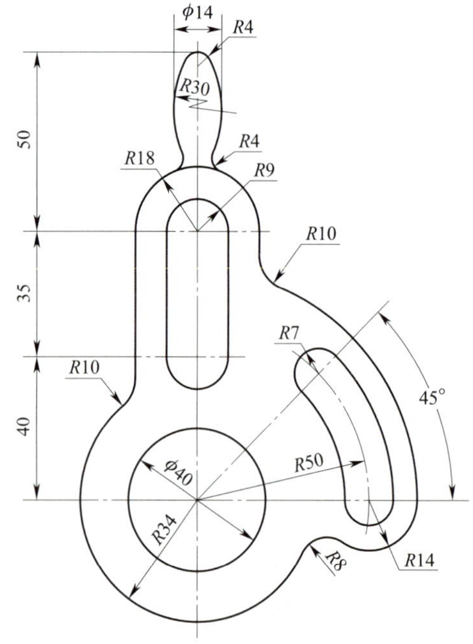

图 6-40　挂轮架零件图

绘图步骤见表 6-2。

表 6-2　　挂轮架平面图绘图步骤

绘图步骤	图示
（1）绘制中心线和定位线 将当前层置为中心线层，绘制中心线和定位线	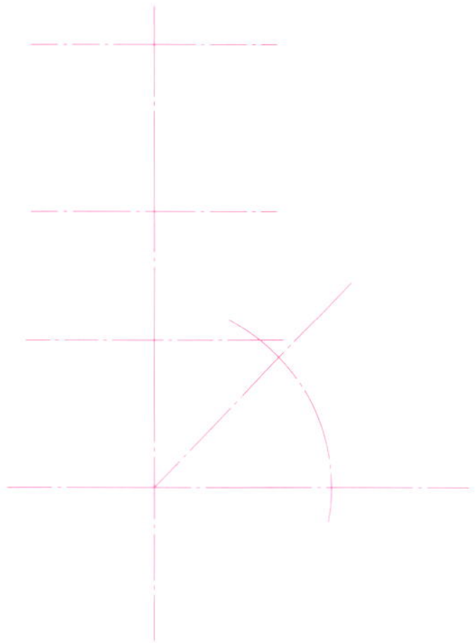
（2）绘制圆 将当前层置为粗实线层，绘制图中的 ϕ40 mm、*R*34 mm、*R*9 mm（两处）、*R*7 mm（两处）、*R*14 mm、*R*18 mm、*R*4 mm 等圆	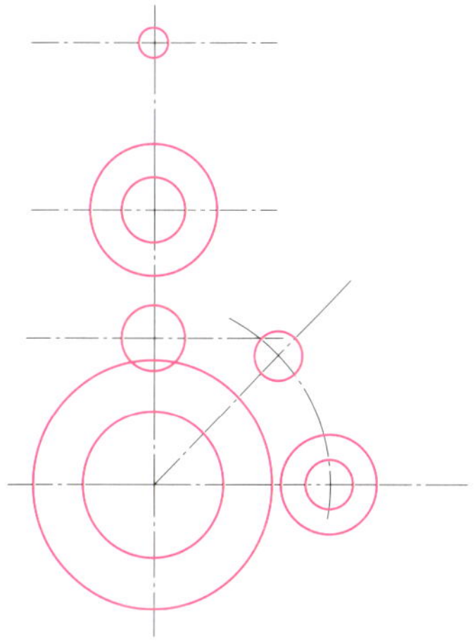
（3）绘制 *R*30 mm 圆弧 应用等距命令，将垂直中心线向两侧等距 7 mm。再应用“两点半径”圆弧命令绘制 *R*30 mm 圆弧，并应用圆弧的三角形夹点拉伸圆弧。最后应用镜像命令，镜像另一 *R*30 mm 圆弧	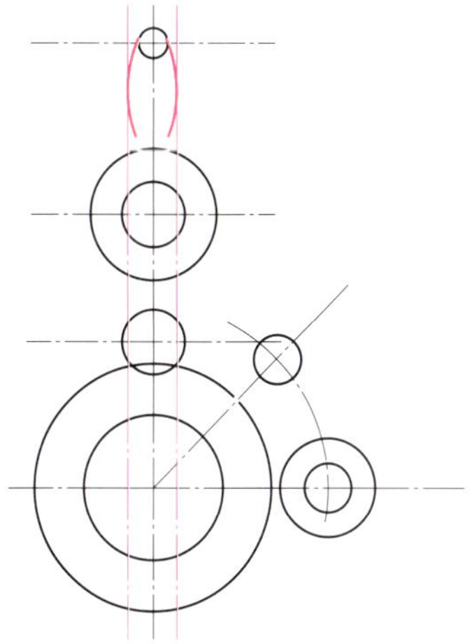

绘图步骤	图示
（4）绘制 $R4$ mm 过渡圆弧并修剪和删除多余的线条 应用圆角过渡命令，绘制 $R4$ mm 过渡圆弧。应用修剪命令，修剪 $R4$ mm 圆，应用删除命令删除两条中心线的等距线	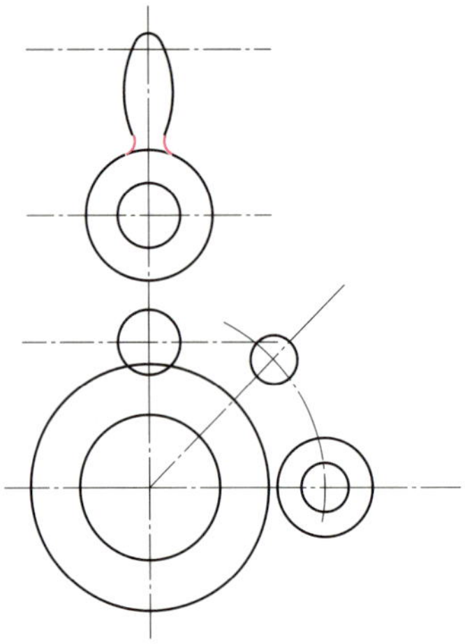
（5）绘制 $R18$ mm、$R9$ mm 圆的切线及 $R10$ mm 过渡圆角 应用直线命令，绘制 $R18$ mm、$R9$ mm 圆的切线。应用圆角过渡命令，绘制 $R10$ mm 圆角	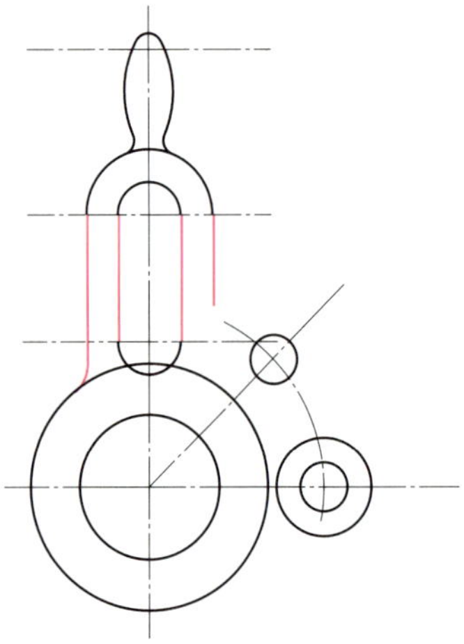
（6）绘制 $R43$ mm、$R57$ mm 圆弧及 $R64$ mm 圆弧 应用“两点半径”圆弧命令，绘制 $R43$ mm、$R57$ mm 圆弧。应用等距线命令，将 $R50$ mm 圆弧向右等距 14 mm，并将该圆弧的线型修改为粗实线	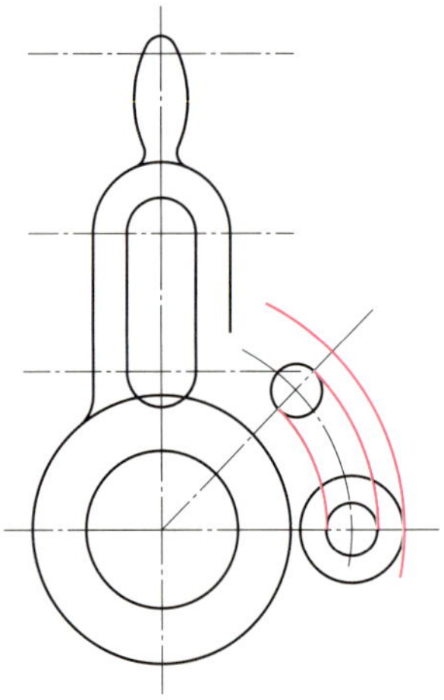

续表

绘图步骤	图示
（7）绘制 R10 mm、R8 mm 过渡圆弧，并编辑图形使其符合机械制图标准 应用圆角过渡命令绘制 R10 mm、R8 mm 过渡圆弧，应用修剪和打断命令修改绘制的图形，使之符合机械制图标准	
（8）标注尺寸 应用“基本标注”命令，标注图中的圆、圆弧、角度等尺寸；应用“连续标注”命令，标注 40 mm、35 mm、50 mm；应用“大圆弧”标注命令，标注 R30 mm 圆弧	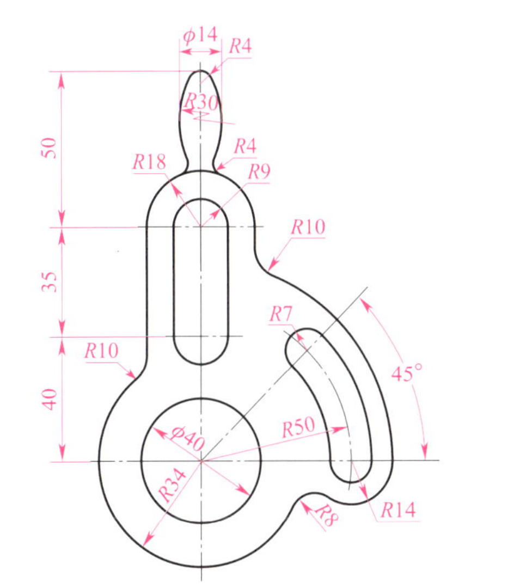

§6-2 文字标注

文字是图样中很重要的组成元素，是机械制图和工程制图中不可缺少的内容。在一个完整的图样中，通常都包含一些文字注释来标注图样中的一些非图形信息。如机械工程图样中的标题栏、明细表、技术要求等都需要填写文字。

一、文字功能

文字功能用于在当前 CAD 文件中生成文字对象。

单击“绘图”主菜单的“文字”子菜单中“文字”命令，或单击“绘图工具”工具条的 A 按钮，或单击“标注”选项卡中“文字”面板的 A 按钮，或在命令行中执行 text 命令，即可调用文字功能，系统弹出如图 6-41 所示立即菜单。

图 6-41 “文字”立即菜单

立即菜单“1.”有四个选项：“指定两点”“搜索边界”“曲线文字”和“递增文字”，分别对应生成文字的四种方式，下面分别介绍。

1. 指定两点

执行“文字”命令后，在立即菜单中选择“指定两点”，根据提示用鼠标指定要标注文字的矩形区域的第一角点和第二角点。然后系统将弹出文字输入对话框和文本编辑器（图 6-42）。设置文字参数后，在文字输入对话框中输入文字，然后单击“确定”按钮即可。

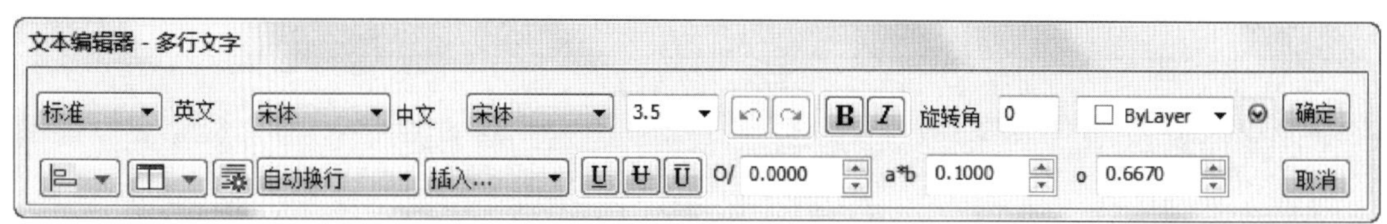

图 6-42 多行文字文本编辑器

文本编辑器各项参数的含义和用法如下：

（1）样式

单击“标准”选择框，可以选择要生成文字的文字风格，文字风格的切换对整段文字有效。如果将新样式应用到当前编辑的文字对象中，用于字体、高度和粗体或斜体属性的字符格式将被替代。下划线和颜色属性将保留在应用了新样式的字符中。

（2）字体

单击“英文”和“中文”右边的选择框，可以为新输入的文字指定字体或改变选定文字的字体。

（3）文字高度

单击“3.5”选择框，可以设置新文字的高度或修改选定文字的高度。

（4）角度

在“旋转角”右边的输入框，可以为新输入的文字设置旋转角度或改变已选定文字的旋转角度。横写文字时为一行文字的延伸方向与坐标系的 X 轴正方向按逆时针测量的夹角；竖写文字时为一列文字的延伸方向与坐标系的 Y 轴负方向按逆时针测量的夹角。旋转角的单位为度。

（5）颜色

单击“□ ByLayer”选择框，可以指定新文字的颜色或更改选定文字的颜色。

（6）粗体

单击“B”按钮，可打开或关闭新文字或选定文字的粗体格式。此选项仅适用于使用

TrueType 字体的字符。

（7）倾斜

单击“I”按钮，可打开或关闭新文字或选定文字的斜体格式。此选项仅适用于使用 TrueType 字体的字符。

（8）下划线

单击“U”按钮，可为新文字或选定文字打开或关闭下划线。

（9）中划线

单击“U”按钮，可为新文字或选定文字打开或关闭中划线。

（10）上划线

单击“Ū”按钮，可为新文字或选定文字打开或关闭上划线。

（11）插入符号

单击“插入...”选择框，可以插入各种特殊符号，包括直径符号、角度符号、正负号、偏差、上下标、分数、表面粗糙度、尺寸特殊符号等。

（12）换行

单击“自动换行”选择框，弹出“自动换行”“压缩文字”或“手动换行”选择项，可设置文字的换行方式。“自动换行”是指文字到达指定区域的右边界（横写时）或下边界（竖写时）时，自动以汉字、单词、数字或标点符号为单位换行，并可以避头尾字符，使文字不会超过边界（例外情况：当指定的区域很窄而输入的单词、数字或分数等很长时，为保证不将一个完整的单词、数字或分数等结构拆分到两行，生成的文字会超出边界）。“压缩文字”是指当指定的字型参数会导致文字超出指定区域时，系统自动修改文字的高度、中西文宽度系数和字符间距系数，以保证文字完全在指定的区域内。“手动换行”是指在输入标注文字时只要按 Enter 键，就能完成文字换行。

（13）对齐

单击“ ”选择框，弹出“左上”“中上”“右上”“左中”“居中”“右中”“左下”“中下”“右下”九个选项，通过该选择框可设置文字的对齐方式。

（14）分栏

单击“ ”选择框，弹出“不分栏”“动态分栏（包括手动高度和自动高度）”“静态分栏”“插入分栏符”及“分栏设置”五个选项，通过该选择框，可以设置文字的分栏状态（系统默认为不分栏状态）。插入分栏符选项默认为灰色不可选状态，只有成功分栏后才可以插入分栏符作为分栏界限。

（15）段落设置

点击“ ”按钮，可弹出如图 6-43 所示“段落设置”对话框，可以通过“制表位”“左缩进”“右缩进”“段落对齐”“段落间距”和“段落行距”，对文本进行段落设定。

2. 搜索边界

调用“文字”功能后，在立即菜单选择“搜索边界”，根据提示指定边界内一点和边界间距系数，然后系统将弹出文字输入对话框和文本编辑器（图 6-42）。文字编辑方法同“指定两点”时一致。

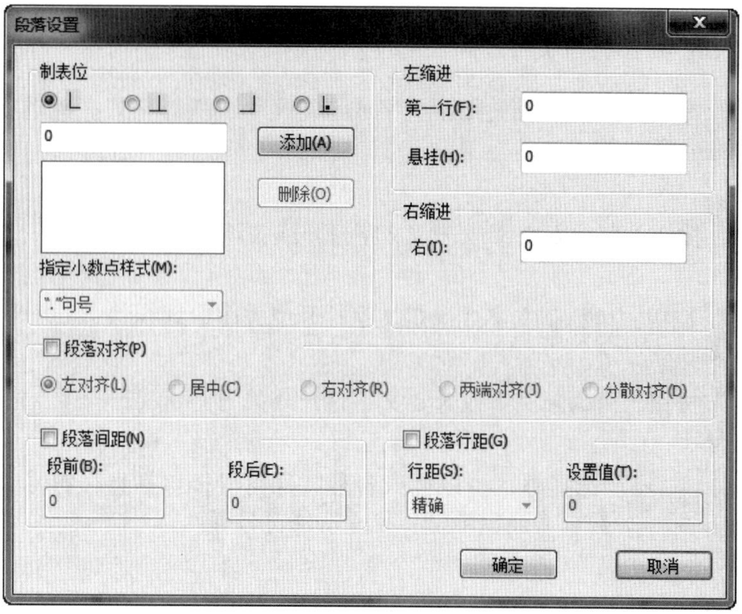

图 6-43 “段落设置”对话框

3. 曲线文字

调用“文字”功能后，在立即菜单选择“曲线文字”，系统提示“拾取曲线”，拾取曲线后，则会提示“拾取文字标注的方向”，指定文字方向后，并拾取起点和终点，弹出如图 6-44 所示“曲线文字参数”对话框。在“文字内容”右方的编辑框内可以输入文字，单击“插入”可以插入各种符号。

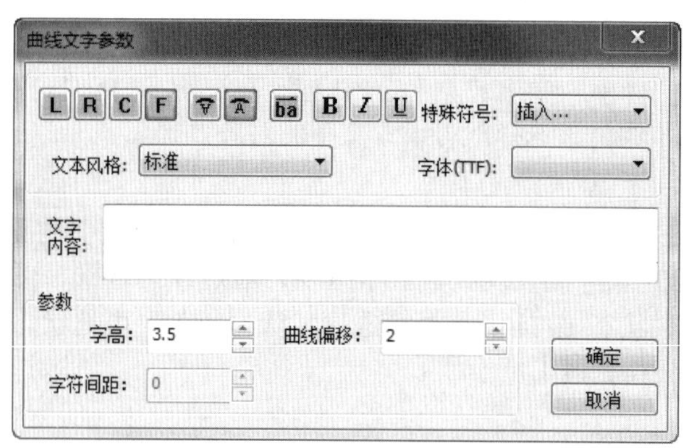

图 6-44 “曲线文字参数”对话框

对话框的各种参数和含义说明如下：

（1）对齐方式

单击“L”按钮，设置文字左对齐；单击“R”按钮，设置文字右对齐；单击“C”按钮，设置文字居中对齐；单击“F”按钮，设置文字均布对齐。

（2）文字方向

单击“ ”“ ”和“ba”按钮，可以设置文字的书写方向。

（3）字体

单击“**B** *I* U”和“字体(TTF):”按钮，可以设置字体。

（4）文本风格

单击文本风格选择框，可在“标准”和“机械”两种风格中选择文本风格。

（5）字高

通过“字高”右边的输入框，可设置文字高度。

（6）字符间距

通过“字符间距”右边的输入框，可设置文字的字符间距大小。

（7）曲线偏移

通过“曲线偏移”右边的输入框，可设置文字与曲线的偏移距离。

设置好各项参数，输入文字内容，单击“确定”即可生成曲线文字对象。图 6-45 所示为生成的曲线文字对象。

a） b）

图 6-45 沿曲线生成文字

a）曲线外、文字正向 b）曲线里、文字反向

4. 递增文字

递增文字是指对含有字母或数字的单行文字，生成相应递增的文字对象。如生成图 6-46a 中的“CAXA 电子图板 2017”和“CAXA 电子图板 2018”文字对象。

CAXA电子图板2016

CAXA电子图板2017

CAXA电子图板2018

a）

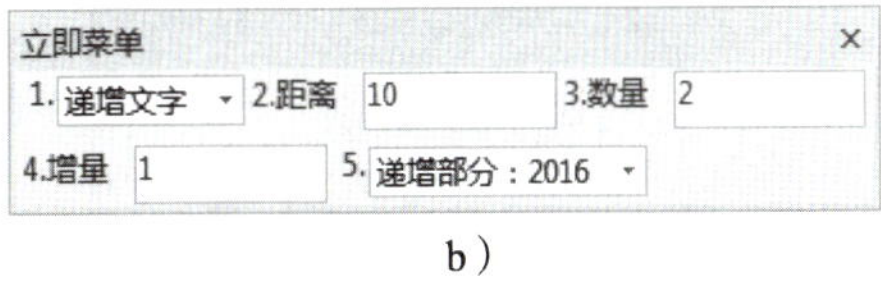

b）

图 6-46 递增文字

a）递增文字示例 b）“递增文字”立即菜单

操作步骤如下：

（1）应用“两点文字”生成单行文字“CAXA 电子图板 2016”。

（2）调用“文字”功能后，在立即菜单选择“递增文字”，系统提示“请拾取单行文字”，拾取单行文字“CAXA 电子图板 2016”，系统提示变为“请选择递增文字参数”，此时，按如图 6-46b 所示立即菜单设置递增文字参数。

（3）垂直向右下移动鼠标，单击鼠标左键，确定文字位置，则生成如图 6-46a 所示递增文字。

二、转义字符

为方便常用符号和特殊格式的输入，电子图板规定了一些表示方法，这些方法均以 % 作为开始标志，常见的控制符见表 6-3。

表 6-3　　CAXA 电子图板的常用控制符及其功能

控制符	功能
%c	输入直径符号（ ϕ ）
%p	输入正负号（ ± ）
%d	输入角度值符号（° ）
%×	输入叉号（ × ）

三、插入符号

单击图 6-42 或图 6-44 中的“插入...”按钮，可以插入各种特殊符号，包括直径符号、角度符号、正负号、偏差、上下标、分数、粗糙度、尺寸特殊符号等。

例 1　输入$12^{+0.05}_{-0.04}$。

在两点文字输入状态下，先输入“12”，然后单击“插入...”按钮，选下拉列表框中的“偏差”，系统弹出“上下偏差”对话框，在上偏差中输入“+0.05”，在下偏差中输入“−0.04”，如图 6-47 所示。单击“确定”按钮完成公差输入。注意：输入的上偏差必须大于下偏差。上下偏差必须加正负号，等于 0 时可以不输。

例 2　输入$\frac{1}{2}$。

在两点文字输入状态下，单击“插入...”按钮，选下拉列表框中的“分数”，系统弹出“分数”对话框，在分子中输入“1”，在分母中输入“2”，如图 6-48 所示。单击“确定”按钮完成分数输入。

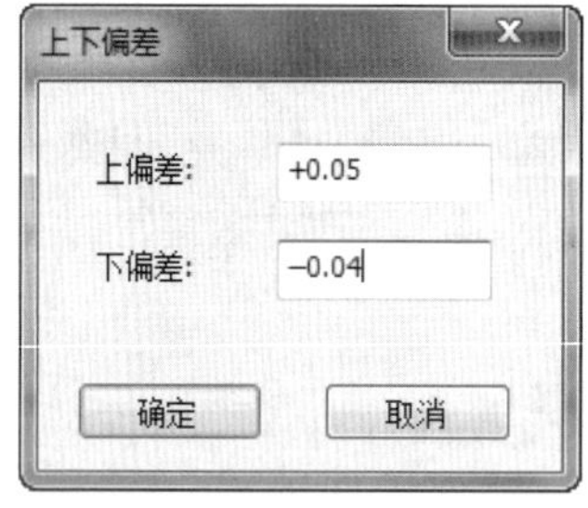

图 6-47　“上下偏差”对话框

图 6-48　“分数”对话框

例 3　输入表面结构代号 $\sqrt{Ra1.6}$。

在两点文字输入状态下，单击“插入...”按钮，选下拉列表框中的“粗糙度”，系统弹出“表面粗糙度”对话框，在表面粗糙度符号下侧框中输入“*Ra*1.6”，如图 6-49 所示。单击“确定”按钮完成表面结构代号的输入。

注：按上述步骤输入的表面结构代号中的“Ra”为正体，国家标准要求此代号“*Ra*”为斜体，可采用“分解”命令，将表面结构代号进行分解，然后再选择字符“*Ra*”，将其改为斜体。

图 6-49 “表面粗糙度”对话框

四、引出说明

引出说明用于标注引出注释，由文字和引出线组成。引出点处可带箭头，文字可输入中文和西文。

1. 调用“引出说明”功能

单击“标注”主菜单中的“引出说明”命令，或单击“标注”工具条上的 按钮，或单击“标注”选项卡“标注”功能区中的 按钮，或在命令行中执行 ldtext 命令，即可调用“引出说明”功能，弹出如图 6-50 所示的对话框。

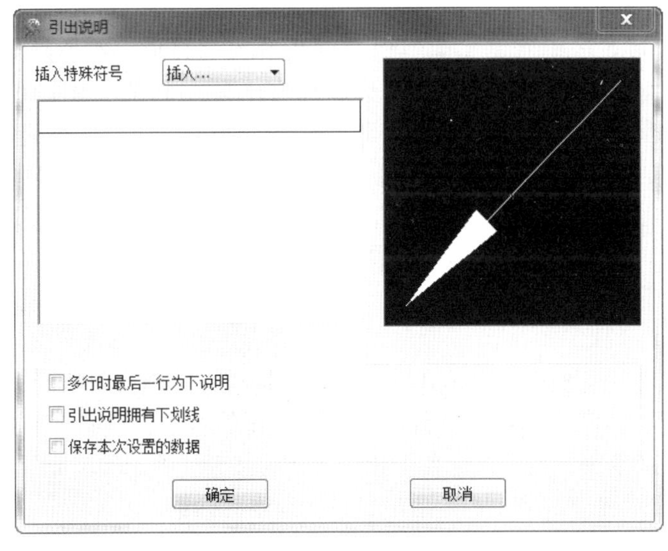

图 6-50 “引出说明”对话框

2. 说明

在对话框中输入相应上下说明文字，若只需一行说明则只输上说明。单击“确定”按钮，进入下一步操作，单击“取消”按钮，退出此命令。单击“确定”按钮，弹出如图 6-51 所示的立即菜单。根据提示输入第一点和第二点后，即可完成引出说明标注。

3. 示例

图 6-52 为“引出说明”示例，文字方向不同，引出效果不同。

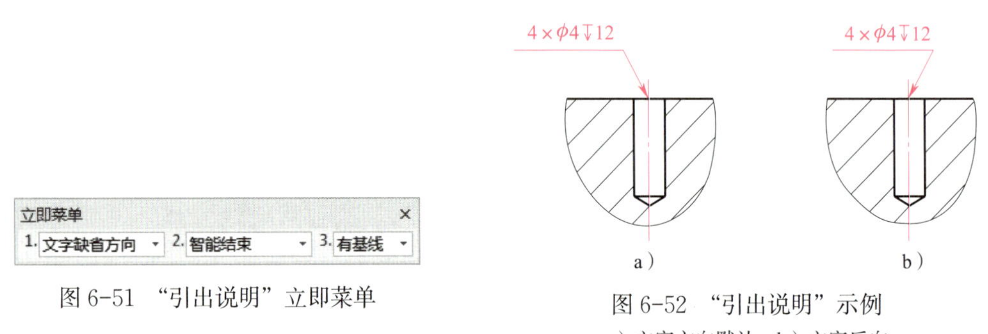

图 6-51 “引出说明”立即菜单

图 6-52 “引出说明”示例

a）文字方向默认 b）文字反向

五、技术要求

技术要求功能可以快速生成工程图技术要求的说明文字。CAXA 电子图板用数据库文件分类记录了常用的技术要求文本项，可以辅助生成技术要求文本插入工程图，也可以对技术要求库的文本进行添加、删除和修改。

1. 调用“技术要求”功能

单击“标注”主菜单中的“技术要求”命令，或单击“标注”工具条上的按钮，或单击“标注”选项卡中“文字”面板上的按钮，或在命令行中执行 speclib 命令，即可调用“技术要求”功能，系统弹出如图 6-53 所示的对话框。

2. 说明

（1）左下角的列表框中列出了所有已有的技术要求类别，右下角的表格中列出了当前类别的所有文本项。如果技术要求库中已经有了要用到的文本，则可以用鼠标直接将文本从表格中拖到上面的编辑框中合适的位置。也可以直接在编辑框中输入和编辑文本。

（2）单击“标题设置”和“正文设置”按钮，可以进入“文字参数设置”对话框，修改技术要求中的标题和正文文本要采用的参数。

（3）完成编辑后，单击“生成”按钮，根据提示指定技术要求所在的区域，系统自动生成技术要求。

（4）技术要求库的管理工作也是在此对话框中进行。选择左下角列表框中的不同类别，右下角的表格中的内容随之变化。要修改某个文本项的内容，只需直接在表格中双击文本即可修改；要删除文本项，则用鼠标单击相应行，再按 Del 键删除。完成管理工作后，单击“确定”按钮生成技术要求，或单击“退出”按钮退出对话框。

图 6-53 “技术要求库”对话框

3. 示例

生成如图 6-54 所示技术要求。

图 6-54 所示技术要求包含热处理和公差两项要求。可从技术要求库中的热处理要求和公差要求中查找相同或相近的内容，相同的内容直接双击，相近的内容先生成后，再进行修改，如图 6-55 所示。单击“生成”按钮，确定技术要求的第一角点和第二角点后，生成如图 6-54 所示技术要求。

技术要求

1.经调质处理28~32HRC 。

2.未注线性尺寸公差应符合GB/T 1804—2000的要求。

图 6-54 技术要求示例

六、综合示例

绘制如图 6-56 所示图形，并标注图中尺寸和文字。

绘图步骤见表 6-4。

图 6-55　生成技术要求

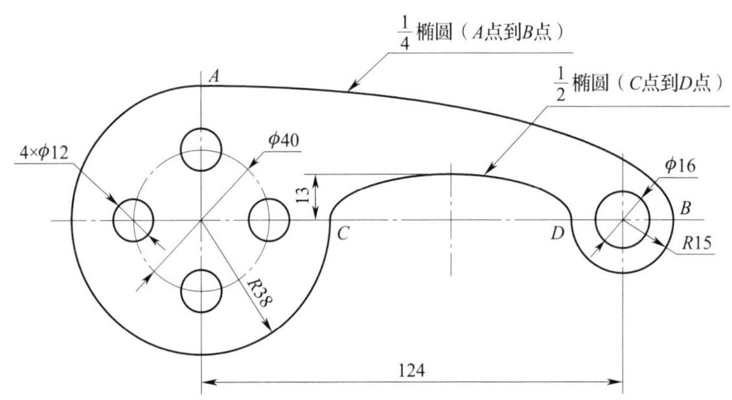

图 6-56　文字标注综合示例

表 6-4　　**文字标注综合示例绘图步骤**

绘图步骤	图示
（1）绘制中心线 将中心线层置为当前层，根据图 6-56 所示尺寸，绘制中心线	

续表

绘图步骤	图示
（2）绘制零件轮廓线 将粗实线层置为当前层，应用圆命令和椭圆命令，绘制轮廓线，并修剪多余轮廓线	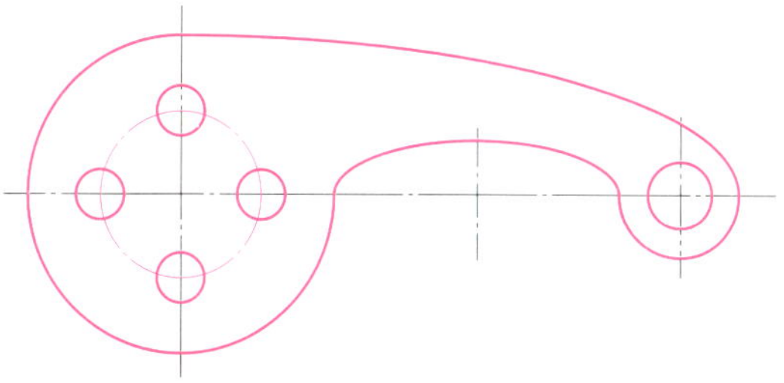
（3）标注尺寸 应用基本标注命令，标注图中各尺寸；并应用引出说明标注 1/2 椭圆和 1/4 椭圆	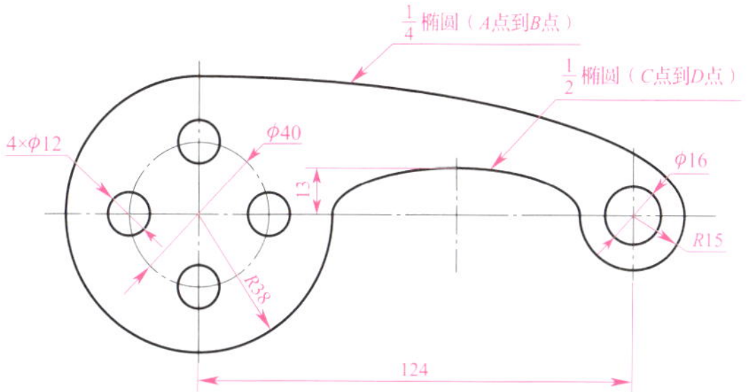
（4）标注字母，调整文字 应用文字标注命令，标注字母 *A*、*B*、*C*、*D*；应用分解命令，将引出说明和半径标注分解，将引出说明中的字母和半径 *R* 调整为斜体，将引出说明中的分数的字号置为 5	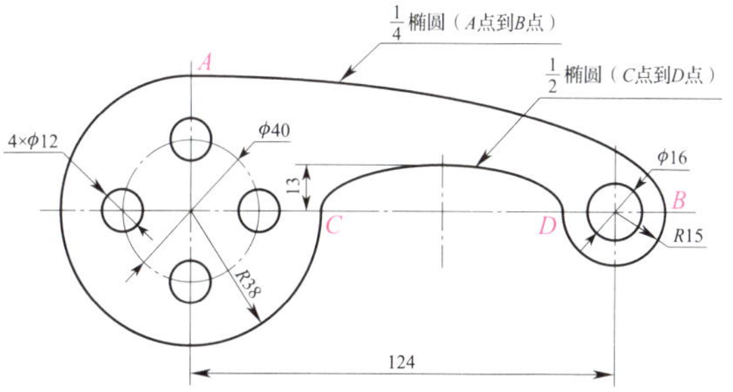

§6-3 工程标注

一、基准代号标注

基准代号用于标注几何公差中的基准部位的代号。

1. 调用“基准代号标注”功能

单击“标注”主菜单中的“基准代号”命令，或单击“标注”工具条中的按钮，或单击“标注”选项卡中“符号”面板上的按钮，或在命令行中执行 datum 命令，即可调用基准代号标注功能，弹出如图 6-57 所示立即菜单。

图 6-57 “基准代号”立即菜单

2. 说明

（1）单击“1. ”可以选择基准代号的方式：“基准标注”和“基准目标”。“基准标注”状态下可以设置基准的方式和名称，“基准目标”状态下可以设置目标标注或代号标注。

（2）确定各项参数后，根据提示拾取定位点、直线或圆弧并确认标注位置即可生成基准代号。如拾取的是定位点，可用拖动方式或从键盘输入旋转角后，即可完成基准代号的标注。如拾取的是直线或圆弧，标注出与直线或圆弧相垂直的基准代号。

3. 示例

图 6-58 所示为基准代号标注示例。

图 6-58 基准代号标注示例

二、几何公差标注

国家标准 GB/T 1182—2008 规定，几何公差包括形状公差、方向公差、位置公差和跳动公差 4 项内容，下面仅介绍其标注。

1. 调用“形位公差标注”功能

单击“标注”主菜单的“⊕.1形位公差”命令，或单击“标注”工具条的⊕.1按钮，或单击“标注”选项卡中“符号”面板上的⊕.1按钮，或在命令行中执行 fcs 命令，即可调用“形位公差”标注功能，弹出如图 6-59 所示对话框。

2. 说明

在对话框中选择公差代号并设置各项参数后，单击“确定”按钮，在立即菜单中选择“水平标注”或者“铅垂标注”。然后根据提示拾取标注元素并输入引线转折点后，即完成几何公差的标注。

（1）1 区显示当前使用标准。

（2）2 区为预显区，显示填写与布置结果。

（3）3 区为几何公差代号区，它排列出了所有几何公差的代号按钮，用户单击某一按钮，即在预显图形区显示相应的公差符号。

（4）4 区为几何公差数值分区，它包括以下内容：

1）公差符号。可选择直径 ϕ 或球半径 *SR* 等符号的输出。

2）数值输入框。用于输入几何公差数值。

3）形状限定。单击弹出列表框，有（空）、(－)、(＋)、(▷)、(◁)五个选项。选择（空）表示对形状没有限制，选择（－）只许中间向材料内凹下，选择（＋）只许中间向材料外凸起，选择(▷)只许从左至右减小，选择(◁)只许从右至左减小。

4）相关原则。单击弹出列表框，可选项为（空）、Ⓟ、Ⓜ、Ⓔ、Ⓛ、Ⓕ六个选项。

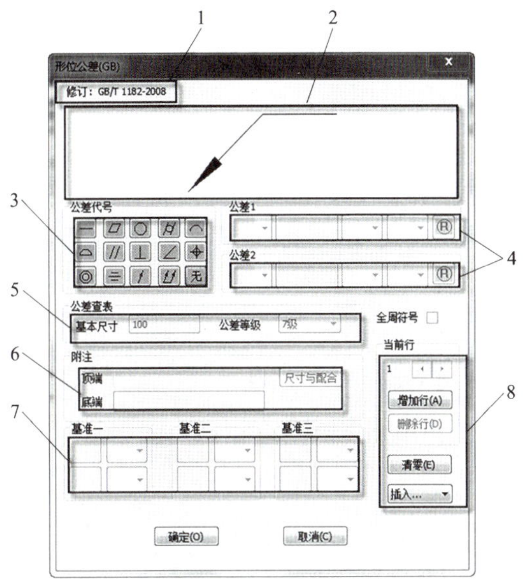

图 6-59 “形位公差”对话框

Ⓟ 表示延伸公差带，Ⓜ 表示最大实体要求，Ⓔ 表示包容要求，Ⓛ 表示最小实体要求，Ⓕ表示非刚性零件的自由状态条件。

（5）5 区为公差查询区。在选择公差代号、输入基本尺寸和选择公差等级以后，自动给出公差值。

（6）6 区为附注区。单击“尺寸与配合”按钮，可以弹出公差输入对话框，可以在几何公差处增加尺寸公差的附注。

（7）7 区为基准代号分区。有三组可分别输入的基准代号和选取相应符号（如Ⓜ、Ⓔ、Ⓛ）。

（8）8 区为行管理区。它包括以下内容：

1）指示当前行的行号。如只标注一行几何公差，则指示为“1”，如同时标注多行几何公差，则用此项可以指示当前行号，右边的按钮切换当前行。

2）增加行。在已标注一行几何公差的基础上，用“增加行”来标注新行，新行的标注方法同第一行。

3）删除行。如按此钮，则删除当前行，系统自动重新调整整个几何公差的标注。

3. 示例

图 6-60 所示为几何公差标注的示例。

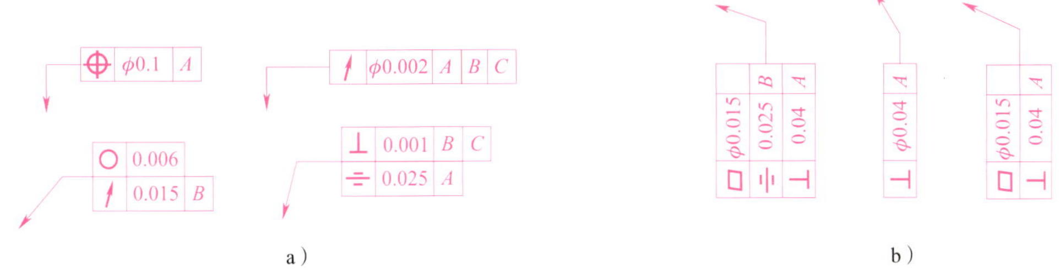

图 6-60 几何公差标注示例

a）水平标注 b）垂直标注

三、表面粗糙度标注

表面粗糙度用于标注表面结构代号。GB/T 131—2006 规定，零件表面质量用表面结构要求来定义，在图样上用表面结构代号表示。

1. 调用“表面粗糙度标注”功能

单击“标注”主菜单中的“√粗糙度”命令，或单击“标注”工具条中的√按钮，或单击“标注”选项卡中“符号”面板上的“√粗糙度”按钮，或在命令行中执行 rough 命令，即可调用表面粗糙度标注功能，弹出如图 6-61 所示立即菜单。

图 6-61 “表面粗糙度”立即菜单

2. 说明

立即菜单中“1.”有两个选项：“简单标注”和“标准标注”，即表面粗糙度标注可分为简单标注和标准标注两种方式。

（1）简单标注

“简单标注”只标注表面处理方法和表面粗糙度值。表面处理方法可通过立即菜单“3.”选择，立即菜单中“3.”有“去除材料”“不去除材料”“基本符号”三个选项；表面粗糙度值可通过立即菜单中“4. 数值”输入；立即菜单中“2.”有“默认方式”和“引出方式”两个选项；立即菜单中“5.”有四个选项，“空”“其余”“全部”“下料切边”。

（2）标准标注

切换立即菜单中“1.”为“标准标注”，弹出如图 6-62 所示的对话框（根据选择标准不同，对话框会有区别）。

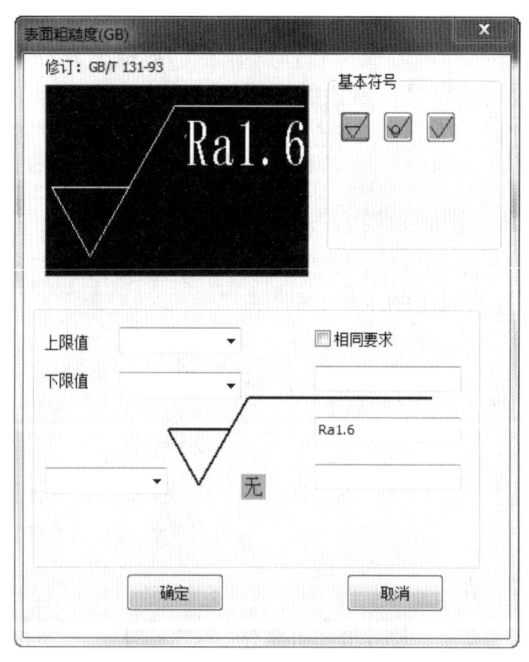

图 6-62 “表面粗糙度”对话框

对话框中包括了表面粗糙度的各种标注：基本符号、上限值、下限值等，用户可以在预显框里看到标注结果，然后单击“确定”按钮确认。

3. 示例

图 6-63 为表面结构代号（表面粗糙度）标注示例。

图 6-63　表面结构代号（表面粗糙度）标注示例

四、焊接符号标注

焊接符号用于标注焊接零部件上的焊接符号。

1. 调用“焊接符号”标注功能

单击“标注”主菜单中的“ 焊接符号”命令，或单击“标注”工具条中的 按钮，或单击“标注”选项卡中“符号”面板上的 按钮，或在命令行中执行 weld 命令，即可调用焊接符号标注功能，弹出如图 6-64 所示对话框（根据选择标准不同，对话框会有区别）。

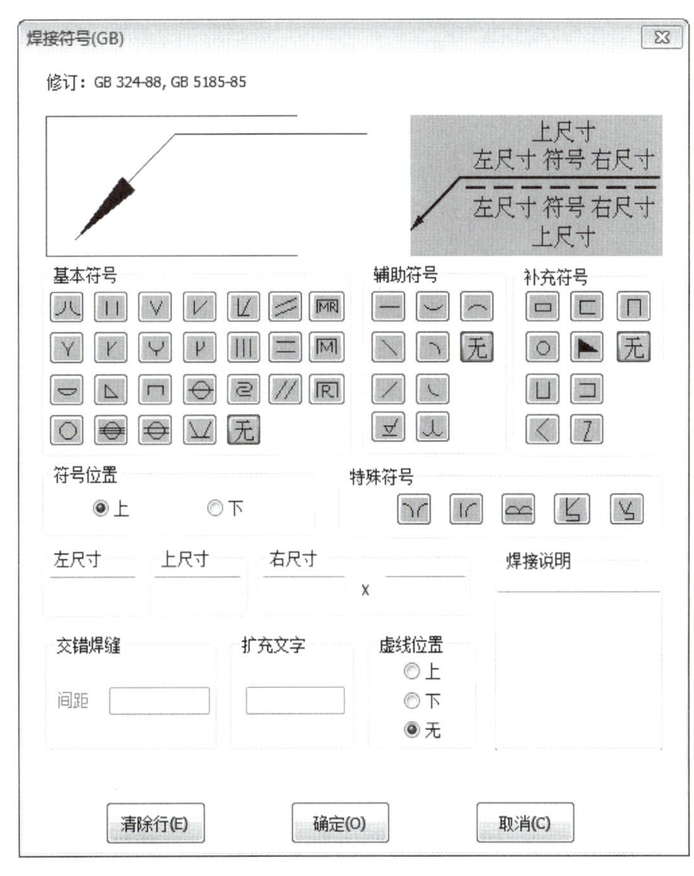

图 6-64　“焊接符号”对话框

2. 说明

在“焊接符号”对话框中，设置所需的各种选项，单击“确定”按钮，根据系统提示设置引线起点和定位点后，即完成焊接符号的标注。

3. 示例

图 6-65 为焊接符号标注示例。

五、剖切符号标注

剖切符号用于标注剖视图和断面图的剖切位置。

1. 调用“剖切符号标注”功能

单击“标注”主菜单中的“剖切符号”命令，或单击“标注”工具条中的按钮，或单击“标注”选项卡中“符号”面板上的“剖切符号”按钮，或在命令行中执行 hatchpos 命令，即可调用剖切符号标注功能，弹出如图 6-66 所示立即菜单。

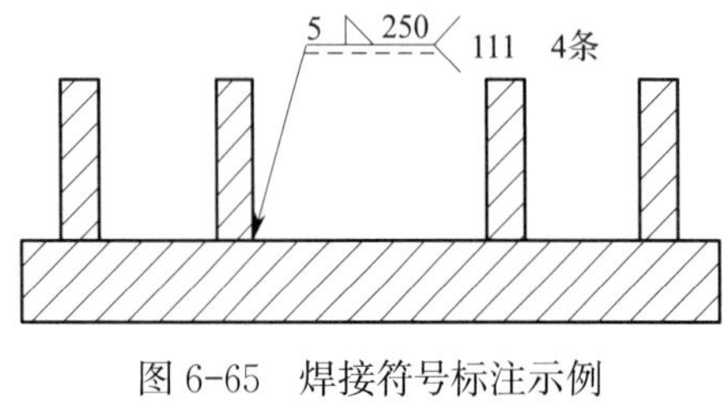

图 6-65　焊接符号标注示例

图 6-66　“剖切符号”立即菜单

2. 说明

（1）立即菜单中“1.”有“垂直导航”和“不垂直导航”两个选项；“2.”有“自动放置剖切符号名”和“手动放置剖切符号名”两个选项，可根据绘图需要进行选择。

（2）调用剖切符号功能后，系统提示“画剖切轨迹（画线）”，根据制图要求，绘制剖切线，当绘制完成后，单击鼠标右键结束画线状态。此时在剖切轨迹线的终止点显示出沿最后一段剖切轨迹线法线方向的两个箭头标识，并提示“请单击箭头选择剖切方向”。可以在两个箭头的一侧单击鼠标左键以确定箭头的方向或者单击鼠标右键取消箭头。

然后系统提示“指定剖面名称标注点”，拖动一个表示文字大小的矩形到所需位置单击鼠标左键确认，此步骤可以重复操作，直至单击鼠标右键结束。

3. 示例

图 6-67 为剖切符号标注示例。

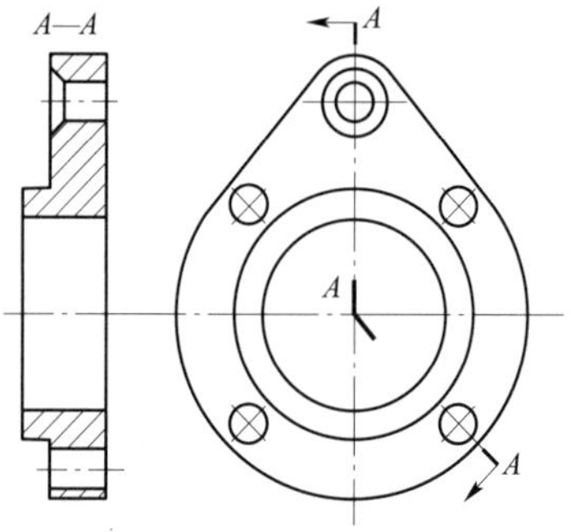

图 6-67　剖切符号标注示例

六、倒角标注

倒角标注用于标注倒角的尺寸。

1. 调用“倒角标注”功能

单击“标注”主菜单中的“倒角”命令，或单击“标注”工具条中的按钮，或单击“标注”选项卡中“符号”面板上的按钮，或在命令行中执行 dimch 命令，即可调用倒角标注功能，弹出如图 6-68 所示立即菜单。

图 6-68　“倒角标注”立即菜单

2. 说明

（1）单击立即菜单中的“2.”可以选择倒角线的轴线方向。

1）轴线方向为 x 轴方向时，轴线与 x 轴平行。

2）轴线方向为 y 轴方向时，轴线与 y 轴平行。

（2）用户拾取一段倒角后，立即菜单中显示出该倒角的标注值，可以编辑标注值，然后再指定尺寸线位置即可。

（3）当倒角角度为 45° 时，可以单击立即菜单中的“4.”，选择倒角标注的方式，有“1×1”“1×45°”“45° ×1”和“C1”四种方式。

3. 示例

图 6-69 所示为倒角标注示例。

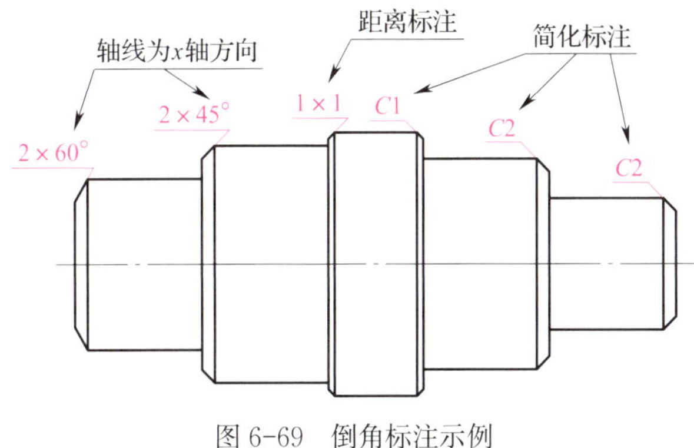

图 6-69　倒角标注示例

七、中心孔标注

中心孔标注用于标注中心孔的尺寸。

1. 调用“中心孔标注”功能

单击“标注”主菜单中的“ 中心孔”命令，或单击“标注”工具条中的 按钮，或单击“标注”选项卡中“符号”面板上的 按钮，或在命令行中执行 dimhole 命令，即可调用中心孔标注功能，弹出如图 6-70 所示立即菜单。

图 6-70　“中心孔标注”立即菜单

2. 说明

中心孔标注有简单标注和标准标注两种方式。

（1）简单标注

简单标注时，可以在立即菜单中设置字高和标注文本，然后根据提示指定中心孔标注的引出点和位置即可。

（2）标准标注

单击图 6-70 所示立即菜单中的“1.”选项，选择标准标注，弹出如图 6-71 所示对话框。在对话框中可以选择三种标注形式，以及标注的文字内容、文本风格、文字字高、标注标准。设置完毕后单击“确定”按钮，然后选择引出点和位置即可。

3. 示例

图 6-72 所示为中心孔标注示例。

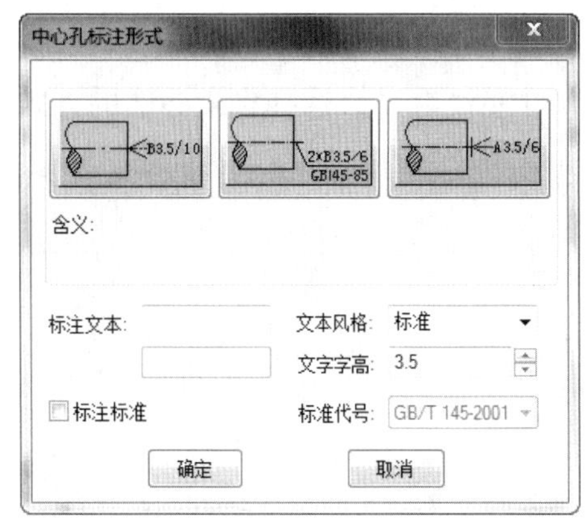

图 6-71 “中心孔标注形式”对话框

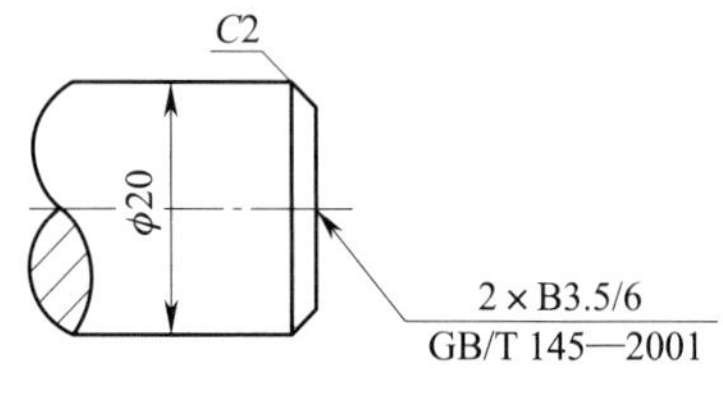

图 6-72 中心孔标注示例

八、向视符号标注

向视符号用于向视图的标注。

1. 调用“向视符号标注”功能

单击“标注”主菜单中的“ 向视符号”命令，或单击“标注”工具条中的 按钮，或单击“标注”选项卡中“符号”面板上的 按钮，或在命令行中执行 drectionsym 命令，即可调用向视符号标注功能，弹出如图 6-73 所示立即菜单。

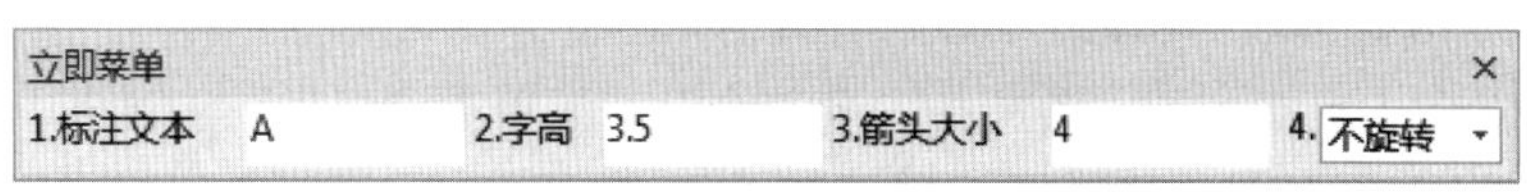

图 6-73 “向视符号标注”立即菜单

2. 说明

（1）标注文本。确定向视图的字母编号。

（2）字高。确定向视图名称字母的高度。

（3）箭头大小。设置指示投影方向箭头的大小。

（4）不旋转 / 旋转。“不旋转”用于生成正视向视图，“旋转”用于生成旋转向视图。如果选择“旋转”，还有以下立即菜单项：

1）左旋转 / 右旋转。确定旋转箭头标志指向方向。

2）旋转角度。决定向视图名称标注的旋转角度。

3. 示例

图 6-74 为向视符号标注示例。

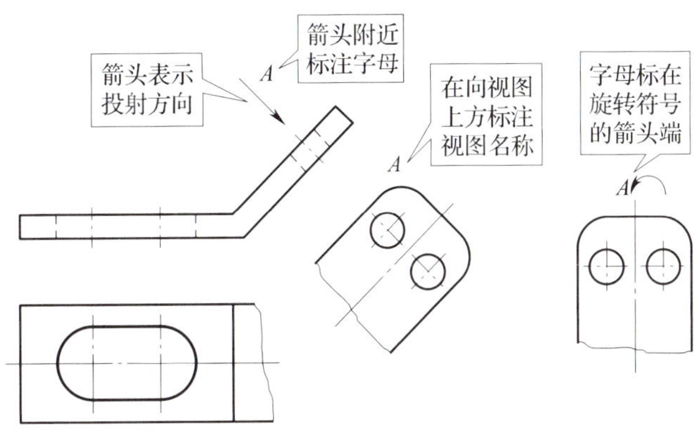

图 6-74　向视符号标注示例

九、综合示例

绘制图 6-75 所示图形，并标注尺寸和工程符号。

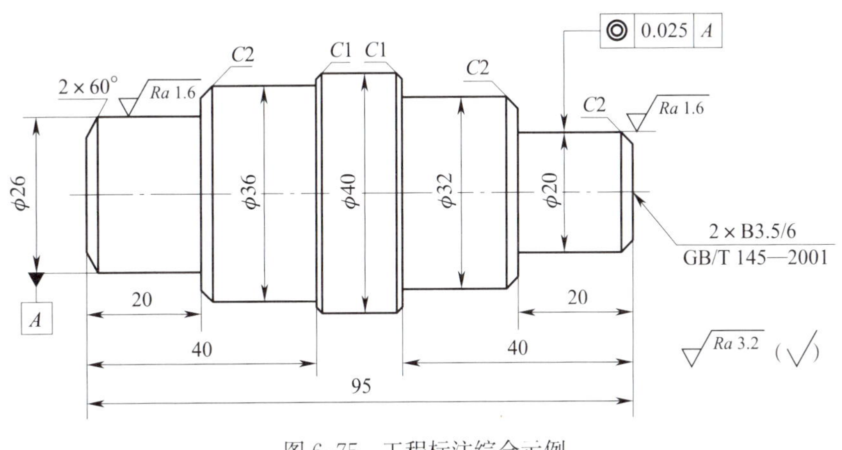

图 6-75　工程标注综合示例

绘图步骤见表 6-5。

表 6-5　　**工程标注综合示例**

绘图步骤	图示
（1）绘制零件轮廓 根据图 6-75 所示尺寸，应用“孔 / 轴”命令绘制零件轮廓	

续表

绘图步骤	图示
（2）标注长度和外圆直径 应用基本标注命令，标注零件长度和直径	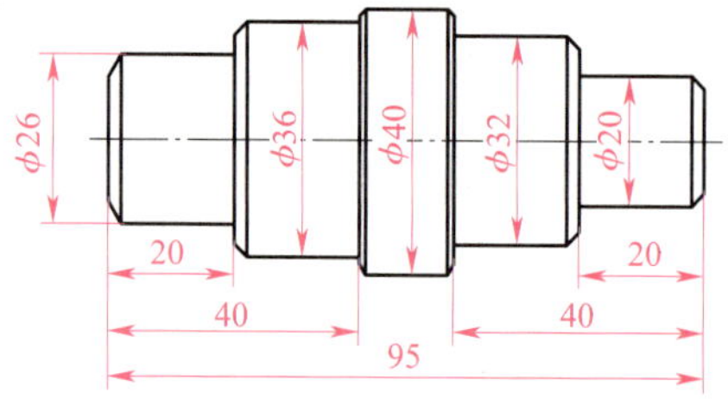 φ26 φ36 φ40 φ32 φ20 20 20 40 40 95
（3）标注倒角 应用倒角标注功能，标注零件图上的倒角。注：标注倒角 C1、C2 时，字母 C 为正体，需要应用分解命令将标注的倒角分解，然后将字母 C 改为斜体	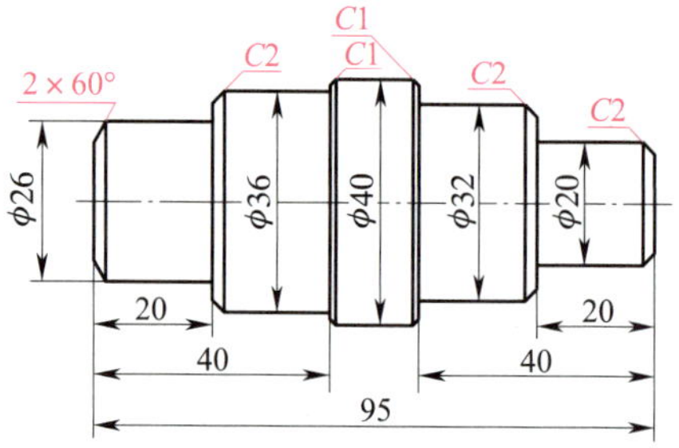 C1 C1 C2 C2 C2 2×60° φ26 φ36 φ40 φ32 φ20 20 20 40 40 95
（4）标注表面结构符号和中心孔符号 应用表面粗糙度和中心孔标注功能，标注图中的表面结构符号和中心孔符号	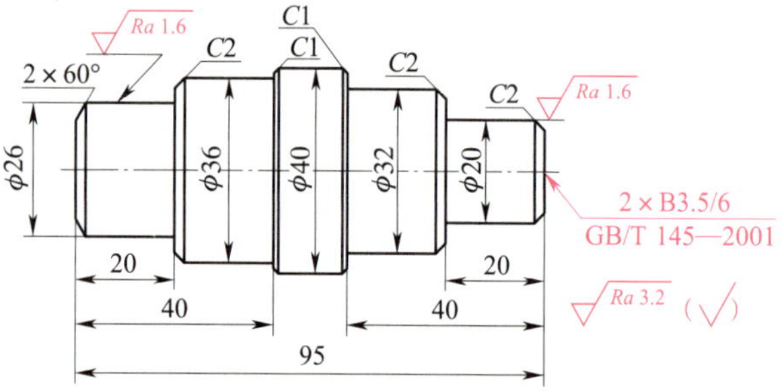 Ra 1.6 C1 C1 C2 C2 C2 Ra 1.6 2×60° φ26 φ36 φ40 φ32 φ20 2×B3.5/6 GB/T 145—2001 20 20 40 40 95 Ra 3.2 (√)
（5）标注基准符号和几何公差 应用基准代号和几何公差标注功能，标注图中的基准符号和几何公差	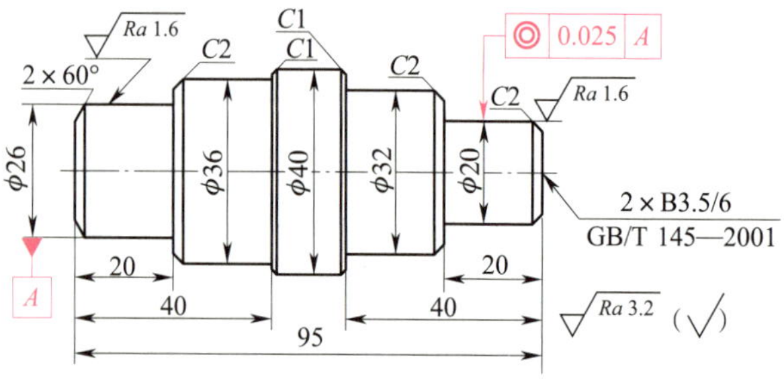 Ra 1.6 C1 C1 C2 C2 0.025 A C2 Ra 1.6 2×60° φ26 φ36 φ40 φ32 φ20 2×B3.5/6 GB/T 145—2001 A 20 20 40 40 95 Ra 3.2 (√)

§6-4 文本风格与尺寸标注设置

一、文本风格设置

文本风格设置为文字设置各项参数，以控制文字的字体、字高、方向、角度等。文本风格应在符合国家制图标准要求的基础上根据实际情况来设置。

1. 调用文本样式

单击“格式”主菜单中的“文字”命令，或单击“设置工具”工具条中的按钮，或单击“标注”选项卡中的“标注样式”面板上的按钮，或单击“样式管理”下的按钮，或在命令行中执行 textpara 命令，即可调用文本样式功能，弹出如图 6-76 所示对话框。

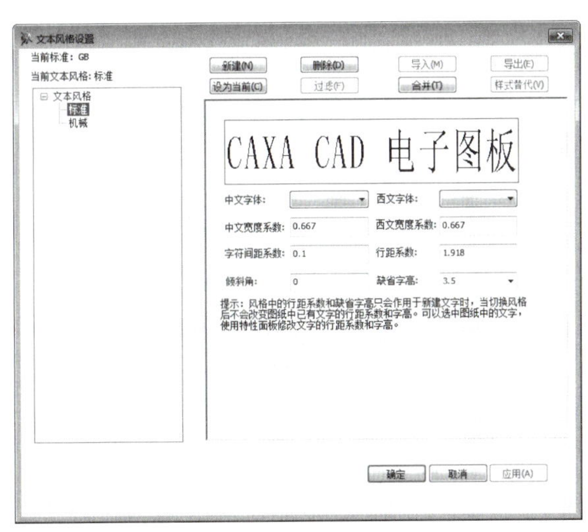

图 6-76 “文本风格设置”对话框

2. 说明

（1）在“文本风格”下列出了当前文件中所使用的文字风格。系统预定义了“标准”“机械”两个的默认样式，默认样式不可删除但可以编辑。

（2）单击对话框中的“新建”“删除”“设为当前”“合并”等按钮可以分别进行新建文本、删除文本、设为当前文本、合并文本等管理操作。

（3）选中一个文本风格后，在对话框中可以设置字体、宽度系数、字符间距系数、倾斜角、字高等参数，并可以在对话框中预览。

（4）文本风格的各种参数含义和使用方法如下。

1）中文字体。该选项可选择中文文字所使用的字体。除了支持 Windows 的 TrueType

字体外，电子图板还支持使用单线体（形文件）文字。选择不同风格的字体所生成的文字效果不同，如图 6-77 所示。

CAXA电子图板 a）　CAXA电子图板 b）

图 6-77　使用不同字体的效果
a）宋体　b）单线体

2）西文字体。该项选择方式与中文字体设置相同，只是限定的是文字中的西文。同样可以选择单线体（形文件）。

3）中文宽度系数、西文宽度系数。当宽度系数为 1 时，文字的长宽比例与 TrueType 字体文件中描述的字形保持一致；当宽度系数为其他值时，文字宽度在此基础上缩小或放大相应的倍数。

4）字符间距系数。该项表示同一行（列）中两个相邻字符的间距与设定字高的比值。

5）行距系数。该项表示横写时两个相邻行的间距与设定字高的比值。

6）倾斜角。横写时，该项为一行文字的延伸方向与坐标系的 X 轴正方向按逆时针测量的夹角；竖写时，该项为一列文字的延伸方向与坐标系的 Y 轴负方向按逆时针测量的夹角。倾斜角的单位为度。

7）缺省字高。该选项用于设置生成文字时默认的字高。在生成文字时也可以临时修改字高。

修改文本风格中的参数后，可以单击图 6-76 所示对话框中的“确定”或“应用”按钮，确定使用修改的设置。

二、尺寸标注设置

尺寸标注设置为尺寸标注设置各项参数，控制尺寸标注的箭头样式、文本位置、尺寸公差、对齐方式等。

单击“格式”主菜单中的“尺寸”命令，或单击“设置工具”工具条中的按钮，或单击“标注”选项卡中的“标注样式”面板上的按钮，或单击“样式管理”下的按钮，或在命令行中执行 dimpara 命令，即可调用尺寸样式功能，弹出如图 6-78 所示“标注风格设置”对话框。在该对话框中可以设置“直线和箭头”“文本”“调整”“单位”“换算单位”“公差”“尺寸形式”等选项下的参数。

1.“直线和箭头”选项卡

“直线和箭头”选项卡可以对尺寸线、尺寸界线及箭头进行颜色和风格的设置。

（1）尺寸线选项组

尺寸线选项组为控制尺寸线的各项参数。需要说明的参数如下：

1）延伸长度。当尺寸线在尺寸界线外侧时，尺寸界线外侧距尺寸线的长度即为延伸长度。

2）尺寸线 1 和尺寸线 2。这两个勾选框用于设置尺寸线两端是否存在箭头，默认值为全部勾选。

图 6-79 为尺寸线参数设置示例。

（2）尺寸界线选项组

尺寸界线选项组为控制尺寸界线的各项参数。

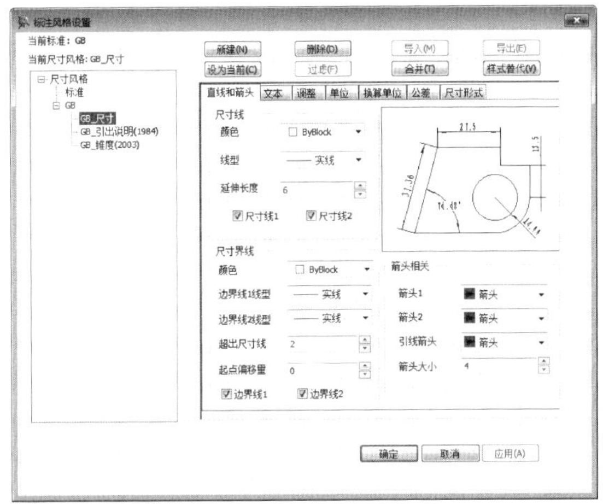

图 6-78 “标注风格设置”对话框

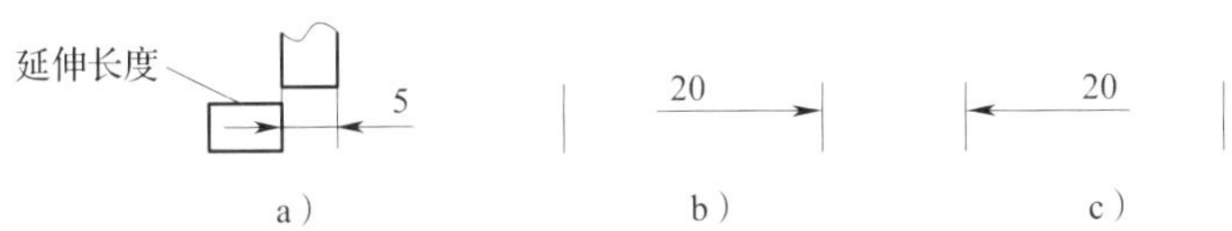

图 6-79 尺寸线参数设置示例

a）延伸长度 b）尺寸线 1 取消勾选 c）尺寸线 2 取消勾选

1）超出尺寸线。该选项用于设置尺寸界线向尺寸线终端外延伸距离，即为超出尺寸线的长度，默认值为 2.0 mm。

2）起点偏移量。该选项用于设置尺寸界线距离所标注元素的长度，默认值为 0 mm。

3）边界线。该选项分为边界线 1 和边界线 2，是设置两端边界线的开关，默认值为全部勾选。图 6-80 所示为边界线设置示例。

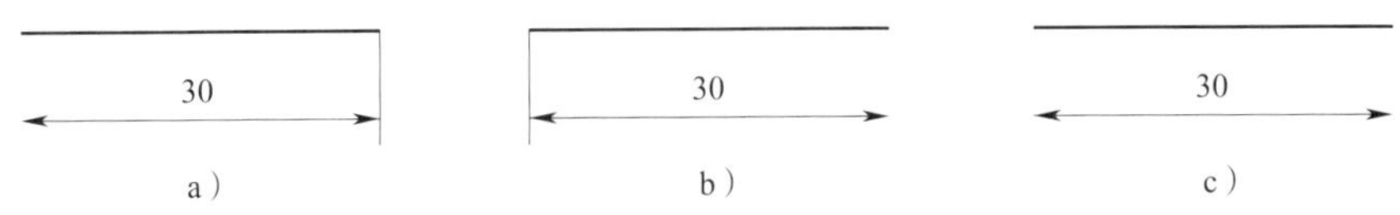

图 6-80 尺寸边界线开关示例

a）边界线 1 取消勾选 b）边界线 2 取消勾选 c）边界线均取消勾选

（3）箭头相关选项组

通过箭头相关选项组，用户可以设置尺寸箭头的大小与样式。

1）箭头 1 和箭头 2。这两个选项用于控制尺寸线两端箭头的样式，默认为箭头，还可选择斜线、圆点、空心箭头等形式。

2）引线箭头。该选项用于控制引线箭头的样式，默认为箭头，还可选择斜线、圆点、空心箭头等形式。

3）箭头大小。该选项用于控制箭头的大小。

2.“文本”选项卡

“文本”选项卡用于设置尺寸标注中的文字外观、文字位置、文字对齐方式。如图 6-81 所示为标注风格设置的“文本”选项卡。

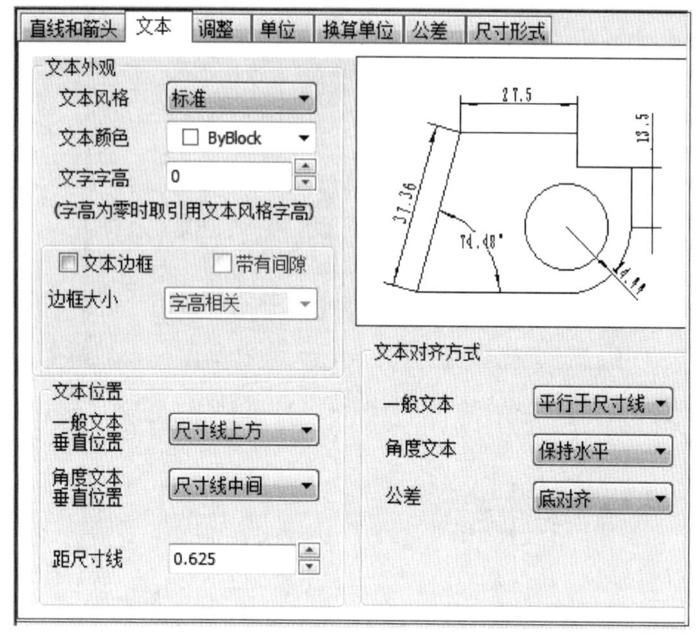

图 6-81 “文本”选项卡

(1) 文本外观选项组

1) 文本风格。该选项与文本样式相关联。

2) 文本颜色。该选项用于设置文字的字体颜色，默认值为 ByBlock。

3) 文字字高。该选项用于控制尺寸文字的高度，默认值为 3.5。

4) 文本边框。该选项为标注字体加边框。

(2) 文本位置选项组

文本位置选项组用于控制尺寸文本与尺寸线的位置关系。

1) 文本垂直位置。该选项用于控制文字相对于尺寸线的位置。单击右边的下拉箭头可以选择“尺寸线上方”“尺寸线中间”“尺寸线下方”三种文本位置。图 6-82 所示为文本位置设置示例。

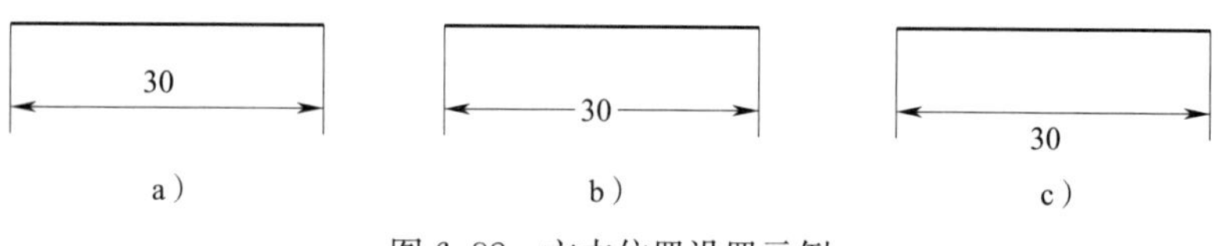

图 6-82 文本位置设置示例

a) 尺寸线上方 b) 尺寸线中间 c) 尺寸线下方

2) 距尺寸线。该选项用于控制文字距离尺寸线位置，软件默认为 0.625 mm。

(3) 文本对齐方式选项组

该选项组用于设置文字的对齐方式。

1）文本对齐方式。该选项用于设置基本尺寸文字的对齐方式（“平行于尺寸线”“保持水平”或“ISO 标准”）。

2）公差对齐方式。该选项用于设置公差文字的对齐方式（“顶对齐”“中对齐”或“底对齐”）。

3.“调整”选项卡

“调整”选项卡用于设置文字与箭头的关系，使尺寸标注的效果最佳。图 6-83 所示为标注风格设置的“调整”选项卡。

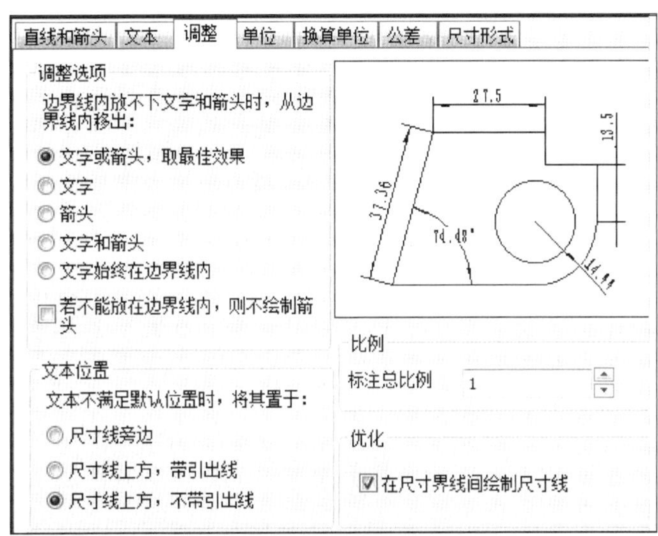

图 6-83 “调整”选项卡

（1）调整选项

当边界线内放不下文字和箭头时，调整选项可以设置从边界线内移出内容，可从“文字或箭头，取最佳效果”“文字”“箭头”“文字和箭头”“文字始终在边界线内”“若不能放在边界线内，则不绘制箭头”六个选项中选择。

（2）文本位置

当文本不满足默认位置时，文本位置可以设置文字的位置，可从“尺寸线旁边”“尺寸线上方，不带引出线”“尺寸线上方，带引出线”三个选项中选择。

（3）比例

该选项表示按输入的比例值放大或缩小标注的文字和箭头的大小。

（4）优化

优化选项可以设置是否在尺寸界线间绘制尺寸线。

4.“单位”选项卡

“单位”选项卡用于设置标注的精度。图 6-84 所示为标注风格的“单位”选项卡。

（1）线性标注选项组

线性标注选项组用于设置线性标注的格式和精度等参数。

1）单位制。该选项用于设置除角度之外的所有标注类型的当前单位格式，可以为十进制、分数等。

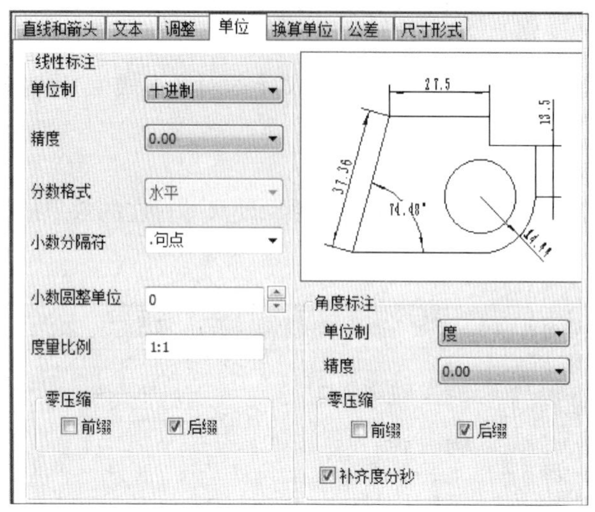

图 6-84 “单位”选项卡

2）精度。该选项用于设置标注中显示的小数位数。精度基于选定的单位或角度格式。

3）分数格式。该选项用于设置分数的格式（竖直或水平），只有在单位制选分数时此参数才可设置。

4）小数分隔符。该选项用于设置小数点的表示方式，有“句点”“逗号”“空格”3 种表示方式。

5）小数圆整单位。该选项是为除“角度”之外的所有标注类型设置标注测量值的舍入规则。例如：输入“0.25”，则所有标注数值都以“0.25”为单位进行舍入；输入“1.0”，则所有标注数值都将舍入为最接近的整数。小数点后显示的位数取决于“精度”设置。

6）度量比例。该选项用于设置标注尺寸与实际尺寸的比值。例如，比例为“2∶1”时，直径为“5”的圆，标注直径结果为“ϕ10”。默认值度量比例为“1∶1”。

7）零压缩。该选项表示尺寸标注中小数的前后消“0”。例如：尺寸值为“0.901”，精度为“0.00”，选中“前缀”，则标注结果为“.90”；选中“后缀”，则标注结果为“0.9”。

（2）角度标注选项组

角度标注选项组用于设置角度标注的格式和精度等参数。

1）单位制。该选项用于设置角度单位格式，角度单位格式有“度”“度分秒”“百分度”或“弧度”四种格式。

2）精度。该选项用于设置角度标注的小数位数，可以精确到小数点后 8 位。

3）零压缩。该选项用于控制是否禁止输出前导零和后续零。

4）补齐度分秒。勾选该复选框，在用“度分秒”方式标注时，会补齐“度分秒”。如有一角度为“50° 24″”，勾选该项后将显示为“50° 0′ 24″”。

5.“换算单位”选项卡

“换算单位”选项卡指定标注测量值中换算单位的显示并设置其格式和精度。如图 6-85 所示，可以设置换算单位的单位制、精度、零压缩、显示位置等参数。

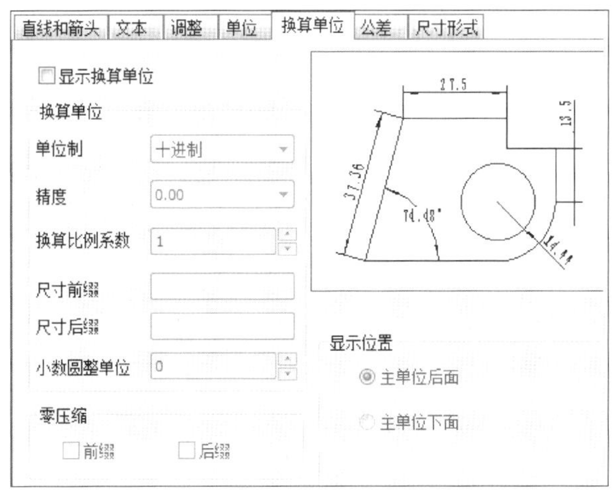

图 6-85 “换算单位”选项卡

（1）换算单位选项组

换算单位选项组用于显示和设置除角度之外的所有标注类型的当前换算单位格式。

1）单位制。该选项用于设置换算单位的单位格式。

2）精度。该选项用于设置换算单位中的小数位数。

3）换算比例系数。指定一个乘数，作为主单位和换算单位之间的换算因子使用。例如，要将英寸转换为毫米，请输入“25.4”。此值对角度标注没有影响，而且不会应用于舍入值或者正、负公差值。

4）尺寸前缀。该选项表示在换算标注文字中包含前缀。可以输入文字或使用控制代码显示特殊符号。例如，输入控制代码“%c”显示直径符号。

5）尺寸后缀。该选项表示在换算标注文字中包含后缀。可以输入文字或使用控制代码显示特殊符号，输入的后缀将替代所有默认后缀。

6）小数圆整单位。该选项用于设置除角度之外的所有标注类型的换算单位的舍入规则。如果输入“0.25”，则所有标注测量值都以“0.25”为单位进行舍入。如果输入“1.0”，则所有标注测量值都将舍入为最接近的整数。小数点后显示的位数取决于“精度”设置。

（2）零压缩选项组

零压缩选项组用于控制是否禁止输出前导零和后续零。

（3）显示位置选项组

显示位置选项组用于控制标注文字中换算单位的位置。

1）主单位后面。该选项表示将换算单位放在标注文字中的主单位之后。

2）主单位下面。该选项表示将换算单位放在标注文字中的主单位下面。

6.“公差”选项卡

“公差”选项卡用于控制标注文字中公差的格式及显示，如图 6-86 所示。

（1）公差选项组

公差选项组用于控制标注文字中公差的格式及显示。

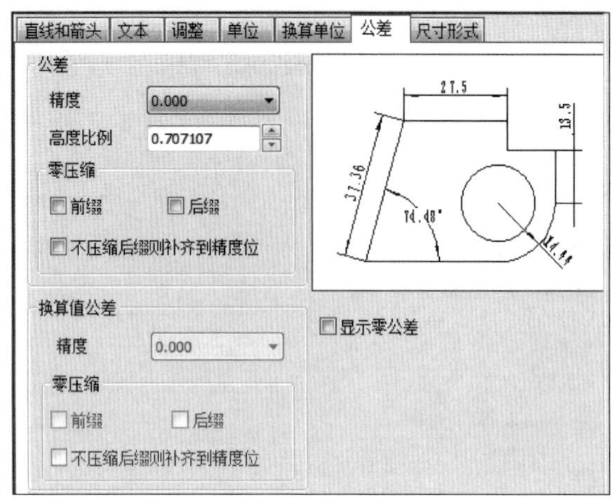

图 6-86 “公差”选项卡

1）精度。该选项用于设置尺寸偏差的精确度，可以精确到小数点后 5 位。

2）高度比例。该选项用于设置当前公差文字相对于基本尺寸的高度比例。

3）零压缩。该选项用于控制是否禁止输出前导零和后续零，以及不压缩后缀则补齐到精度位。

（2）换算值公差选项组

该选项组用于设置换算公差单位的格式。

1）精度。该选项用于显示和设置换算单位公差的小数位数。

2）零压缩。该选项用于控制是否禁止输出前导零和后续零，以及不压缩后缀则补齐到精度位。

7.“尺寸形式”选项卡

“尺寸形式”选项卡用于控制弧长标注和引出点等参数，如图 6-87 所示。

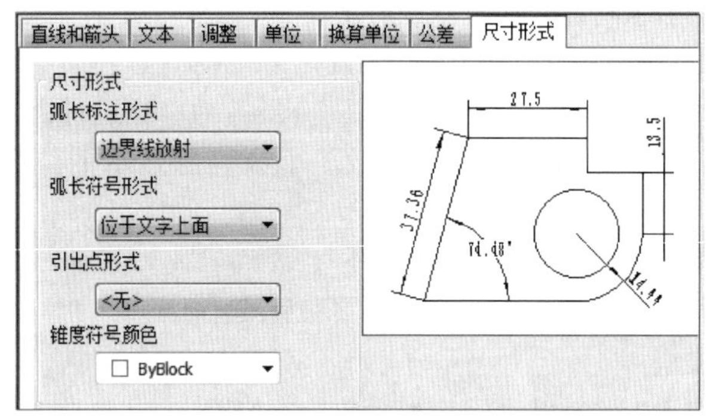

图 6-87 “尺寸形式”选项卡

（1）弧长标注形式

该选项用于设置弧长标注形式，弧长标注有“边界线放射”和“边界线垂直于弦长”两种形式。

（2）弧长符号形式

该选项用于设置弧长标注符号形式，弧长标注符号有“位于文字上面”和“位于文字左边”两种形式。

（3）引出点形式

该选项用于设置尺寸标注引出点形式，尺寸标注引出点有“<无>”和“点”两种形式。

（4）锥度符号颜色

该选项用于设置锥度符号颜色，锥度符号颜色可以设置为“ByBock”“ByLayer”或“自定义其他颜色”。

三、综合示例

绘制图 6-88 所示图形。

绘图步骤如下：

（1）绘制零件轮廓

应用直线命令，根据图 6-88 所示尺寸绘制零件轮廓，如图 6-89 所示。

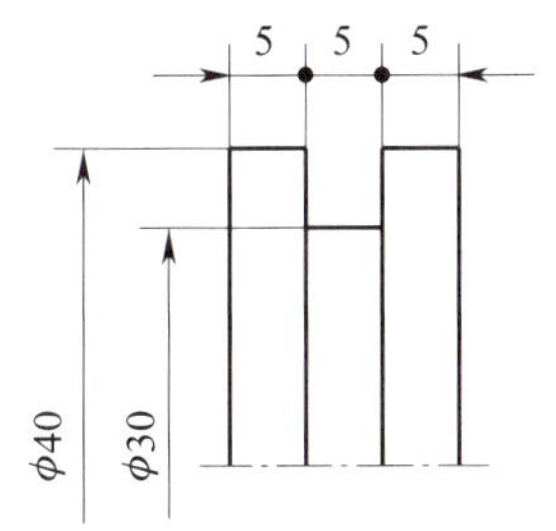

图 6-88　尺寸样式综合应用示例

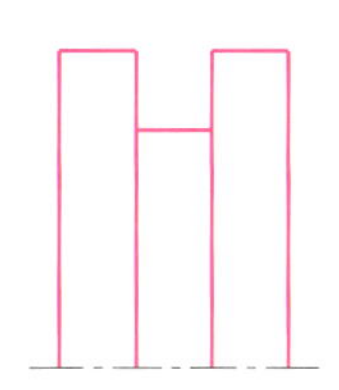

图 6-89　绘制零件轮廓

（2）标注 φ30、φ40

图 6-88 中的“φ30”和“φ40”为半标注。新建半标注样式，按图 6-90a 所示设置尺寸线和尺寸界线，其他参数采用默认值。将半标注样式设为当前标注样式，标注直径“φ30”和“φ40”，如图 6-90b 所示。

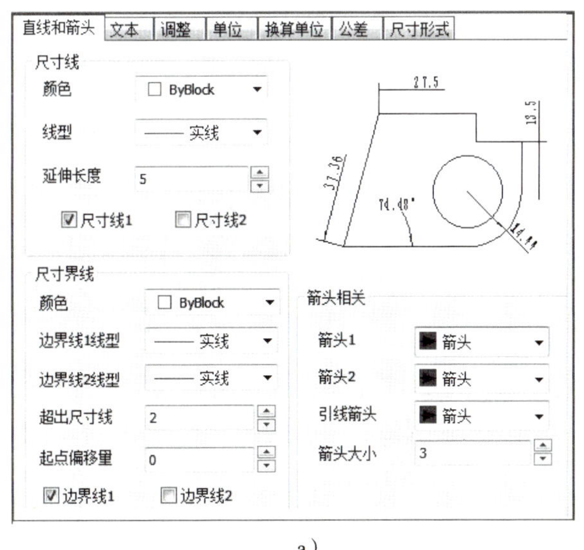

a）

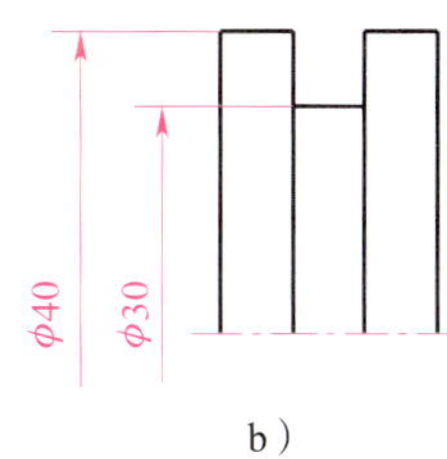

b）

图 6-90　设置半标注样式

a）设置尺寸线和尺寸界线　b）标注“φ30”和“φ40”

（3）标注长度尺寸

图 6-88 中的 3 个长度尺寸，采用了两种标注样式，左右两个长度尺寸采用的是一端为箭头，另一端为小圆点标注样式，中间尺寸采用的是两端皆为“小点”的标注样式。所以新建“小尺寸 1”和“小尺寸 2”两个标注样式，“小尺寸 1”样式按图 6-91a 进行设置，“小尺寸 2”样式按图 6-91b 进行设置。

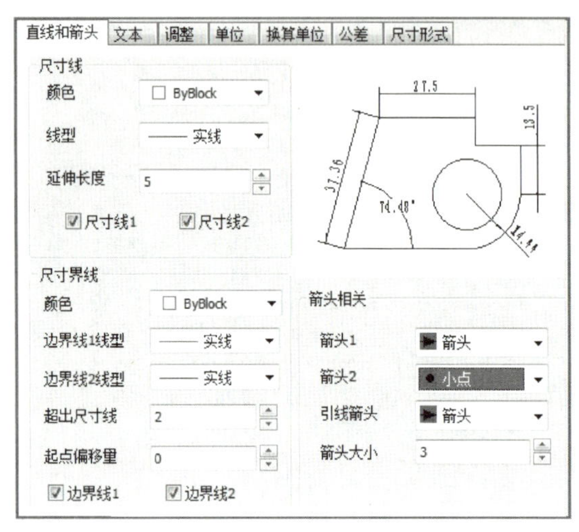

a）

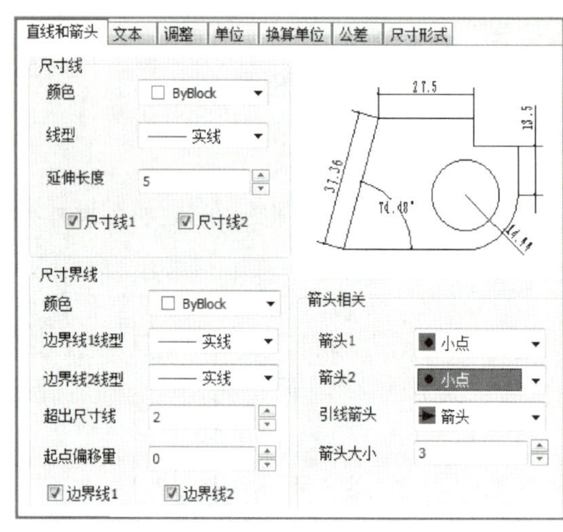

b）

图 6-91　设置“小尺寸 1”和“小尺寸 2”样式

a）设置“小尺寸 1”样式　b）设置“小尺寸 2”样式

应用“小尺寸 1”样式，标注左右两个长度尺寸；标注左端尺寸“5”时，第一点拾取左端点；标注右端尺寸“5”时，第一点拾取右端点。应用“小尺寸 2”样式标注中间尺寸“5”，结果如图 6-88 所示。

§6-5 标注编辑

一、调用标注编辑功能

单击“修改”主菜单中的“标注编辑”命令，或单击“编辑工具”工具条上的按钮，或单击功能区“标注”选项卡下的按钮，或在命令行中执行 dimedit 命令，即可调用标注编辑功能，系统提示“拾取要编辑的标注”，拾取后即进入该标注对象的编辑状态。接下来可以通过立即菜单、尺寸标注属性设置、夹点编辑等多种方式进行编辑。

二、标注编辑对话框

1.“尺寸标注属性设置”对话框

尺寸标注除尺寸外，通常还需要添加尺寸公差、特殊符号以及设置一些特殊参数。CAXA 电子图板可以方便地添加和设置这些内容，并且尺寸公差可以和基本尺寸关联变化，从而提高编辑修改效率。

在生成尺寸标注时，按鼠标右键，弹出右键快捷菜单（图 6-92a），单击快捷菜单中的“确认”命令，即可调出“尺寸标注属性设置”对话框，如图 6-92b 所示。

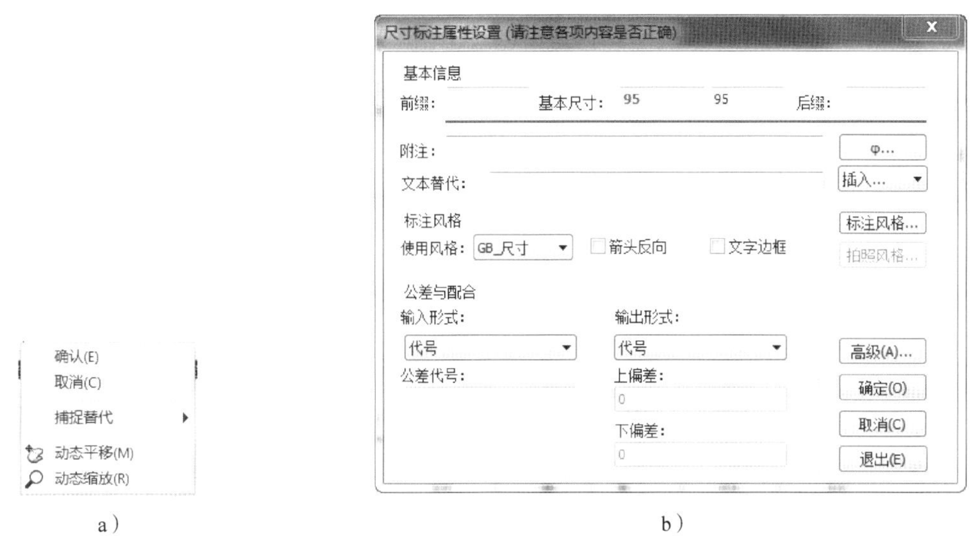

a）　　　　b）

图 6-92　右键快捷菜单和“尺寸标注属性设置”对话框

a）右键快捷菜单　b）“尺寸标注属性设置”对话框

（1）基本信息选项组

1）前缀。该选项用于填写对尺寸值的描述或限定，如表示直径的“%c”，表示乘号的“%x”。

2）基本尺寸。该选项默认实际测量值为基本尺寸，可以输入数值，该选项通常只输入数字。

3）后缀。该选项填写内容无限定，与前缀同。

4）附注。该选项用于填写对尺寸的说明或其他注释。

5）文本替代。在这个编辑框中填写内容时，“前缀”“基本尺寸”和“后缀”三个选项中的内容将不显示，尺寸文字使用“文本替代”编辑框中的内容。

6）插入。单击插入组合框弹出子菜单，可以插入各种特殊符号，如“ϕ”“°”“±”“分数”“粗糙度”等。单击其中的“尺寸特殊符号”，弹出如图 6-93 所示“尺寸特殊符号”对话框。单击选择所需要的特殊

图 6-93　“尺寸特殊符号”对话框

符号后，单击“确定”按钮即可。

如图 6-94 所示为前后缀和附注的示例，后缀插入图 6-93 中的孔深符号“↧”，深度为“10”。按图 6-94 所示对话框填写内容后，单击“确定”按钮，生成如图 6-95 所示的标注结果。

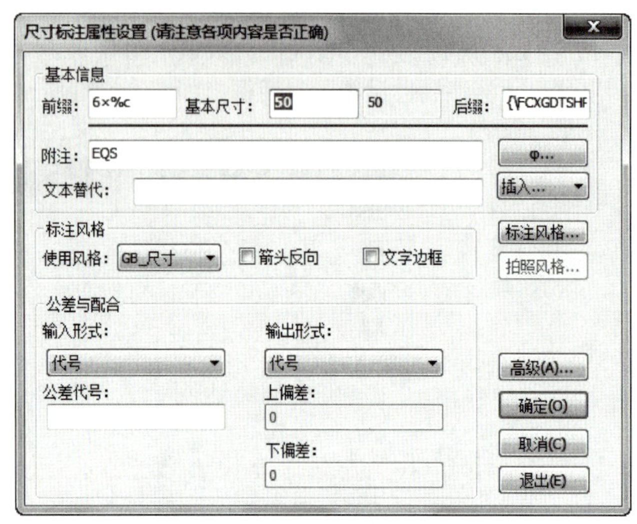

图 6-94　尺寸标注前后缀和附注示例

（2）标注风格组合框

标注风格组合框可以选择生成尺寸标注的风格，并且可以设置“箭头反向”和“文字边框”。单击右边的“标注风格...”按钮可以激活尺寸样式对话框，可对尺寸标注各项参数进行设置。

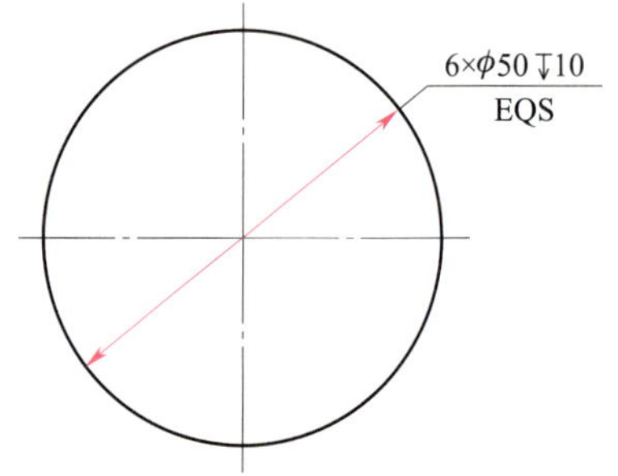

图 6-95　前后缀和附注标注示例

（3）公差与配合选项组

1）“输入形式”下拉菜单。“输入形式”有四种选项，分别为“代号”“偏差”“配合”和“对称”，用它控制公差的输入形式。

当“输入形式”为“代号”时，系统根据在“代号”编辑框中输入的代号名称自动查询上下偏差，并将查询结果在“上偏差”和“下偏差”编辑框中显示。当“输入形式”为“偏差”时，由用户自己输入偏差值。当“输入形式”为“配合”时，在公差带框中选择配合符号，如 H7/h6，不管“输出形式”是什么，输出时按代号标注，如图 6-96 所示。当“输入形式”为“对称”时，只有“上偏差”可以输入。

2）公差代号编辑框

①当“输入形式”选项为“代号”时，在此编辑框中输入公差带代号名称。如 H7、h6、k6 等，系统将根据基本尺寸和代号名称自动查表，并将查到的上下偏差值显示在“上偏差”和“下偏差”编辑框中；也可以单击“高级(A)...”选项，弹出“公差与配合可视化查询”对话框（图 6-97），在该对话框中直接选择合适的公差代号。

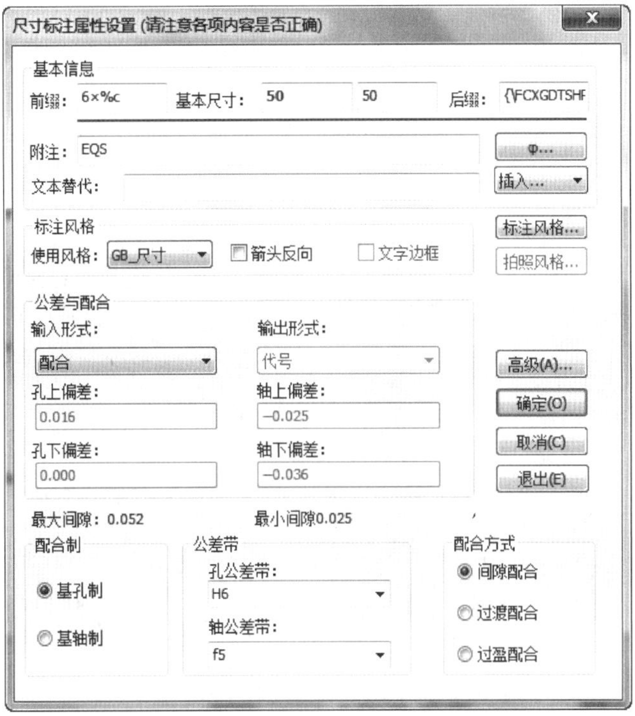

图 6-96 “尺寸标注属性设置”对话框

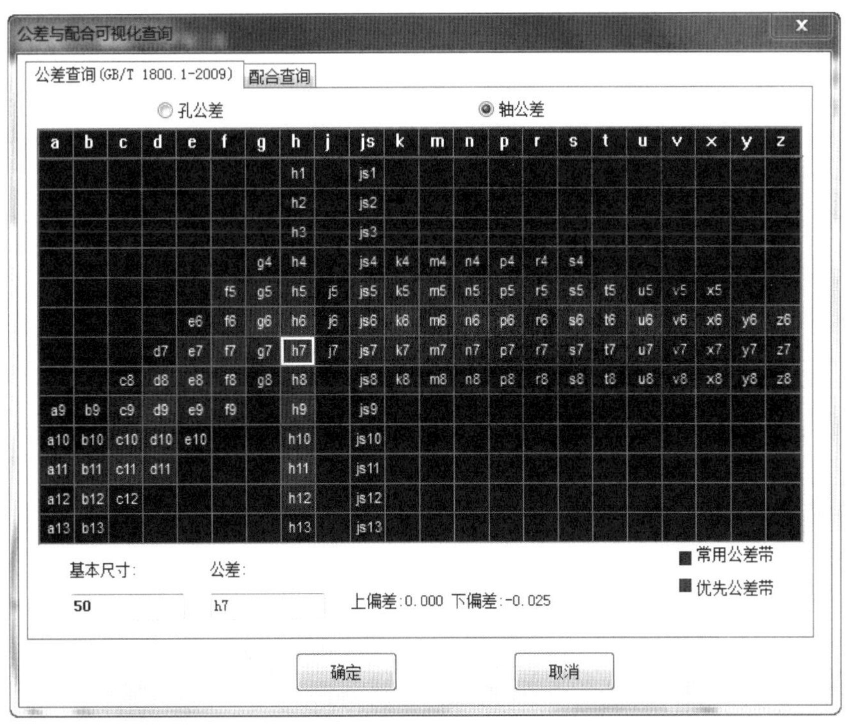

图 6-97 “公差与配合可视化查询”对话框“公差查询”选项卡

②当“输入形式”选项为“配合”时，可以在公差带组选择合适的公差带，如H7/h6、H7/k6、H7/s6 等，系统输出时将按所输入的配合进行标注；也可以单击“高级(A)...”选项，在弹出的“公差与配合可视化查询”对话框（图 6-98）中，直接选择合适的公差代号。

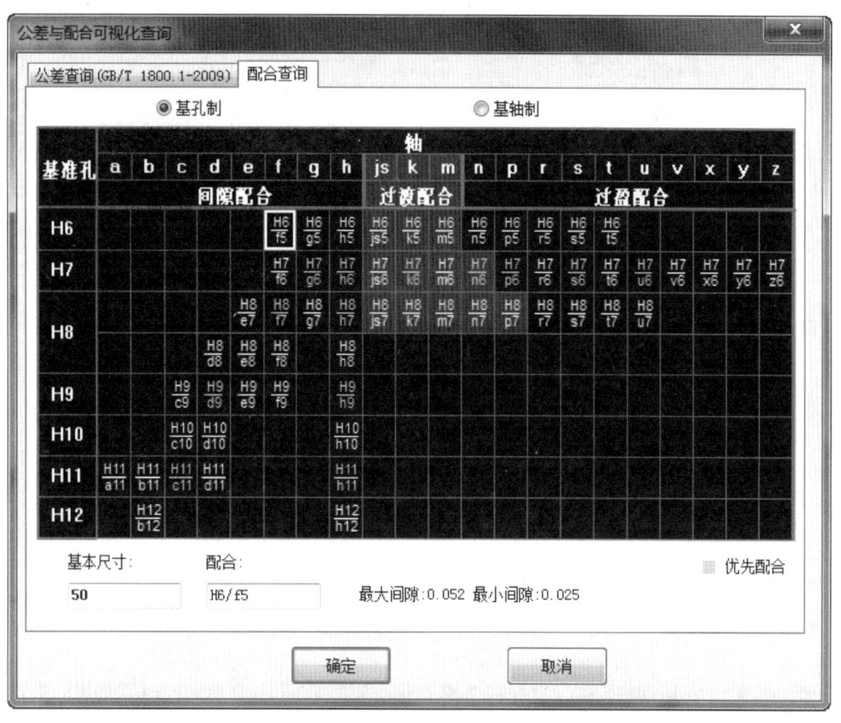

图 6-98 “公差与配合可视化查询”对话框“配合查询”选项卡

③当“输入形式”为“偏差”时，则公差代号编辑框为灰色，不可填写，直接在“输出形式”的上、下偏差编辑框输入。

3）上、下偏差编辑框。如“输入形式”为“代号”时，上、下偏差编辑框中显示查询到的上、下偏差值。

4）输出形式组合框。输入形式为“代号”时，输出形式有五种选项，分别为“代号”“偏差”“(偏差)”“代号（偏差）”和“极限尺寸”，用它控制公差的输出方式。输入形式为“偏差”和“对称”时，输出形式只有“偏差”和“(偏差)”。输入形式为“配合”时，输出形式不可选。

例如：

①输出形式为“代号”时，标注时标代号，如 $\phi 50k6$；

②输出形式为“偏差”时，标注时标偏差，如 $\phi 50^{+0.003}_{-0.013}$；

③输出形式为“(偏差)”时，标注时偏差值用“( )”号括起来，如 $\phi 50\,(^{+0.003}_{-0.013})$；

④输出形式为“代号（偏差）”时，标注时代号和偏差都标，如 $\phi 50k6\,(^{+0.003}_{-0.013})$。

2. 角度公差对话框

在生成角度尺寸时，单击鼠标右键，在弹出的快捷菜单中单击“确定”，可弹出“角度公差”对话框，如图 6-99 所示。

图 6-99 “角度公差”对话框

“角度公差”对话框内控件的使用方法与“尺寸标注属性设置”对话框的使用方法类似，在此不再赘述。

三、立即菜单标注编辑

在尺寸标注或尺寸编辑中，立即菜单中的“基本尺寸”或“前缀”等编辑框，可以直接输入特殊字符，如直径符号“ϕ”用“%c”(可用动态键盘输入)表示，角度符号“°”用“%d”表示，正负符号“±”用“%p”表示。

下面介绍线性尺寸、直径或半径尺寸标注的编辑方法。

1. 编辑线性尺寸

执行标注编辑命令后，拾取一个线性尺寸，弹出如图 6-100 所示的立即菜单，立即菜单中的“1.”有“尺寸线位置”“文字位置”“文字内容”“箭头形状”四项选择。

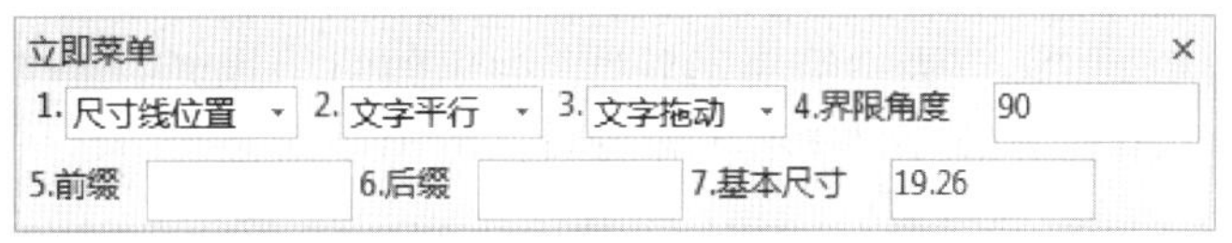

图 6-100 线性尺寸编辑立即菜单

(1)编辑尺寸线位置

当立即菜单中的“1.”选择“尺寸线位置”时，可对线性尺寸的尺寸线位置进行编辑。立即菜单中的“2.”可以修改文字的方向，立即菜单“4. 界线角度”可以修改尺寸界线的角度，立即菜单“7. 基本尺寸”可以修改基本尺寸值，也可以通过立即菜单“5.”和“6.”添加尺寸前缀和后缀。立即菜单中的“4. 界线角度”，是指尺寸界线与水平线的夹角。设置完各项参数，输入新的尺寸线位置点后，即完成编辑操作。

图 6-101 为编辑线性尺寸尺寸线位置的示例。其中尺寸界线角度由 90° 改为 60° ，基本尺寸值由 71.8 改为 90。

(2)编辑文字位置

文字位置的编辑只修改文字的定位点、文字角度和尺寸值，尺寸线及尺寸界线不变。切换立即菜单中的“1.”为“文字位置”，立即菜单变为图 6-102 所示的内容。

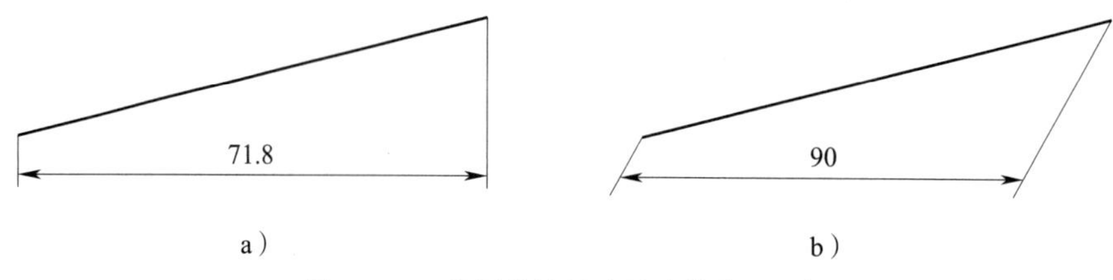

图 6-101　编辑线性尺寸尺寸线位置示例

a）原尺寸　b）编辑后的尺寸

立即菜单中的“2.”可以选择是否加引线，即菜单中的“3.”和“4.”可添加尺寸前缀和后缀，立即菜单中的“5.”可修改基本尺寸值。设置完参数后，输入文字新位置点后即完成编辑操作。图 6-103 为编辑线性尺寸文字位置的示例。

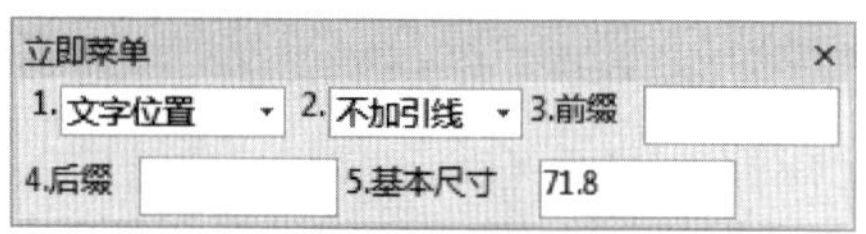

图 6-102　文字位置编辑立即菜单

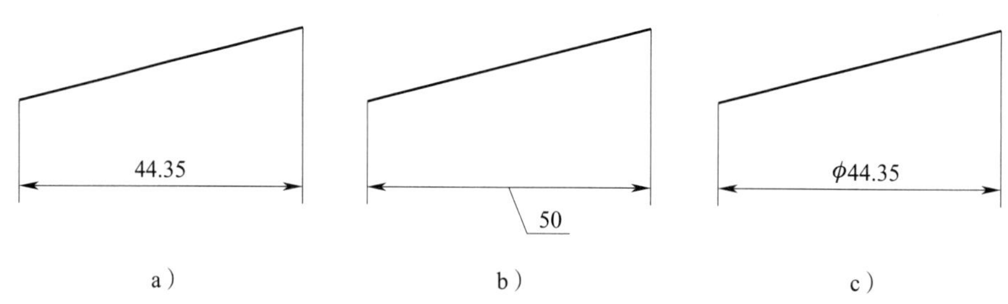

图 6-103　编辑线性尺寸文字位置示例

a）原尺寸　b）加引线，改数值　c）文字加前缀

（3）修改箭头形状

切换立即菜单中的“1.”为“箭头形状”，弹出如图 6-104 所示的“箭头形状编辑”对话框，在该对话框中可修改左箭头和右箭头的形状，修改完毕后，单击“确定”按钮，即完成修改。如图 6-105 所示为箭头形状修改示例。

图 6-104　“箭头形状编辑”对话框

2. 编辑直径或半径尺寸

执行标注编辑命令后，拾取一个直径尺寸或半径尺寸，出现如图 6-106 所示立即菜单，立即菜单中的“1.”有“尺寸线位置”和“文字位置”两个选项。

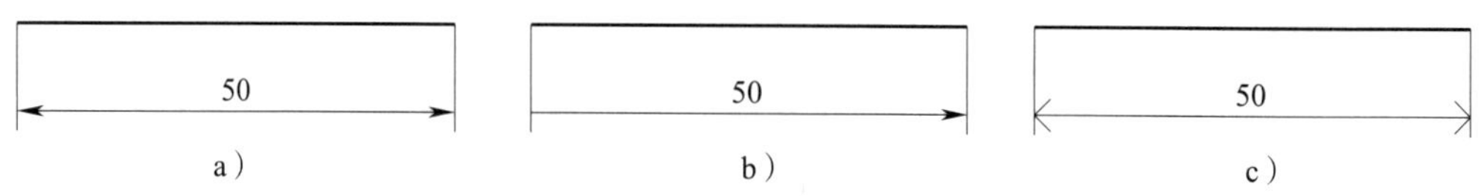

图 6-105　箭头形状修改示例

a）原尺寸　b）左箭头修改为无　c）左右箭头修改为直角箭头

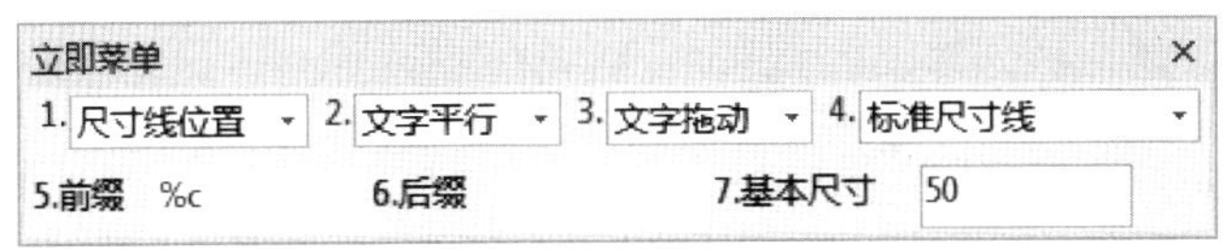

图 6-106 “直径或半径尺寸编辑”立即菜单

（1）编辑直径或半径尺寸的尺寸线位置

当立即菜单中的“1.”选择“尺寸线位置”选项时，可对直径或半径尺寸的尺寸线位置进行编辑。立即菜单中的“2.”可以设置文字的方向，该项有“文字平行”“文字水平”和“ISO 标准”三个选项。立即菜单中的“3.”可以设置文字放置的位置，该项有“居中”和“文字拖动”两个选项。立即菜单中的“4.”可以设置尺寸线的形状，该项有“标准尺寸线”“简化尺寸线”和“过圆心简化尺寸线”三个选项。立即菜单中的“5.”和“6.”可以设置直径或半径尺寸的前缀和后缀。立即菜单中的“7.”可以设置直径或半径尺寸的基本尺寸。将各项参数设置完毕后，输入新的尺寸线位置点后，即完成编辑操作。

图 6-107 为直径尺寸尺寸线位置编辑示例，其中文字方向由“文字平行”改为“文字水平”，基本尺寸值由“ϕ50”改为“ϕ70”，并且增加了后缀“h7”。

（2）编辑直径或半径尺寸的文字位置

立即菜单中的“1.”切换为“文字位置”，相应的立即菜单变为如图 6-108 所示。此时，只能编辑直径或半径尺寸中文字的位置、尺寸线形式、前缀、后缀和基本尺寸。将各项参数设置完毕后，输入新的文字位置点后，即完成编辑操作。

图 6-109 为直径尺寸文字位置编辑示例，其中后缀增加了“均布”，基本尺寸值由“ϕ50”改为“ϕ70”。

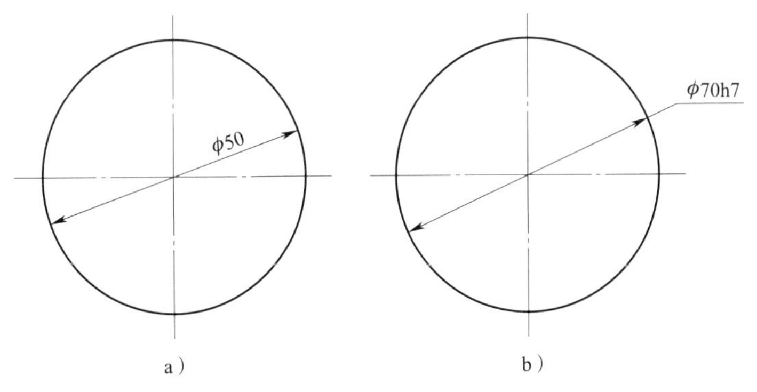

图 6-107 直径尺寸尺寸线位置编辑示例

a）原尺寸 b）编辑后

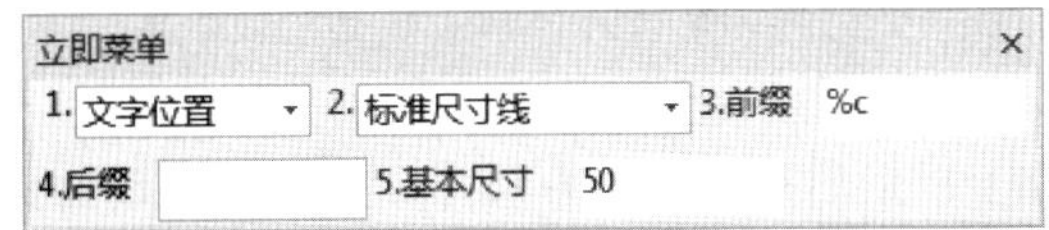

图 6-108 “编辑直径或半径尺寸的文字位置”立即菜单

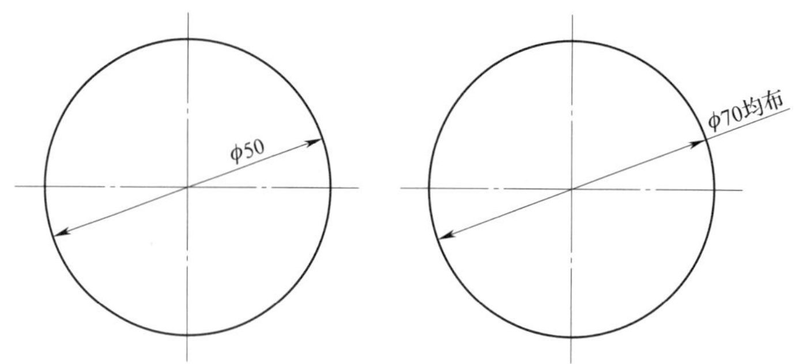

图 6-109　直径尺寸文字位置编辑示例

四、尺寸驱动

尺寸驱动是系统提供的一套局部参数化功能。用户在选择一部分实体及相关尺寸后，系统将根据尺寸建立实体间的拓扑关系，当用户选择想要改动的尺寸并改变其数值时，相关实体及尺寸也将受到影响发生变化，但元素间的拓扑关系保持不变，如相切、相连等。另外，系统还可自动处理过约束及欠约束的图形。

此功能在很大程度上使用户可以在画完图以后再对尺寸进行规整、修改，提高作图速度，对已有的图纸进行修改也变得更加简单、容易。

1. 调用“尺寸驱动”功能

单击“修改”主菜单中的按钮，或单击“编辑工具”工具条上的按钮，或单击功能区“标注”选项卡下的按钮，或在命令行中执行 drive 命令，即可调用“尺寸驱动”功能。

2. 操作步骤

（1）根据系统提示选择驱动对象（用户想要修改的部分），系统将只分析选中部分的实体及尺寸。在这里，除选择图形实体外，选择尺寸是必要的，因为工程图样是依靠尺寸标注来避免自相矛盾的，系统正是依靠尺寸来分析元素间的关系。

例如，存在一条斜线，标注了水平尺寸，则当其他尺寸被驱动时，该直线的斜率及垂直距离可能会发生相应的改变，但是，该直线的水平距离将保持为标注值。同样的道理，如果驱动该水平尺寸，则该直线的水平长度将发生改变，改变为与驱动后的尺寸值一致。因而，对于局部参数化功能，选择参数化对象是至关重要的。为了使驱动的结果与自己的设想一致，有必要在选择驱动对象之前做必要的尺寸标注，对该动的和不该动的关系做个必要的定义。

一般说来，某实体如果没有必要的尺寸标注，系统将会根据“连接”“正交”“相切”等一般的默认准则判断实体之间的约束关系。

（2）指定一个合适的基准点。由于任何一个尺寸表示的均是两个（或两个以上）图形对象之间的相关约束关系，如果驱动该尺寸，必然存在着一端固定，另一端移动的问题，系统将根据被驱动尺寸与基准点的位置关系来判断哪一端该固定，从而驱动另一端。具体指定哪一点为基准，多用几次后用户将会有清晰的体验。一般情况下，应选择一些特殊位置的点，例如圆心、端点、中心点、交点等。

（3）在前两步的基础上，最后是驱动某一尺寸。选择被驱动的尺寸，而后按提示输入新的尺寸值，则被选中的实体部分将被驱动，在不退出该状态（该部分驱动对象）的情况下，用户可以连续驱动多个尺寸。

3. 示例

如图 6-110 所示为皮带轮的初步设计图形，图 6-110a 是原图，图 6-110b 是驱动中心距，图 6-110c 是驱动大圆的直径。

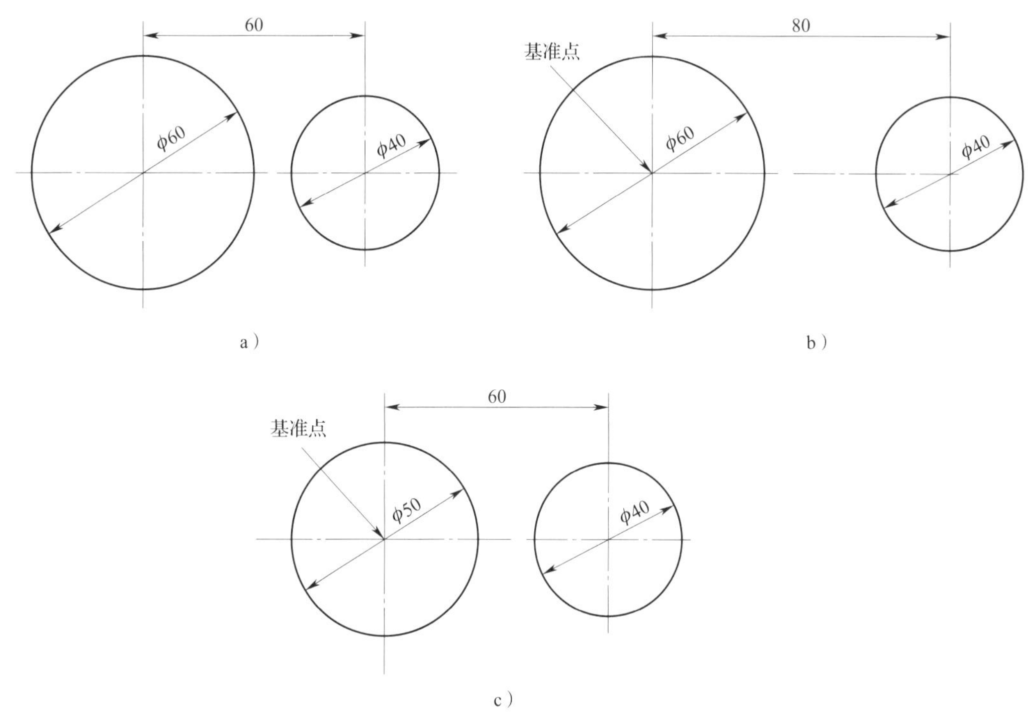

图 6-110 尺寸驱动示例

a）原图 b）驱动中心距 c）驱动大圆直径

五、综合示例

绘制图 6-111 所示图形。

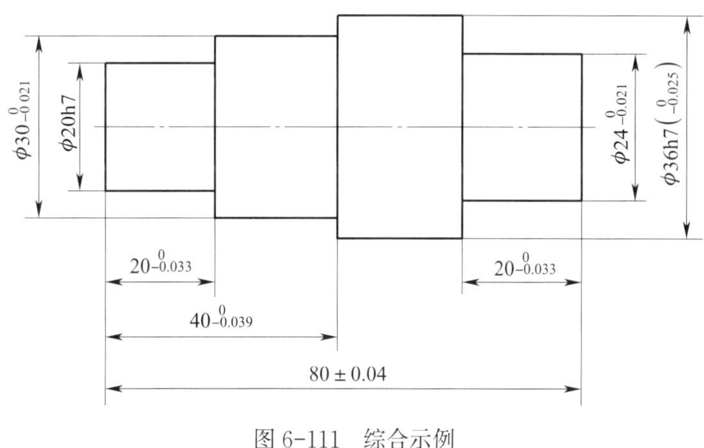

图 6-111 综合示例

绘图步骤如下：

（1）绘制零件轮廓

应用“孔 / 轴”命令，绘制零件轮廓，如图 6-112 所示。

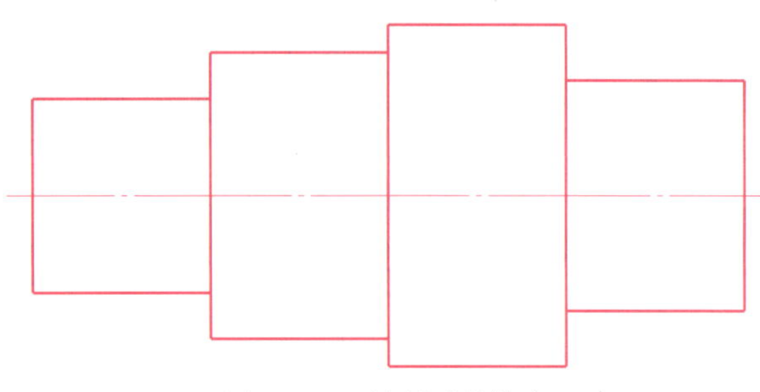

图 6-112　绘制零件轮廓

（2）标注 ϕ20h7

应用基本标注命令，拾取 ϕ20h7 尺寸两端点，生成尺寸标注时单击鼠标右键，在弹出的快捷菜单中单击“确定”，弹出“尺寸标注属性设置”对话框，按图 6-113 所示设置“前缀”“公差代号”，单击“确定”按钮，则标注出“ϕ20h7”，如图 6-114 所示。

（3）标注其余尺寸

按照步骤（2）所示方法，标注其余尺寸。标注带有偏差的尺寸时，需要将尺寸样式中的公差的高度比例设为“0.707107”。标注“80 ± 0.04”时，需要新建标注样式，并将新建标注样式中的公差的高度比例设为“1”。也可以在尺寸标注属性对话框中直接输入“0.04”。

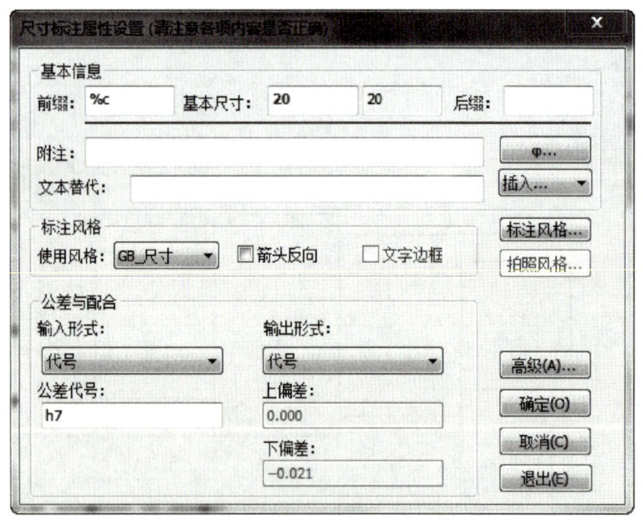

图 6-113　“尺寸标注属性设置”对话框

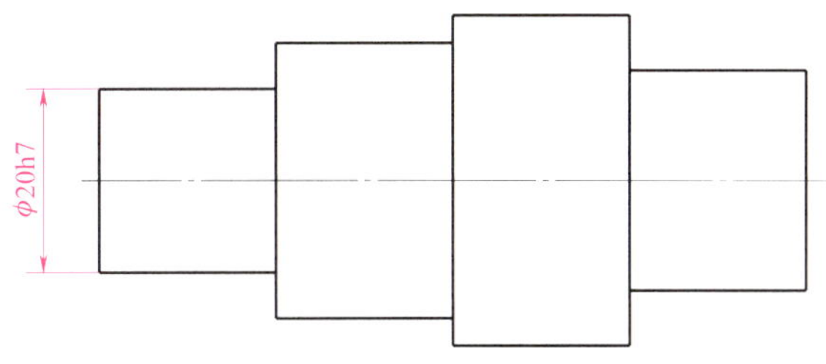

图 6-114　标注“φ20h7”

习　题

1. 在 CAXA 电子图板中，尺寸标注类型有哪些？
2. 在 CAXA 电子图板中，文字标注方式有哪几种？
3. 在 CAXA 电子图板中，能标注哪些工程符号？
4. 绘制如图 6-115 ～图 6-120 所示图形，并对图形进行标注。

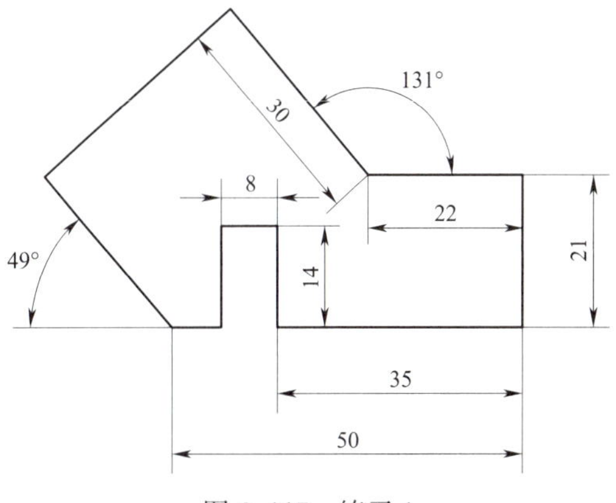

图 6-115　练习 1

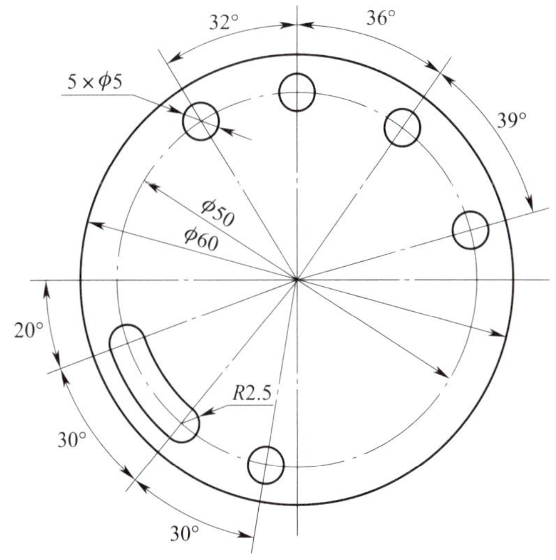

图 6-116　练习 2

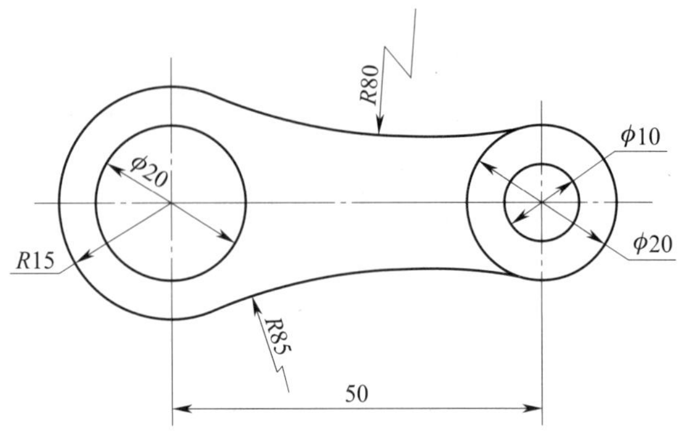

图 6-117　练习 3

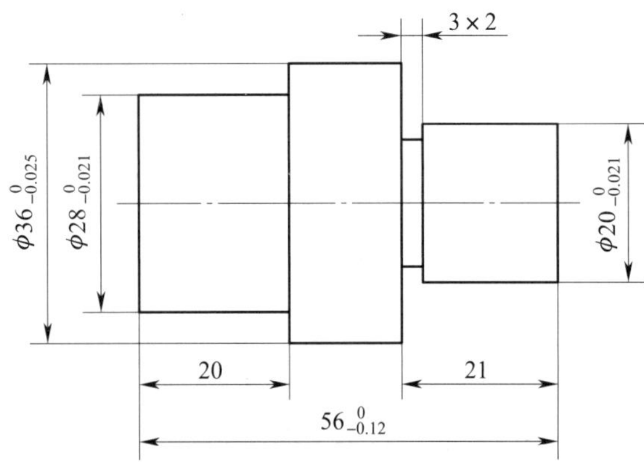

图 6-118　练习 4

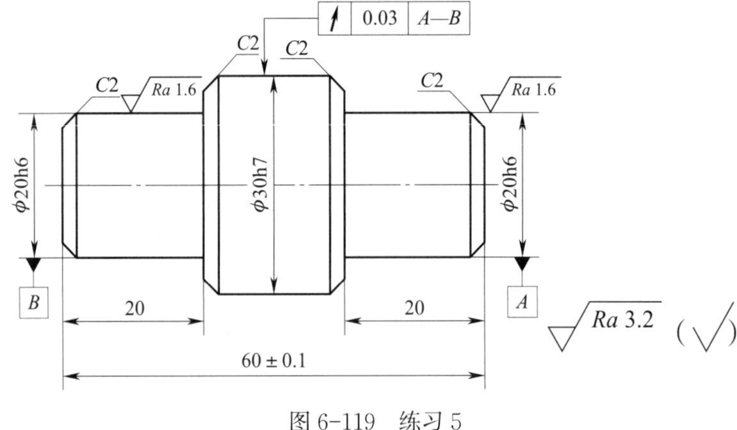

图 6-119　练习 5

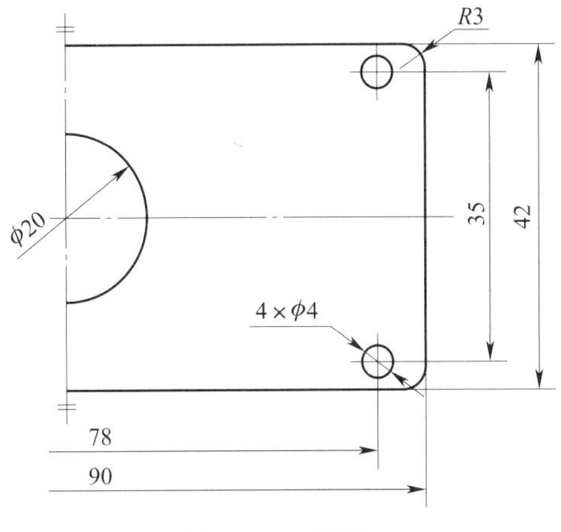

图 6-120　练习 6

第七章 图块与图库操作

图块与图库是 CAD 系统中为了提高绘图效率而提出来的概念，已经被广泛应用于各类 CAD 系统中。在实际绘图工作中，图块操作和图库操作可以大大提高工作效率，特别是针对某些特定行业来说，用处非常大。通过本章学习，读者应：

- 熟悉块生成、块打散、块消隐的操作。
- 熟悉图库图符的应用。

§7-1 图块操作

图块是 CAD 绘图中经常遇到的一个术语。什么是图块？图块有何作用？如何在 CAXA 电子图板中进行图块的相关操作？本节将介绍图块的相关概念，以及在 CAXA 电子图板中进行图块操作的详细步骤。

一、块的定义和特点

电子图板提供了把不同类型的图形对象组合成块的功能，块是复合形式的图形实体，是一种应用广泛的图形元素，它有如下特点：

（1）块是复合图形实体，被定义生成以后，原来若干相互独立的实体形成统一的整体，对它可以进行类似于其他独立实体的移动、复制、删除等各种编辑操作。

（2）块可以被打散，即构成块的图形元素又可成为若干独立操作的元素。

（3）利用块可以方便实现一组图形对象的显示顺序区分。

（4）利用块可以方便实现一组图形对象的关联引用。

（5）利用块可以存储与该块相联系的非图形信息，如块的名称、材料等，这些信息也称为块的属性。

（6）块中的图形可在不同图层上具有不同的颜色、线型和线宽属性。尽管块生成时总是在当前图层上，但块参照保存了有关包含在该块中的对象的原图层、颜色和线型特性的信息。可以控制块中的对象是保留其原特性还是继承当前的图层、颜色、线型或线宽设置。

（7）电子图板中可以生成块的图形对象有图符、尺寸、文字、图框、标题栏、明细表等。

二、创建块

创建块是指将一组图形对象定义为一个块对象。每个块对象包含块名称、一个或者多个对象、用于插入块的基点坐标值和相关的属性数据。

1. 调用“创建块”功能

单击“绘图”主菜单中“块”子菜单中的“ 创建块”命令，或单击“插入”选项卡中“块”面板上的 按钮，或单击鼠标右键在绘图区右键菜单中选择“块创建”，或在命令行中执行 block 命令，即可调用“创建块”功能。

2. 说明

调用“创建块”功能后，拾取欲组合为块的图形对象并确认，然后用鼠标左键指定块的基准点，系统弹出如图 7-1 所示的“块定义”对话框。

在“名称”框中输入块的名称，名称最多可以包含 255 个字符，输入的字符包括字母、数字、空格以及操作系统或程序未做他用的任何特殊字符。输入块名称后，单击“确定”按钮，块名称及创建的块保存在当前图形中。若单击“取消”按钮，则不创建块。

三、同名块

如果当前图形已经定义了块，创建块时输入名称与当前图形内已有块名称相同，则会弹出如图 7-2 所示对话框。

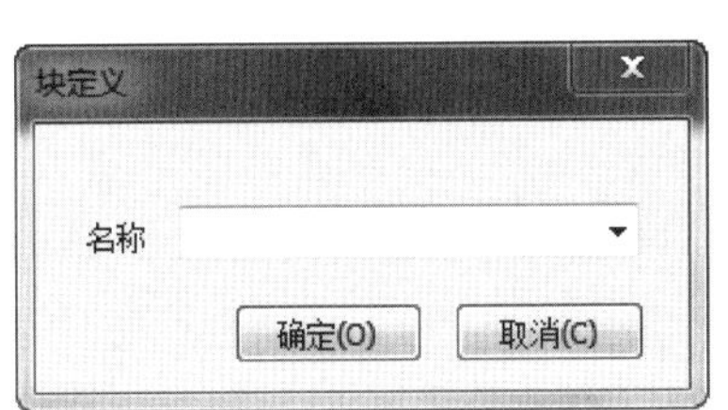

图 7-1 “块定义”对话框

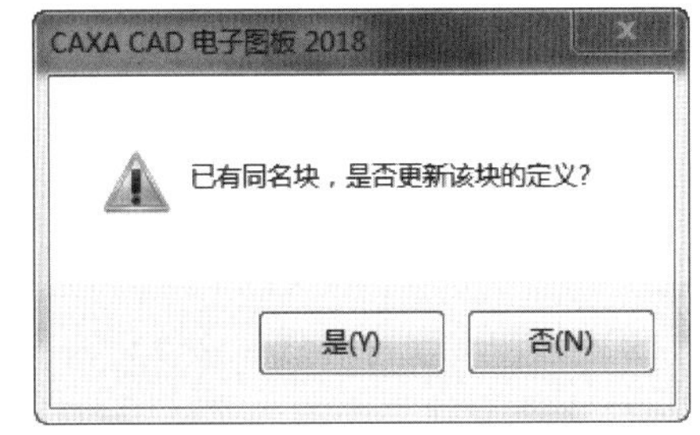

图 7-2 “同名块提示”对话框

单击“是”按钮，将覆盖已有的块定义，当前图形中引用的块均会进行更新。单击“否”按钮，重新回到块定义对话框。

四、块打散

块打散是指将已经存在的块分解成为单个的实体，块打散是块生成的逆过程。操作步骤如下：

1. 调用分解功能

单击“修改”主菜单中的“ 分解”命令，或单击“常用”选项卡中“修改”面板上的 按钮，或单击“编辑工具”工具条上的 按钮，或在命令行中执行 explode 命令，即可调用分解功能。

2. 打散块

执行分解命令后，拾取欲打散的一个或多个块，单击鼠标右键确认，拾取的块即被打散。

CAXA 电子图板提供的图符、标题栏、图框、明细表、剖面线等实体，都是以块的形式存在的，都可以用分解命令将其打散。块被打散后，各组成实体又成为彼此独立的图形实体，并归属各实体原来的图层，恢复其原有属性。

五、块消隐

块消隐是指让块能遮挡住层叠顺序在其后方的对象。电子图板提供了二维自动消隐功能，给作图带来方便。特别是在绘制装配图过程中，当零件的位置发生重叠时，此功能的优势更加突出。

1. 调用块消隐功能

单击“绘图”主菜单中“块”子菜单中的“块消隐”命令，或单击“插入”选项卡中“块”面板上的按钮，或在命令行中执行 hide 命令，即可调用块消隐命令。

2. 说明

利用具有封闭外轮廓的块图形作为前景图形区，自动遮挡该区内其他图形，实现二维消隐。对已消隐的区域也可以取消消隐，被自动擦除的图形又被恢复，显示在屏幕上。

块生成以后，可以通过“特性”选项板修改块是否消隐。

3. 示例

图 7-3 为块消隐示例。

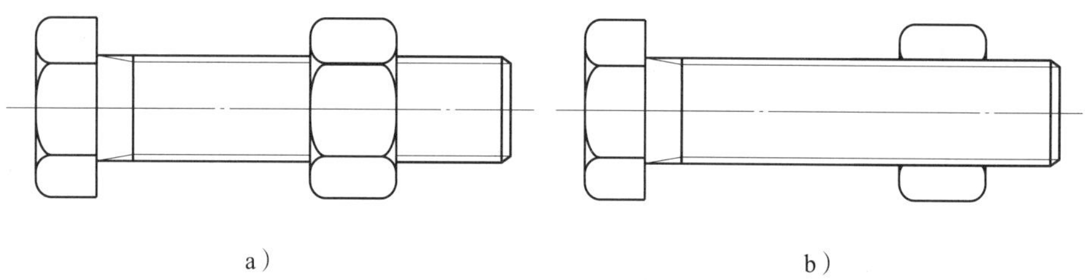

图 7-3　块消隐示例

a）用螺母消隐螺栓　b）用螺栓消隐螺母

图 7-3 中螺栓和螺母分别被定义成两个块，当它们配合到一起时必然会产生块消隐的问题。图 7-3a 中选取螺母为前景实体，螺栓中与其重叠的部分被消隐。当选取螺栓时，螺栓变为前景实体，螺母的相应部分被消隐，如图 7-3b 所示。

六、块属性定义

块属性定义是指创建一组用于在块中存储非图形数据的属性定义。属性可包含的数据有零件编号、名称、材料等信息。创建属性定义后，可以在创建块定义时将其选为对象。如果已将属性定义合并到块中，则插入块时将会用指定的文字串提示输入属性。该块的每个后续参照可以使用为该属性指定的不同的值。

1. 调用属性定义功能

单击“绘图”主菜单中“块”子菜单中的“属性定义”命令，或单击“插入”选项卡中“块”面板上的按钮，或在命令行中执行 attrib 命令，即可调用“属性定义”功能，系统弹出如图 7-4 所示“属性定义”对话框。

2. 说明

（1）在“名称”输入框中输入数据，结果是在图形中默认显示的内容，可以使用任何字符组合（空格除外）输入属性名称。

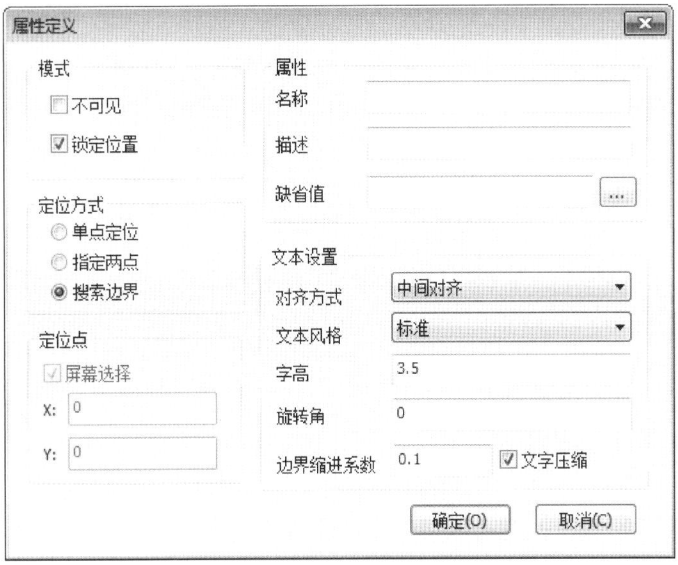

图 7-4 “属性定义”对话框

（2）在“描述”输入框中输入数据，用于指定在插入包含该属性定义的块时显示的提示。如果不输入提示，属性名称将用作提示。

（3）在“缺省值”输入框中输入数据，用于指定默认的属性值。

（4）“定位点”用于指定属性的位置，可以输入 X、Y 坐标值或者勾选“屏幕选择”复选框。

（5）“文本设置”用于指定属性文字的对齐方式、文本风格、字高和旋转角。

单击“确定”按钮完成属性定义，单击“取消”按钮取消本次属性定义操作。

七、插入块

插入块是指选择一个块并插入当前图形中。

1. 调用“插入块”功能

单击“绘图”主菜单中“块”子菜单中的“插入块”命令，或单击“插入”选项卡中“块”面板上的按钮，或在命令行中执行 insertblock 命令，即可调用插入块功能，系统弹出如图 7-5 所示对话框。

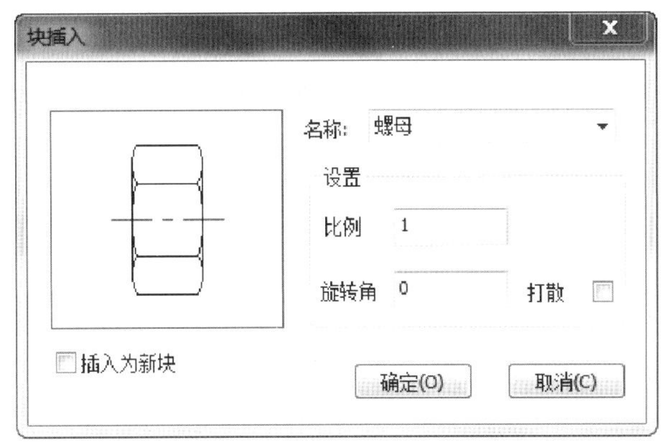

图 7-5 “块插入”对话框

2. 说明

（1）在“名称”后输入要插入的块名或选择要插入的块。

（2）在“比例”输入框中指定要插入块的缩放比例值。

（3）“旋转角”是用于输入要插入的块在当前图形中的旋转角度。

（4）单击“确定”按钮，完成块插入操作；或单击“取消”按钮，取消本次块插入操作。

八、块编辑

对于插入到当前图形的块可以编辑其各种特性，包括块中对象、颜色和线型、块属性数据和定义等。当图形插入了多个同名的块时，除属性定义外，针对此块进行的所有编辑修改操作均会影响当前图形内引用的同名块。

1. 块编辑

块编辑是指对块定义进行编辑。

（1）调用“块编辑”功能

单击“绘图”主菜单中“块”子菜单中的“ 块编辑”命令，或单击“插入”选项卡中“块”面板上的 按钮，或拾取块后单击鼠标右键在“绘图区右键菜单”中的“编辑”子菜单中选择 图标，或在命令行中执行 bedit 命令即可调用“块编辑”功能。

（2）说明

调用“块编辑”功能后，拾取要编辑的块进入块编辑状态。修改完毕后单击“退出”将提示是否修改，单击“是”保存对块的编辑修改，单击“否”取消本次块编辑操作。

2. 块在位编辑

块在位编辑是指对块定义进行在位编辑。与块编辑的区别是，在位编辑时各种操作如标注、测量等可以参照当前图形中的其他对象，而块编辑只显示块内的对象。

（1）调用“块在位编辑”功能

单击“绘图”主菜单中“块”子菜单中的“块在位编辑”命令，或单击“插入”选项卡中“块”面板上的“块编辑”按钮下拉菜单下的“块在位编辑”按钮，或拾取块后单击鼠标右键在“绘图区右键菜单”中的“编辑”子菜单中选择“块在位编辑”命令，或在命令行中执行 refedit 命令，即可调用块在位编辑功能。

（2）说明

调用“块在位编辑”功能后，拾取要编辑的块进入块在位编辑状态。除可进行编辑操作外，块在位编辑状态有添加到块内、从块内移出、保存退出和不保存退出几个特殊功能。

“块在位编辑”各功能含义如下：

1）添加到块内，是指从当前图形中拾取其他对象加入正在编辑的块定义中。

2）从块内移出，是指将正在编辑的块中的对象从当前图形中移出。

3）保存退出，即保存对块定义的编辑操作并退出在位编辑状态。

4）不保存退出，即取消此次对块定义的编辑操作。

3. 块属性编辑

图形对象的基本特性包括图层、线型、线宽、颜色。修改块的基本特性时，块内的对象在当前图形中显示的特性可以随块一起变化，也可以保留其原始特性，具体为：

（1）块中的对象不从当前设置中继承颜色、线型和线宽特性。不管当前设置如何，块中对象的特性都不会改变。对于此选择，需要分别为块定义中的每个对象设置颜色、线型和线宽特性，而不要在创建这些对象时使用“ByBlock”或“ByLayer”作为颜色、线型和线宽的设置。

（2）块中的对象显示特性继承指定给块的特性。当块的图层、颜色、线型、线宽等特性被修改时，块内对象的特性一起变化。对于此选择，在创建要包含在块定义中的对象之前，需将当前颜色或线型设置为“ByBlock”。

块对象的特性修改可以通过“特性”工具选项板进行，如图 7-6 所示。

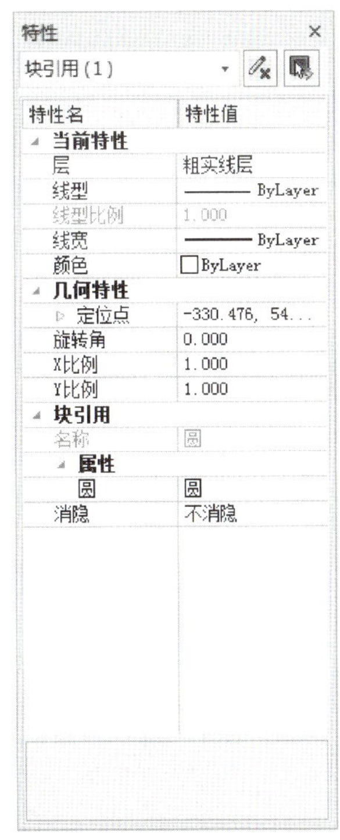

图 7-6 “特性”工具选项板

4. 块属性定义编辑

块属性定义编辑的方法：使用块编辑器或者对块进行在位编辑，进入块的编辑状态，然后双击属性定义或者通过特性选项板修改，修改完毕保存块定义即可。对块属性定义的修改对已插入的块并不生效，但重新插入这个同名的块时，块属性定义将使用新修改的。

5. 块扩展属性编辑、定义

“块扩展属性”可以将事先定义的代号、名称、重量、材料等扩展属性添加到块上，当块作为一个零件或部件生成序号时，选中带扩展属性的块上的实体时，块上的扩展属性可以自动写到明细表中，方便了明细表的填写。

§7-2 图库操作

图库是很多 CAD 软件提供的一种功能，可以极大地方便专业绘图人员的绘图工作，提高工作效率。图库是由各种图符组成的，而图符就是由一些基本图形对象组合而成的对象，同时具有参数、属性、尺寸等多种特殊属性的对象。通过提取图符可以按所需参数快速生成一组图形对象，并且方便后续的各种编辑操作。

图符按是否参数化分为参数化图符和固定图符。图符可以由一个视图或多个视图（不超过六个视图）组成。图符的每个视图在提取出来时可以定义为块，因此在调用时可以进行块消隐。利用图库及块操作，为用户绘制零件图、装配图等工程图纸提供了极大的方便。

CAXA 电子图板为用户提供了对图库的编辑和管理功能。此外，对于已经插入图中的图符，还可以通过尺寸驱动功能修改其尺寸规格。CAXA 电子图板的图库功能主要包括插入图符、定义图符、驱动图符、图库管理和图库转换。本节将分别介绍这些操作的具体步骤。

一、插入图符

插入图符就是从图库中将符合需要的图符配置参数后从图库中提取出来，并添加到当前图形中。通过以下方式可以调用“插入图符”功能：单击“绘图”主菜单下的“图库”子菜单的“插入图符”命令，或单击“图库”工具条中的按钮，或单击“插入”选项卡中“图库”面板上的按钮，或在命令行中执行 sym 命令，或通过图库工具选项板进行操作。

参数化图符和非参数化图符提取过程有所不同，下面分别进行介绍。

1. 参数化图符的提取

执行“插入图符”命令后，将弹出“插入图符”对话框，如图 7-7 所示。

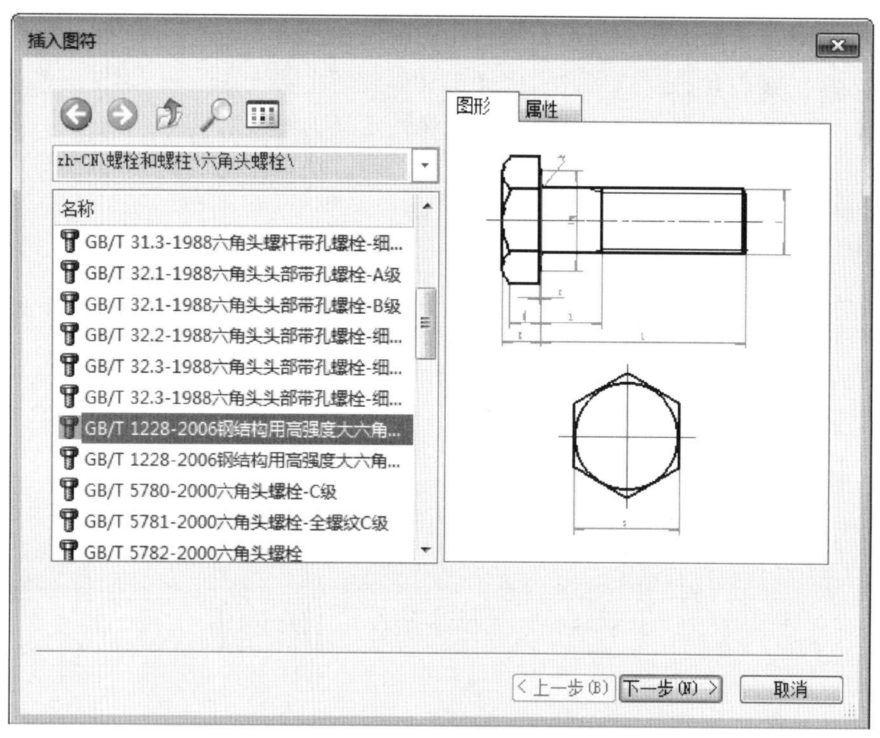

图 7-7 “插入图符”对话框

电子图板图库中的图符数量非常大，提取图符时又需要快速查找到要提取的图符，因此电子图板的图库中所有的图符均按类别进行划分并存储在不同的目录中，这样能方便区分和查找。如图 7-7 所示的对话框中，左半部为图符选择部分，右边为拾取图符的预览区。提取图符时可以通过此对话框中的按钮和控件进行快速检索，检索方法如下：

（1）图符的检索操作同 Windows 资源管理器相似，下方为文件夹，文件夹上方的空间为图符的树形结构树，通过这 2 个控件可以在不同的目录结构中反复进行切换。

（2）、和图标分别为后退、前进、向上按钮，这几个按钮可以协助在不同目录之间切换。

（3）为浏览模式切换按钮，单击此按钮可以在列表模式和缩略图模式之间切换。

（4）单击按钮，将弹出如图 7-8 所示“搜索图符”对话框。

图 7-8 “搜索图符”对话框

通过图符名称搜索图符时不必输入图符完整的名称，只需输入图符名称的一部分，系统就会自动搜索到符合条件的图符，例如搜索“GB 5781—86 六角全螺纹 C 级”，只需输入“GB 5781—86”或“六角全螺纹”就可以搜索到。此外，图库检索增加了模糊搜索功能，在检索条中输入搜索对象的名称或型号，图符列表中就会列出有关输入内容的所有图符，如图 7-9 所示。

图 7-9 搜索结果对话框

（5）在图 7-7 所示对话框的右侧为一预览框，包括“图形”和“属性”两个标签，可对用户选择的当前图符图形和属性进行预览，系统默认为图形预览，用户只需用鼠标单击“属性”标签，即可切换成属性预览方式。在图形预览时各视图基点用高亮度十字标出。右击可放大图符，图 7-10 所示分别为放大前、后的图形。如需要图符恢复原来大小，双击鼠标左键即可。

（6）用户选定图符后，单击“下一步”按钮就可进入“图符预处理”对话框，如图 7-11 所示。

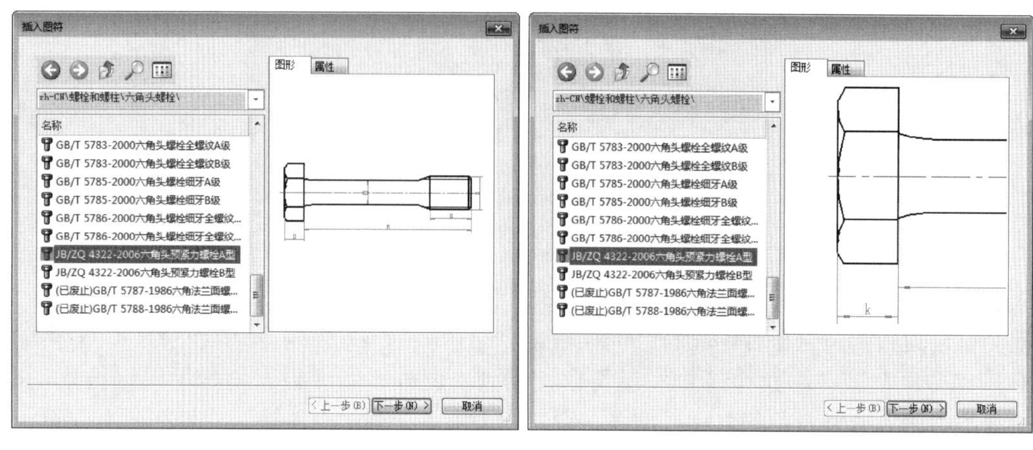

图 7-10　图符放大

a）放大前　b）放大后

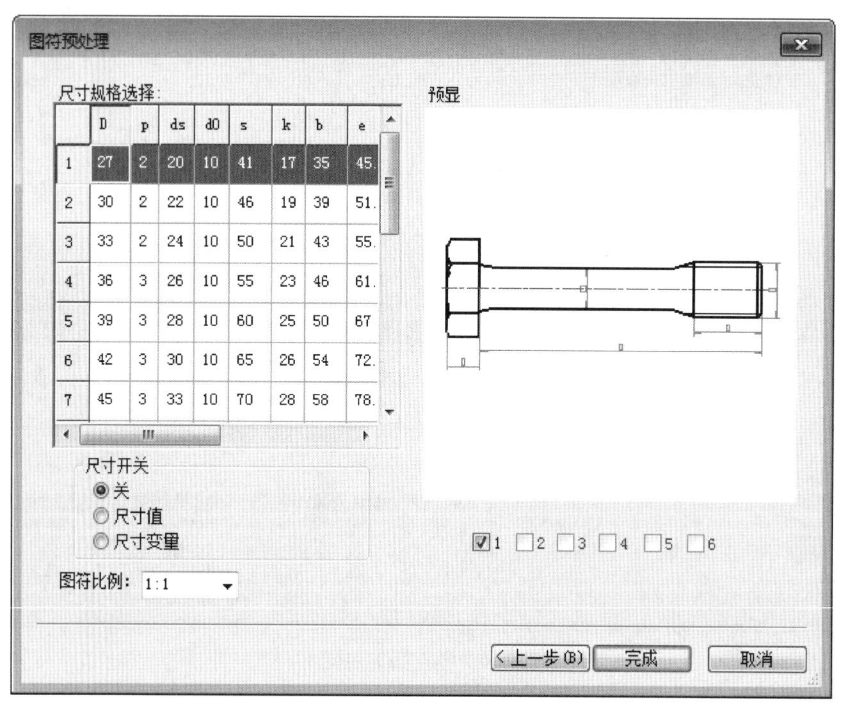

图 7-11　“图符预处理”对话框

对话框右半部是图符预览区，下面排列有六个视图控制开关，用鼠标左键单击可打开或关闭任意一个视图，被关闭的视图将不被提取出来。打开的视图在控制开关上用“对勾”标识。

注：这里虽然有六个视图控制开关，但不是每一个图符都具有六个视图，一般的图符有两到三个视图就足够了。

对话框左半部是图符处理区，第一项是尺寸规格选择，它以电子表格的形式出现。表格的表头为尺寸变量名，在右侧预览区内可直观地看到每个尺寸变量名的具体位置和含义。利用鼠标和键盘可以对表格中任意单元格中的内容进行编辑，用F2键也可直接进入当前单元格的编辑状态。

1）系列变量。尺寸变量名后若带有“*”号，说明该变量为系列变量，它所对应的列中，各单元格中只给出了一个范围，如“10～40”，用户必须从中选取一个具体值。操作方法是用鼠标左键单击相应单元格，该单元格右端出现一个下拉按钮，单击该按钮后，将列出当前范围内的所有系列值，用鼠标左键单击所需的数值后，在原单元格内显示出用户选定的值。若列表框中没有用户所需的值，用户还可以直接在单元格内输入新的数值。

2）动态变量。若变量名后带有“?”号，则表示该变量可以设定为动态变量，动态变量是指尺寸值不限定，当某一变量设定为动态变量时，则它不再受给定数据的约束，在提取时用户通过键盘键入新值或拖动鼠标，可任意改变该变量的大小。操作方法很简单，只需用鼠标右键单击相应单元格即可，单击后，在数值后标有“?”号。

数据输入完毕后，确认其他参数，具体如下：

尺寸开关选项是控制图形提取后的尺寸标注情况，可用鼠标左键单击，其中“关”表示提取后不标注任何尺寸；“尺寸值”表示提取后标注实际尺寸；“尺寸变量”表示只标注尺寸变量名，而不标注实际尺寸。

图符处理选项控制图符的输出形式，图符的每一个视图在默认情况下作为一个块插入。“打散”是指将块打散，也就是将每一个视图打散成相互独立的元素；“消隐”是指允许图符提取后可消隐；“原态”是指图符提取后，保持原有状态不变，不被打散，也不消隐。

用户若对所选的图符不满意，可单击“上一步”按钮，返回到提取图符操作，更换提取其他图符；若已设定完成，可单击“完成”按钮，则系统重新返回到绘图状态，此时用户可以看到图符已“挂”在了十字光标上。

（7）根据系统提示，用户可用鼠标指定或从键盘输入图符定位点，定位点确定后，图符只转动而不移动。根据系统提示，用户可通过键盘输入图符旋转角度；若用户接受系统默认的0度角（即不旋转），直接右击即可；用户还可以通过鼠标旋转图符到合适的位置后，单击鼠标左键确认。

如果设置了动态确定的尺寸且该尺寸包含在当前视图中，则在确定了视图的旋转角度后，状态栏出现提示“请拖动确定 x 的值：”，其中 x 为尺寸名，此时该尺寸的值随鼠标位置的变化而变化，拖动到合适的位置时单击鼠标左键就确定了该尺寸的最终大小，也可以用键盘输入该尺寸的数值。图符中可以含有多个动态尺寸。

此时，图符的一个视图提取完成，若图符具有多视图，则十字光标又自动挂上第二个、第三个……打开的视图，当一个图符的所有打开的视图提取完毕以后，系统开始重复提取，十字光标又挂上了第一视图。若用户不需要再提取，可右击确认提取完成。至此，整个参数化图符提取操作全部完成。

2. 固定图符的插入

电子图板的图库中还有一部分图符属于固定图符，比如电气元件类和液压符号类中的图符均属于固定图符。固定图符的提取比参数化图符的提取要简单得多。

执行插入图符命令后，选中要插入的图符，单击“下一步”，固定图符直接出现如图 7-12 所示立即菜单。

图 7-12 “固定图符的插入”立即菜单

单击立即菜单“1.”选择生成的图符是否被打散；单击立即菜单“2.”选择生成的图符消隐还是不消隐；确认以上参数，按照系统提示选择定位点，输入旋转角之后，即完成图符提取的操作。

二、定义图符

图符的定义实际上就是用户根据实际需要，建立自己的图库的过程。不同场合、不同技术背景下可能需要用到一些图库中没有提供的图形或符号，可以使用定义图符命令定义常用的图符，对已有的图库进行扩充。

单击“绘图”主菜单下的“图库”子菜单的“定义图符”命令，或单击“图库”工具条中的按钮，或单击“插入”选项卡中“图库”面板上的按钮，或在命令行中执行 symdef 命令，即可调用“定义图符”功能。

图符分为固定图符和参数化图符，其定义方法有所区别，下面分别予以进行介绍。

1. 固定图符的定义

固定图符的定义是指创建无参数的图符。一些常用的不需要进行参数驱动的图形可以作为固定图符创建到图库中，以方便调用。定义图符前应首先在绘图区内绘制出所要定义的图形。图形应尽量按照实际的尺寸比例准确绘制。根据需要选择是否标注尺寸。

图形绘制完成后调用“定义图符”功能，根据系统提示，拾取第一视图的所有元素，可用单个拾取，也可用窗口拾取，拾取完后右击确认。

根据提示指定视图的基点，可用鼠标左键指定，也可用键盘直接输入。基点是图符提取时的定位基准点，因此最好将基准点选在视图的关键点或特殊位置点，如中心点、圆心、端点等。

如果拾取的对象中包含尺寸时，系统会提示“请为该视图的各个尺寸指定一个变量名”，因为定制的是固定图符，所以此时直接按鼠标右键会提示“还有尚未命名的尺寸，确实要直接进入下一步”，点击“是”取消命名尺寸进入下一步。

第一视图的所有元素和基准点指定完后，根据系统提示可以指定第二至第六视图的元素和基准点，方法与第一视图相同。

确定最后一个视图的元素和基准点后，弹出“图符入库”对话框，如图 7-13 所示。此时因为是定义固定图符，所以“上一步”和“数据编辑”这两个按钮不能使用。

在左边选择要创建类别的位置，并在“新建类别”组合框中自己输入一个新的类名，在“图符名称”后边输入此图符的名称。

单击“属性编辑”按钮，弹出如图 7-14 所示“属性编辑”对话框。

电子图板提供了十个默认属性，用户可以增加新的属性，也可以删除默认属性或其他已有的属性。在表格中选择需要编辑的单元格，按下 F2 键，则当前单元格进入编辑状态，且插入符被定位在单元格内文本的最后。要增加新属性时，直接双击最后一行表格即可。将光标定位在任一行，按 Insert（或 Ins）键则在该行前面插入一个空行，以供在此位置增加新属性。要删除一行属性时，用鼠标单击该行左端的选择区以选中该行，再按 Delete 键。

图 7-13 “图符入库”对话框

图 7-14 “属性编辑”对话框

所有项都填好以后，点“确定”按钮，可把新建的图符加到图库中。

此时，固定图符的定义操作全部完成，用户再次提取图符时，可以看到新建的图符已出现在相应的类中。

2. 定义参数化图符

（1）概念

定义参数化图符是指创建带有参数，并可进行尺寸驱动的图符。将图符定义成参数化图符，提取时可以对图符的尺寸加以控制，因此它比固定图符的使用更加灵活，应用面也更广。但是，定义参数化图符比定义固定图符的操作要复杂。

定义图符前应首先在绘图区内绘制出所要定义的图形。图形应尽量按照实际的尺寸比例准确绘制，并进行必要的尺寸标注。

关于定义参数化图符时对图形的准备，需要注意如下几点：

1）图符中的剖面线、块、文字和填充等是用定位点定义的。由于程序对剖面线的处理是通过一个定位点去搜索该点所在的封闭环，而电子图板的剖面线命令能通过多个定位点一次画出几个剖面区域。所以在绘制图符的剖面线时，必须对每个封闭的剖面区域都单独用一次剖面线命令。

2）绘制图形时，标注的尺寸在不影响定义和提取的前提下应尽量少标，以减少数据输入的负担。例如固定值的尺寸可以不标，两个相互之间有确定关系的尺寸可以只标一个，如螺纹小径在制图中通常画成大径的0.85倍，所以可以只标大径 d，而把小径定义成“0.85*d”。又如图符中不太重要的倒角和圆角半径，如果其在全部标准数据组中变化范围不大，可以绘制成同样的大小并定义成固定值；反之可以归纳出它与某一个已标注尺寸的大致比例关系，将它定义成类似“0.2*L”的形式，因此也可以不标。

3）标注尺寸时，尺寸线尽量从图形元素的特征点处引出，必要时可以专门画一个点作为标注的引出点或将相应的图形元素在需要标注处打断。这样做是为了便于系统进行尺寸的定位吸附。

4）图符绘制应尽量精确，精确作图能在元素定义时得到较强的关联，也避免尺寸线吸附错误。绘制图符时最好从给出的标准数据中取一组作为绘图尺寸，这样图形的比例比较匀称，自动吸附时也不会出错。

（2）操作步骤

下面以定义一个垫圈为例介绍定义参数化图符的步骤。绘制图形完成后，如图7-15所示，调用“定义图符”功能。

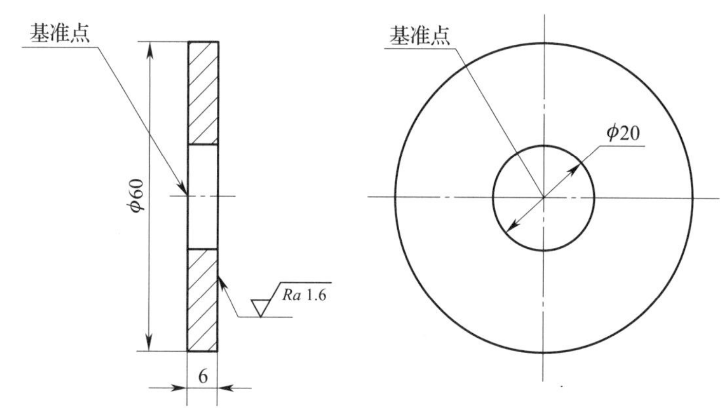

图7-15　垫圈

1）确定视图。根据系统提示拾取第一视图的所有元素，可用单个拾取，也可用窗口拾取。注意：应将有关尺寸进行拾取，拾取完后点鼠标右键确认。

此时系统提示用户指定该视图的基点，用户可用鼠标左键指定，也可用键盘直接输入。基点是图符提取时的定位基准点，而且后面步骤中的各元素定义都是以基点为基准来计算的。因此用户最好将基准点选在视图的关键点或特殊位置点，如中心点、圆心、端点等。在指定基点时可以充分利用工具点、智能点、导航点、栅格点等工具来帮助精确定点。基点的选择很重要，如果选择不当，不仅会增加元素定义表达式的复杂程度，而且会使提取时图符的插入定位很不方便。

接下来系统提示用户为该视图中的每一个尺寸设定一个变量名，用户可用鼠标左键依次拾取每个尺寸，当一个尺寸被选中时，该尺寸变为高亮状态显示，用户在弹出的编辑框中输入给该尺寸起的变量名，尺寸名应与标准中采用的尺寸名或被普遍接受的习惯相一致，输入完变量名并按 Enter 键确认后，该尺寸又恢复至原来颜色。用户可继续选择其他尺寸，也可以再次选中已经指定过变量名的尺寸为其指定新名。该视图的所有尺寸变量名输入完后，右击确认。

然后，按系统提示指定第二视图的元素、基准点和尺寸变量名，方法同第一视图。

2）元素定义。当全部视图都处理完后，弹出“元素定义”对话框，如图 7-16 所示。

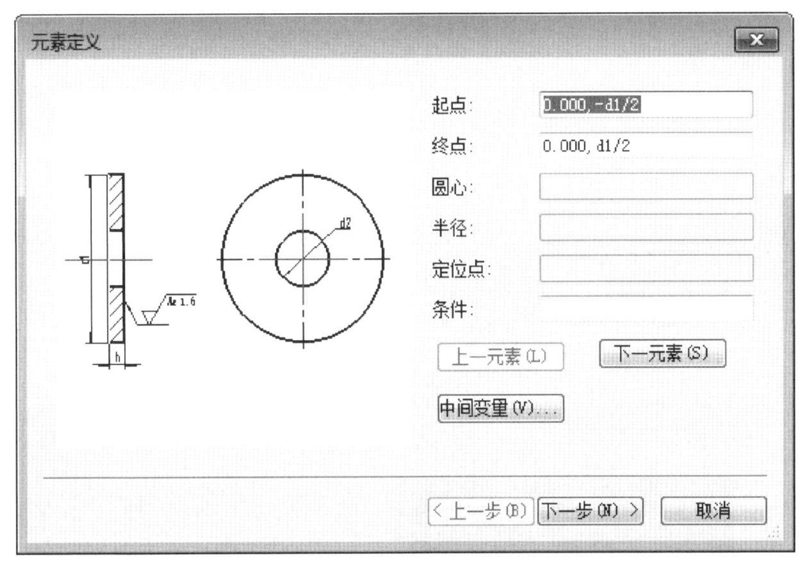

图 7-16 “元素定义”对话框

元素定义，也就是对图符参数化，用尺寸变量逐个表示出每个图形元素的表达式，如直线的起点、终点表达式，圆的圆心、半径的表达式等。元素定义是把每一个元素的各个定义点写成相对基点的坐标值表达式，表达式的正确与否将决定图符提取的准确与否。用户可以通过“上一元素”和“下一元素”两个按钮来查询和修改每个元素的定义表达式，也可以直接用鼠标左键在预览区中拾取。如果预览区中的图形比较复杂，则可用鼠标右键单击图符预览区，预览区中的图形将按比例放大，以方便用户观察和选取，双击鼠标左键，预览区中的图形将恢复最初的大小。若对图形不满意或需要修改，可单击“上一步”按钮返回上一步操作。

CAXA 电子图板系统会自动生成一些简单的元素定义表达式，随着元素定义的进行，CAXA 电子图板会根据已定义的元素表达式不断地修改、完善未定义的元素表达式。元素定义有如下注意事项：

①定义中心线。起点和终点的定义表达式不一定要和绘图时的实际坐标相吻合。按超出轮廓线 2 到 5 个绘图单位定义即可。如图 7-17 所示，图中是对左视图的中心线的起、终点定义，视图的基准点选择可参考图 7-15。

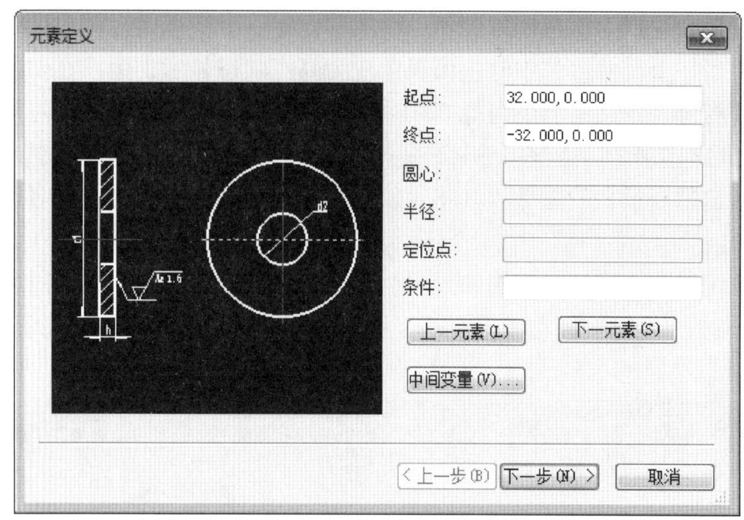

图 7-17　中心线的定义

②定义剖面线和填充的定位点。应选取一个在尺寸取各种不同的值时都能保证总在封闭边界内的点，提取时才能保证在各种尺寸规格时都能生成正确的剖面线和填充，这一点非常重要。如图 7-18 所示，图中定义为主视图上半部剖面线的定位点，这样取值可保证定位点总在封闭边界内。

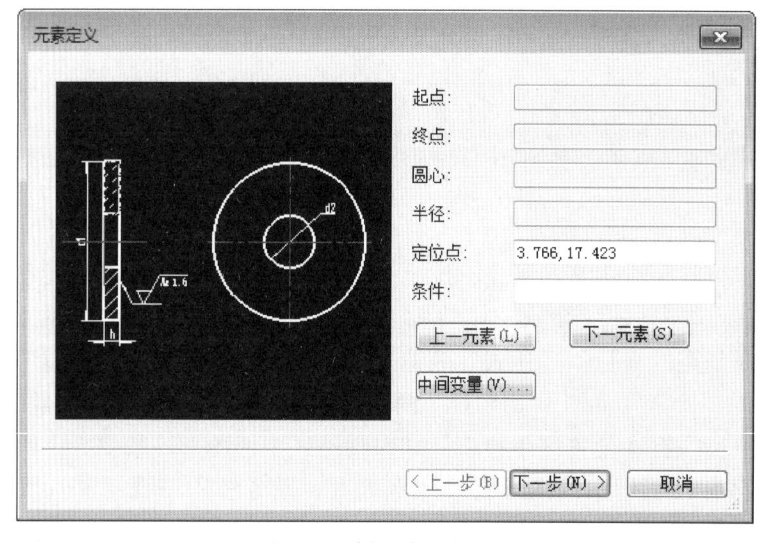

图 7-18　剖面线的定位点

③中间变量。“元素定义”对话框中还存在一个“中间变量”按钮，选中它以后将弹出“中间变量”对话框，如图 7-19 所示。

它主要是用来把一个使用频率较高或比较长的表达式用一个变量来表示，以简化表达式，方便建库，提高提取图符时的计算效率。中间变量是尺寸变量和前面已经定义的中间变量的函数，即先定义的中间变量可以出现在后定义的中间变量的表达式中。中间变量一旦定义后，就可以和其他尺寸变量一样用在图形元素的定义表达式中。在“中间变量”对话

图 7-19 “中间变量”对话框

框中，左半部分输入中间变量名，右半部分输入表达式，确认后，建库过程中可直接使用这一变量。例如，可将垫圈上半部剖面线定位点的 Y 坐标设为“y”，则下半部剖面线定位点的 Y 坐标可写为“$-y$”。

中间变量还有一个用途是定义独立的中间变量。例如，有些机械零件（如垫圈）在与其他零件装配时，是按公称值（如公称直径）选择的，这些公称值并不是标注在零件图上的尺寸；又如许多法兰上都有螺栓孔，螺栓孔的个数随法兰的直径不同而不同，如果把螺栓孔的个数信息也记录到图库中，将有利于用户在提取法兰时了解需要配合使用的螺栓数量，而螺栓孔个数显然也不是图中的尺寸。在这些情况下，可以把它们定义成独立的中间变量。定义独立中间变量的方法很简单，比如在定义垫圈的公称直径 D_0 时，只需在“中间变量定义”对话框中的变量名单元格中输入“$D0$”，在相应的变量定义表达式单元格中什么都不输入即可。在进入下一步变量属性定义时将会看到 D_0 已经出现在变量列表中，在标准数据录入时需要输入相应的数据。

④条件。条件决定着相应的图形元素是否出现在提取的图符中。例如，GB/T 31.1—2013 六角头螺杆带孔螺栓 A 级和 B 级，当螺纹直径 d 为 M6 及更大值时，螺杆上有一个小孔，而当螺纹直径为 M3、M4 或 M5 时则没有这个小孔。这样就可以在定义这个孔对应的圆时，在“条件”编辑框中输入“$d>5$”作为这个圆出现的条件，CAXA 电子图板会根据提取图符时指定的尺寸规格决定是否包含该图形元素。对于其他图形元素，让“条件”编辑框空白即可。

除了逻辑表达式外，CAXA 电子图板将大于零的表达式认为是真，将小于或等于零的表达式认为是假。因此总不出现的图形元素的条件可以定义为“-1”，不填写条件或将条件定义为“1”的图形元素将总出现。

条件可以是两个表达式的组合，例如需要同时满足“$d>5$”和“$d<36$”，可以在“条件”编辑框中输入“$d>5\&d<36$”来表示“与”运算；如果满足“$d<5$”或“$d>36$”，可以在“条件”编辑框中输入“$d<5|d>36$”表示“或”运算，其中“|”符号与 C 语言一样，为或运算符，是用键盘中“shift+\”键输入的。

⑤数学函数。在定义图形元素和中间变量时常常要用到一些数学函数，函数的使用格式与C语言中的用法相同，所有函数的参数须用括号括起来，且参数本身也可以是表达式。有sin、cos、tan、asin、acos、atan、sinh、cosh、tanh、sqrt、fabs、ceil、floor、exp、log、log10、sign共17个函数。

三角函数sin、cos、tan的参数单位为度，如sin（30）=0.5，cos（45）=0.707，tan（45）=1。

反三角函数asin、acos、atan的计算结果单位为度，如asin（0.866）=60，acos（0.5）=60，atan（1）=45。

sinh、cosh、tanh为双曲函数。

sqrt（x）表示x的平方根，如sqrt（25）=5。

fabs（x）表示x的绝对值，如fabs（−36）=36。

ceil（x）表示大于或等于x的最小整数，如ceil（5.4）=6。

floor（x）表示小于或等于x的最大整数，如floor（3.7）=3。

exp（x）表示e的x次方。

log（x）表示ln$x$（自然对数），log10（x）表示以10为底的对数。

sign（x）在x大于0时返回x，在x小于或等于0时返回0，如sign（2.6）=2.6，sign（−3.5）=0。

幂用“^”表示，如x^5表示x的5次方；求余运算符用“%”表示，如，26%3=2，2为26除以3的余数。

在表达式中乘、除运算分别用“*”“/”表示；表达式中只能用小括号，没有大括号和中括号，运算的优先级是通过小括号的嵌套来体现的。

如下表达式是合法的表达式：

1.5*h*sin（30）−2*d^2/sqrt（fabs（3*t^2−x*u*cos（2*alpha）））。

3）变量属性定义。当元素定义完成后，单击“下一步”按钮，将弹出“变量属性定义”对话框，如图7-20所示。

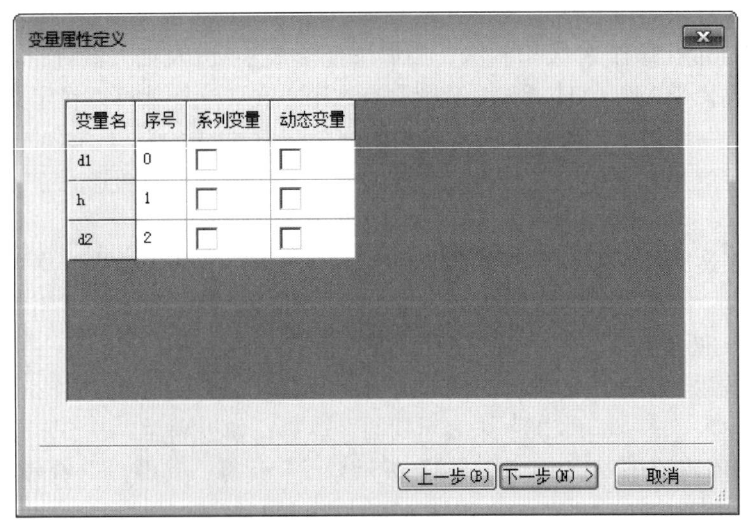

图7-20 “变量属性定义”对话框

此项可用来定义变量的属性：系列变量和动态变量。系统默认的变量属性复选框均为不勾选状态，即变量既不是系列变量，也不是动态变量。用户可对复选框进行操作，勾选或者不勾选来改变变量的类型。变量的序号从 0 开始，决定了在输入标准数据和选择尺寸规格时各个变量的排列顺序，一般应将选择尺寸规格时作为主要依据的尺寸变量的序号指定为 0。“序号”列中已经指定了默认的序号，可以编辑修改。

4）图符入库。执行完“变量属性定义”后，单击“下一步”按钮。此时，屏幕上弹出“图符入库”对话框（图 7-13）。

用户可以自己输入一个新的类别名，然后在“图符名称”编辑框中输入新建图符的名称。

单击“属性编辑”按钮，弹出“属性编辑”对话框，在对话框中可以输入图符的属性，这些属性可在提取图符时被预览，而且提取后未被打散的图符记录有属性信息可供查询。

用户单击“数据编辑”按钮，进入“标准数据录入与编辑”对话框，如图 7-21 所示。尺寸变量按“变量属性定义”对话框中指定的顺序排列。对于系列变量，点击该变量的表头可进行系列变量的输入与编辑，各个取值之间通过逗号分隔开来，如图 7-21 所示。

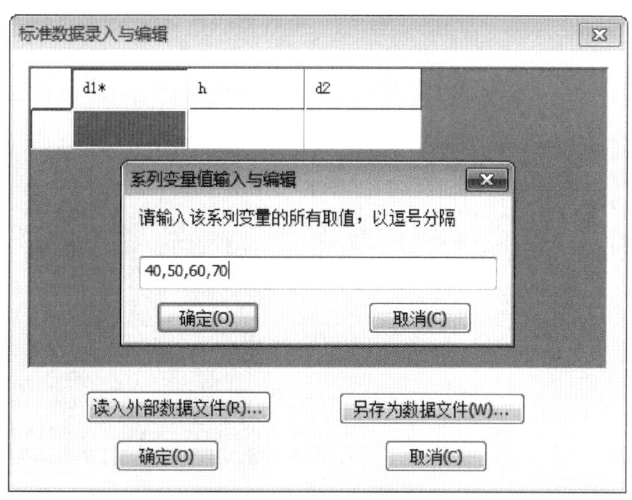

图 7-21 “标准数据录入与编辑”对话框

所有项都填好以后，单击“确定”按钮，可把新建的图符加到图库中。

三、驱动图符

驱动图符是指对已提取出的没有打散的图符进行驱动，更换图符或者改变已提取图符的尺寸规格、尺寸标注情况和图符输出形式等参数。

用以下方式可以调用“驱动图符”功能：

单击“绘图”主菜单下的“图库”子菜单中的“驱动图符”命令，或单击“图库”工具条中的按钮，或单击“插入”选项卡中“图库”面板上的按钮，或在命令行中执行 symdrv 命令，或直接双击要驱动的图符。

执行驱动图符命令后，当前绘图中所有未被打散的图符将被加亮显示。此时用鼠标左键拾取想要变更的图符。选定以后，屏幕上弹出“图符预处理”对话框，这与提取图符的操作一样，可对图符的尺寸规格、尺寸开关以及图符处理等项目进行修改。

修改完成单击“确认”按钮后，绘图区内原图符被修改后的图符代替，但图符的定位点和旋转角不改变。

四、图库管理

图库管理是指对电子图板中自带的图库及用户已经自定义的图库进行修改和管理等操作。

单击“绘图”主菜单下的“图库”子菜单中的“图库管理”命令，或单击“图库”工具条中的按钮，或单击“插入”选项卡中“图库”面板上的按钮，或在命令行中执行 symman 命令，即可调用图库管理功能。

1. 图符编辑

图符编辑实际上是图符的再定义，用户可以对图库中原有的图符进行全面的修改，也可以利用图库中现有的图符进行修改、部分删除、添加或重新组合，定义成相类似的新的图符。

在如图 7-22 所示的“图库管理”对话框中选择要编辑的图符名称，单击“图符编辑”按钮，将弹出如图 7-23 所示的对话框。如果只是要修改图符中图形元素的定义或尺寸变量的属性，可以选择第一项，在弹出的下拉菜单中选择“进入元素定义”，开始对元素的定义进行编辑修改。

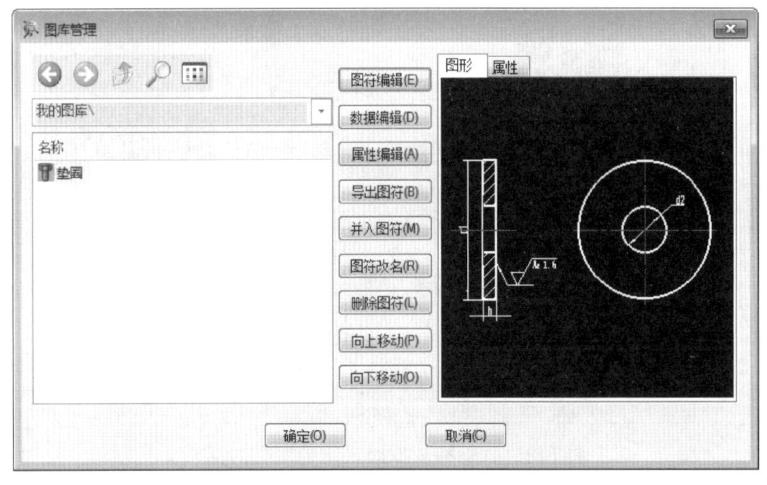

图 7-22 “图库管理”对话框

如果需要对图符的图形、基点、尺寸或尺寸名进行编辑，可以选择“进入编辑图形”选项。此时需要编辑的图符以布局窗口的形式添加到已打开的文件内，可以切换回模型显示进入图符编辑之前的图形。

接下来用户可以在绘图区内对图形进行各种编辑，比如可以添加或删除曲线、尺寸等。用户修改完成后，可对修改过的图符进行重新定义。

在图符入库时如果输入了一个与原来不同的名字，就定义了一个新的图符；如果使用原来的图符类别和名称，则实现对原来图符的修改。

2. 数据编辑

数据编辑是对参数化图符原有的数据进行修改、添加和删除。

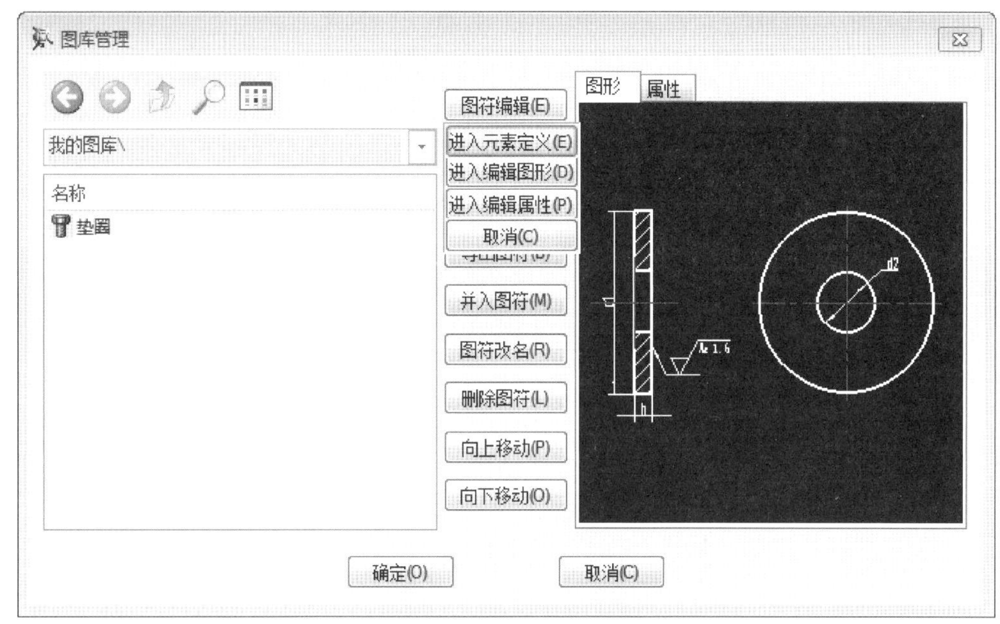

图 7-23 图符编辑下拉菜单

在“图库管理”对话框中选择要进行数据编辑的图符名称，单击“数据编辑”按钮，弹出“标准数据录入与编辑”对话框。在对话框中可以对数据进行修改，操作方法同定义图符时的数据录入操作一样。

修改结束后单击“确定”按钮，可返回“图库管理”对话框，进行其他图库管理操作。全部操作完成后，单击“确定”按钮，结束图库管理操作。

3. 属性编辑

属性编辑是对图符原有的属性进行修改、添加和删除。

在“图库管理”对话框中选择要进行属性编辑的图符名称，单击“属性编辑”按钮，弹出“属性编辑”对话框。在对话框中可以对属性进行修改，操作方法同定义图符时的属性编辑操作一样。

修改结束后单击“确定”按钮，可返回“图库管理”对话框，进行其他图库管理操作。

4. 并入图符

并入图符是将需要的图符并入图库。在“图库管理”对话框中单击“并入图符”按钮，可弹出“并入图符”对话框，如图 7-24 所示。在左侧选择要导入的文件或文件夹，在右侧选择导入后保存的位置，然后单击“并入”即可。

5. 图符改名

对图符原有的名称以及图符大类和小类的名称进行修改。在“图库管理”对话框中选择要改名的图符，单击“图符改名”按钮，弹出“图符改名”对话框，如图 7-25 所示。

图 7-24 “并入图符”对话框

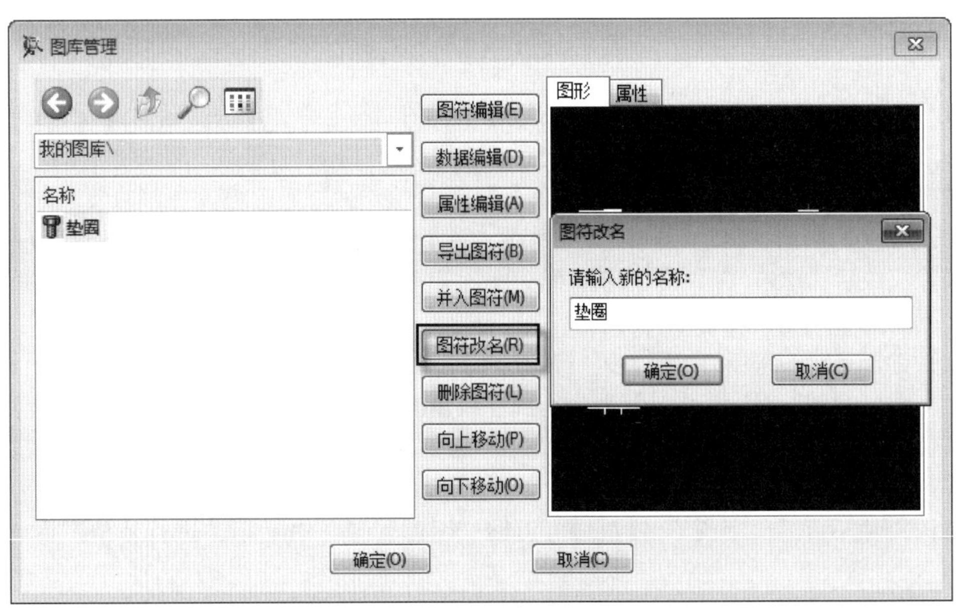

图 7-25 “图符改名”对话框

在编辑框中输入新的图符名称。输入结束后单击“确定”按钮，可返回“图库管理”对话框，进行其他图库管理操作。

6. 删除图符

删除图符是指删除图库中无用的图符，也可以一次性删除无用的一大类或者一小类图符。

在“图库管理”对话框中选择要删除的图符，单击“删除图符”按钮，弹出“确认文件删除”对话框，如图 7-26 所示。为了避免误操作，系统询问用户是否确定要删除该图符，用户可根据实际情况单击“确定”或“取消”按钮。

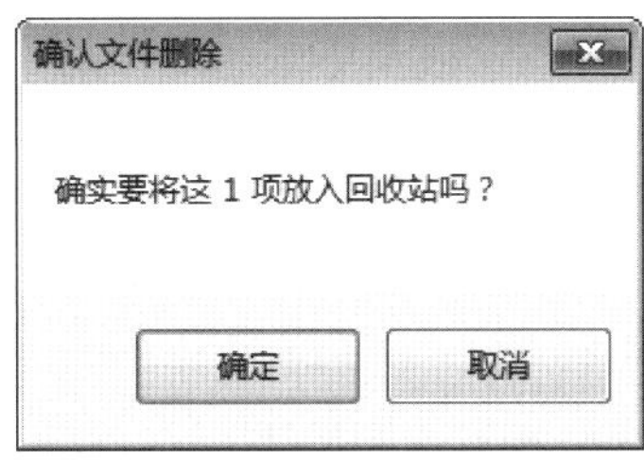

图 7-26 “确认文件删除”对话框

删除操作完成或被取消后可返回“图库管理”对话框，进行其他图库管理操作。

7. 上下移动图符

在“图库管理”对话框中选择要移动的图符，单击“向上移动”或“向下移动”按钮实现在图符列表中的排列顺序。

五、图库转换

图库转换用来将用户在旧版本中自己定义的图库转换为当前的图库格式，或者将用户在另一台计算机上定义的图库加入本计算机的图库中。在选择转换类型时，即可以选择“主索引文件（Index.sys）”，也可以选择“小类索引文件（*.idx）”。

单击“绘图”主菜单下的“图库”子菜单中的“图库转换”命令，或单击“图库”工具条中的按钮，或单击“插入”选项卡中“图库”面板上的按钮，或在命令行中执行 symexchange 命令，即可调用“图库转换”功能，弹出如图 7-27 所示对话框。

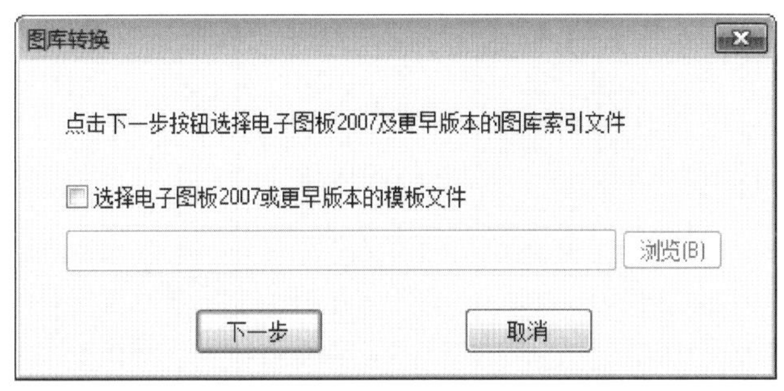

图 7-27 “图库转换”对话框

若勾选“选择电子图板 2007 或更早版本的模板文件”，单击“浏览”按钮选择早期版本的模板文件；若不，直接单击“下一步”按钮，则弹出图 7-28 所示“打开旧版本主索引或小类索引文件”对话框，在对话框中选择要转换的图库的索引文件，单击“确定”按钮，该对话框被关闭。

如果选择的是主索引文件（Index.sys），则将所有类型图库同时转换。若选择的是小类索引文件（*.idx），则将选择单一类型图库进行转换。

图 7-28　“打开旧版本主索引或小类索引文件”对话框

习　　题

1. 什么是块？块有哪些特点？
2. 怎样修改图块的属性？
3. 什么是系列变量？什么是动态变量？
4. 什么是驱动图符？
5. 绘制如图 7-29 所示图形，并将其定义为图符加入系统库中。

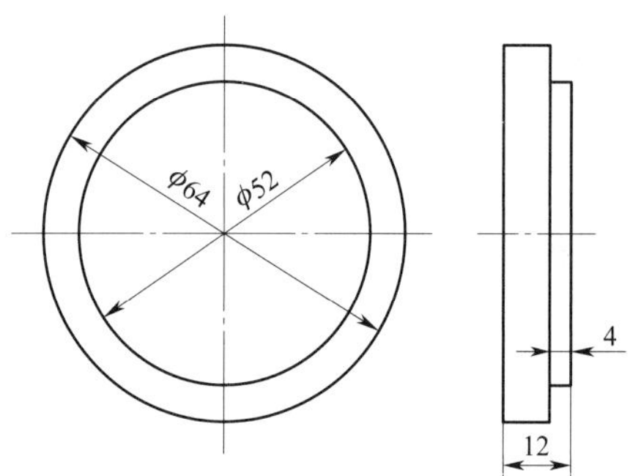

图 7-29　绘图并定义图符

第八章 工程图样常规设置

国家标准《技术制图》和《机械制图》对图纸幅面、图框、零件序号与明细表做了规定。为了提高绘图效率，CAXA 电子图板提供了图幅设置、图框设置、标题栏设置、零件序号和明细表的生成与填写等功能。通过本章的学习，读者应：

- 熟悉图幅、图框和标题栏的设置、调入及填写。
- 熟悉零件序号和明细表的生成及填写。

§8-1 图幅设置

图幅是指图纸幅面的大小，所有绘制的图形都必须在图纸幅面内。国家标准中规定了 5 种基本图幅，并分别用 A0、A1、A2、A3、A4 表示。本节将介绍 CAXA 电子图板图幅相关操作。

CAXA 电子图板在系统内部设置了国家标准中规定的 5 种图幅以及相应的图框、标题栏和明细表。系统还允许自定义图幅和图框，并将自定义的图幅、图框制成模板文件，以供其他文件调用。

设置图幅，既可以选择系统提供的标准图纸幅面，也可以自定义图纸幅面，也可改变绘图比例或选择图纸放置方向。

一、调用“图幅设置”功能

单击“幅面”主菜单中的“图幅设置”命令，或单击“图幅”工具条中的按钮，或单击“图幅”选项卡中“图幅”面板上的按钮，或在命令行中执行 setup 命令，即可调用“图幅设置”功能，弹出如图 8-1 所示的对话框，该对话框包括幅面参数、图框设置、调入及当前风格四个部分。

二、幅面参数

1. 图纸幅面设置

用鼠标单击“图纸幅面”项右边的 ▼ 按钮，弹出一个下拉菜单，列表框中有 A0 ~ A4 标准图纸幅面选项和用户自定义选项可供选择。当所选择的幅面为基本幅面时，在“宽度”和“高度”编辑框中显示该图纸幅面的宽度值和高度值，但不能修改；当选择用户自定义时，可在“宽度”和“高度”编辑框中输入用户所需图纸幅面的宽度值和高度值。

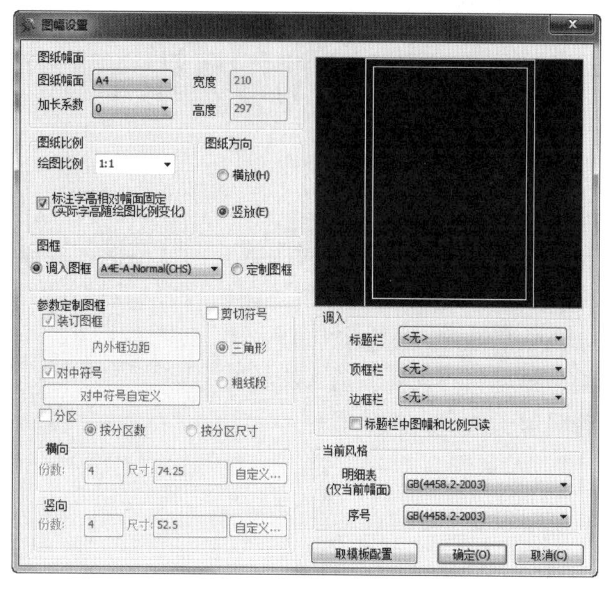

图 8-1 “图幅设置”对话框

2. 图纸比例设置

系统绘图比例的默认值为 1∶1。这个比例直接显示在绘图比例的对话框中。如果用户希望改变绘图比例，可用鼠标单击“绘图比例”项右边的▼按钮，弹出一个下拉菜单，列表框中的值为国家标准规定的比例系列值。选中某一项后，所选的值在绘图比例对话框中显示。用户也可以激活编辑框由键盘直接输入新的比例数值。

3. 图纸方向设置

图纸方向由“横放”或“竖放”两个按钮控制，被选中者呈黑点显示状态。

4. 标注字高设置

如果需要标注的字高相对幅面固定，即实际字高随绘图比例变化，则勾选此复选框。反之，取消勾选。

三、调入幅面元素

1. 调入图框

首先选中“调入图框”单选框，激活“图框”。用鼠标单击“图框”下拉菜单，在下拉菜单列表中有电子图板模板路径下包含的全部图框。单击需要的图框后，所选图框会自动在预显框中显示出来。

2. 调入标题栏

用鼠标单击“标题栏”下拉菜单，在下拉菜单列表中有电子图板模板路径下包含的全部标题栏。单击需要的标题栏后，所选标题栏会自动在预显框中显示出来。

3. 调入顶框栏

用鼠标单击“顶框栏”下拉菜单，在下拉菜单列表中有电子图板模板路径下包含的全部顶框栏。单击需要的顶框栏后，所选顶框栏会自动在预显框中显示出来。

4. 调入边框栏

用鼠标单击“边框栏”下拉菜单，在下拉菜单列表中有电子图板模板路径下包含的全部边框栏。单击需要的边框栏后，所选边框栏会自动在预显框中显示出来。

四、参数定制图框

除调入电子图板自带的图框外，“幅面设置”功能还可以通过设置图框参数来生成符合国家标准规定的图框。

在默认选中“调入图框”单选框的状态下，“定制图框”的全部功能将被屏蔽。在“图框”组中用鼠标单击“定制图框”单选框，“定制图框”的功能就会被激活。定制图框界面如图 8-2 所示。

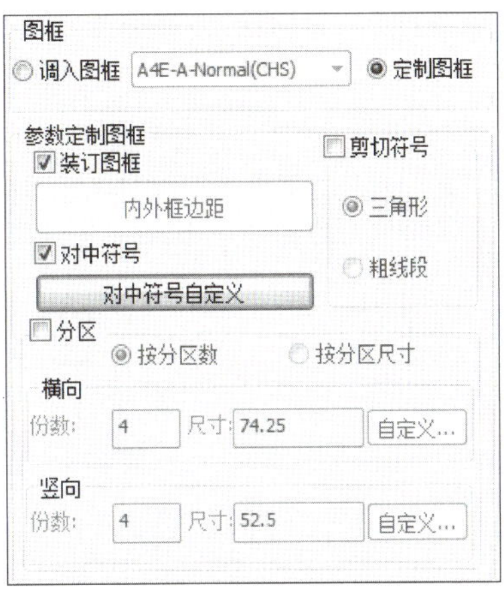

图 8-2　定制图框界面

五、序号及明细表风格设置

1. 明细表风格设置

单击图 8-1 中“明细表（仅当前幅面）”右边的 ▼ 按钮，可选择当前图纸的明细表风格，有标准和 GB（4458.2—2003）两种选项可供选择。

2. 零件序号风格

单击图 8-1 中“序号”右边 ▼ 按钮，可选择当前图纸的序号风格，有标准和 GB（4458.2—2003）两种选项可供选择。

§8-2　图框设置

图框是标准工程图样必不可少的。本节将介绍 CAXA 电子图板进行图框相关设置的详细步骤。

CAXA 电子图板的图框尺寸可随图纸幅面大小的变化而作相应的比例调整。比例变化的原点为标题栏的插入点。一般来说，标题栏的插入点位于标题栏的右下角。

一、调入图框

调入图框即从系统中为当前图纸调入一个图框。除了在“图幅设置”对话框中调入图框外，也可以用以下方式调用：单击“幅面”主菜单“图框”子菜单中的“调入图框”命令，或单击“图框”工具条中的按钮，或单击“图幅”选项卡中“图框”面板上的按钮，或在命令行中执行 frmload 命令，即可调用“调入图框”功能，弹出如图 8-3 所示对话框。

图 8-3 “读入图框文件”对话框

对话框中列出了在当前设置的模板路径下符合当前图纸幅面的标准图框或非标准图框的文件名。用户可根据当前作图需要从中选取。选中图框文件，单击“确定”按钮，即可调入所选取的图框文件。

二、定义图框

当系统提供的图框不能满足实际作图需要时，用户可以自定义一些图形作为新的图框。通常有很多属性信息，如描图、底图总号、签字、日期等需要附加到图框中，定义图框后可以填写这些属性信息。这些属性信息都可以通过属性定义的方式加入图框中。用以下方式可以调用“定义图框”功能：单击“幅面”主菜单“图框”子菜单中的“定义图框”命令，或单击“图框”工具条中的按钮，或单击“图幅”选项卡中“图框”面板上的按钮，或在命令行中执行 frmdef 命令。

调用“定义图框”功能后，根据提示拾取要定义为图框的图形元素并确认，指定基准点弹出“保存图框”对话框，输入图框名称并单击“确定”即可。

如果所选图形元素的尺寸大小与当前图纸幅面不匹配，在指定基准点后将弹出如图 8-4 所示的对话框。

如选择“取系统值”，则图框文件的幅面大小与当前系统缺省的幅面大小一致；如果选择“取定义值”，则图框文件的幅面大小即为用户拾取的图形元素的最大边界大小。

三、存储图框

存储图框是将当前图纸中已有的图框存盘，以便调用。

单击“幅面”主菜单“图框”子菜单中的“存储图框”命令，或单击“图框”工具条中的按钮，或单击“图幅”选项卡中“图框”面板上的按钮，或在命令行中执行 frmsave 命令，即可调用存储图框功能，系统将弹出如图 8-5 所示对话框。

对话框中列出了已有图框文件的文件名。用户可以在对话框底部的文件名输入行内，输入要存储图框文件名。例如“竖 A4 分区”，保存类型为默认的图框文件（*.cfm）。然后，单击“保存”按钮，系统自动生成一个文件名为“竖 A4 分区 .cfm”的图框文件被存储在 Template 目录中。

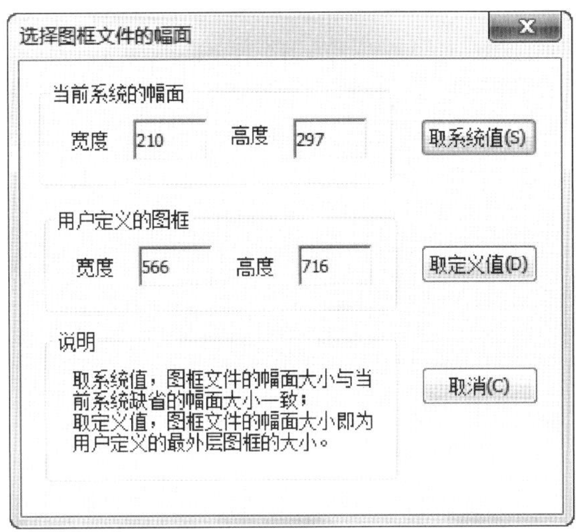

图 8-4 “选择图框文件的幅面”对话框

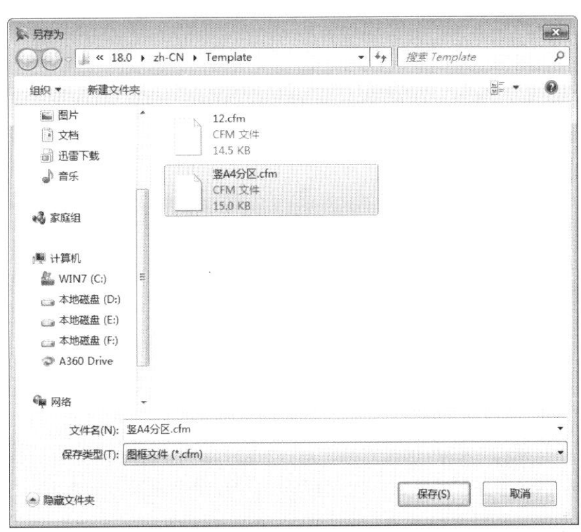

图 8-5 “另存为”对话框

四、填写图框

填写图框是指填写当前图形中具有属性图框的属性信息。如果定义图框时，拾取的对象中包含“属性定义”，那么调入该图框后可以对这些属性进行填写。

单击“幅面”主菜单“图框”子菜单中的“填写图框”命令，或单击“图框”工具条中的按钮，或单击“图幅”选项卡中“图框”面板上的按钮，或在命令行中执行 frmfill 命令，即可调用“填写图框”功能，系统弹出如图 8-6 所示对话框。在属性名后面的属性值单元格处直接进行填写编辑即可。

五、编辑图框

图框是一个特殊的块，编辑图框就是以块编辑的方式对图框进行编辑操作。

单击“幅面”主菜单“图框”子菜单中的“编辑图框”命令，或单击“图框”工具条中的按钮，或单击“图幅”选项卡中“图框”面板上的按钮，或在命令行中执行 frmedit 命令，即可调用“编辑图框”功能。

调用“编辑图框”功能后，拾取要编辑的图框并确认，即进入块编辑状态，操作方法与块编辑的方法相同。

图 8-6 “填写图框”对话框

§8-3 标题栏设置

绘制工程图样时，必须在每张图纸的右下角画出标题栏。一般来说，标题栏都有固定的格式。如果是手工绘图，那么在每张图纸上都需要从头开始绘制标题栏。CAXA 电子图板提供了绘制标题栏的相关操作，使得绘图人员不必每次绘图都需要重复绘制同样的标题栏。本节将介绍 CAXA 电子图板中如何进行标题栏的相关设置和操作。

CAXA 电子图板为用户设置了多种标题栏供调用。同时，也允许用户将图形定义为标题栏，并以文件的方式存储。

一、调入标题栏

调入标题栏是为当前图纸调入一个标题栏。如果屏幕上已有一个标题栏，则新标题栏将替代原标题栏，标题栏调入时的定位点为其右下角点。除了在“图幅设置”对话框中调入标题栏外，也可以用以下方式调用“调入标题栏”功能：单击“幅面”主菜单“标题栏”子菜单中的“调入标题栏”命令，或单击“标题栏”工具条或“图幅”工具条中的按钮，或单击“图幅”选项卡中“标题栏”面板上的按钮，或执行 headload 命令。

调用“调入标题栏”功能后，弹出如图 8-7 所示对话框。对话框中列出了已有标题栏的文件名，选取其中之一，然后单击“确定”按钮，一个由所选文件确定的标题栏显示在图框的标题栏定位点处。

图 8-7 “读入标题栏文件”对话框

二、定义标题栏

定义标题栏是指拾取图形对象并定义为标题栏以备调用。标题栏通常由线条和文字对象组成，另外如图纸名称、图纸代号、企业名称等属性信息需要附加到标题栏中，这些属性信息都可以通过属性定义的方式加入标题栏中。

单击“幅面”主菜单“标题栏”子菜单中的“定义标题栏”命令，或单击“标题栏”工具条中的按钮，或单击“图幅”选项卡中“标题栏”面板上的按钮，或在命令行中执行 headdef 命令，即可调用定义标题栏功能。

准备好要定义到标题栏中的图形对象，包括直线、文字、属性定义等，调用“定义标题栏”功能，根据提示拾取组成标题栏的图形元素。指定标题栏的基准点，在弹出的“保存标题栏”对话框中输入名称，单击“确定”按钮即可。

三、存储标题栏

存储标题栏是指将当前图纸中已有的标题栏存盘，以便调用。

单击“幅面”主菜单“标题栏”子菜单中的“存储标题栏”命令，或单击“标题栏”

工具条中的按钮，或单击“图幅”选项卡中“标题栏”面板上的按钮，或在命令行中执行 headsave 命令，即可调用存储标题栏功能，系统弹出如图 8-8 所示对话框。

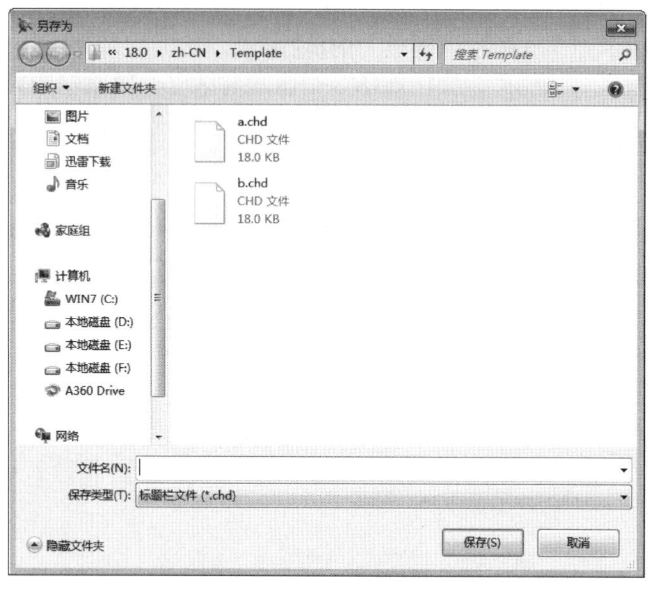

图 8-8 “另存为”对话框

对话框中列出了已有标题栏文件的文件名。用户可以在对话框底部的文件名输入行内，输入要存储标题栏文件名，例如“厂标”，保存类型为默认的标题栏文件（*.chd）。然后，用鼠标单击“保存”按钮，系统自动生成一个文件名为“厂标 .chd”的标题栏文件被存储在 Template 目录下。

四、填写标题栏

填写标题栏是指填写当前图形中标题栏的属性信息。

单击“幅面”主菜单“标题栏”子菜单中的命令，或单击“标题栏”工具条中的按钮，或单击“图幅”选项卡中“标题栏”面板上的按钮，或在命令行中执行 headfill 命令，即可调用“填写标题栏”功能。

调用“填写标题栏”功能后，将弹出如图 8-9 所示对话框。在属性名后面的属性值单元格处直接进行填写编辑即可。

五、编辑标题栏

标题栏是一个特殊的块，编辑标题栏就是以块编辑的方式对标题栏进行编辑操作。

单击“幅面”主菜单“标题栏”子菜单中的“编辑标题栏”命令，或单击“标题栏”工具条中的按钮，单击“图幅”选项卡中“标题栏”面板上的按钮，或在命令行中执行 headedit 命令，即可调用编辑标题栏功能。

调用编辑标题栏功能后，拾取要编辑的标题栏并确认，即进入块编辑状态，操作方法与块编辑的方法相同。

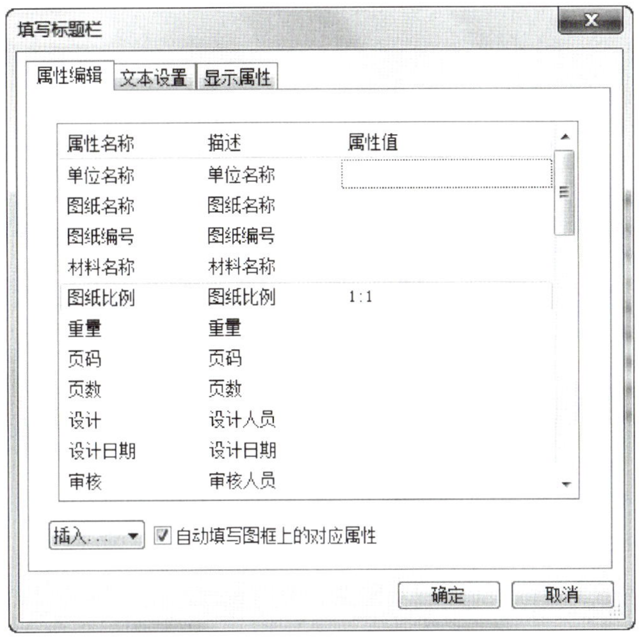

图 8-9 “填写标题栏”对话框

§8-4 零件序号与明细表的生成

为了便于看图、管理图样和组织生产，装配图必须对每种零件编写零件序号。同时在标题栏上方编制相应的明细表，并按零件序号将零件一一列出，注明零件的名称、材料、数量等。在 CAXA 电子图板中，如何生成零件序号与明细表呢？

在 CAXA 电子图板中，提供了零件序号与明细表生成、删除、编辑等功能，为绘制装配图提供了方便。

一、生成零件序号与明细表

生成的零件序号与当前图形中的明细表是关联的。在生成零件序号的同时，可以通过立即菜单切换是否填写明细表中的属性信息。如果生成序号时，指定的引出点是在从图库中提取的图符上，这个图符本身带有属性信息将会自动填写到明细表对应的字段上。

1. 调用“生成序号”功能

单击“幅面”主菜单“序号”子菜单中的“生成序号”命令，或单击“序号”工具条或“图幅”工具条中的按钮，或单击“图幅”选项卡中“序号”面板上的按钮，或在命令行中执行 ptno 命令，即可执行“生成序号”命令。

生成序号命令需要借助立即菜单进行交互，执行该命令后弹出如图 8-10 所示的立即菜单。

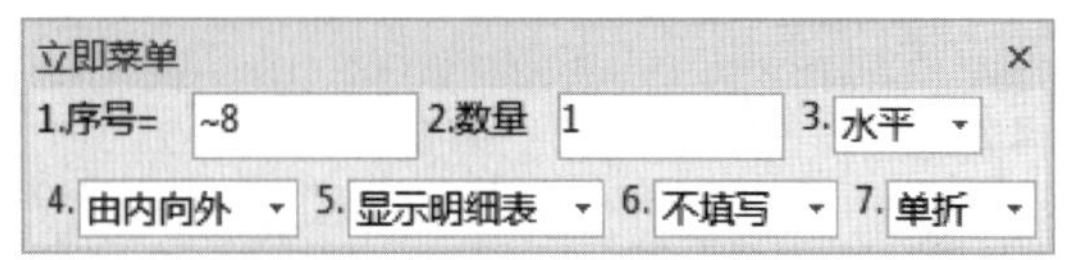

图 8-10 “生成序号”立即菜单

设定立即菜单的各项参数并根据提示指定引出点和转折点即可，指定转折点时可以通过已生成的序号进行导航对齐。指定引出点时也可以直接拾取已生成的零件序号，生成连续序号。

2. 说明

（1）立即菜单“1. 序号 =”中可以输入零件序号的数值或前缀。

前缀中第一位符号为“~”：序号及明细表中均显示为六角。

前缀中第一位符号为“!”：序号及明细表中均显示有下划线。

前缀中第一位符号为“@”：序号及明细表中均显示为圈。

前缀中第一位符号为“#”：序号及明细表中均显示为圈下加下划线。

前缀中第一位符号为“$”：序号显示为圈，明细表中显示没有圈。

（2）系统可根据当前零件序号值判断是生成零件序号或插入零件序号。

1）生成零件序号。系统根据当前序号自动生成下次标注时的序号值。如果输入序号值只有前缀而无数字值，根据当前序号情况生成新序号，新序号值为当前前缀的最大序号值加 1。

2）插入零件序号。如果输入序号值小于当前相同前缀的最大序号值，且大于或等于最小序号值时标注零件序号，系统会提示是否插入序号，如果选择插入序号形式，则系统重新排列相同前缀的序号值和相关的明细表。

3）重号的处理。如果输入的序号与已有序号相同，系统弹出如图 8-11 所示的对话框。如果单击“插入”按钮，则生成新序号，在此序号后的其他相同前缀的序号依次顺延；如果单击“取消”按钮，则输入序号无效，需要重新生成序号；如果单击“取重号”，则生成与已有序号重复的序号。

图 8-11 “注意”对话框

（3）立即菜单中的“2. 数量”可以指定一次生成序号的数量。若数量大于 1，则采用公共指引线形式表示，如图 8-12b 所示。

（4）立即菜单中的“3. 水平”或“3. 垂直 ”，用来选择零件序号水平或垂直的排列方向，如图 8-12c 所示。

（5）立即菜单中的“4. 由内向外”或“4. 由外向内”，用来选择零件序号标注方向，如图8-12d 所示。

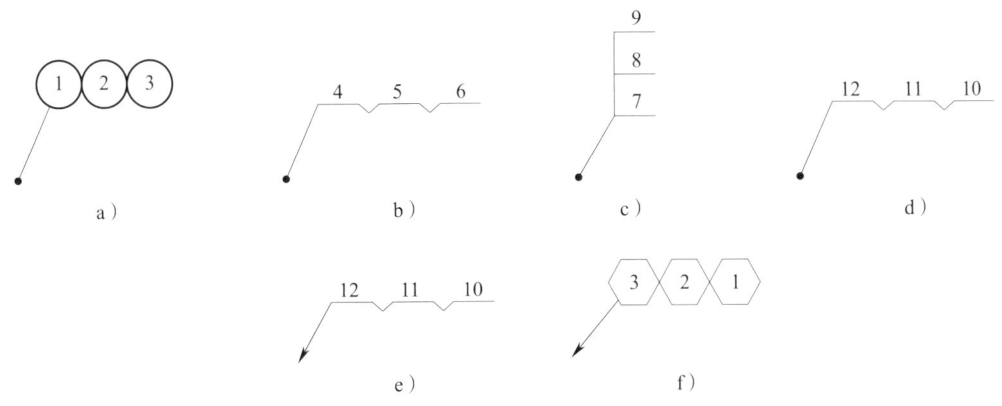

图 8-12　零件序号各种标注形式

a）加圈标注方式　b）使用共同指引线　c）垂直方式　d）由外向内标注

e）指引线末端为箭头　f）序号前加“～”

（6）立即菜单中的“5. 显示明细表”，可以选择显示或隐藏明细表。

（7）立即菜单中的“6. 填写”或“6. 不填写”，可以在标注完当前零件序号后即填写明细表，也可以选择不填写，以后利用明细表的填写表项或读入数据等方法填写。

3. 示例

图 8-12 所示是各种形式的零件序号标注示例。

二、序号操作

1. 序号样式设置

序号样式用于定义不同的零件序号风格。不同的工程图样中通常需要不同的序号风格，例如显示不同的外观、文字的风格等。通过设置参数选择多种样式，包括箭头样式、文本样式、序号格式、特性显示，以及序号的尺寸参数，如横线长度、圆圈半径、垂直间距等。

（1）调用“序号样式”功能

单击“格式”主菜单中的“序号样式”命令，或单击“图幅”选项卡中“序号”面板上的按钮，或在命令行中执行 ptnotype 命令，即可调用“序号样式”功能，系统弹出如图 8-13 所示的对话框。

（2）各项参数含义及设置方法

1）箭头样式。可以选择不同的箭头形式，如圆点、斜线、空心箭头、直角箭头等，并且可以设置箭头的长度和宽度。

2）文本样式。可以选择序号中文本的样式以及文字的高度。

3）形状。单击按钮可选择序号的形状。

4）特性显示。设置序号显示产品的各个属性。可以单击“选择”按钮进行字段的选择，也可以在输入框中直接输入。明细表中填写了各个属性的内容后，并且属性字段与序号样式中指定的特性字段相同，当前图样中的序号将按特性显示中指定的字段显示。例如特性显

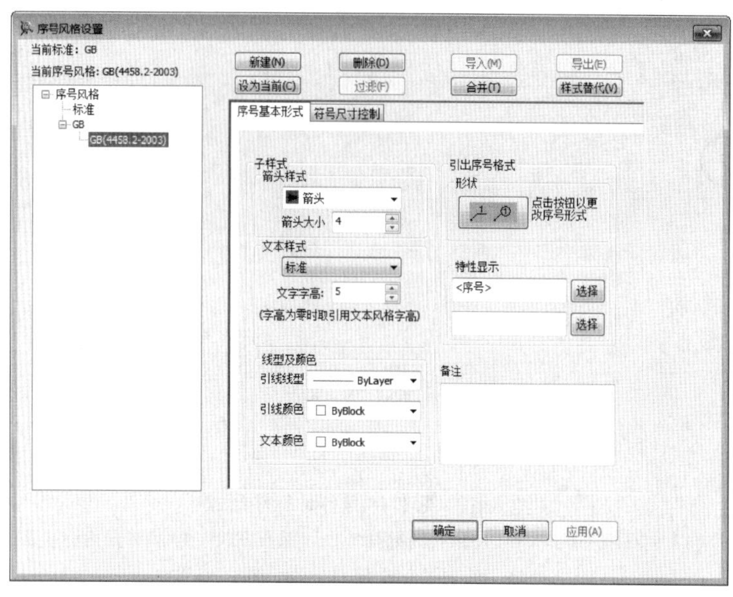

图 8-13 “序号风格设置”对话框

示中输入 < 序号 >，明细表中也有序号字段并且填写了内容，那么生成序号时将直接显示该内容。

5）单击“符号尺寸控制”切换到如图 8-14 所示的界面。可以在对话框内指定横线长度、圆圈半径、垂直间距、六角形内切圆半径等参数。

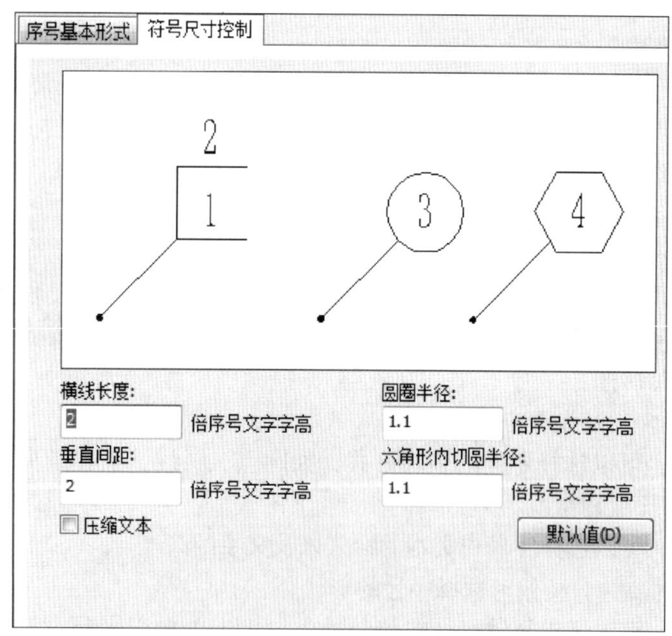

图 8-14 “符号尺寸控制”对话框

2. 删除序号

删除序号是指在已有的序号中删除不需要的序号。用“删除序号”功能删除一个零件序号后，对应的明细表一行也会删除，并且其他序号数值也会关联更新。如果直接选择序号，使用删除功能进行删除，则不适用以上规则，序号不会自动连续，明细表相应表项也不会被删除。

单击“幅面”主菜单“序号”子菜单中的“删除序号”命令，或单击“序号”工具条中的按钮，或单击“图幅”选项卡中“序号”面板上的按钮，或在命令行中执行 ptnodel 命令，即可调用“删除序号”功能。

调用“删除序号”功能，根据提示拾取要删除的零件序号并确认，该序号即被删除。对于多个序号共用一条指引线的序号结点，如果拾取位置为序号，则删除被拾取的序号，拾取到其他部位，则删除整个结点。如果所要删除的序号没有重名的序号，则同时删除明细表中相应的表项，否则只删除所拾取的序号。如果删除的序号为中间项，系统会自动将该项以后的序号值顺序减一，以保持序号的连续性。

3. 编辑序号

编辑序号是指对指定序号的位置进行修改。如果是连续序号可以设置方向是水平或垂直，也可以指定序号是由内至外还是由外至内。

单击“幅面”主菜单“序号”子菜单中的“编辑序号”命令，单击“序号”工具条中的按钮，或单击“图幅”选项卡中“序号”面板上的按钮，或在命令行中执行 ptnoedit 命令，即可调用“编辑序号”功能。

调用“编辑序号”功能后，根据提示拾取待编辑的序号，根据鼠标拾取位置的不同，可以分别修改序号的引出点或转折点位置。如果拾取的是序号的指引线，所编辑的是序号引出点及引出线的位置；如果拾取的是序号的序号值，系统提示“转折点：”，输入转折点后，所编辑的是转折点及序号的位置。

注意：编辑序号只能修改其位置，而不能修改序号的本身，如图 8-15 所示。

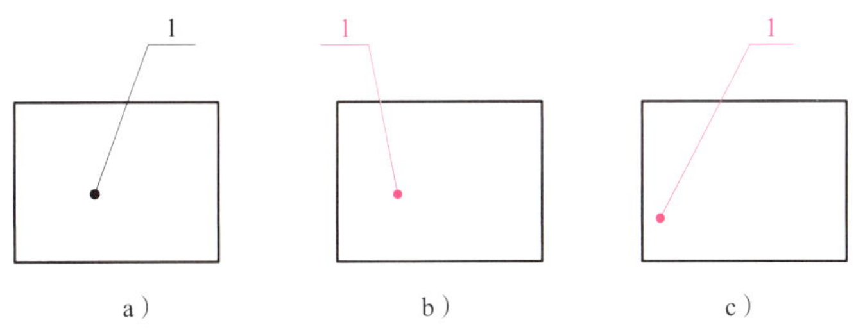

图 8-15　编辑零件序号示例

a）编辑前　b）拾取序号　c）拾取引线

4. 交换序号

交换序号是指交换序号的位置，并根据需要交换明细表内容。

单击“幅面”主菜单“序号”子菜单中的“交换序号”命令，或单击“序号”工具条中的按钮，或单击“图幅”选项卡中“序号”面板上的按钮，或在命令行中执行 ptnoswap 命令，即可调用“交换序号”功能，弹出如图 8-16 所示立即菜单。根据提示先后拾取要交换的序号即可，也可以切换是否交换明细表的内容。如果要交换的序号为连续标注，则交换时会出现如图 8-17 所示的提示，选择待交换的序号即可。

三、明细表操作

1. 明细表样式设置

明细表样式用于定义不同的明细表样式。不同的工程图样中通常需要不同的明细表样式，明细表样式功能包含定制表头、设置颜色与线宽、设置文字等。

图 8-16 “交换序号”立即菜单

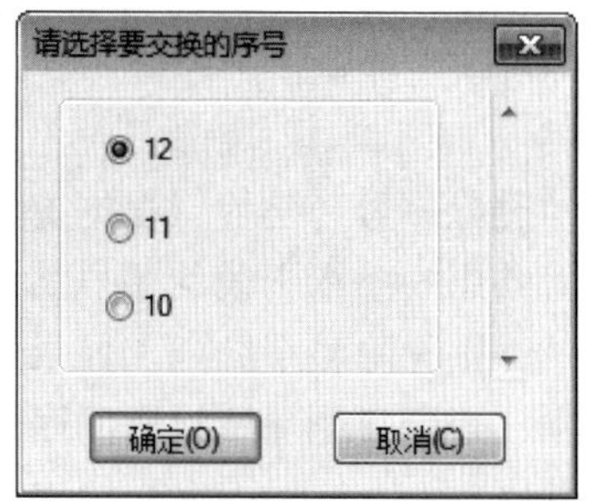

图 8-17 “请选择要交换的序号”对话框

单击“格式”主菜单中的“明细表样式”命令，或单击“图幅”选项卡中“明细表”面板上的按钮，或在命令行中执行 tbltype 命令，即可调用“明细表样式”功能，系统弹出如图 8-18 所示对话框，在该对话框中可进行定制表头、设置颜色和线宽、设置文字等。

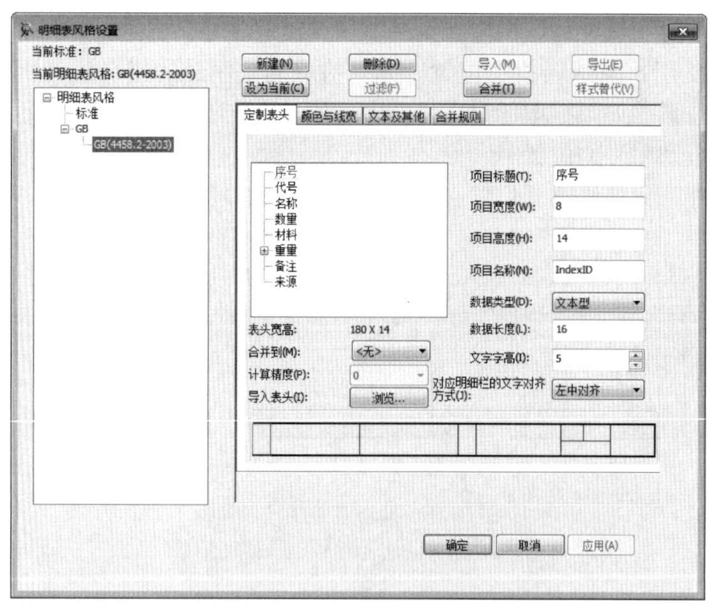

图 8-18 “明细表风格设置”对话框

2. 填写明细表

填写明细表是指填写当前图形中的明细表内容，并实现自动定位。

（1）调用“填写明细表”功能

单击“幅面”主菜单“明细表”子菜单中的“填写明细表”命令，或单击“明细表”

工具条或“图幅”工具条中的按钮，或单击“图幅”选项卡中“明细表”面板上的按钮，或在命令行中执行 tbledit 命令，即可调用“填写明细表”功能，系统弹出如图 8-19 所示对话框。

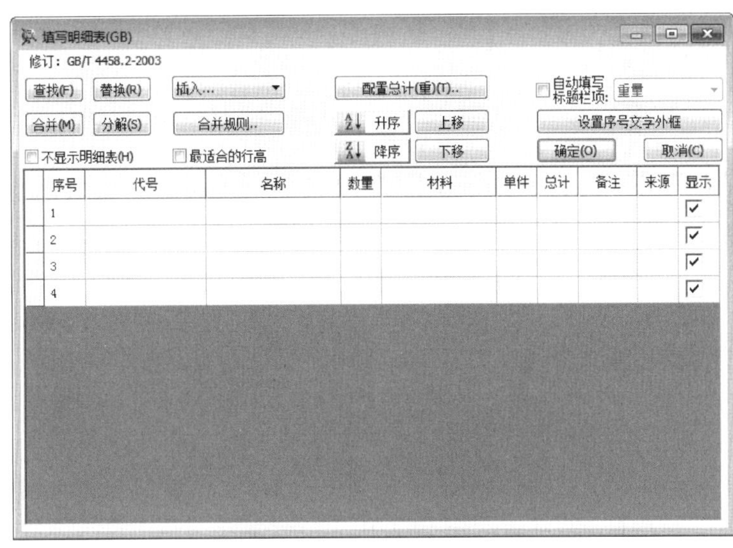

图 8-19 “填写明细表”对话框

（2）说明

1）直接编辑表格中的内容即可。

2）查找 / 替换。可以单击“查找”和“替换”按钮，对当前明细表中的内容信息进行查找和替换操作。

3）插入。单击“插入”按钮，可以快速插入各种文字及符号。

4）计算总重。单击“配置总计（重）”，弹出如图 8-20 所示的对话框。选择总计、单件和数量的列，设置计算精度和后缀是否零压缩，然后再单击“确定”按钮即可。

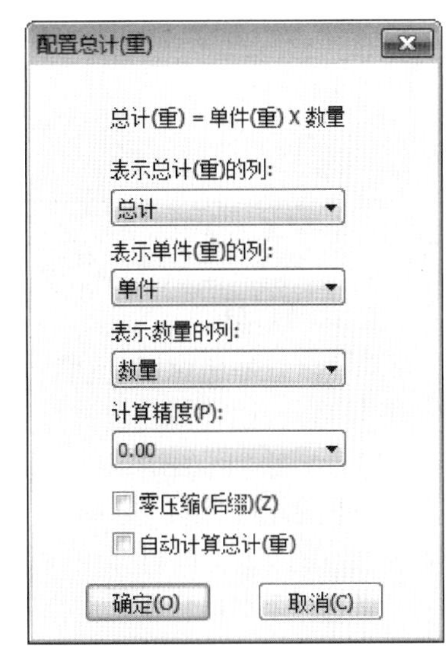

图 8-20 “配置总计（重）”对话框

5）自动填写标题栏重量。将当前明细表所有零件的重量填写到标题栏对应字段中。

6）合并 / 分解。单击“合并”和“分解”可以对当前明细表中的表行进行合并和分解。单击“合并规则”按钮，弹出如图 8-21 所示的对话框。在这个对话框中可以设置合并依据和求和的字段，设置完毕后单击“确定”按钮即可。

7）上移 / 下移。对明细表进行手工排序。

8）升序 / 降序。对明细表按升序或降序进行自动排序。

3. 删除表项

删除表项是指从当前图形中删除拾取的明细表某一个表项。删除该表项时，其表格及项目内容全部被删除，相应零件序号也被删除，序号重新排列。

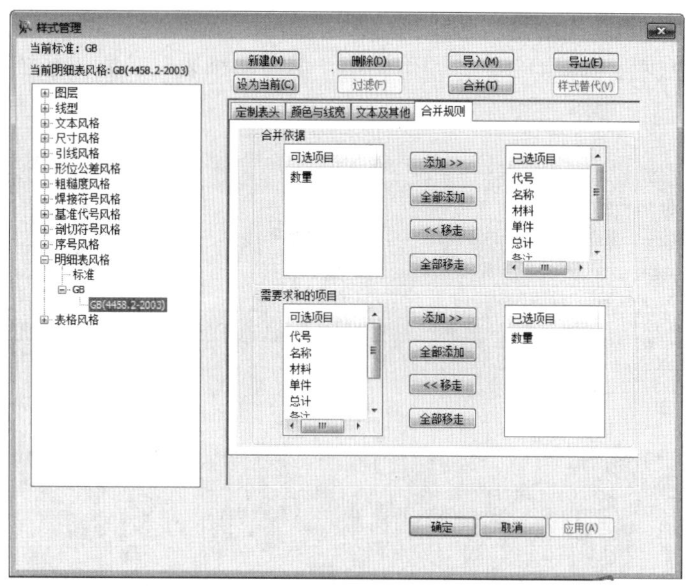

图 8-21 “明细表合并规则”对话框

单击“幅面”主菜单“明细表”子菜单中的“删除表格”命令，或单击“明细表”工具条中的按钮，或单击“图幅”选项卡中“明细表”面板上的按钮，或在命令行中执行 tbldel 命令，即可调用“删除表项”功能。

调用“删除表项”功能后，拾取所要删除的明细表表项，如果拾取无误则删除该表项及所对应的所有序号，同时该序号以后的序号将自动重新排列。当需要删除所有明细表表项时，可以直接拾取明细栏表头，此时弹出如图 8-22 所示对话框，单击“是”按钮，删除所有的明细表表项及序号。

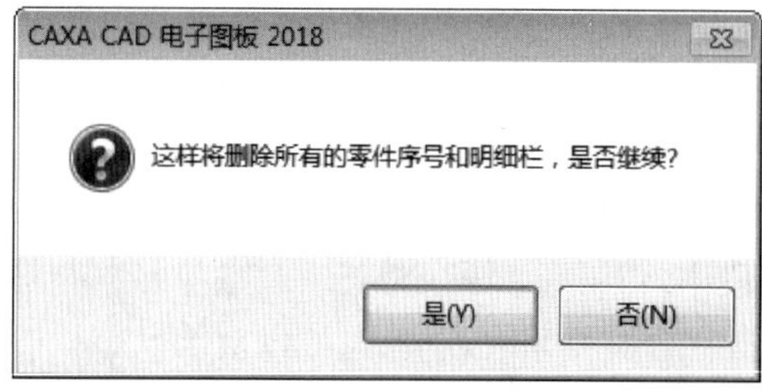

图 8-22 是否删除表项确认对话框

4. 表格折行

表格折行是指将已存在的明细表的表格在所需要的位置处向左或向右转移。转移时表格及项目内容一起转移。折行时可以通过设置折行点指定折行后内容的位置。

单击“幅面”主菜单“明细表”子菜单中的“表格折行”命令，或单击“明细表”工具条中的按钮，或单击“图幅”选项卡中“明细表”面板上的按钮，或在命令行中执行 tblbrk 命令，即可调用“表格折行”功能。

调用“表格折行”功能后，在立即菜单选择左折、右折和设置折行点，然后按提示拾取明细表的表项即可。在设置折行点时，直接用鼠标确定折行点即可，如果明细表内容较多可以设置多个折行点。

5. 插入空行

插入空行是指把一个空白行插入明细表中。插入的空行也可以填写信息。

单击“幅面”主菜单“明细表”子菜单中的“插入空行”命令，或单击“明细表”工具条中的按钮，或单击“图幅”选项卡中“明细表”面板上的按钮，或在命令行中执行 tblnew 命令，即可调用“插入空行”功能。

执行插入空行命令，根据提示拾取明细表的一行，即添加了一个空行。

6. 输出明细表

输出明细表是指按给定参数将当前图形中的明细表数据信息输出到单独的文件中。输出明细表时可以选择哪些字段输出，哪些不输出。输出的明细表文件是电子图板的图形文件格式，其中的表格可以使用“填写明细表”进行编辑修改。输出明细表时可以指定是否带有图框、标题栏，并且可以设置输出的明细表项最大数目等。

（1）调用“输出明细表”功能

单击“幅面”主菜单“明细表”子菜单中的“输出明细表”命令，或单击“明细表”工具条中的按钮，或单击“图幅”选项卡中“明细表”面板上的按钮，或在命令行中执行 tableexport 命令，即可调用“输出明细表”功能，系统弹出如图 8-23 所示对话框。

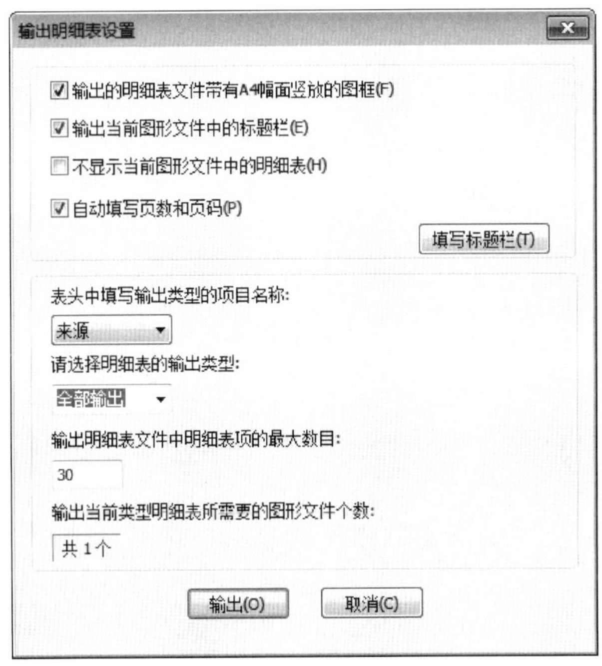

图 8-23 “输出明细表设置”对话框

（2）说明

在图 8-23 所示对话框中可以设置如下参数：

1）输出的明细表文件是否带有图框。

2）是否输出当前图形文件中的标题栏。如果选择输出标题栏，可以在这个对话框中单击“填写标题栏”，修改标题栏中填写的内容。

3）表头中填写输出类型的项目名称和明细表的输出类型。

4）输出明细表文件中明细表项的最大数目。例如当前明细表中有 60 行，最大数目设置为 30，那么将输出共 2 个明细表图形文件。

习　题

1. 什么是图幅？国家标准中 A0 ～ A4 图幅的大小分别是多少？
2. CAXA 电子图板提供的标准图框有哪几种？
3. 定义标题栏和填写标题栏有何区别？
4. 存储标题栏时，系统会将标题栏存储到哪个文件目录中？
5. 明细表有什么作用？
6. 什么是输出明细表？怎样操作？

第九章 上机练习

机械制图中常见零件有轴类零件、盘类零件、叉架类零件、箱体类零件等，本章用几个典型示例来介绍使用 CAXA 电子图板绘制一般机械图样的过程。通过本章的学习，读者应：

- 巩固本课程所学知识，练习绘制零件图的方法和步骤。
- 运用所学知识，练习用零件图拼画装配图的方法和步骤。
- 练习绘图技巧，提高绘图效率。

练习一 绘制曲轴零件图

绘制如图 9-1 所示曲轴零件图。

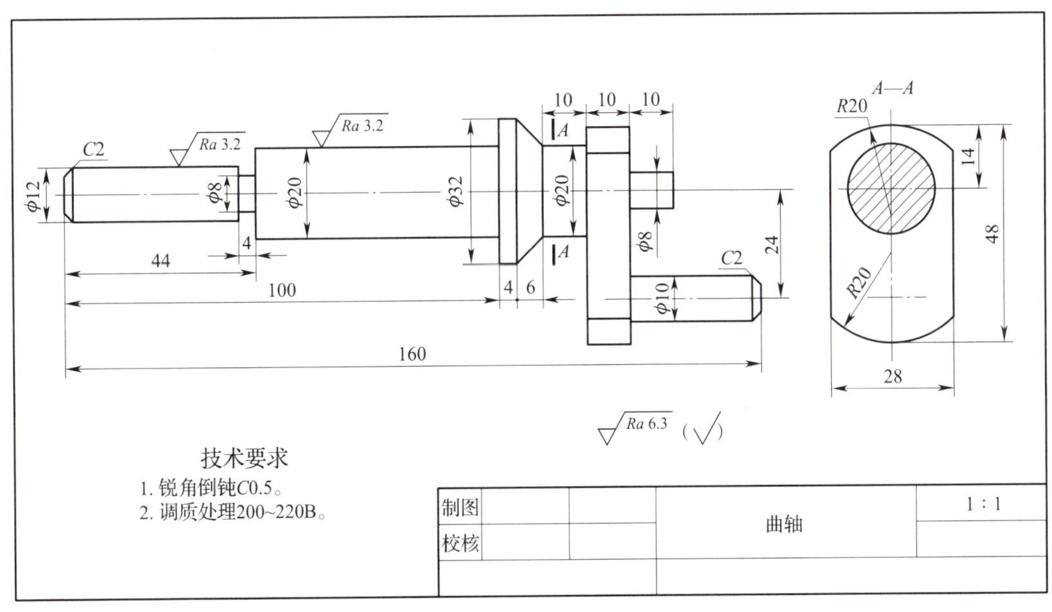

图 9-1 曲轴零件图

一、图样分析

图 9-1 为曲轴零件图，由主视图和左视图组成。主视图表达了曲轴的基本形状和尺寸；左视图为剖视图，主要表达了连杆的形状和尺寸。绘制时，可先采用“孔 / 轴”命令，绘制曲轴主视图中的主要组成部分；再应用“两点线”“圆”和“等距线”等命令绘制连杆部分的主视图和左视图；最后绘制 ϕ8 mm 轴颈和 ϕ10 mm 偏心轴颈。

二、绘图步骤

1. 调入图框和标题栏

单击“图幅”选项卡中“图幅”面板上的图幅设置按钮，弹出“图幅设置”对话框，调入“A4A—A—Normal（CHS）”图框，调入“School（CHS）”标题栏，“图纸方向”设置为“横放”，单击“确定”按钮，则在绘图区调入图框和标题栏。单击标题栏，弹出“填写标题栏”对话框，在“图纸名称”属性值中填入“曲轴”，单击“确定”按钮，结果如图 9-2 所示。

图 9-2　调入图框和标题栏

2. 绘制曲轴的主轴部分

根据图 9-1 所示尺寸，应用“孔 / 轴”命令，绘制曲轴的主轴部分，如图 9-3 所示。

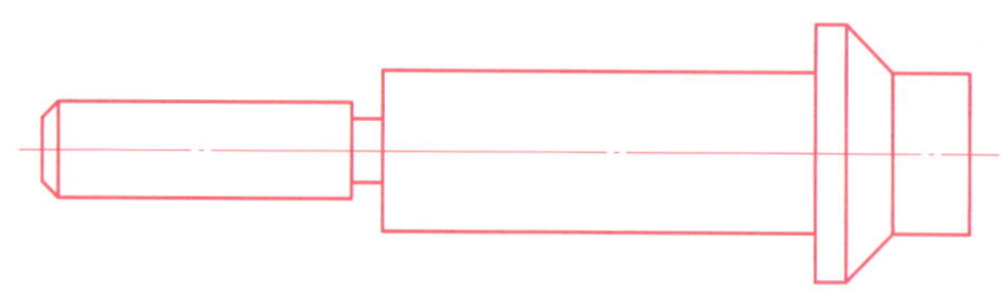

图 9-3　绘制曲轴的主轴部分

3. 绘制连杆部分的主视图和左视图

应用“两点线”“圆”“等距线”和“裁剪”等命令绘制曲轴连杆部分的主视图和左视图，如图 9-4 所示。绘图时，应先绘制左视图上的对称线，再绘制左视图的外轮廓，然后绘制曲轴连杆部分的主视图，最后绘制左视图中剖切断面的轮廓线及剖面线。

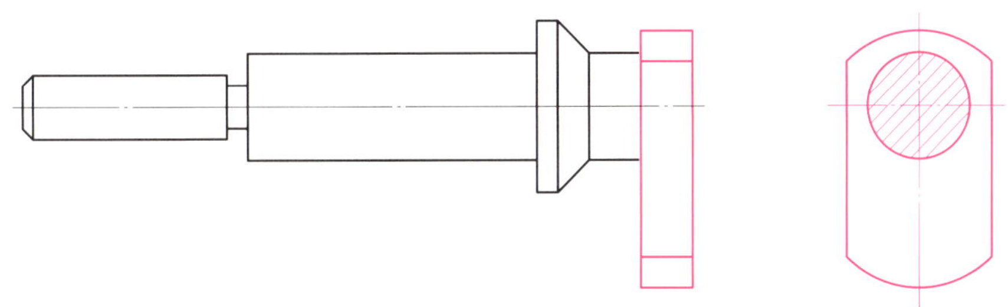

图 9-4　绘制曲轴连杆部分的主视图和左视图

4. 绘制 ϕ8 mm 轴颈和 ϕ10 mm 偏心轴颈

应用“两点线”和“等距线”命令，绘制 ϕ8 mm 轴颈和 ϕ10 mm 偏心轴颈，如图 9-5 所示。

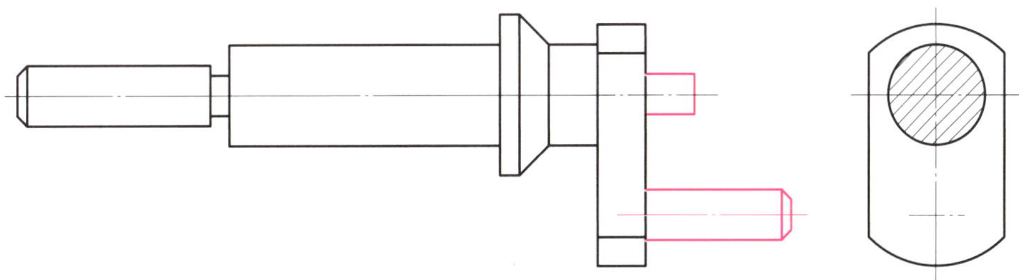

图 9-5　绘制 ϕ8 mm 轴颈和 ϕ10 mm 偏心轴颈

5. 标注尺寸及相关要求

根据图 9-1，标注长度及外圆尺寸、表面结构代号、剖切符号及技术要求，完成后即得到图 9-1 所示的图。

练习二　绘制从动轴零件图

绘制如图 9-6 所示从动轴零件图。

一、图样分析

从动轴零件图采用了主视图、断面图和局部放大图表达从动轴的结构。主视图水平放置，表达从动轴的基本结构及键槽和沟槽的位置；局部放大图表达沟槽的尺寸和形状；断面图表达键槽的槽宽和槽深。绘制图形时，先绘制主视图，再绘制局部放大图和断面图，最后标注尺寸、几何公差、表面结构符号等。

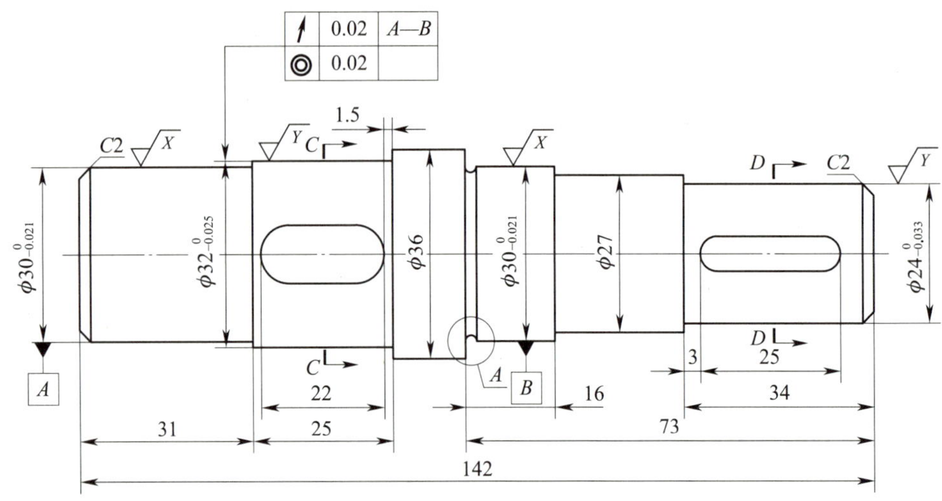

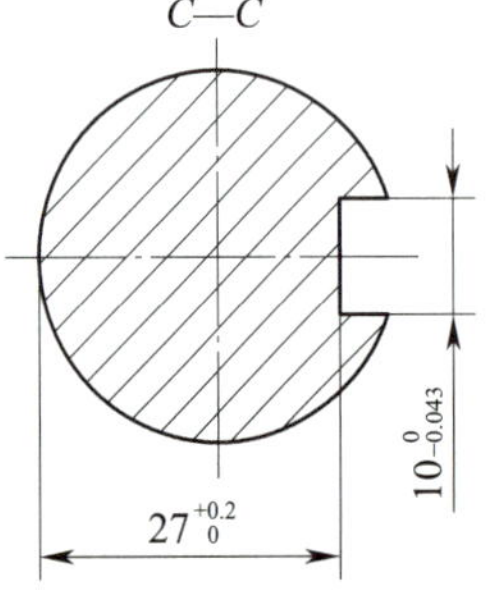

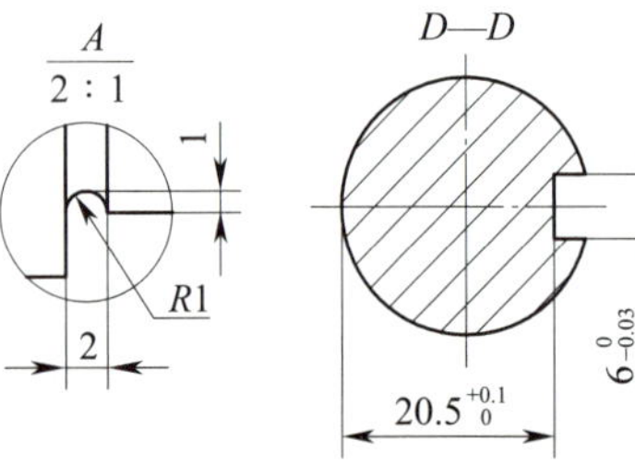

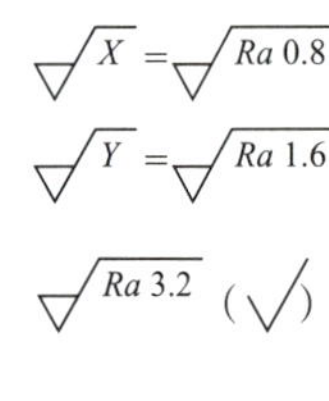

图 9-6　从动轴零件图

二、绘图步骤

1. 绘制从动轴的基本结构

应用“孔 / 轴”命令，绘制从动轴的基本结构，如图 9-7 所示。

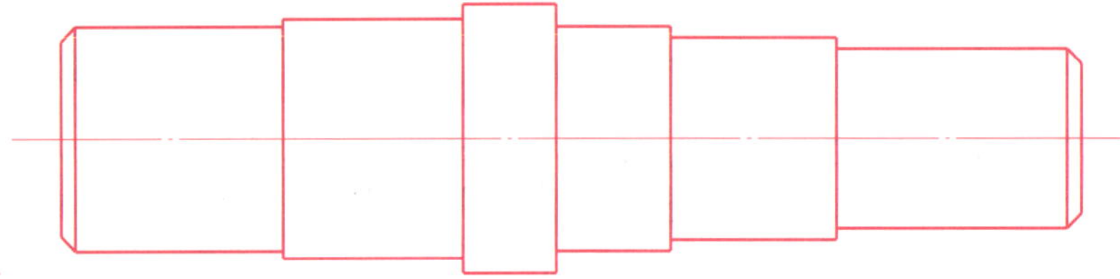

图 9-7　绘制从动轴的基本结构

2. 绘制 *R*1 mm 的沟槽及其局部放大图

应用“等距线”“圆”及“修剪”命令，绘制从动轴上 *R*1 mm 的沟槽；应用“局部放大”命令，绘制沟槽的局部放大图，放大倍数为 2，如图 9-8 所示。

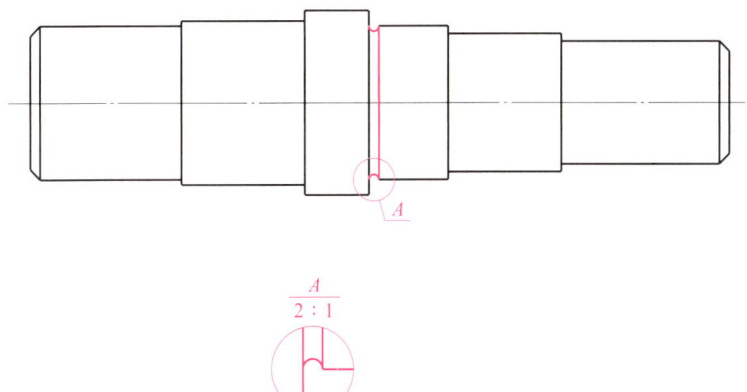

图 9-8　绘制 $R1$ 的沟槽及其局部放大图

3. 绘制键槽

应用“等距线”“圆”及“修剪”命令，绘制从动轴上的键槽，如图 9-9 所示。

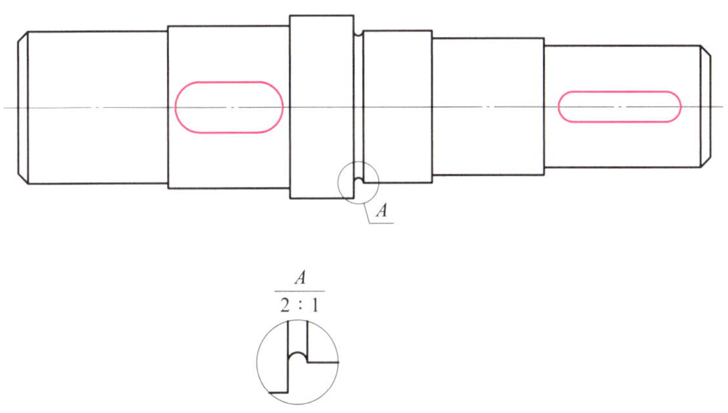

图 9-9　绘制键槽

4. 绘制断面图

应用“圆”“等距线”及“修剪”命令，绘制 $C—C$ 和 $D—D$ 断面图，如图 9-10 所示。

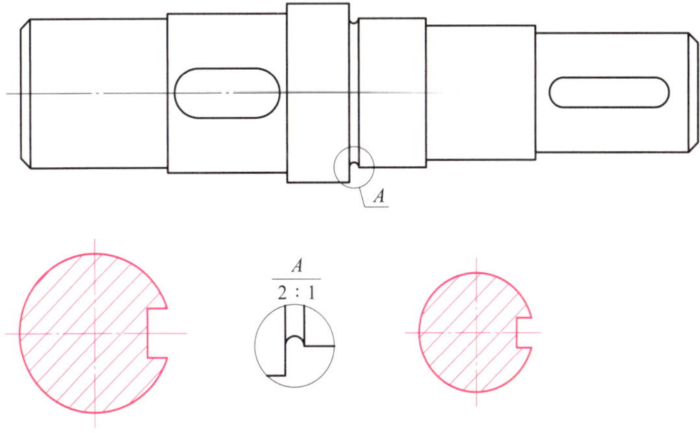

图 9-10　绘制断面图

5. 标注尺寸

标注主视图上各段的长度和外圆直径，标注键槽的定形尺寸和定位尺寸，标注倒角的尺寸，标注局部放大图及断面图上的尺寸，如图 9-11 所示。

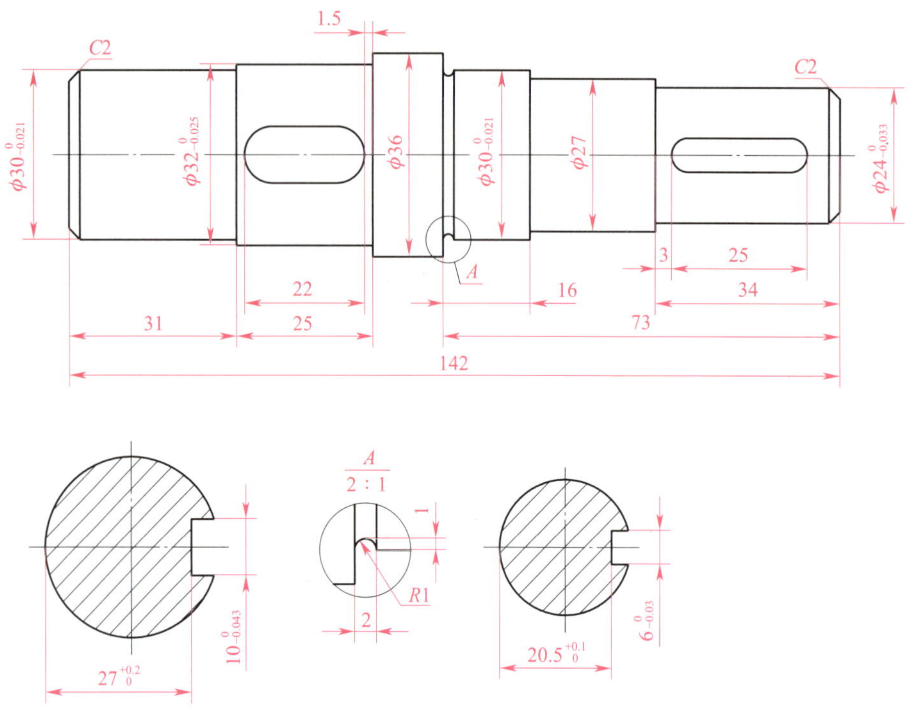

图 9-11　标注尺寸

注：标注时，直径符号 ϕ 、倒角符号 C、半径符号 R 皆为正体，可采用分解命令，将相关标注进行分解，然后，再单击标注尺寸，打开“多行文字”编辑框，将上述符号调整为斜体。

6. 标注表面结构代号、基准符号等

应用“粗糙度”命令标注从动轴上的表面结构代号，应用“基准代号”命令标注基准符号，应用“剖切符号”命令标注剖切符号，应用“形位公差”命令标注几何公差，完成后即得到图 9-6 所示的图。

练习三　绘制千斤顶底座零件图

绘制图 9-12 所示千斤顶底座零件图。

一、图样分析

千斤顶底座零件图为左右对称的全剖视图，内外轮廓由直线和圆弧构成。绘制该图时，可先绘制右半部分内外轮廓及螺纹孔；再利用镜像命令完成左半部分的绘制，并绘制剖面线；最后标注尺寸、表面结构代号和技术要求。

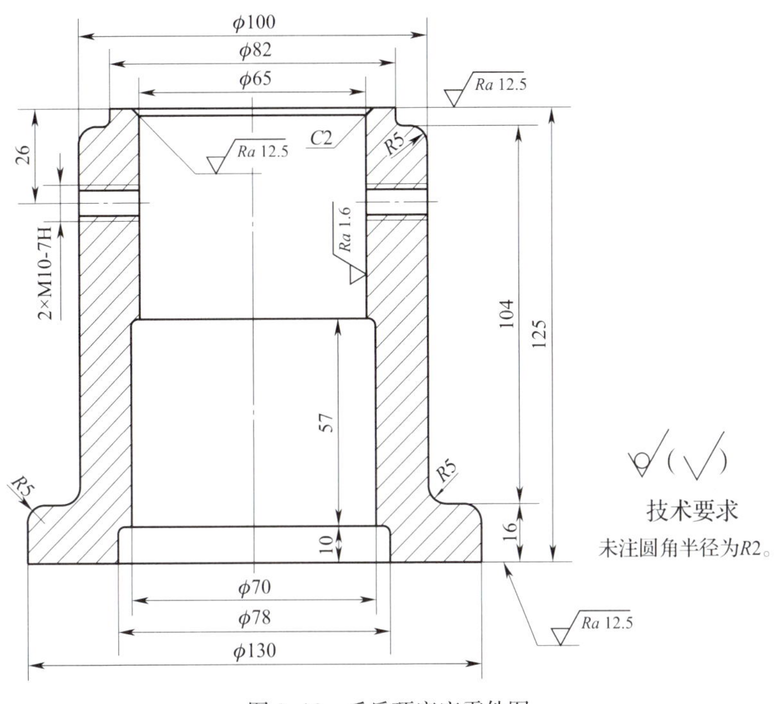

图 9-12　千斤顶底座零件图

二、绘图步骤

1. 绘制图形右半部分轮廓

根据图 9-12 所示尺寸，应用“两点线”“等距线”和“修剪”等命令，绘制图形中心线和右半部分主要轮廓线，如图 9-13 所示。

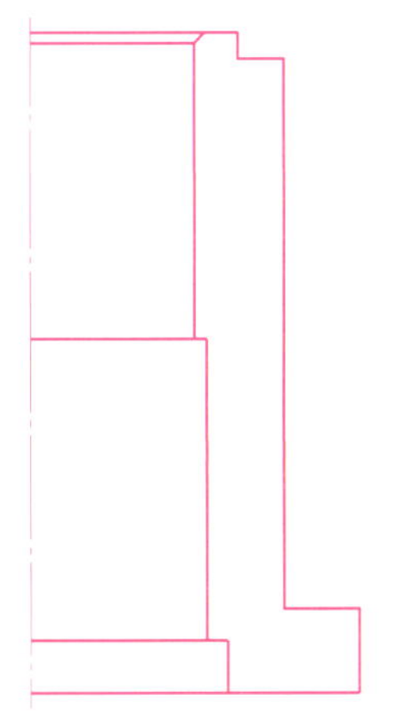

图 9-13　绘制图形中心线和右半部分内外轮廓线

2. 绘制过渡圆角

单击“常用”选项卡中“修改”面板上的“过渡”下拉按钮中的“圆角”命令，系统弹出如图 9-14 所示立即菜单，将“3. 半径”值设为 5。

命令行提示如下：

启动执行命令："过渡：圆角"

拾取第一条曲线：（拾取水平直线）

拾取第二条曲线：（拾取垂直线）

系统按指定的圆角半径完成圆角操作，如图 9-15a 所示。按相同的方法，完成其他圆角过渡，如图 9-15b 所示。

图 9-14　圆角立即菜单

3. 绘制 M10 螺孔

根据 M10 螺孔的定位尺寸 26 mm，绘制螺孔的中心线、底径和顶径，如图 9-16 所示。注意：M10 粗牙螺纹的螺距为 1.5 mm，绘制时，螺纹孔底径为细实线，顶径为粗实线。

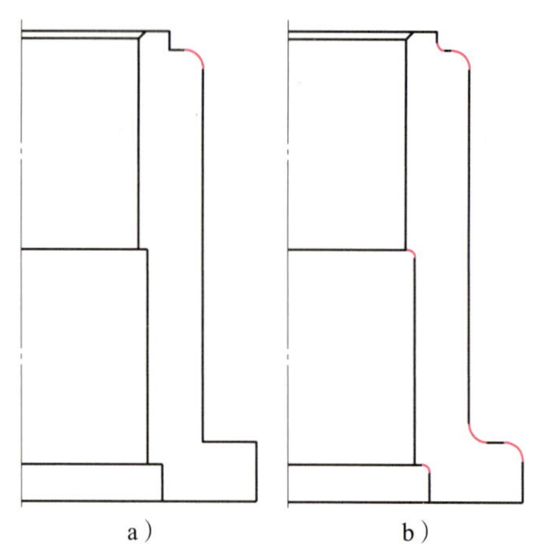

图 9-15　绘制过渡圆角

a）绘制 *R*5 过渡圆角　b）绘制其他过渡圆角

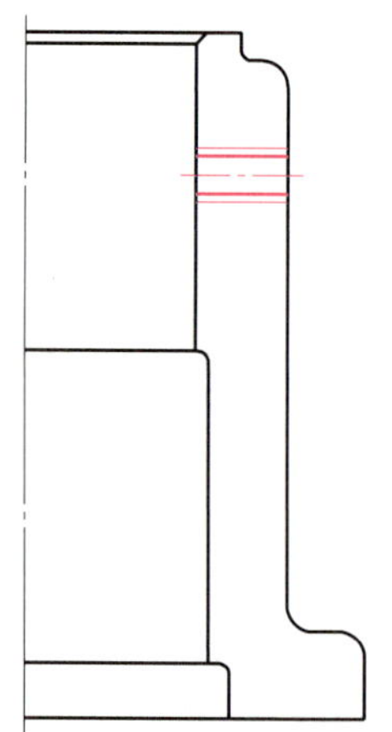

图 9-16　绘制 M10 螺纹孔

4. 绘制图形左半部分轮廓线

利用“镜像”命令，完成图形左半部分轮廓线的绘制。

单击“常用”选项卡中的“修改”面板上的“镜像 ”按钮，弹出如图 9-17 所示立即菜单，同时命令行出现如下显示：

图 9-17　“镜像”立即菜单

启动执行命令："镜像"

拾取元素：（通过框选拾取右半部分全部轮廓线）

第一点：（拾取镜像线的一点）

第二点：（拾取镜像线的另一点）

绘制的图形如图 9-18 所示。

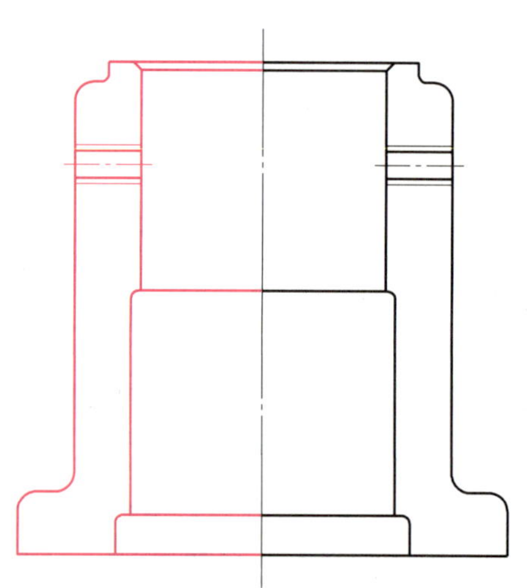

图 9-18　通过镜像绘制图形左半部分轮廓

5. 绘制剖面线

单击“常用”选项卡上的“绘图”面板上“剖面线 ”按钮，系统提示“拾取环内一点”，拾取需要绘制剖面线封闭区域内任意一点，单击“确定”按钮，弹出如图 9-19 所示“剖面图案”对话框，选择“ANS131”选项，单击“确定”按钮，完成剖面线的绘制，如图 9-20 所示。注意：螺孔小径线与大径线之间的区域也需要绘制剖面线。

图 9-19 “剖面图案”对话框

6. 标注线性尺寸

单击“常用”选项卡上的“标注”面板上“标注”下拉菜单中的“基本标注”按钮，命令行显示：

启动执行命令："基本标注"

拾取标注元素或点取第一点：（拾取 ϕ70 mm 左端点）

拾取另一个标注元素或点取第二点：（拾取 ϕ70 mm 右端点，系统弹出如图 9-21 所示立即菜单，在“5. 前缀”编辑框中填入“%c”）

尺寸线位置：（确定 ϕ70 尺寸的位置）

结果如图 9-22 所示。注意：按上述操作标注的 ϕ70 mm 的直径符号为正体，可应用分解命令，将其分解后，再将其设置为斜体。

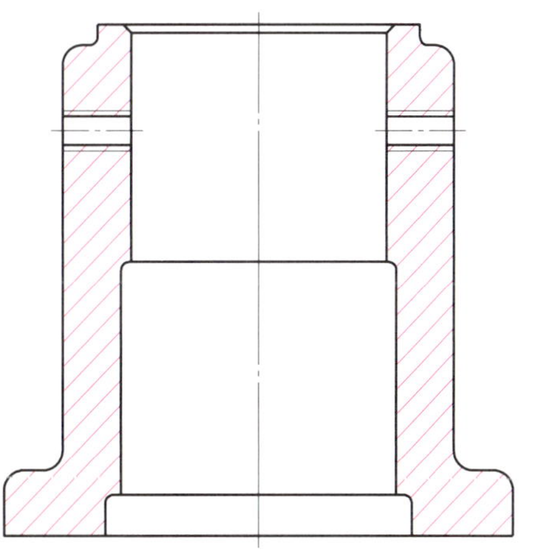

图 9-20 绘制剖面线

按照上述标注步骤，标注其他线性尺寸，如图 9-23 所示。

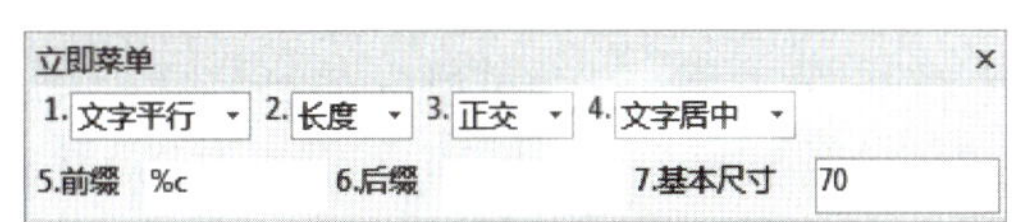

图 9-21 基本标注立即菜单

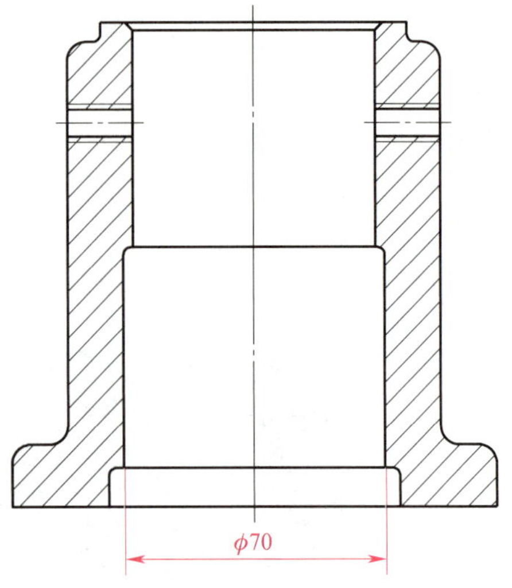

图 9-22 标注 ϕ70

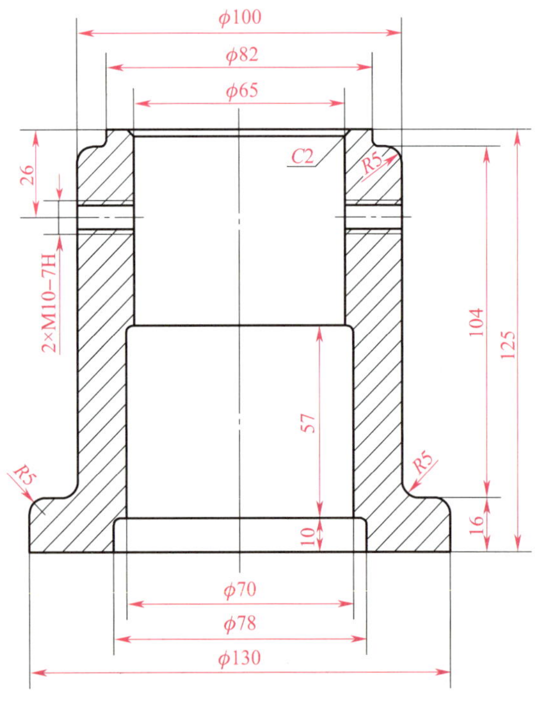

图 9-23 标注线性尺寸

7. 标注表面结构代号

单击“标注”选项卡上“符号”面板上的“√粗糙度”按钮，弹出“表面粗糙度”对话框，如图 9-24 所示。基本符号选择 [符号按钮]，在粗糙度值处输入“Ra12.5”，单击“确定”按钮，系统提示“拾取定位点或直线或圆”，拾取顶端直线，拖动并确定标注位置，如图 9-25 所示。

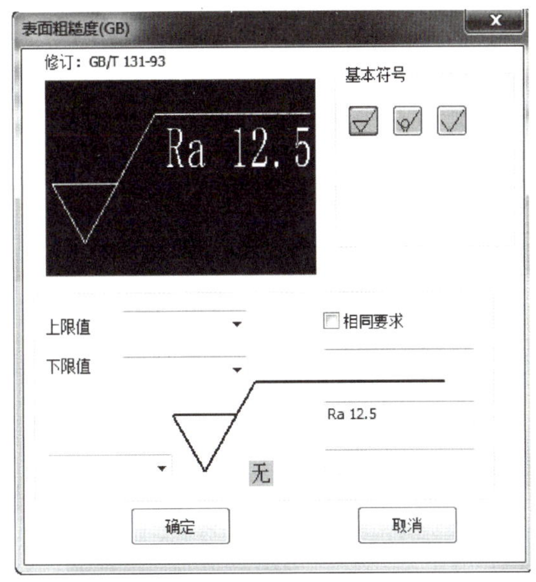

图 9-24 “表面粗糙度”对话框

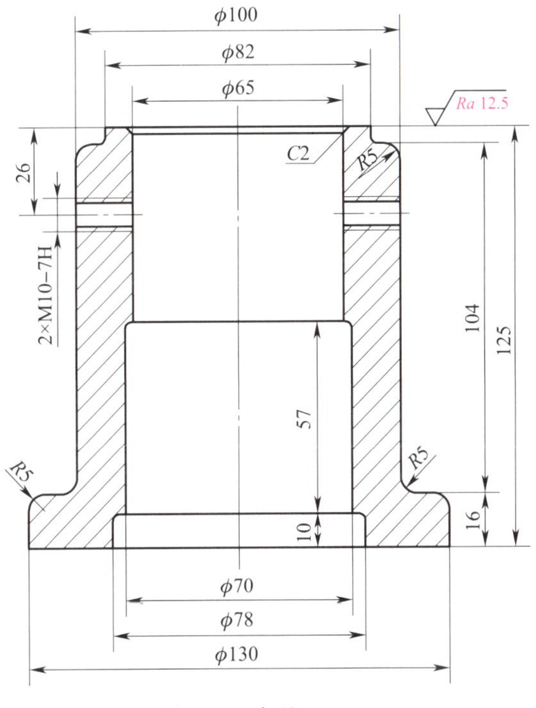

图 9-25 标注 *Ra*12.5

按上述标注方法，标注其他表面结构代号及技术要求，完成后即得到图 9-12 所示的图。

练习四　绘制齿轮零件图

绘制图 9-26 所示直齿圆柱齿轮零件图，齿轮的模数 m 为 2 mm，齿数 z 为 33。

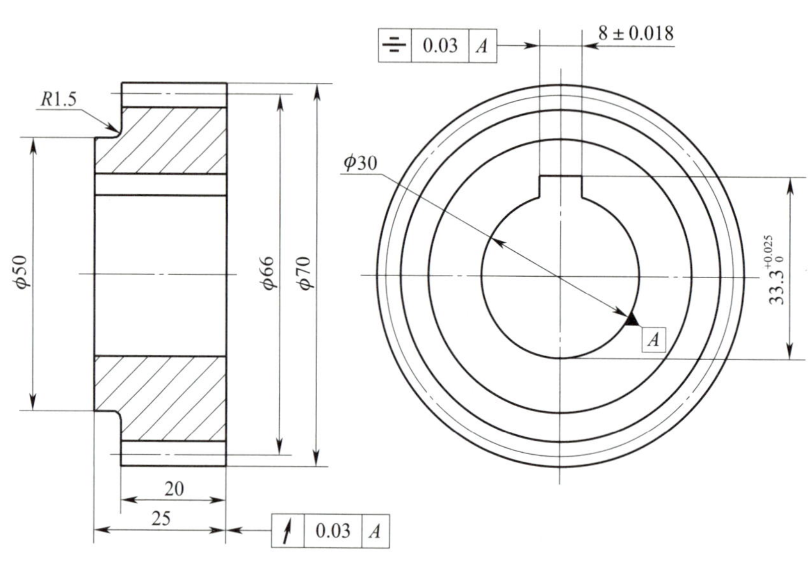

图 9-26　直齿圆柱齿轮零件图

一、图样分析

齿轮是重要的机械零件之一，依据机械制图中的相关规范，绘制齿轮时，一般用两个视图或一个主视图和一个局部视图来表达。其中，在剖视图中，当剖切平面通过齿轮的轴线时，轮齿一律按不剖处理。在左视图上一般不需绘制其详细结构，而是用图线表示其齿顶、齿根及分度圆的位置等。

根据直齿圆柱齿轮的模数（2 mm）、齿数（33），可计算齿轮各部分的尺寸。

分度圆直径：$d=mz=2\times33=66$ mm

齿顶圆直径：$d_a=m(z+2)=2\times(33+2)=70$ mm

齿根圆直径：$d_f=m(z-2.5)=2\times(33-2.5)=61$ mm

二、绘图步骤

1. 绘制中心线

将“中心线层”置为当前图层，根据图 9-26 所示尺寸，应用“两点线”命令绘制中心线，如图 9-27 所示。

2. 绘制直齿圆柱齿轮左视图

将“粗实线层”置为当前图层，应用“圆”命令，绘制 ϕ30 mm、ϕ50 mm、ϕ61 mm、ϕ66 mm、ϕ70 mm 5 个圆，如图 9-28 所示。其中 ϕ61 mm 圆为齿轮的齿根圆，应将其线型设置为细实线；ϕ66 mm 圆为齿轮的分度圆，应将其线型设置为细点画线。

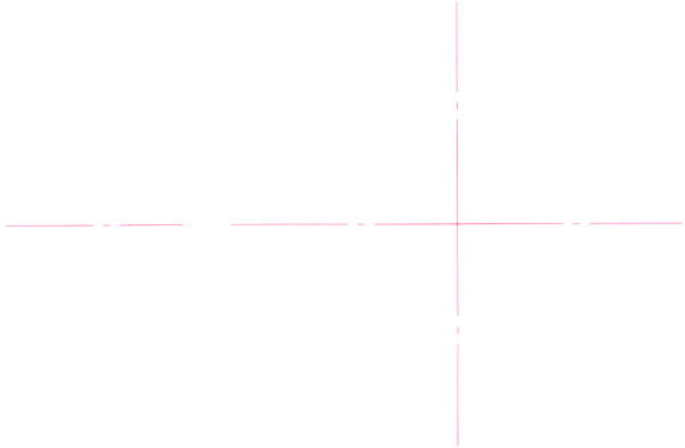

图 9-27　绘制中心线

3. 绘制左视图上的键槽

应用“等距线”命令，将左视图中的垂直中心线向左、右等距 4 mm，将水平中心线向上等距 18.3 mm，如图 9-29a 所示。应用“修剪”命令，将 ϕ30 mm 的圆和偏移的三条直线修剪成键槽，如图 9-29b 所示。将键槽的线型改为粗实线，修改结果如图 9-29c 所示。

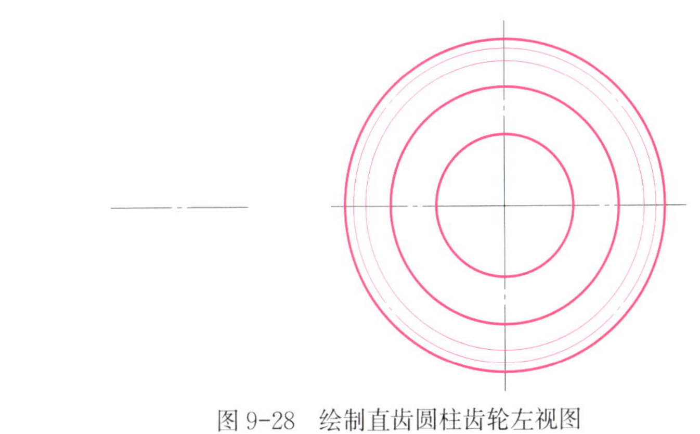

图 9-28　绘制直齿圆柱齿轮左视图

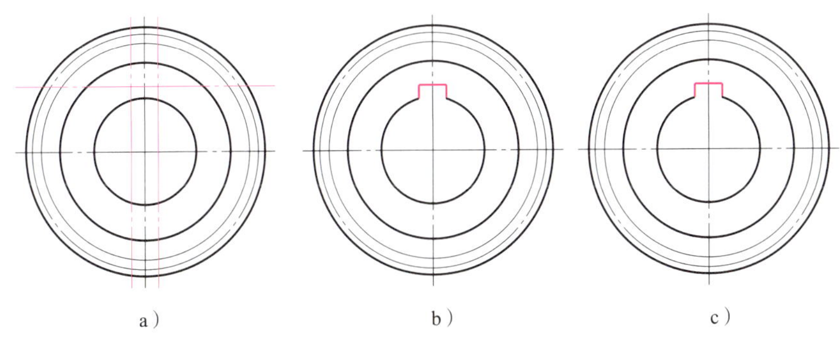

图 9-29　绘制左视图上的键槽

a）偏移中心线　b）修剪图形　c）修改键槽线型

4. 绘制直齿圆柱齿轮的主视图

根据图 9-26 所示尺寸，应用“两点线”命令，绘制直齿圆柱齿轮的主视图。注意，主视图为剖视图，其齿根线应用粗实线绘制，分度线应用细点画线绘制，如图 9-30 所示。

5. 绘制主视图上的 *R*1.5 mm 过渡圆角及剖面线

应用“圆角”命令，绘制主视图上 R1.5 mm 过渡圆角，如图 9-31a 所示。应用“剖面线”命令，绘制主视图上的剖面线，如图 9-31b 所示。

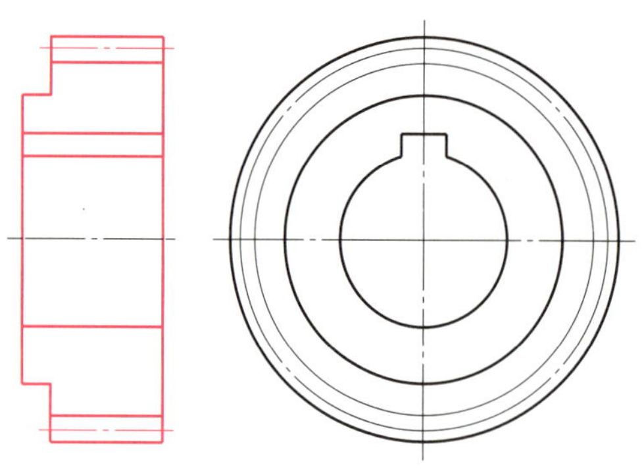

图 9-30　绘制直齿圆柱齿轮的主视图

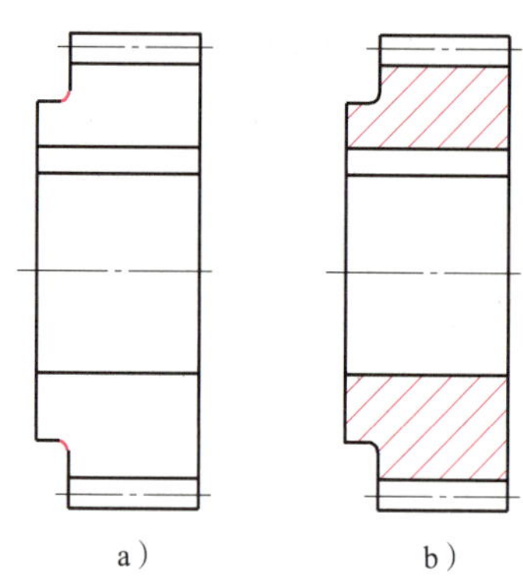

图 9-31　绘制主视图上的 $R1.5$ mm 过渡圆角及剖面线
a）绘制 $R1.5$ mm 过渡圆角　b）绘制部面线

6. 标注尺寸、基准及几何公差

根据图 9-26 所示，标注线性尺寸、基准符号及几何公差，完成后即得到图 9-26 所示的图。

练习五　绘制端盖零件图

绘制图 9-32 所示端盖零件图。

一、图样分析

图 9-32 所示端盖零件图采用两个基本视图表达，主视图按车削加工位置，选择轴线水平放置，并采用两相交剖切平面的全剖视图，以表达端盖上孔及方槽的内部结构。左视图则表达端盖的基本外形和四个圆孔、两个方槽的分布情况。绘制图形时，先绘制出图框和标题栏，再绘制主视图和左视图，最后标注尺寸、几何公差、表面结构代号和技术要求等内容。

二、绘图步骤

1. 调入图框和标题栏

单击“图幅”选项卡中“图幅”面板上的图幅设置按钮，弹出“图幅设置”对话框，调入“A4A—A—Normal（CHS）”图框和“School（CHS）”标题栏，“图纸方向”设置为“横放”。单击“确定”按钮，则在绘图区调入图框和标题栏。双击标题栏，弹出“填写标题栏”对话框，在“图纸名称”属性值中填入“端盖”，单击“确定”按钮，结果如图 9-33 所示。

2. 绘制端盖主视图和左视图的基本轮廓

根据图 9-32 所示尺寸，绘制主视图和左视图基本轮廓线，如图 9-34 所示。注意：根据公式（$D-d$）/24=1/10，可求出锥面小端直径为 59.6 mm。

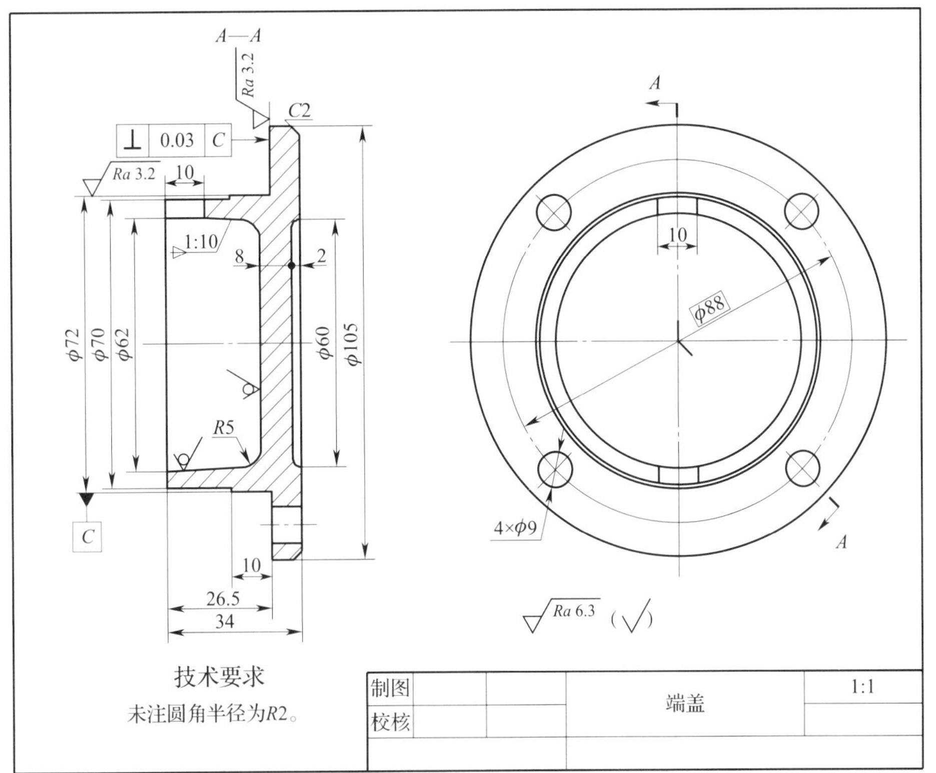

图 9-32　端盖零件图

3. 绘制 *C*2 倒角及 *R*5 mm、*R*2 mm 过渡圆角

应用倒角和圆角命令，绘制 *C*2 倒角及 *R*5 mm、*R*2 mm 过渡圆角，如图 9-35 所示。

4. 绘制左视图上 4 × *ϕ*9 mm 圆及主视图上的 *ϕ*9 mm 圆孔

（1）绘制左视图上的 4 × *ϕ* 9 mm 圆

将“中心线层”置为当前层，应用“圆”命令绘制 *ϕ* 88 mm 的细点画线圆，应用“角度线”命令，绘制 45° 角度线并修剪。将“粗实线层”置为当前层，以 *ϕ* 88 mm 的细点画线圆与 45° 角度线交点为圆心，绘制 *ϕ* 9 mm 圆。应用“圆形阵列”命令，将 *ϕ* 9 mm 圆及中心线进行圆形阵列，结果如图 9-36 所示。

（2）绘制主视图上的 *ϕ* 9 mm 圆孔

应用“等距线”和“两点线”命令，在主视图下方绘制 *ϕ* 9 mm 圆孔中心线及轮廓线，如图 9-36 所示。

5. 绘制 10 mm × 10 mm 的方孔投影线

应用“等距线”命令，绘制主视图和左视图上 10 mm × 10 mm 方孔的投影轮廓线，如图 9-37 所示。

6. 绘制主视图上的剖面线

应用“剖面线”命令，绘制主视图上的剖面线，如图 9-38 所示。

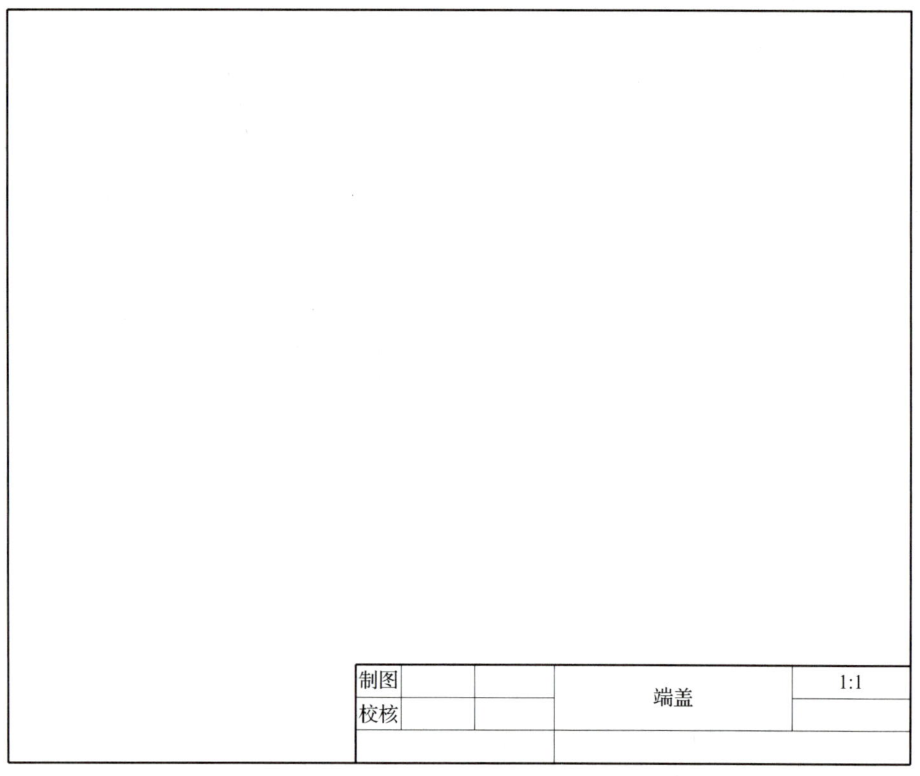

图 9-33　调入图框和标题栏

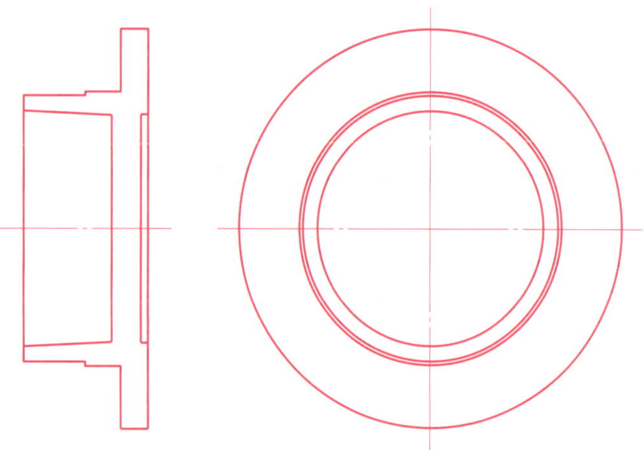

图 9-34　绘制端盖主视图和左视图基本轮廓

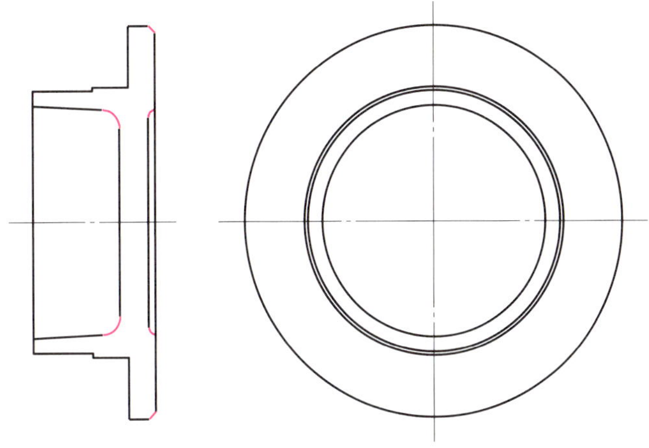

图 9-35　绘制 $C2$ 倒角及 $R5$ mm、$R2$ mm 过渡圆角

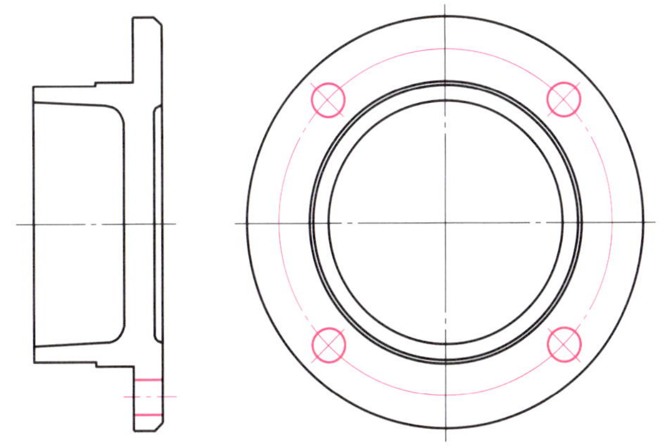

图 9-36　绘制左视图上 $4 \times \phi 9$ mm 圆及主视图上的 $\phi 9$ mm 圆孔

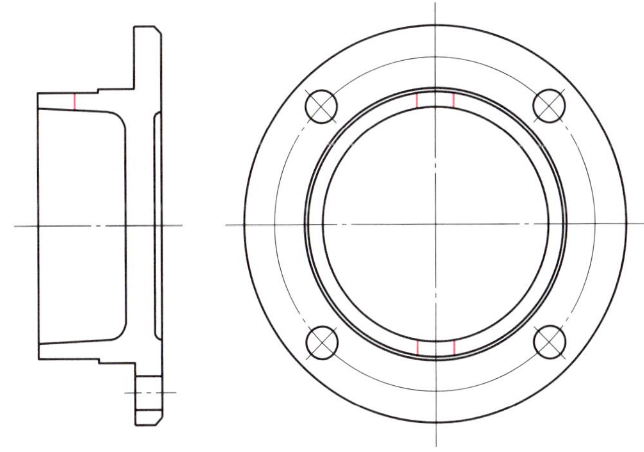

图 9-37　绘制 10 mm × 10 mm 的方孔投影线

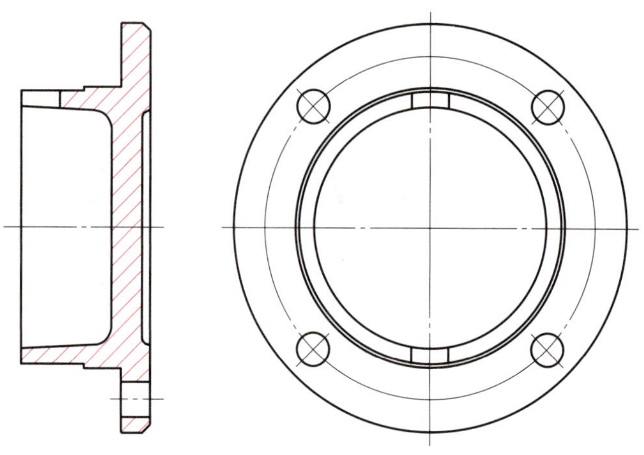

图 9-38　绘制主视图上的剖面线

7. 标注线性尺寸

应用“基本标注”命令，标注主视图和左视图上的线性尺寸，如图 9-39 所示。

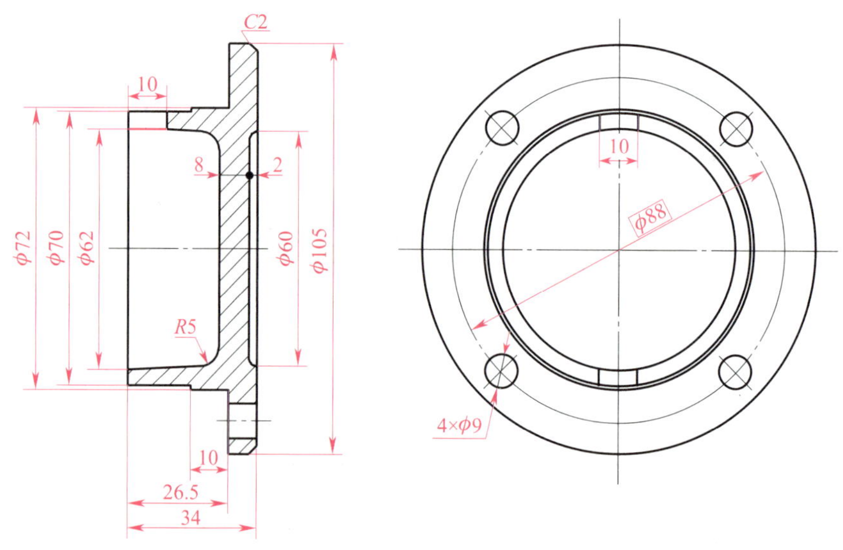

图 9-39　标注线性尺寸

8. 标注基准符号、表面结构代号等

应用“基准代号”“粗糙度”“剖切符号”和“形位公差”等命令，标注端盖主视图和左视图上的基准符号、表面结构代号、剖切符号及几何公差，如图 9-40 所示。

9. 标注锥度符号、技术要求及其余表面结构代号

应用“引出说明”命令，标注锥度符号；应用“技术要求”命令，标注技术要求；应用“粗糙度”及“三点圆弧”命令，绘制其余表面结构代号，注意其余表面结构代号要放置在标题栏上方，完成后即得到图 9-32 所示的图。

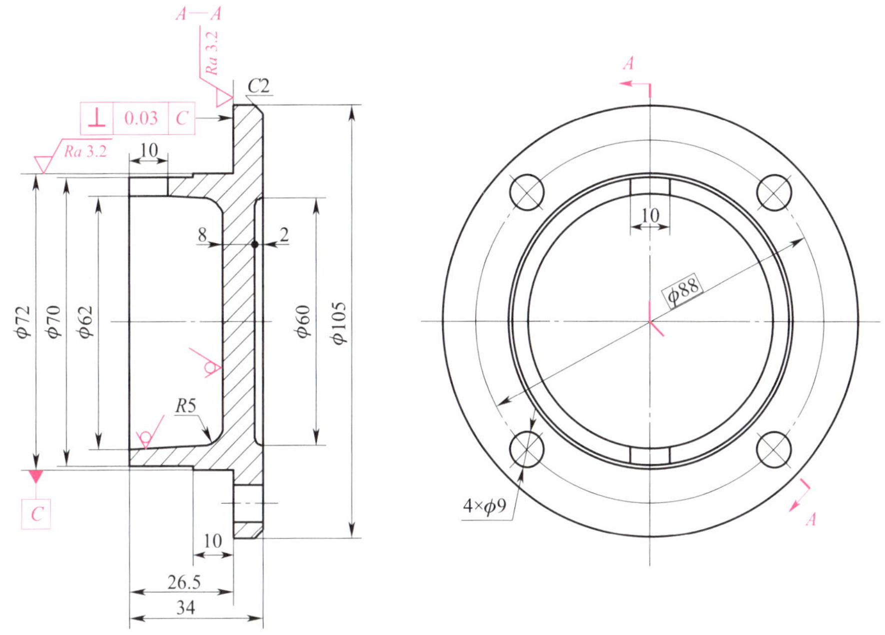

图 9-40　标注基准符号、表面结构代号等

练习六　绘制蜗轮箱体零件图

绘制图 9-41 所示蜗轮箱体零件图。

一、图样分析

箱体类零件一般比较复杂，绘制时，为了避免漏画或多画图线，可按箱体的组成结构分步画出。图 9-41 采用了三个基本视图来表达蜗轮箱体的形状及结构，主视图采用半剖，表达了箱体主视方向的外形和内腔结构形状；左视图采用了两平行剖切平面的全剖视图，表达了箱体内基本形状、蜗轮和蜗杆轴承座孔的位置及大小、底座螺栓孔的形状；俯视图表达了箱体的外形。绘制蜗轮箱体零件图时，可按下列顺序进行绘制，绘制底座→绘制箱体→绘制蜗轮和蜗杆轴承孔→绘制底座凸台→绘制主视图半剖视图和左视图的两平行剖切平面的全剖视图→绘制螺钉孔→标注线性尺寸→标注基准符号、表面结构符号、剖切符号和几何公差→标注技术要求。

二、绘图步骤

1. 绘制中心线

将“中心线层”置为当前图层，应用“两点线”命令，绘制三个视图的中心线及 45° 辅助线，如图 9-42 所示。

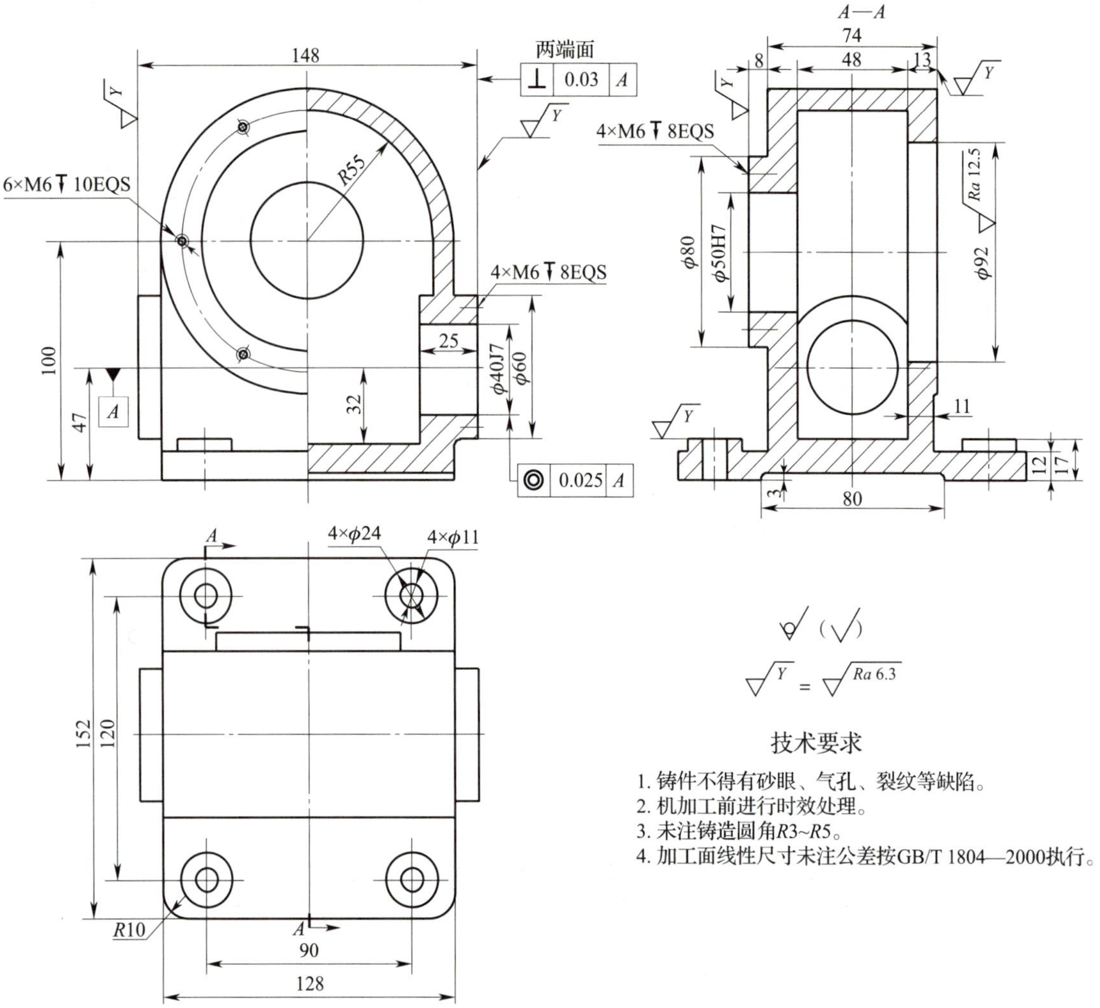

技术要求

1. 铸件不得有砂眼、气孔、裂纹等缺陷。
2. 机加工前进行时效处理。
3. 未注铸造圆角$R3$~$R5$。
4. 加工面线性尺寸未注公差按GB/T 1804—2000执行。

图 9-41　蜗轮箱体零件图

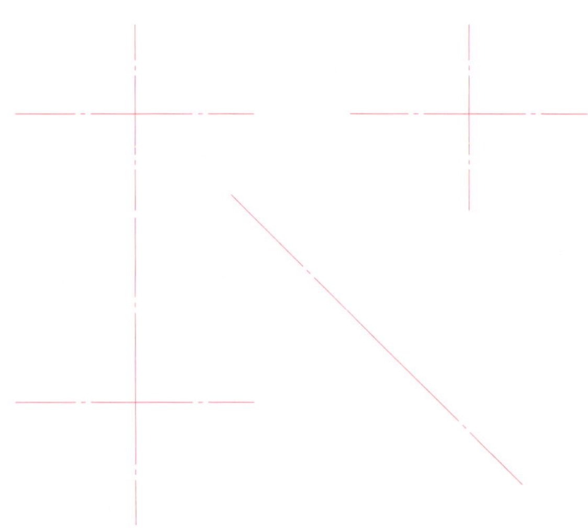

图 9-42　绘制中心线

2. 绘制底座

将“粗实线层”置为当前层，应用“两点线”“等距线”和“圆角过渡”等命令，绘制蜗轮箱底座，如图 9-43 所示。

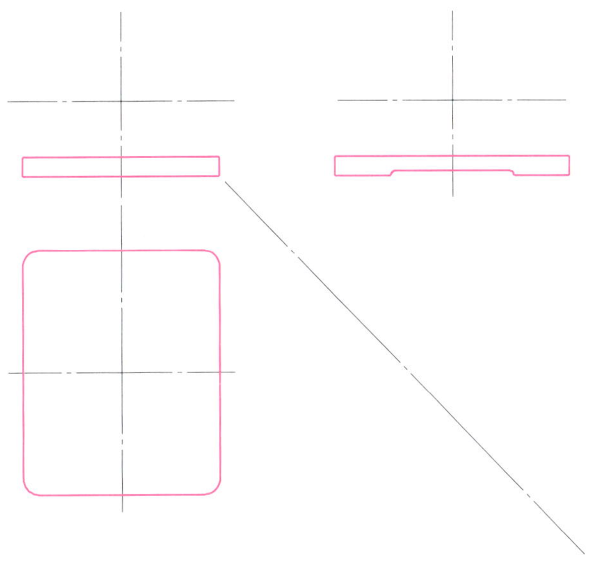

图 9-43　绘制蜗轮箱底座

3. 绘制箱体

应用“等距线”“两点线”和“圆（圆心 _ 半径）”命令，绘制蜗轮箱箱体，如图 9-44 所示。

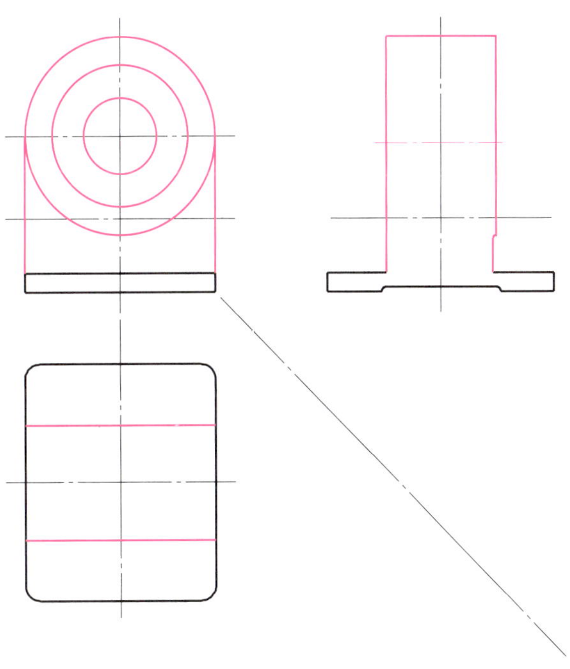

图 9-44　绘制箱体

4. 绘制蜗轮和蜗杆的轴承座

应用“等距线”“两点线”和“圆（圆心 _ 半径）”命令，绘制蜗轮和蜗杆的轴承座，如图 9-45 所示。

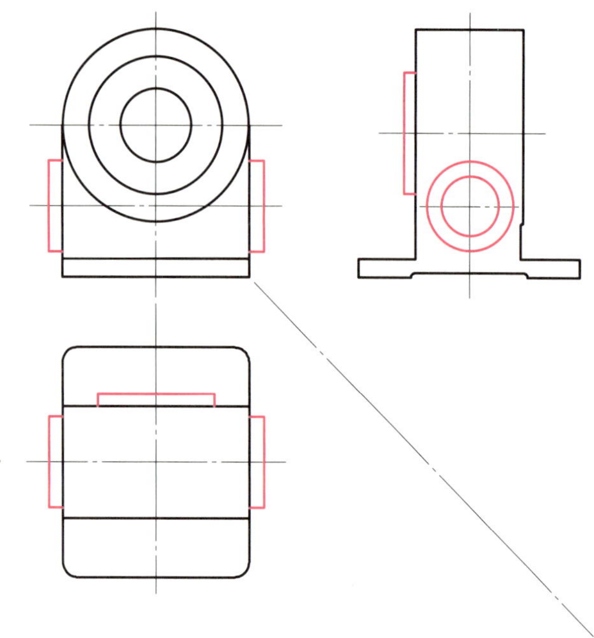

图 9-45　绘制蜗轮和蜗杆的轴承座

5. 绘制底座上的凸台

应用“直线”和“圆”命令，绘制底座上的四个凸台，如图 9-46 所示。

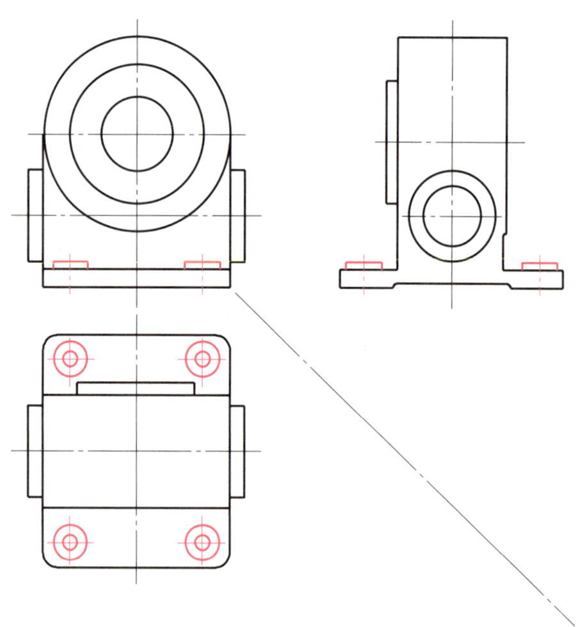

图 9-46　绘制底座上的凸台

6. 绘制主视图和左视图上的剖视图

根据图 9-41 所示蜗轮箱的结构和尺寸，绘制主视图上的半剖视图和左视图上的全剖视图，如图 9-47 所示。

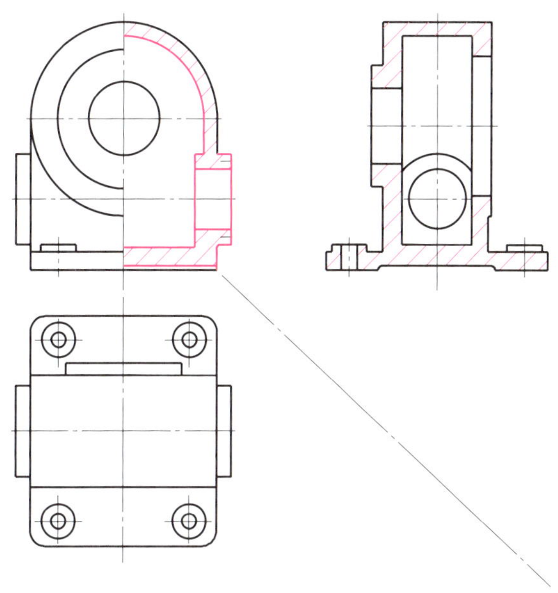

图 9-47　绘制主视图和左视图上的剖视图

7. 绘制螺钉孔

先绘制主视图上的左侧螺钉孔，再应用阵列命令绘制其他两个螺钉孔，如图 9-48 所示。同时，也要画出主视图上蜗杆轴承座和左视图上蜗轮轴承座的螺钉孔位置（仅画中心线）。注意：阵列主视图上的螺钉孔时，可按 360° 进行阵列，然后再删除右侧三个螺钉孔。

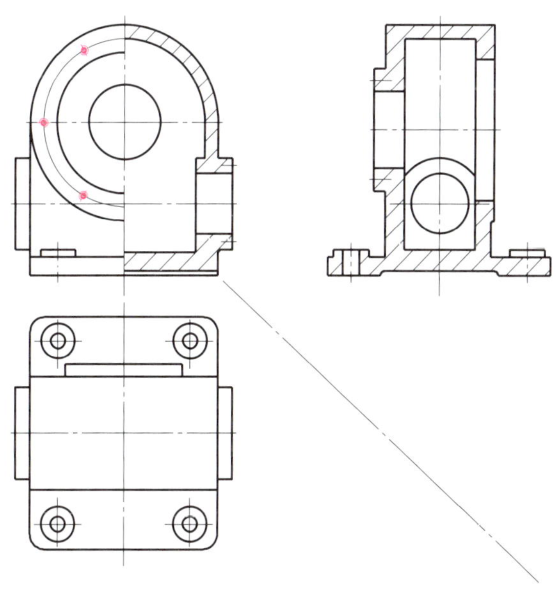

图 9-48　绘制螺钉孔

8. 标注线性尺寸

应用“基本标注”命令，标注蜗轮箱上的线性尺寸，如图 9-49 所示。

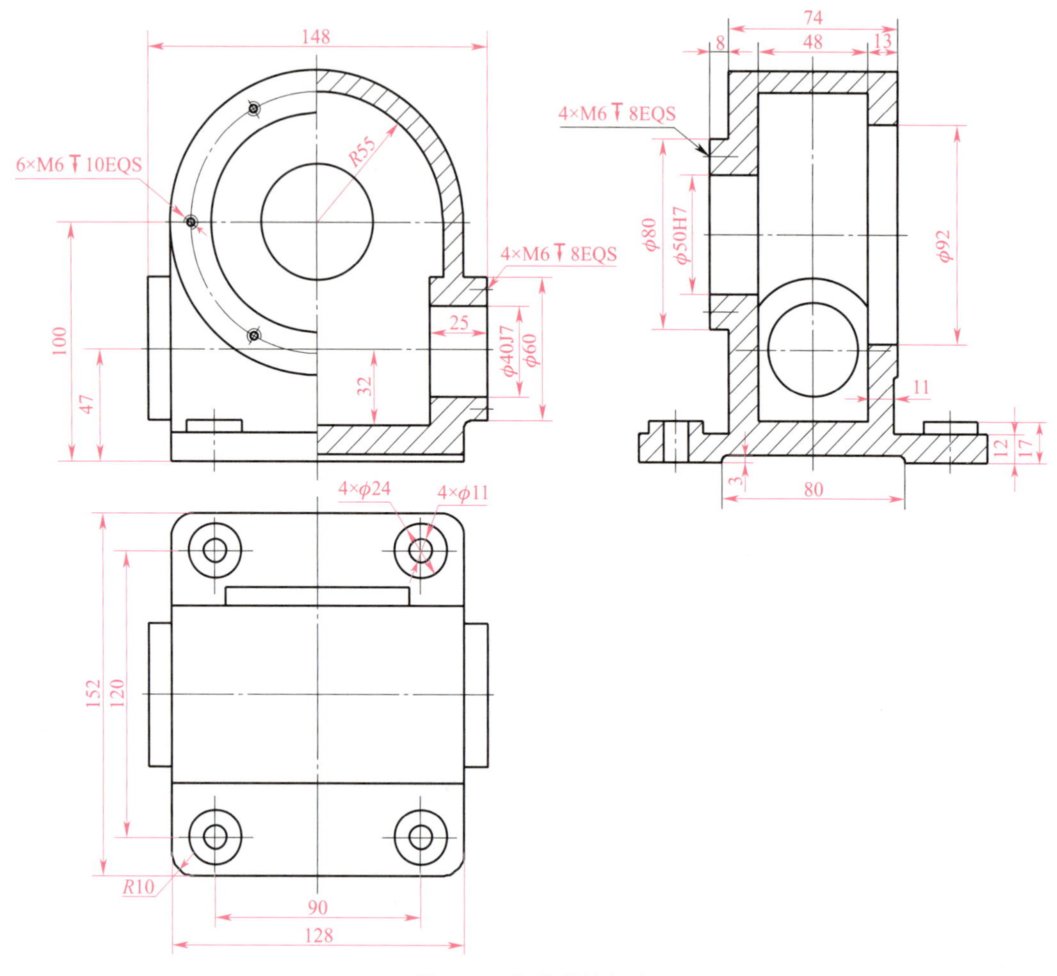

图 9-49　标注线性尺寸

9. 标注基准符号、表面结构代号、剖切符号及几何公差

应用“基准代号”“粗糙度”“剖切符号”和“形位公差”命令，标注蜗轮箱上的基准符号、表面结构代号、剖切符号和几何公差，如图 9-50 所示。

10. 标注技术要求

应用“技术要求”命令，标注蜗轮箱的技术要求，完成后即得到图 9-41 所示的图。

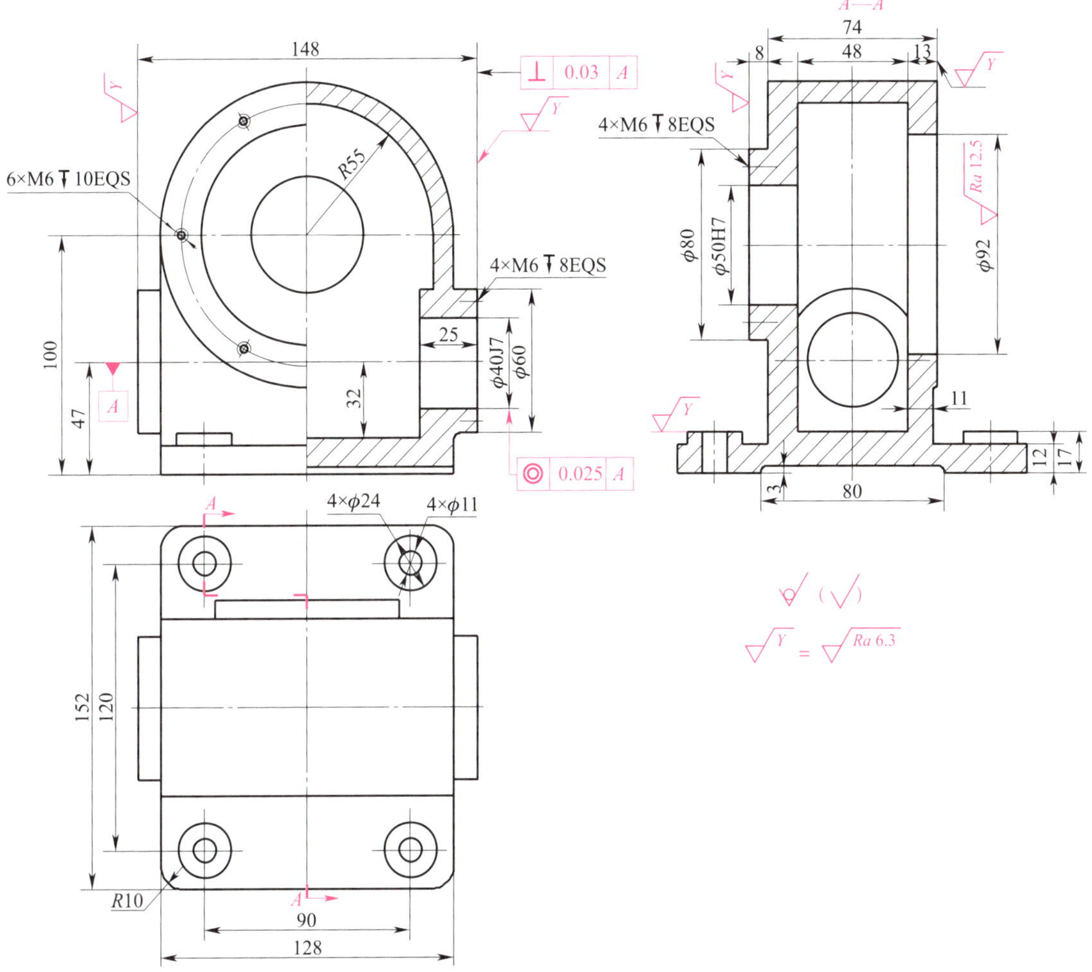

图 9-50　标注基准、表面结构、剖切等符号及几何公差

练习七　绘制千斤顶装配图

绘制图 9-51 所示千斤顶装配图。

一、图样分析

千斤顶是一种小型起重工具，当转动螺杆 3 时，由于螺纹的作用，因螺母 4 和底座 5 固定在一起，故螺杆 3 上下移动，通过顶块 1 将重物顶起或落下。绘制千斤顶装配图时，先将零件图转化为图块，再进行装配图拼装，标注轮廓尺寸，编写零件序号，最后编写明细表。

1
2
3
B50×8-7H/7e
4
5
6
7
8
255~300
130

8		挡圈	1	Q235A			
7	GB/T 68—2000	开槽沉头螺钉	1				M8×20
6	GB/T 71—2018	开槽锥端紧定螺钉	2				M10×20
5		底座	1	HT200			
4		螺母	1	QSn6.5-0.1			
3		螺杆	1	45			
2	GB/T 71—2018	开槽锥端紧定螺钉	2				M6×20
1		顶块	1	45			
序号	代号	名称	数量	材料	单件重量	总计重量	备注

标记	处数	分区	更改文件号	签名	年、月、日				千斤顶装配图
设计			标准化			阶段标记	重量	比例	
审核								1:1	
工艺			批准			共 张 第 张			

图 9-51 千斤顶装配图

二、创建块

1. 创建顶块块

根据图 9-52 所示尺寸，绘制顶块零件图（不标注尺寸），并将其创建为块。

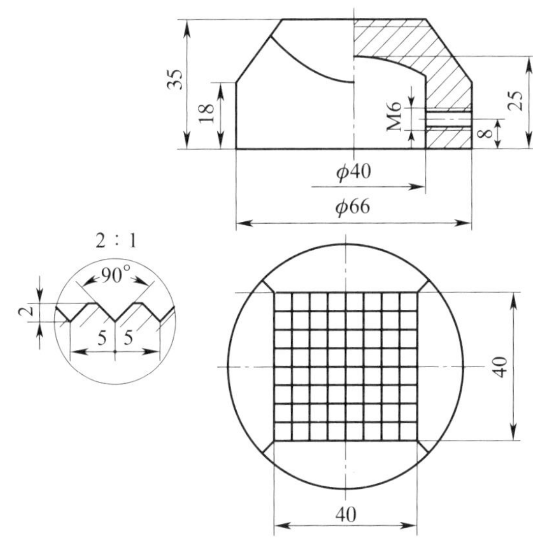

图 9-52　顶块

2. 创建螺杆块

根据图 9-53 所示尺寸，绘制螺杆零件图（不标注尺寸），并将其创建为块。

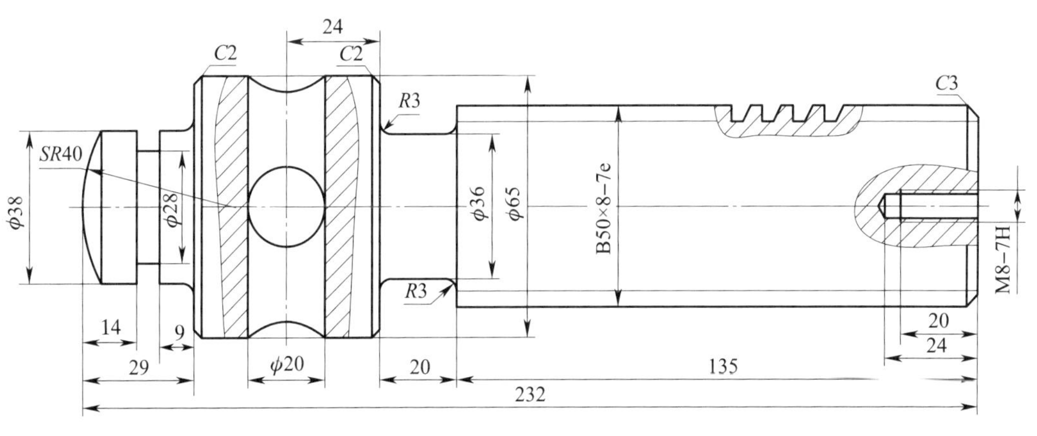

图 9-53　螺杆

3. 创建螺母块

根据图 9-54 所示尺寸，绘制螺母零件图（不标注尺寸），并将其创建为块。

4. 创建底座块

根据图 9-55 所示尺寸，绘制底座零件图（不标注尺寸），并将其创建为块。

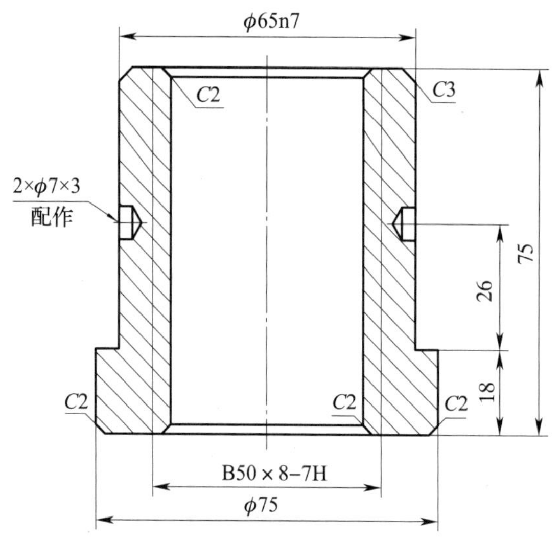

图 9-54 螺母

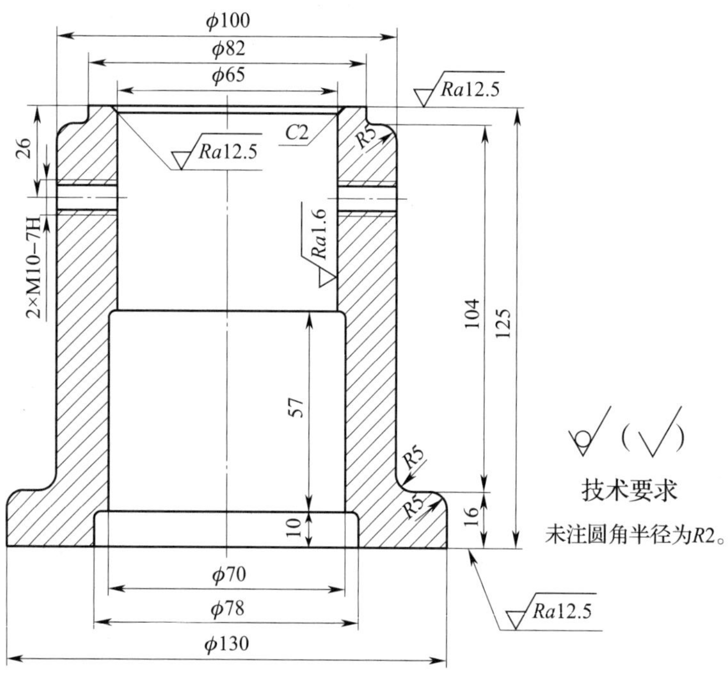

图 9-55 底座

5. 创建挡圈块

根据图 9-56 所示尺寸，绘制挡圈零件图（不标注尺寸），并将其创建为块。

三、拼画千斤顶装配图

绘图的思路是从中心线向外绘制，先拼装螺杆和顶块，其次绘制螺母，最后拼装底座。

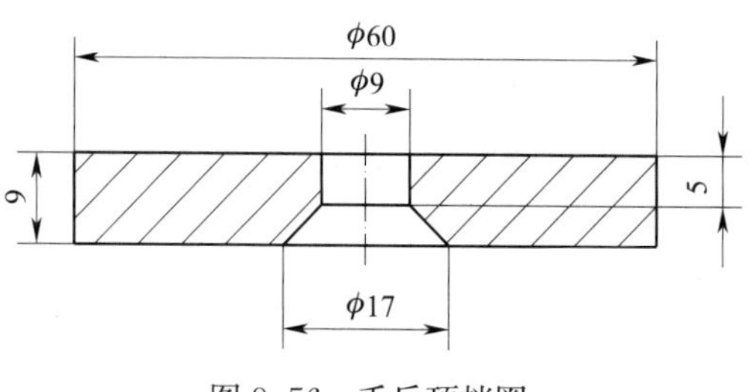

图 9-56 千斤顶挡圈

1. 拼装螺杆和顶块

首先插入螺杆块和顶块块，插入块时，要注意螺杆和顶块的位置。根据螺杆和顶块的尺寸，绘制出如图 9-57a、b 所示图形。注意：插入螺杆块时，旋转角为 −90°。

图 9-57b 中的顶块左半部分未剖开，螺杆顶部应看不到，需要将看不到的轮廓线进行修剪或删除，如图 9-57c 所示。

提示：修剪和删除轮廓线时，需要将块分解后再进行修改。

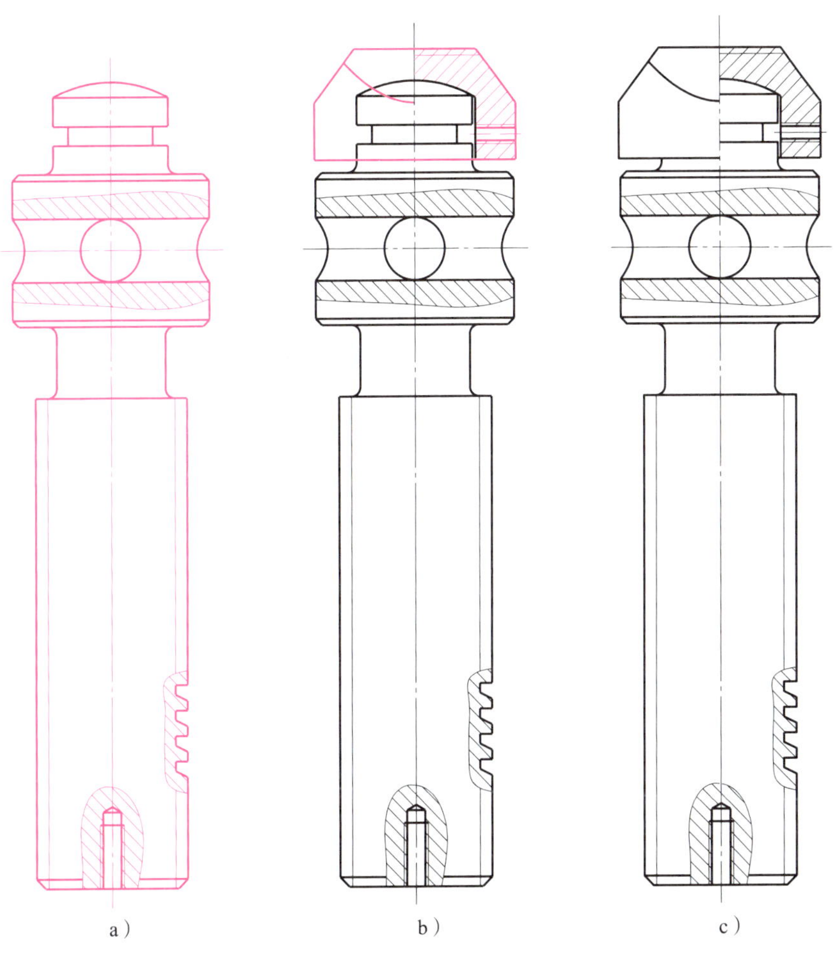

图 9-57 绘制螺杆和顶块的装配

a）插入螺杆块 b）插入顶块块 c）修改轮廓线

2. 绘制 M6 紧定螺钉的装配

打开“插入图符”对话框，选择“zh−CN\螺钉\紧定螺钉\GB/T 71—2018 开槽锥端紧定螺钉”；尺寸规格为 M6×20，尺寸开关设置为关，预显尺寸选择“1”；插入点选择螺钉孔中心线与顶块右轮廓线交点处，并根据位置调整紧定螺钉，修改轮廓线，如图 9-58 所示。

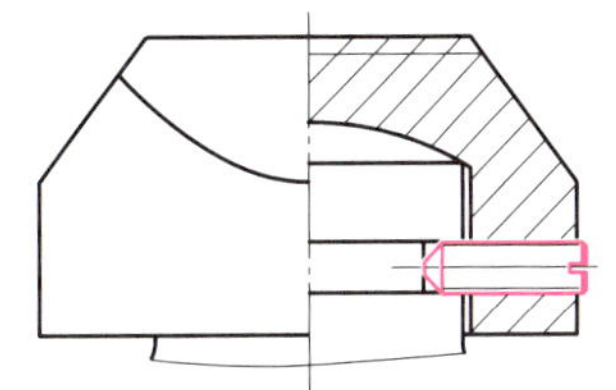

图 9-58 绘制 M6 紧定螺钉的装配

3. 拼装螺母与螺杆

螺母和螺杆是相互运动的，绘制螺母时，最好放在螺杆的中间位置。螺母采用全剖，为了表达出螺杆和螺母的配合关系，螺杆采用局部剖，如图 9-59 所示。插入螺母块时，需要旋转 180°（图 9-59a），同时要删除多余的轮廓线和剖面线（图 9-59b）。

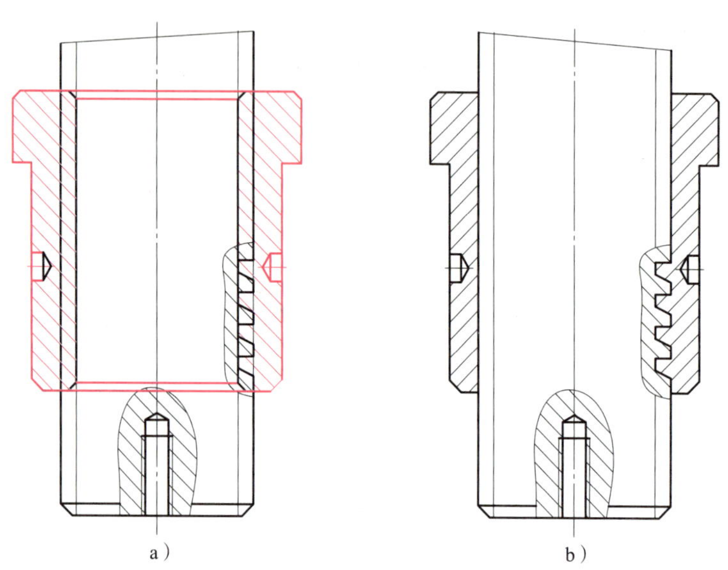

图 9-59　绘制螺母与螺杆装配

a）插入螺母块　b）修改后的装配图

4. 拼装底座与螺母

螺母镶在底座里，用螺钉固定。插入底座块，注意底座与螺母的配合，如图 9-60a 所示；修剪或删除多余的轮廓线条，结果如图 9-60b 所示。注意装配图中各零件剖面线的方向，若相邻零件剖面线相同时，应该对剖面线方向进行调整。

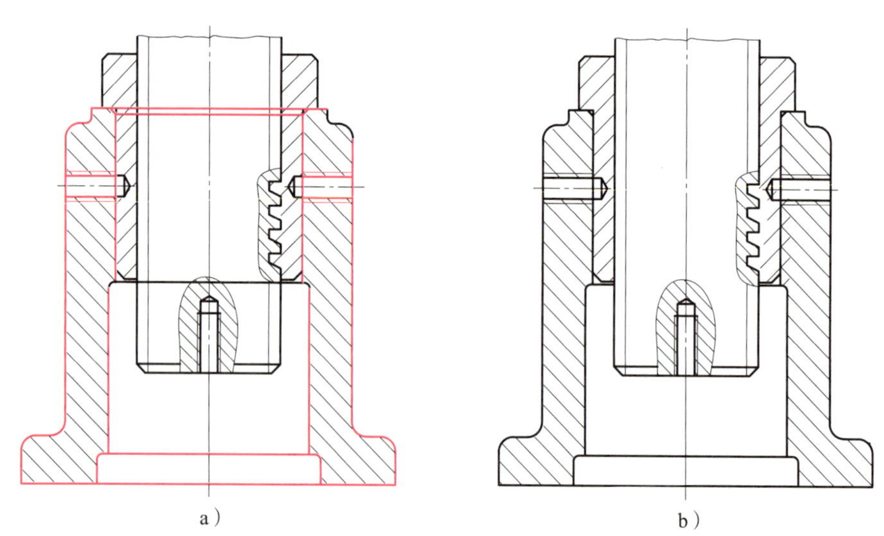

图 9-60　绘制底座与螺母的装配

a）插入螺母块　b）修改后的装配图

5. 绘制 M10 紧定螺钉的装配

打开“插入图符”对话框，选择“zh—CN\螺钉\紧定螺钉\GB/T 71—2018 开槽锥端紧定螺钉”；尺寸规格为 M10×20，尺寸开关设置为关，预显尺寸选择“1”；选择插入点，并根据位置调整紧定螺钉，如图 9-61a 所示。修改轮廓线及剖面线，如图 9-61b 所示。

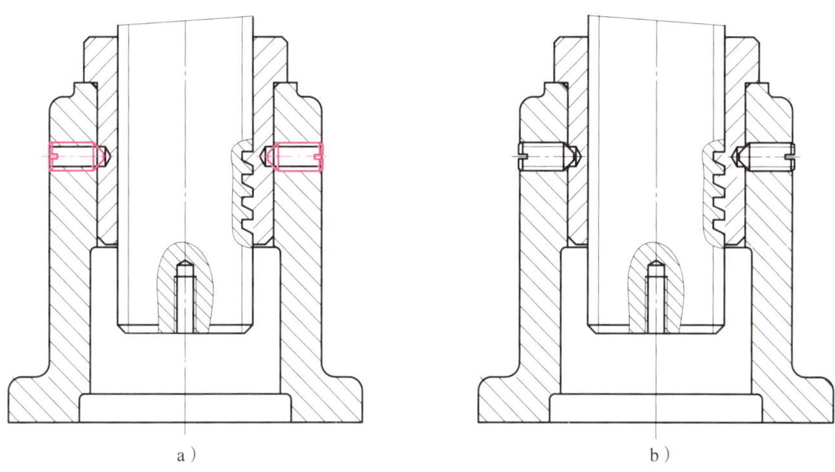

图 9-61　绘制 M10 紧定螺钉的装配

a）插入 M10 紧定螺钉　b）修改后的装配图

6. 绘制挡圈和 M8 沉头螺钉的装配

用上述相同的方法，绘制挡圈和沉头螺钉的装配，如图 9-62 所示。装配沉头螺钉时，打开“插入图符”对话框，选择“zh—CN\螺钉\其他螺钉\GB/T 68—2000 开槽沉头螺钉”；尺寸规格为 M8×20，尺寸开关设置为关，预显尺寸选择“3”。插入 M8 沉头螺钉后，进行修剪和删除多余的轮廓线，如图 9-62c 所示。

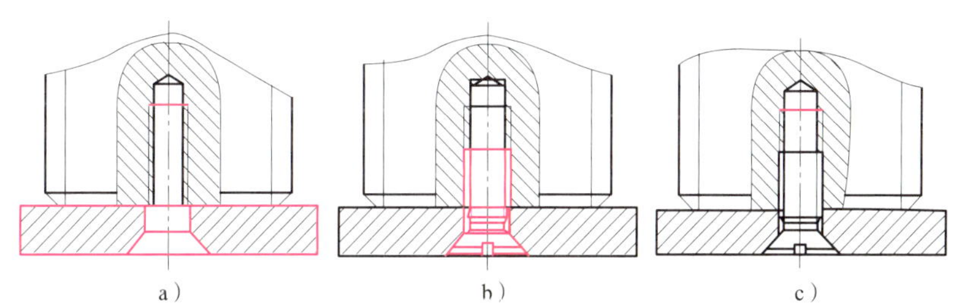

图 9-62　绘制挡圈和沉头螺钉的装配

a）插入挡圈块　b）插入开槽沉头螺钉图符　c）修改后的装配图

四、标注尺寸、编写零件序号

1. 标注尺寸

由于千斤顶的结构和功能比较简单，标注出千斤顶的移动范围、螺母和螺杆的装配关系即可，如图 9-63 所示。

2. 编写零件序号

单击“图幅”选项卡中的“序号”面板上的“生成序号”按钮，依次编写零件序号，如图 9-63 所示。

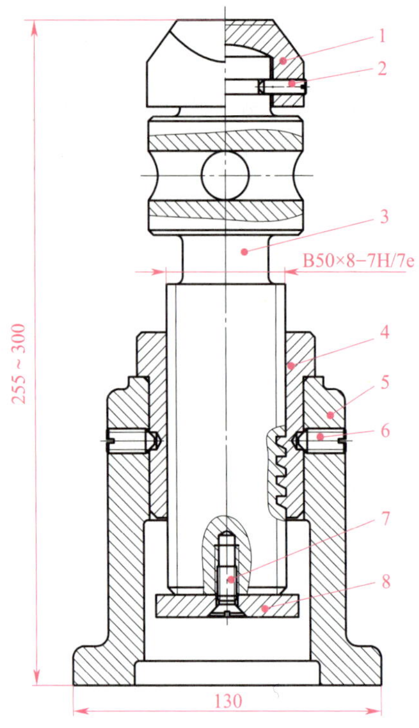

图 9-63　标注尺寸、编写零件序号

五、绘制标题栏、明细表

按图 9-51 所示绘制千斤顶装配图的标题栏和明细表。

六、整理保存

整理图形并保存。

习　　题

绘制如图 9-64 ~图 9-67 所示图形，并对图形进行标注。

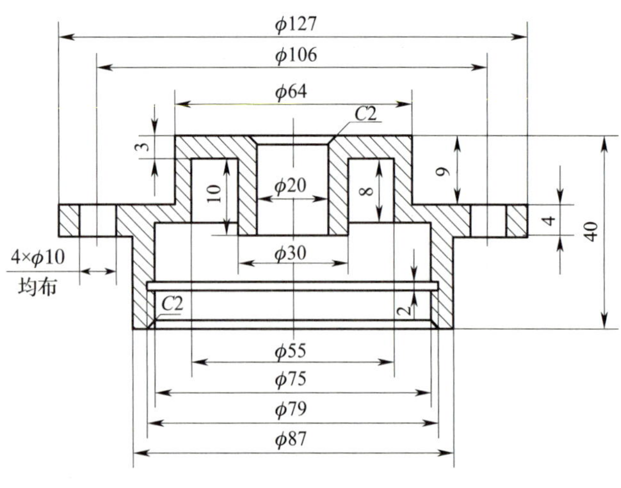

图 9-64　练习 1

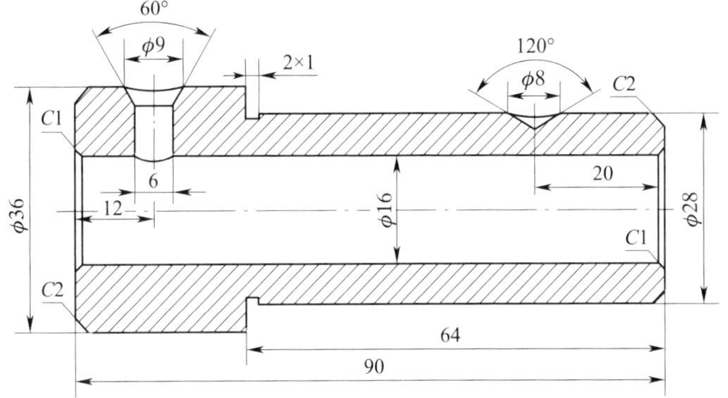

图 9-65　练习 2

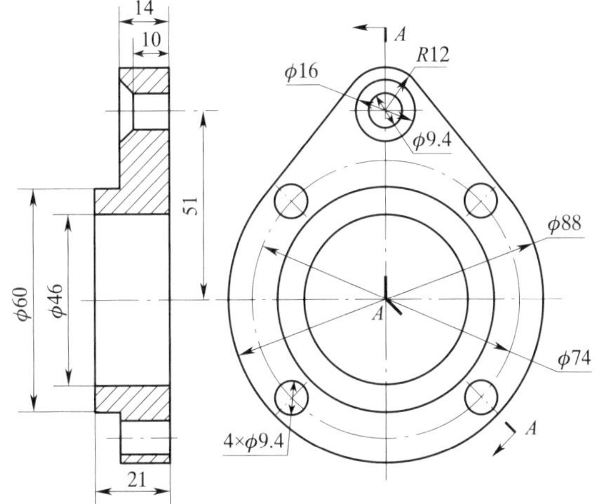

图 9-66　练习 3

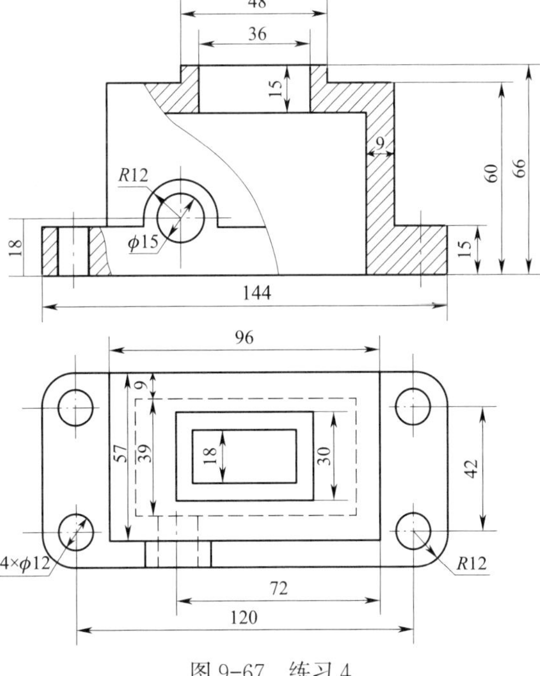

图 9-67　练习 4